高职高专建筑类专业“十三五”规划教材

建设工程监理

主　编　蔡兰峰

副主编　王英春

参　编　李天平　李彩娟　张栋梁

西安电子科技大学出版社

内 容 简 介

本书共9章，主要介绍建设工程监理基本理论，建设工程投资、进度、质量控制，建设工程监理相关法规，建设工程合同、安全、信息管理及建设工程监理组织协调等知识。为方便教与学，每章均有实训练习及案例分析题，并提供一定数量的习题，以便读者在理解和掌握监理理论知识的同时能够活学活用，提高解决实际工程的能力。

本书除供建筑类相关专业学生使用外，还可供从事工程建设和参加国家注册监理工程师考试的工程技术人员使用或参考。

图书在版编目(CIP)数据

建设工程监理/蔡兰峰主编. —西安：西安电子科技大学出版社，2013.1(2022.1 重印)

高职高专建筑类专业“十三五”规划教材

ISBN 978-7-5606-2963-6

Ⅰ. ① 建…　Ⅱ. ① 蔡…　Ⅲ. ① 建筑工程—监理工作—高等职业教育—教材　Ⅳ. ① TU712

中国版本图书馆 CIP 数据核字(2012)第 295918 号

策　　划　秦志峰　马乐惠

责任编辑　秦志峰　史春蕾

出版发行　西安电子科技大学出版社(西安市太白南路 2 号)

电　　话　(029)88242885　88201467　　　邮　　编　710071

网　　址　www.xduph.com　　　　　电子邮箱　xdupfxb001@163.com

经　　销　新华书店

印刷单位　广东虎彩云印刷有限公司

版　　次　2013 年 1 月第 1 版　　2022 年 1 月第 3 次印刷

开　　本　787 毫米×1092 毫米　1/16　印　张　20

字　　数　473 千字

定　　价　44.00 元

ISBN 978-7-5606-2963-6/TU

XDUP 3255001-3

如有印装问题可调换

前　言

我国自1998年开始实行建设工程监理制度以来，建设工程监理得到了快速发展，对于改变陈旧的工程管理模式，建立专业化、社会化的建设监理机构，协助建设单位做好项目管理工作，以及提高建设水平和投资效益起到非常重要的作用。随着我国社会主义市场经济的进一步发展和完善，以及加入WTO后全球经济一体化进程的加快和工程建设管理体制改革的不断深入，为使我国监理制度能够与国际接轨、走向世界，社会需要大量的从事工程监理等工作的工程技术人员。为了培养出合格的建设工程监理及技术、管理人才，高职高专院校成为人才培养的重要阵地。

本书结合社会需求和高职高专人才培养模式的特点组织编写，并充分考虑到国家对监理工程师所必须掌握的“监理基本理论、三控三管一协调及相关法规知识”的素质要求。书中针对高职高专学生的特点，注重理论联系实际，并充分考虑学生理解能力和可持续发展的需要组织编写相关内容，以满足高职高专建筑类专业学生学习监理知识的需要。为方便教与学，每章均有实训练习和案例分析题，并提供一定数量的习题，以便读者在理解和掌握监理相关理论知识的同时能够活学活用，具备解决实际工程中简单问题的能力。

本书共9章，第1、5章由甘肃建筑职业技术学院蔡兰峰编写，第2、8章由辽宁建筑职业技术学院王英春编写，第3、4章由甘肃建筑职业技术学院李天平编写，第6、7章由兰州工业学院李彩娟编写，第9章由甘肃省建设监理公司张栋梁编写。全书由蔡兰峰任主编并负责统编和修改工作。

限于编者的水平，书中难免有疏漏和不足之处，恳请读者批评指正。

编　者

2012年8月

目　　录

第 1 章　建设工程监理基本理论

【学习目标】

通过本章的学习，了解我国建设工程监理产生的背景和制度；熟悉建设工程监理人员和工程监理企业相关基本知识；了解建设工程目标控制、风险管理和监理组织基本知识。通过实训、案例和习题的训练与学习，对相关建设工程监理基本理论有一个较为感性的认识和理解。

【重点与难点】

重点是建设工程监理制度、监理工程师、目标控制的相关内容、风险管理及监理组织。

难点是监理企业在工程建设过程中所处的地位和承担的责任。

1.1　建设工程监理制度

1.1.1　建设工程监理制度产生的背景

从新中国成立直至 20 世纪 80 年代，我国一直处于计划经济时期，建设工程投资计划都是由国家统一安排制定的。当时，我国建设工程的管理基本上采用两种形式：对于一般建设工程，由建设单位自行管理；对于重大建设工程，则从与该工程相关的单位抽调人员组成工程建设指挥部进行管理。这两种管理模式下，参与人员很多不是专业管理或技术人员，并且工程一旦完成，原有机构和人员就会解散，也导致管理工作不能继承和发展。在这种背景下，投资“三超”(概算超估算，预算超概算，结算超预算)和工期延长的现象较为普遍，严重阻碍了建设工程的健康发展。

20 世纪 80 年代我国进入改革开放时期后，针对上述问题，工程建设领域采取了如投资有偿使用、投资包干责任制、投资主体多元化和工程招标投标制度等重大改革。这些举措对规范建设工程，使其健康发展起到了很好的推动作用。

为使建设单位的工程项目管理更加专业化，建设部于 1988 年发布了《关于开展建设监理工作的通知》并开始试行，明确提出了要建立建设监理制度，建立专业化、社会化的建设监理机构，协助建设单位做好项目管理工作，以提高建设水平和投资效益。1997 年《中华人民共和国建设法》(以下简称《建设法》)以法律制度的形式作出规定，国家推行建设工程监理制度，从而使建设工程监理在全国范围内进入了全面推行的阶段。

1.1.2 建设工程监理制度

1. 定义

建设工程监理是指具有相应资质的工程监理企业，接受建设单位的委托，承担其项目管理工作，并代表建设单位对承包单位的建设行为进行监督管理的专业化服务活动。

建设单位是委托监理的一方，建设单位拥有确定建设工程的规模、标准和功能以及选择勘察、设计、施工和监理单位等重大问题的决定权。

建设工程监理的行为主体是工程监理企业，是指取得企业法人营业执照和监理资质证书的依法从事建设工程监理业务活动的经济组织。工程监理企业只有与建设单位订立书面委托监理合同，明确了监理的范围、内容、权利、义务和责任等，才能在规定的范围内行使管理权，合法地开展建设工程监理活动。工程监理企业在委托监理的工程中拥有一定的管理权限，能够开展管理活动，这是建设单位授权的结果。承建单位接受并配合监理是其履行合同的一种行为。

建设行政主管部门监督管理的行为主体是政府部门，是对从事建设工程的参与各方的建设行为实行监督和管理的政府职能部门。监理企业也有监督管理的属性，但两者性质完全不同，前者是行政性的监督管理，具有明显的强制性的特点；而后者的监督管理是接受建设单位的委托和授权对承建单位的监督管理，是履行委托监理合同的一种表现。

2. 建设工程监理的依据

1) 法律法规文件

法律法规文件包括《建筑法》、《招标投标法》、《合同法》、《建设工程质量管理条例》、《建设工程安全生产管理条例》、《工程建设编制强制性条文》和《工程监理企业资质管理规定》等。

2) 规范、规程和技术标准等

规范、规程和技术标准包括《建设工程监理规范》、《建筑地基基础工程施工质量验收规范》、《混凝土结构工程施工质量验收规范》和《建设工程施工质量验收统一标准》等。

3) 工程建设文件

工程建设文件包括批准的可行性研究报告、建设用地规划许可证、建设工程规划许可证、施工图设计文件和施工许可证等。

4) 委托监理合同和有关建设工程合同

工程监理企业应当根据两个合同进行监理，一个是工程监理企业与建设单位签订的建设工程委托监理合同，另一个是建设单位与承建单位签订的建设工程合同。建设单位通过委托监理合同将工程监理工作委托给了监理单位；而建设工程合同中则约定了承建单位除了完成工程的施工任务外，还必须同时接受监理单位的监督管理，两者都是履行合同的表现。

3. 建设工程监理的范围

建设工程监理的范围可以包括工程范围和阶段范围两方面。

1) 工程范围

为了有效发挥建设工程监理的作用，加大推行监理的力度，根据《建设法》、《建设工程质量管理条例》和《建设工程监理范围和规模标准规定》等法律法规，规定了必须实行监理的建设工程项目的具体范围和规模标准(详见第5章)。

2) 阶段范围

建设工程监理可以适用于工程建设的投资阶段和实施阶段，但是现阶段开展的只是建设工程施工阶段的监理业务(本书也将着重介绍建设工程施工阶段监理的相关知识)。

4. 建设工程监理的性质

1) 服务性

工程监理企业既不生产具体的产品，也不进行设计或施工；既不向建设单位承包工程，也不参与承包商的利益分配。在建设工程中工程监理企业利用所掌握的专业知识、技能和经验，为业主提供专业化的技术、管理和信息等方面的增值服务。工程监理企业的价值就在于这种专业化的服务，服务性也是建设工程监理的最根本属性。

2) 科学性

工程监理服务的顺利开展和完成，必须依靠一套科学的管理手段和方法，还要有能够灵活运用这些手段和方法、并有着丰富管理经验和协调能力的各类工程监理人员。工程建设领域新技术、新工艺、新材料和新设备不断涌现，市场的竞争日趋激烈，监理人员只有掌握了这些科学知识，实事求是、创造性地开展工作，才能有效地进行监理工作，才能更好地完成业主委托的项目建设监理任务。

3) 独立性

工程监理企业应当严格地按照有关法律、法规、规章、工程建设文件、工程建设技术标准、建设工程委托监理合同和有关建设工程合同等内容实施监理；在委托监理的工程中，工程监理企业与承建单位不得有隶属关系和其他利害关系；在开展工程监理的过程中，必须建立自己的组织，按照自己的工作计划、程序、流程、方法和手段，根据自己的判断，独立地开展工作。

4) 公正性

工程监理企业一方面与业主签订合同，接受其委托和授权对建设工程进行监督管理，在实施监理的过程中要维护其合法权益；另一方面，监理企业也要公正地对待被监督管理的承建单位应该享有的利益。在双方出现冲突或矛盾时，工程监理企业应当以法律为准绳，依据事实和双方签署的合同文件，公正地处理双方产生的分歧，在维护建设单位合法权益的同时，不损害承建单位的利益。

5. 现阶段我国建设工程监理的特点

(1) 建设工程监理的服务对象具有单一性。

在国际上，建设项目管理服务方可以为工程建设参与各方提供项目的管理、技术和信息等方面的服务。而在我国的建设工程监理制度下，工程监理企业只接受建设单位的委托，代表建设单位对承建单位的活动实行监督和管理，服务对象具有单一性的特点。从这个角度上看，可以认为我国的工程监理企业的项目管理实际上就是业主方的项目管理。

(2) 建设工程监理属于国家强制推行的制度。

1997年颁布的《建设法》规定了国家推行工程监理制度，2000年国务院颁布的《建设工程质量管理条例》对实行强制性监理的工程范围作了原则性规定，2001 年建设部颁布的《建设工程监理范围和规模标准规定》对实行强制性监理的工程范围作出了具体规定。为此，国家还设立了主管建设工程监理的专门机构，并明确了必须实行建设工程监理的工程范围。所以，我国工程监理制度是依靠行政手段和法律手段在全国范围内推行的。

(3) 建设工程监理具有监督功能。

工程监理企业不仅是在建设单位的授权下，对施工单位的施工活动进行监督管理，还可以对工程建设参与各方的建设行为进行监督和检举。前者是履行合同的表现，后者是社会责任的体现。我国工程监理企业的这种特殊地位有利于促进我国建设工程的健康发展。

(4) 市场准入采取双重控制。

我国对建设工程监理的市场准入采取了对企业资质和人员资质的双重控制，不仅要求不同资质的监理企业必须具有相应数量的注册监理工程师，而且还要求相应的监理人员要取得监理工程师执业资格等执业证书。这种市场准入双重控制的规定为保证我国建设工程监理队伍的基本素质、规范我国建设工程监理市场起到了积极的作用。

6. 建设工程监理的任务

目前，建设工程监理企业进行项目监理工作的任务，概括起来为“三控三管一协调”，即投资控制、进度控制和质量控制，合同管理、信息管理和安全管理以及组织协调。

1.1.3 建设程序和建设工程管理制度

1 建设程序

建设程序是指一项建设项目从酝酿、可行性研究、立项，到征地、拆迁、安置，再经过勘察、设计、施工，直至投产、运营或交付使用的整个过程中，应当遵循的内在规律。这个规律是人们在正确认识事物发展的客观规律基础上总结出来的，是建设项目能否顺利开展的基本保证。所以，科学的建设程序应当是在遵守建设程序客观规律的基础上，突出优化决策、择优选择和委托监理的原则。

从事建设工程活动必须严格执行建设程序，这是每一个建设工作者的职责，更是工程监理人员的重要职责。

2. 建设工程主要管理制度

1) 项目法人责任制

在市场经济体制下实行项目法人责任制的基本原则是谁投资，谁决策，谁承担风险。建立投资约束机制可以规范建设单位的建设行为，而且应当按照政企分开的原则组建项目法人，实行项目法人责任制，即由项目法人对项目的策划、资金筹措、建设实施、成本经营、债务偿还和资产的保值增值等，实行全过程负责的制度。

为了保证这项原则的实现，就必须引入专业的工程监理企业帮助业主完成项目的管理工作，所以建立项目法人责任制是实行建设工程监理制的必要条件；另外，实行了建设工程监理制，建设单位就可以根据自己的需要和有关的规定委托监理。监理企业协助业主做好“三控三管一协调”工作，为其在计划目标内实现建设项目提供基本保障。

2) 工程项目招标投标制

为了在工程建设领域引入竞争机制，择优选择勘察、设计、施工等单位，就需要实行工程项目招标投标制。

《中华人民共和国招标投标法》对招标范围、招标方式和程序、招标投标活动的监督等内容作出了相应的规定。

3) 建设工程监理制

在1988年建设部发布的《关于开展建设监理工作的通知》中就明确提出了要建立建设监理制度。在《建设法》中也作出了“国家推行建筑工程监理制度”的规定。

4) 合同管理制

为了使勘察、设计、施工、材料设备供应等单位和工程监理企业依法履行各自的责任和义务，在工程建设中必须实行合同管理制度。

合同管理制的实施对建设工程监理开展合同管理工作提供了法律上的支持。

1.2 监理人员与工程监理企业

1.2.1 工程监理人员及注册监理工程师执业资格考试

1. 工程监理人员及其岗位职责

工程监理人员是在工程监理企业从事工程监理以及相关工作的工程技术人员及辅助人员的统称，包括监理企业的总监理工程师、总监理工程师代表、监理工程师和监理员等。

1) 总监理工程师及其岗位职责

总监理工程师是指由监理单位法定代表人书面授权，全面负责委托监理合同的履行、主持项目监理机构工作的监理工程师。

总监理工程师应履行以下职责：

(1) 确定项目监理机构人员的分工和岗位职责；

(2) 主持编写项目监理规划和审批项目监理实施细则，并负责管理项目监理机构的日常工作；

(3) 审查分包单位的资质，并提出审查意见；

(4) 检查和监督监理人员的工作，根据工程项目的进展情况可进行监理人员调配，对不称职的监理人员应调换其工作；

(5) 主持监理工作会议，签发项目监理机构的文件和指令；

(6) 审定承包单位提交的开工报告、施工组织设计、技术方案和进度计划；

(7) 审核签署承包单位的申请、支付证书和竣工结算；

(8) 审查和处理工程变更；

(9) 主持或参与工程质量事故的调查；

(10) 调解建设单位与承包单位的合同争议、处理索赔和审批工程延期；

(11) 组织编写并签发监理月报、监理工作阶段报告、专题报告和项目监理工作总结；

(12) 审核签认分部工程和单位工程的质量检验评定资料，审查承包单位的竣工申请，组织监理人员对待验收的工程项目进行质量检查，参与工程项目的竣工验收；

(13) 主持整理工程项目的监理资料。

2) 总监理工程师代表及其岗位职责

总监理工程师代表是经监理单位法定代表人同意，由总监理工程师书面授权，代表总监理工程师行使其部分职责和权力的项目监理机构中的监理工程师。

总监理工程师代表应履行以下职责：

(1) 负责总监理工程师指定或交办的监理工作；

(2) 按总监理工程师的授权，行使总监理工程师的部分职责和权力。

总监理工程师不得将下列工作委托总监理工程师代表：

(1) 主持编写项目监理规划和审批项目监理实施细则；

(2) 签发工程开工/复工报审表、工程暂停令、工程款支付证书和工程竣工报验单；

(3) 审核签认竣工结算；

(4) 调解建设单位与承包单位的合同争议、处理索赔和审批工程延期；

(5) 根据工程项目的进展情况进行监理人员的调配，调换不称职的监理人员。

3) 监理工程师及其岗位职责

监理工程师是指取得国家监理工程师执业资格证书并经注册的监理人员。监理工程师应履行以下职责：

(1) 负责编制本专业的监理实施细则；

(2) 负责本专业监理工作的具体实施；

(3) 组织、指导、检查和监督本专业监理员的工作，当人员需要调整时，向总监理工程师提出建议；

(4) 审查承包单位提交的涉及本专业的计划、方案、申请和变更，并向总监理工程师提出报告；

(5) 负责本专业分项工程验收及隐蔽工程验收；

(6) 定期向总监理工程师提交本专业监理工作实施情况报告，对重大问题及时向总监理工程师汇报和请示；

(7) 根据本专业监理工作实施情况做好监理日记；

(8) 负责本专业监理资料的收集、汇总及整理，参与编写监理月报；

(9) 核查进场材料、设备、构配件的原始凭证、检测报告等质量证明文件及其质量情况，根据实际情况认为有必要时对进场材料、设备、构配件进行平行检验，合格时予以签认；

(10) 负责本专业的工程计量工作，审核工程计量的数据和原始凭证。

4) 监理员及其岗位职责

监理员是指经过监理业务培训，具有同类工程相关专业知识，从事具体监理工作的监理人员。

监理员应履行以下职责：

(1) 在专业监理工程师的指导下开展现场监理工作；

(2) 检查承包单位投入工程项目的人力、材料、主要设备及其使用和运行状况，并做好检查记录；

(3) 复核或从施工现场直接获取工程计量的有关数据并签署原始凭证；

(4) 按设计图及有关标准，对承包单位的工艺过程或施工工序进行检查和记录，对加工制作及工序施工质量检查结果进行记录；

(5) 担任旁站工作，发现问题及时指出并向专业监理工程师报告；

(6) 做好监理日记和有关的监理记录。

2. 注册监理工程师执业资格考试

我国对监理工程师的要求是必须取得注册监理工程师执业资格证书的人员，才允许以监理工程师的名义开展监理工作。监理工程师注册制度是政府对监理从业人员实行市场准入控制的有效手段。

1) 注册监理工程师考试制度

为了促使监理人员努力钻研监理业务，提高业务水平，统一监理工程师的业务能力标准，公正地确定监理人员是否具备监理工程师资格，合理建立工程监理人才库，便于同国际接轨、开拓国际工程监理市场，我国建立了监理工程师执业资格考试制度。

报考监理工程师应具备一定的学历要求，还要有一定年限的工程建设实践经验。该考试每年组织一次，考生必须在连续两个年度通过所有考试科目。考试主要考查工程建设监理基本理论，工程质量、投资、进度控制相关知识，合同管理，涉及工程监理的相关法律法规等方面的理论知识和实务技能。

2) 监理工程师注册

监理工程师的注册，根据注册内容不同分为三种形式，即初始注册、延续注册和变更注册。

通过考试的人员由省级建设行政主管部门核发《监理工程师执业资格证书》后，可以申请监理工程师初始注册。国务院建设行政主管部门对监理工程师初始注册随时受理审批，并实行公示公告制度，对符合注册条件的进行网上公示，经公示未提出异议的予以批准确认。监理工程师初始注册有效期为 3 年，注册有效期满要求继续执业的，需要办理延续注册，有效期也为 3 年。凡是注册内容发生变更的，如变更执业单位、注册专业等内容，都需要进行变更注册。

3) 监理工程师的继续教育

注册后的监理工程师，仍应该不断更新知识，扩大知识面，通过继续教育使注册监理工程师及时掌握与工程监理有关的政策、法律、法规和标准规范，熟悉工程监理与工程项目管理的新理论、新方法，了解工程建设新技术、新材料、新设备及新工艺，不断提高注册监理工程师业务素质和执业水平，以适应开展工程监理业务和工程监理事业发展的需要。

我国对注册监理工程师的继续教育学时要求是在每一个注册有效期(3 年)内应接受 96 学时的继续教育，其中必修课和选修课各占一半。继续教育可以选择集中面授和网络教学两种方式进行。

3. 监理工程师的法律地位和法律责任

监理工程师的主要业务是受聘于工程监理企业，代表工程监理企业从事工程监理业务。监理工程师的法律地位主要表现为受托人的权利和义务。

监理工程师的法律责任主要来源于法律法规的规定和委托监理合同的约定。根据监理工程师的行为可将监理工程师承担的法律责任分为承担监理责任和承担连带责任。

监理工程师有下列行为之一者，则要承担一定的监理责任：

(1) 未对施工组织设计中的安全技术措施或专项施工方案进行审查；

(2) 发现安全事故隐患未及时要求施工单位整改或者暂时停止施工；

(3) 施工单位拒不整改或者不停止施工，未及时向有关主管部门报告；

(4) 未依照法律、法规和工程建设强制性标准实施监理。

监理工程师有下列行为之一者，则要与质量安全事故责任主体一同承担连带责任：

(1) 违章指挥或者发出错误指令，引发安全事故的；

(2) 将不合格的建设工程、建筑材料、建筑构配件和设备按照合格签字，造成工程质量事故，由此引发安全事故的；

(3) 与建设单位或者施工企业串通，弄虚作假、降低工程质量，从而引发安全事故的。

由此可见，若监理工程师“不作为”，则应承担监理责任；若监理工程师“违规做”，并且造成安全事故的，应当承担连带责任。

1.2.2 工程监理企业的分类

建设工程监理企业可以按照以下不同的分类方法进行分类：按照资质管理等级分为综合资质、专业资质和事务所资质监理企业，其中专业资质又可分为甲级、乙级和丙级(其中，只有房屋建筑工程、水利水电工程、公路工程和市政公用工程 4 种专业工程类别设有丙级)；按照工程类别又可分为房屋建筑工程、水利水电工程、公路工程、市政公用工程、冶炼工程、矿山工程、化工石油工程、电力工程、农林工程、铁路工程、港口与航道工程、航天航空工程、通信工程和机械电子工程 14 个专业类别；按照隶属关系分为具有独立法人资格的工程监理企业和附属机构工程监理企业；按照经济性质分为全民所有制工程监理企业、集体所有制监理企业和私有制工程监理企业；按照组建方式可以分为公司制监理企业、合伙监理企业、个人独资监理企业、中外合资经营监理企业和中外合作经营监理企业。

1.2.3 工程监理企业资质管理制度

1. 工程监理企业的资质申请

工程监理企业申请资质，一般要到企业注册所在地的县级以上地方人民政府建设行政主管部门办理有关手续。新设立的工程监理企业申请资质，应当先到工商行政管理部门登记注册并取得企业法人营业执照后，才能到建设行政主管部门办理资质申请手续。

2. 工程监理企业的资质等级标准和业务范围

对工程监理企业进行资质管理的制度是我国政府实行市场准入控制的有效手段。工程监理企业资质是企业技术能力、管理水平、业务经验、经验规模、社会信誉等综合性实力指标。

工程监理企业应当按照所拥有的注册资本、专业技术人员数量和工程监理业绩等资质条件申请资质，经审查合格，取得相应等级的资质证书后，才能在其资质许可的范围内从事工程监理活动。

3. 工程监理企业资质审批程序

工程监理企业申请综合资质、专业甲级资质的，要向企业工商注册所在地的省、自治区、直辖市人民政府建设主管部门提出申请，经审查后，报国务院建设行政主管部门审批，涉及铁道、交通、水利、信息产业、民航等专业的工程监理资质，需经相关部委初审后报国务院建设行政主管部门审批。

工程监理企业申请专业乙级、丙级资质和事务所资质的，由企业所在地的省、自治区、直辖市人民政府建设主管部门审批。

4. 工程监理企业的资质管理

根据我国现阶段管理体制，我国工程监理企业的资质管理确定原则是分级管理、统分结合，按中央和地方两个层次进行管理。

国务院建设行政主管部门负责全国工程监理企业资质的统一管理工作，省、自治区、直辖市人民政府建设行政主管部门负责本行政区域内工程监理企业资质的统一管理工作。涉及铁道、交通、水利、信息产业、民航等专业的，由相应部门配合同级的建设行政主管部门实施相关类别的工程监理企业资质管理工作。

1.2.4　工程监理企业经营管理

工程监理企业从事经营活动必须遵守守法、诚信、公正、科学的基本准则，只有这样才能维护建设市场的稳定和繁荣，才能满足企业健康发展的需要。

1. 取得监理业务的基本方式

取得监理业务的基本方式有两种，一种是通过投标竞争取得监理业务，第二种是由业主直接委托取得监理业务。通过投标取得监理业务，是市场经济体制下比较普遍的形式。《中华人民共和国招标投标法》明确规定，关系公共利益安全、政府投资、外资工程等实行监理必须招标。在不宜公开招标的机密工程或没有投保竞争对手的情况下，在工程规模比较小、监理业务比较单一或者对原工程监理企业的续用等情况下，业主也可以直接委托工程监理企业。

2. 工程监理费的构成

建设工程监理费是指业主依据委托监理合同支付给监理企业的监理酬金，包括直接成本、间接成本、税金和利润。

1) 直接成本

(1) 监理人员和监理辅助人员的工资、奖金、津贴、补助和附加工资等；

(2) 用于监理工作的常规检测工器具、计算机等办公设施的购置费和其他仪器、机械的租赁费；

(3) 用于监理人员和辅助人员的其他专项开支，包括办公费、通讯费、差旅费、书报费、文印费、会议费、医疗费、劳保费、保险费和休假探亲费等；

(4) 其他费用。

2) 间接成本

(1) 管理人员、行政人员以及后勤人员的工资、奖金、补助和津贴；

(2) 经营性业务开支，包括为招揽监理业务而发生的广告费、宣传费和有关合同的公证费等；

(3) 办公费，包括办公用品、报刊、会议、文印和上下班交通费等；

(4) 公用设施使用费，包括办公使用的水、电、气、环卫和安保等费用；

(5) 业务培训费、图书和资料购置费；

(6) 附加费，包括劳动统筹、医疗统筹、福利基金、工会经费、人身保险、住房公积金和特殊补助等；

(7) 其他费用。

3) 税金

按照国家规定，工程监理企业应交纳的各种税金，如营业税、所得税、印花税等。

4) 利润

工程监理企业的监理活动收入扣除直接成本、间接成本和各种税金之后的余额。

3. 工程监理收费价格体系

我国建设工程监理与相关服务收费根据建设项目投资额的不同情况，分别实行政府指导价和市场调节价。

工程监理与相关服务收费要体现优质优价的原则。在保证工程质量的前提下，由于监理企业提供的监理与相关服务而节省投资、缩短工期、取得显著经济效益的，发包人可根据合同约定奖励监理企业。

4. 监理费的计算方法

监理费的计算方法一般由业主与工程监理企业协商确定。常用的工程监理费计算方法一般包括：

1) 按建设工程投资的百分比计算法

这种方法是按照工程规模大小和委托的监理工作的复杂程度，以建设工程投资总额的百分比来计算的一种方法。此方法比较简单，业主和工程监理企业均容易接受，也是国家制定监理取费标准的主要形式。采用这种方法的关键问题就是确定计算监理费的基数。

一般情况下，新建、改建、扩建工程以及较大型的技术改造工程所编制的工程概(预)算就是初始计算监理费的基数，工程结算时再按实际工程投资进行调整。作为计算监理费基数的工程概(预)算仅限于委托监理的工程部分。

2) 按工资加一定比例的其他费用计算法

这种方法是以项目监理机构监理人员的实际工资为基数乘上一个系数而计算出来的。

这个系数包括了应有的间接成本、税金和利润等。

在核定监理人员数量和监理人员的实际工资方面，业主与工程监理企业之间难以取得完全一致的意见。所以，除了监理人员的工资外，其他各项直接费用等均由业主另行支付。由于在人员数量和监理人员的实际工作方面，业主与工程监理企业单元难以取得完全一致意见，所以一般情况下，较少采用。

3) 固定价格计算法

这种方法是指在明确监理工作内容的基础上，业主与监理企业协商一致确定的固定监理费，或监理企业在投标中以固定价格报价并中标而形成的监理合同价格。如住宅工程的监理费，可以按单位建设面积的监理费乘以建设面积确定监理总价。使用固定价格计算法，若工作量有所增减时一般也不调整监理费。

这种方法适用于监理内容比较明确、建设周期不长而且监理工作内容不会有较大调整的中小型工程监理费的计算中，业主和工程监理企业都不会承担较大的风险。

4) 按时计算法

这种方法是根据委托监理合同约定的服务时间(时、日或月)，按照单位时间监理服务费来计算监理费的总额。单位时间的监理服务费一般是以工程监理企业员工的基本工资为基础，加上一定的管理费和利润(税前利润)。

采用这种方法，监理人员的差旅费、资料费以及试验和检验费、交通费等均由业主另行支付，适用于临时性、短期的监理业务，或者不宜按工程概(预)算的百分比等其他办法计算监理费的监理业务。其中单位时间监理费的标准比工程监理企业内部实际的标准要高得多。

1.3　建设工程目标控制

1.3.1　目标控制概述

管理学中的控制是指为了保证组织目标和计划得以实现，对实际工作进行测量、衡量和评价，并采取相应措施纠正各种偏差的过程。

1. 控制流程及其特点：

建设工程控制流程是指在实施工程建设的控制过程中，采取一定的控制手段和方法使目标得以实现，而应当遵循的客观规律和程序。如在从事建设活动中，必须遵守先勘察再设计后施工的客观规律。若违反了这个规律，必然会导致控制目标难以实现的后果。

控制流程应具有以下特征：

1) 动态控制原理

在工程实施过程中，一个问题解决了又会有新的问题出现，只有不断地进行控制，才能使工程建设逐步推进。同时，由于系统本身状态和外部环境的不断变化，相对地就要求控制工作也要随之变化。此外，有时已采取的控制措施本身也要进行调整或控制。这就表现出控制流程的动态控制原理。

2) 有限循环

控制流程并非一直会进行下去。一项工作完成，针对本工作的控制流程就会结束；该工程结束，本工程的所有控制也会结束。所以，控制流程具有有限循环的特点。

3) 周期性循环

对于建设工程目标控制系统来说，由于收集数据、分析偏差、制定纠偏措施等都需要时间完成，这些工作不能同时瞬间完成，因此，控制表现为周期性循环的特点。

2. 控制流程的基本环节

我们可以将控制流程抽象为投入、转换、反馈、对比和纠正五个基本环节，如图 1-1 所示。

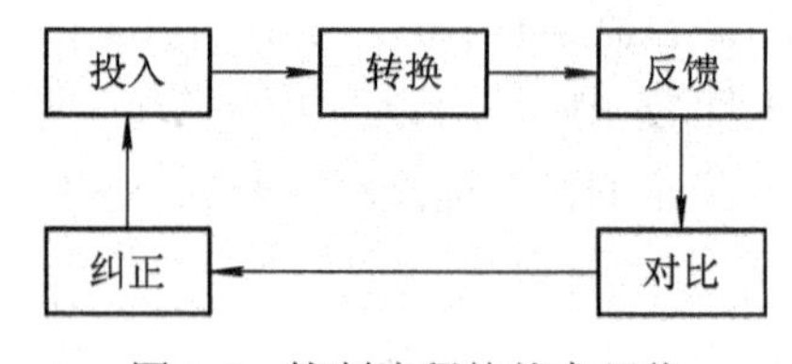

图 1-1　控制流程的基本环节

1) 投入

所有投入到工程控制系统的各种资源和条件均可抽象为投入。如不仅可以包括投入的人员、材料、机械、资金等，还可包括投入的方法、手段、信息等资源。只要能为项目管理目标服务的各种资源均包括在其中。

2) 转换

所谓转换就是由投入到产出的生产过程。如投入水泥、沙子、石、施工方案、人员、机械等资源，最后生产出混凝土。所以，这种由投入各种资源或条件到生产出成品或者半成品的过程都可以抽象为转换。

3) 反馈

为了有效掌握计划执行的效果，就需要对执行情况进行调查，从而设计信息反馈系统，搜集和整理有价值的信息，为信息使用者提出相应措施提供依据。

4) 对比

想要知道建设工程的实施是否正常，就需要将实际发生的情况和计划进行比较，从中找到差异，这种比较就是对比。对比的目的就是为了发现实施计划的过程中是否发生了偏离，以便确定是否应该采取相应措施。

5) 纠正

纠正的目的是通过一系列的手段，使发生偏差的计划回到正常轨道上来或者缩小偏差，进而完成计划目标的过程。偏差有大有小，对于较小的偏差可以直接纠偏，使建设工程仍可按原计划实施和完成；但是对于出现了较大偏差的建设工程，显然不能完成原定计划时，只能采取必要的各种手段最大程度地缩小这种偏差，使损失降到最低程度。

3. 控制类型

根据划分依据不同，可将控制分为不同的类型。如按照控制措施作用于控制对象的时间，可分为事前控制、事中控制和事后控制；按照控制信息的来源，可分为前馈控制和反馈控制；按照控制过程是否形成闭合回路，分为开环控制和闭环控制；按照控制措施制定的出发点，可分为主动控制和被动控制。控制类型的划分是主观的，而控制措施本身是客观的，因此，同一控制措施可以表述为不同的控制类型。

1) 主动控制

主动控制是指在预先分析各种风险因素及其导致的目标偏离的可能性和程度的基础上，提出有针对性的预防措施，使偏离被控制在预定的范围内的控制。主动控制是面向未来的控制，是一种积极的控制，包括事前控制、前馈控制和开环控制等。

2) 被动控制

被动控制是从计划的实际输出中发现偏差，通过对产生偏差原因的分析，研究制定纠偏措施，以使偏差得以纠正，工程实施恢复到原来的计划状态，或虽然不能恢复到原来状态但可以减少偏差的严重程度。被动控制是属于亡羊补牢式的控制，包括事中控制、事后控制、反馈控制和闭环控制等。所以，被动控制也可以说是一种面向现实的控制。

3) 主动控制和被动控制的关系

在建设工程实施过程中，如果仅仅采取被动控制措施，难以实现预定的目标。但是，仅仅采取主动控制措施也是不现实的，或者说是不可能的，有时可能是不经济的。所以，对于建设工程目标控制来说，主动控制和被动控制两者缺一不可，应将主动控制与被动控制紧密结合起来使用。

1.3.2　建设工程三大目标之间的关系

建设工程监理的目标就是完成建设项目的投资目标、进度目标和质量目标，这三大目标构成了建设工程的一个目标系统。他们之间是一种既对立又统一的关系。

1. 对立关系

对立关系体现在不能奢望投资、进度和质量三大目标同时达到最优。如要追求更好的质量必定会引起投资的增加或工期的延长；要缩短工期就会引起费用增加，同时还会对产品质量控制产生不利影响；如果降低了投资额，则会引起产品质量下降，等等。

一般认为，为确保一个目标的实现采取一定的措施，而引起另一个目标不能实现或者完成的效果下降，则这两个目标之间就是对立关系。

2. 统一关系

对于建设工程三大目标之间的统一关系，需要从不同角度分析和理解。例如，加快进度要增加费用，但也会使工程提早投入使用、发挥效益，从总投资角度来说是节约；严格进行质量控制虽然会增加一些费用，但是与出现质量事故再去处理所花费的费用要少得多；要提高功能和质量要求要增加投资，但也会降低以后的运行费用和维修费用，从工程总投资角度来说也是节约，等等。所以，如果采取某种措施可以同时实现或提高三大目标中的两个目标控制的要求和效果，则这两个目标之间就是统一关系。

1.3.3　建设工程目标控制的含义

建设工程投资、进度和质量控制的含义既有区别，又有内在联系和共性。

1. 建设工程控制的目标

建设工程控制的目标，就是通过控制工作和具体的控制措施，在保证其他两个目标的前提下，使目标控制得到更好的控制效果。也就是说，使三个目标均得到实现或达到最佳的控制组合。

2. 系统控制

投资、进度和质量控制是同时进行的，他们都是构成整个建设工程目标系统所实施的控制活动的组成部分，在实施一个目标控制措施时，必须兼顾对其他两个目标的影响，不能片面地只强调一个目标的控制，而忽略了对其他两个目标的不利影响。只有协调好三者之间的关系，对投资、进度和质量三大目标进行反复协调和平衡，才能使整个目标系统达到最优。

总之，系统控制的核心思想就是要实现目标规划与目标控制之间的统一，实现三大目标控制的统一。

3. 全过程控制

建设工程全过程包括投资决策阶段、实施阶段和交付使用或运用三个阶段。其中实施阶段的全过程包括设计阶段(包括设计准备)、招标投标阶段、施工阶段以及竣工验收和保修阶段。全过程控制就是指在建设工程各个阶段，都要进行投资、进度和质量控制。

1) 投资控制

在建设工程实施过程中，累计投资在设计阶段和招标阶段缓慢增加，进入施工阶段后则迅速增加；到施工后期，累计投资的增加又趋于平缓。另一方面，节约投资的可能性(或影响投资的程度)从设计阶段到施工开始前迅速降低，其后的变化就相当平缓了。累计投资和节约投资可能性的上述特征可用图 1-2 表示。

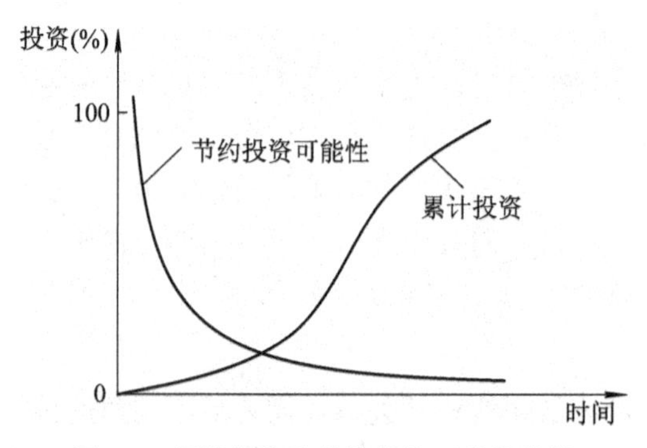

图 1-2　累计投资和节约投资可能性曲线

图 1-2 说明，对于实施阶段的全过程控制中，建设工程实际投资主要发生在施工阶段，但节约投资的可能性却主要在施工以前的阶段，尤其是在设计阶段。所以，在进行投资控制时必须对整个建设过程的各个阶段都要加以控制。

2) 进度控制

实践证明，越早开展进度控制，进度控制的效果就会越好。业主方整个建设工程的总进度计划包括征地、拆迁、安置、施工现场准备、勘察、设计、材料和设备供应采购及施工等很多内容。

在编制进度计划时还要充分考虑各阶段工作之间的合理搭接，抓好关键线路的工作。只有较早介入进度计划的编制和控制，才能使整个进度计划目标能够比较好地实现。

3) 质量控制

一个建设工程的质量与工程建设各个阶段的质量形成都有关系。设计阶段主要解决“做什么”和“怎么做”的问题；招投标阶段主要解决“谁来做”的问题；而施工阶段是将想法变为实体的关键阶段。设想的再好而忽视了施工质量，是不能得到一个质量有保证的工程；同样，再强调施工质量，倘若设计粗制滥造，也不能完成一个质量合格的工程。所以，无论忽视哪个阶段的质量都会影响最终的建设工程质量。

4) 全方位控制

影响投资、进度和质量的因素和内容都非常多，忽视哪个因素都有可能对目标控制产生不利影响。但这种影响是有大有小的，如果对所有影响因素和内容都进行控制显然是不经济的或者是不现实的。只有对影响目标控制的主要因素或主要方面加以控制，才能利用有限的资源和精力，使投资目标、进度目标和质量目标都得以较好的完成。

1.3.4 建设工程施工阶段目标控制的任务和措施

1. 施工阶段目标控制的任务

1) 投资控制的任务

施工阶段投资控制的主要任务是通过工程款控制、工程变更费用控制、预防并处理好费用索赔和挖掘节约投资潜力来努力实现实际发生的费用不超过计划投资。

作为监理人员要做好资金使用计划的审查、付款审核控制、工程变更控制、索赔控制和工程结算书审核控制等各项工作，以实现投资控制的任务。

2) 进度控制的任务

进度控制的主要任务是通过完善进度控制计划、审查施工单位的进度计划、做好各项动态控制工作、协调各单位关系和预防并处理好工期索赔，力求实际施工进度达到计划施工进度的要求。

3) 质量控制的任务

质量控制的主要任务是审查施工单位的施工方案，审查质量责任制的建立与落实，进行进场材料、设备、构配件的检查与验收，审查分包单位资质，组织检验批、分部、分项工程的质量验收，组织单位工程的竣工预验收，签署工程质量评估报告和参与竣工验收与质量事故处理等，以期工程能按标准达到预定的质量目标。

2. 施工阶段目标控制的措施

为了取得较好的目标控制成果，就必须采取一定的控制措施。通常的控制措施有以下四种：

1) 组织措施

组织措施是从组织管理的角度采取一系列措施进行控制的方法。如落实目标控制的组织结构和人员，确定各级控制人员的职责分工，改善目标控制的流程等。组织措施一般不需增加多少费用就会得到比较好的控制效果，往往优先采用。

2) 技术措施

技术措施是指通过选择不同的技术手段和方法，进行目标控制的一种措施。如在混凝土浇筑时采取商品混凝土还是采用现场搅拌的施工方案，在土方开挖施工中采用人工开挖方案还是采用挖掘机开挖的施工方案，等等。

采取不同的技术措施，就会有不同的经济效果，往往对投资、进度和质量等都会有影响。所以，一定要防止片面地仅从技术角度选择方案。

3) 经济措施

经济措施是人们最容易接受和经常采用的措施。不仅可以通过审核工程量、付款与结算进行控制，还可以通过偏差分析发现会引起未完工程费用增加的影响因素，进而可以提前采取措施进行控制。经济措施往往也是最简单易行和效果最为明显的措施，但也要付出投资增加的代价。

4) 合同措施

合同措施包括拟定合同条款、参加合同谈判、处理合同纠纷、防治和处理索赔等措施，还包括协助业主确定对目标控制有利的建设工程组织管理模式和合同结构，分析不同合同之间的相互联系和影响，对每一个合同做总体和具体的分析等。在采取合同措施时要特别注意合同中所规定的业主和监理工程师义务和责任。

综上所述，在进行目标控制时，采取哪种措施或哪几种措施组合需要目标控制人员统筹考虑，既要满足目标控制措施能达到比较好的控制效果，也要考虑实施这些措施所付出的代价。

1.4 建设工程风险管理

1.4.1 风险管理概述

1. 风险及相关概念

1) 风险

关于风险目前仍没有统一的定义。但是风险均具备两方面的条件：一是不确定性，二是产生损失后果。只有两个条件同时具备才可以认为是风险。所以，我们一般认为肯定会发生损失后果的事件不是风险，而没有损失后果的不确定性事件也不是风险。

2) 风险因素

风险因素是指能产生或增加损失概率和损失程度的条件或因素，是风险事件发生的潜在原因，是造成损失的内在或间接原因。如道路湿滑、酒后驾车等就是发生车祸的风险因素。

3) 风险事件

风险事件是指造成损失的偶发事件，是造成损失的外在原因或直接原因，如失火、雷电、地震、偷盗等事件。但是，要注意把风险事件与风险因素区分开来，例如道路湿滑可能会导致车祸的发生，但并不是只要出现道路湿滑都会发生交通事故，在这里，道路湿滑属于风险因素，而若发生车祸，那么车祸才是风险事件。

4) 损失

损失是指非故意的、非计划的和非预期的经济价值的减少，通常是以货币单位来衡量。如上述例子，发生车祸就会造成车辆损毁、人员伤亡等损失。对于建设工程的损失应该找出一切已经发生、可能发生或者以后会发生的损失并且进行深入分析，即使做不到定量分析，至少也要做定性分析，以便对损失后果有一个比较全面而客观的估计。

5) 损失机会

损失机会就是损失出现的概率。概率分为客观概率和主观概率两种。客观概率是某事件在长时期内发生的频率，是客观存在的普遍规律，其本身是不以人的主观判断为转移的，如抛硬币每一面出现的概率各为二分之一，不论谁抛硬币，最终均会得到相同的概率结果。而主观概率是个人对某事件发生可能性的估计。如某人判断一个工程风险比较大，出现损失的概率较大；而另一个人却有可能得出项目盈利的可能性较大。这是因为统计都是由人来完成的，不同的人做出的概率统计结果都会有差异，这种差异主要与个人所掌握的专业知识、工作经验、受教育程度等有关系，还可能与自身的性格、年龄、阅历等有关。

风险因素、风险事件、损失和风险之间的关系是一种多米诺骨牌关系，前一个“骨牌”倾倒就会引起后面的“骨牌”依次倾倒，如图 1-3 所示。

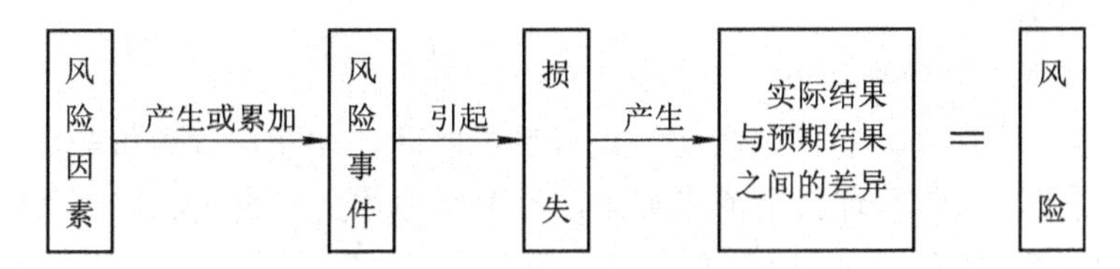

图 1-3　风险因素、风险事件、损失与风险之间的关系

2. 风险的分类

风险可根据不同的角度进行分类。常见的风险分类方式有以下几种：

1) 按风险造成的后果分类

按风险所造成的后果分为纯风险和投机风险。纯风险是指只会造成损失而不会带来收益的风险，如地震、海啸等自然灾害等。投机风险是指既可能造成损失也可能创造额外收益的风险，如投资一个风险很大的一个建设工程，若经营得好也会有丰厚的利润。

2) 按风险产生的原因分类

按风险产生的原因分为政治风险、社会风险、经济风险、自然风险和技术风险等。除了自然风险和技术风险是相对独立的以外，其他风险之间存在一定的联系，有时表现为相互影响关系，有时又表现为因果关系，难以截然分开。

3) 按风险的影响范围分类

按风险的影响范围分为基本风险和特殊风险。基本风险是指作用于整个经济或大多数人群的风险，如战争、自然灾害等。特殊风险是指作用于某一特定单位或群体的风险，不具有普遍性，如房屋失火、车祸导致身体受到伤害等。

3. 建设工程风险管理

1) 建设工程风险管理的概念

所谓风险管理，就是人们对潜在的意外损失进行辨识与评估，并根据具体情况采取相应措施进行处理的过程，从而在主观上尽可能做到有备无患，或在客观上虽然无法避免，但能寻求切实可行的补救措施，以减少实际损失的大小或发生的概率。

建设工程风险管理是指参与工程建设的各方，在工程项目的筹划、勘察设计以及工程施工各阶段采取的辨识、评估和处理工程项目风险的管理过程。

2) 建设工程风险的特点

建设工程的建设周期一般均持续时间较长，所涉及到的风险因素和风险事件较多，有些风险因素和风险事件发生的概率也非常大。这些风险因素和风险事件一旦发生，往往造成比较严重的损失后果。所以，建设工程具有风险大的特点。

另外，一个建设工程都会有很多不同的单位参与完成，不同的单位在这个建设工程中会面临不同问题，也就会有不同的风险因素。所以，参与工程建设的各方均有风险，但各方的风险不尽相同。

3) 建设工程风险管理过程

建设工程风险管理就是一个识别、确定和度量风险，并制定、选择和实施风险处理的过程。建设工程风险管理过程包括风险识别、风险评价、风险对策决策、风险决策的实施和检查五个环节的内容。

4) 建设工程风险管理目标

风险管理是一项有目的的管理活动，只有目标明确，才能进行评价与考核，从而起到有效的作用。否则，风险管理就会流于形式，没有实际意义，也无法评价其效果。

在确定风险管理的目标时，通常要令风险管理目标与风险管理主体的总体目标相一致；要使目标具有实现的客观可能性，同时目标必须明确，以便于正确选择和实施各种方案，并对其实施效果进行客观评价；此外，目标必须具有层次性，以利于区分目标的主次，提高风险管理的综合效果。

5) 建设工程项目管理与风险管理的关系

风险管理是为目标控制服务的，是项目管理理论体系的一个部分。但是，风险管理并不是与投资控制、进度控制、质量控制、合同管理、信息管理、安全管理和组织协调并列的一个独立的部分，而是将以上几个方面与风险有关的内容综合而成的一个独立部分。

采取定量分析和评价各种风险因素和风险事件对建设工程预期目标和计划的影响，会使目标规划更合理，使计划更可行。特别大型、复杂的建设工程，如果不从早期开始进行风险管理，则很难保证其目标规划的合理性和计划的可行性。

1.4.2　建设工程风险识别

风险识别是风险管理的首要步骤，是指通过一定的方式，系统而全面地识别出影响建设工程目标实现的风险事件并加以适当归类的过程。必要时，还需要对风险事件的后果做出定性的估计。

风险识别的结果是建立建设工程风险清单。建设工程风险识别过程如图1-4所示。其核心工作是建设工程风险分解和识别建设工程风险因素、风险事件及后果。

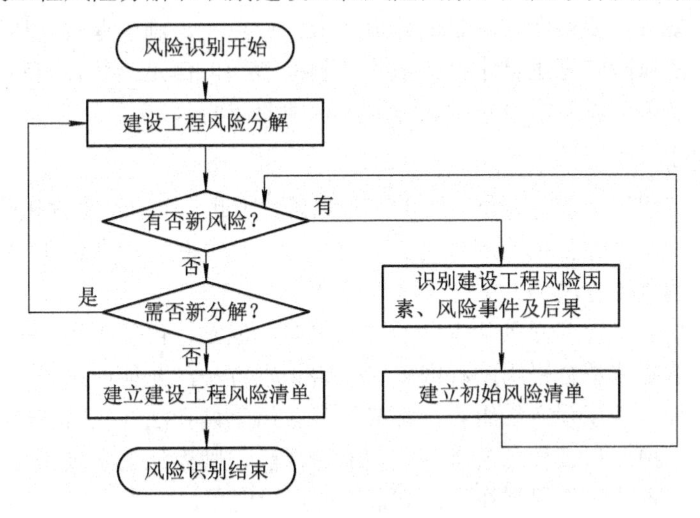

图1-4　建设工程风险识别过程

对于建设工程风险识别的方法有以下几种：

1. 专家调查法

专家调查法是指通过向专家问卷或者召集专家开会讨论的方式进行风险调查的一种风险识别方法。在采取专家调查法时，同时还应考虑选择专家的面应尽可能广泛些并应具有代表性和普遍性。最后，对专家的意见由风险管理人员归纳、整理并分析。

2. 财务分析法

财务分析法是通过分析财务报表来识别风险的方法。财务报表法有助于确定一个特定企业或特定的建设工程可能遭受哪些损失以及在何种情况下遭受，因此通过分析资产负债表、现金流量表、营业报表及有关补充资料，可以识别企业当前的所有资产、责任及人身损失风险。将这些报表与财务预测、预算结合起来，还可以发现企业或建设工程未来的风险。

3. 流程图法

流程图法是将一项特定的生产或经营活动按步骤或阶段顺序以若干个模块形式组成一个流程图系列，在每个模块中都标出各种潜在的风险因素或风险事件，从而给决策者一个清晰的总体印象。由于建设工程实施的各个阶段是确定的，因而关键在于对各阶段所得到的风险因素和风险事件的识别。

4. 初始清单法

由于建设工程面临的风险有些是共同的或相似的，所以，可以事先建立具有普遍性的初始清单，在清单中列出一般建设工程会出现的风险因素和典型的风险事件，当具体某个工程需要进行风险识别时，再使用这个初始清单进行风险识别。这样做既可以降低风险识别的成本，又可以提高风险识别的效率。

5. 经验数据法

经验数据法也称为统计资料法，它是根据已建各类建设工程与风险有关的统计资料来识别拟建设工程的风险的方法。不同的风险管理主体都应有自己关于建设工程风险的经验数据或统计资料。

统计资料的来源主要是参与项目的建设各方，如业主、施工单位、监理单位、设计单位等。虽然不同的风险管理主体掌握的数值资料有差别，但是当统计资料足够多时，借此建立的初始风险清单可以满足对建设工程风险识别的需要。

6. 风险调查法

不同的建设工程不可能有完全一致的工程风险，因此，在建设工程风险识别的过程中，花费人力、物力和财力进行风险调查是必不可少的。这既是一项非常重要的工作，也是建设工程风险识别的重要方法。

综上所述，虽然建设工程风险识别的方法很多，但是，仅仅采用一种风险识别方法是远远不够的，一般都应综合采用两种或多种风险识别方法，才能取得较为满意的结果。而且，不论采用何种风险识别方法组合，都必须包含风险调查法，只有这样才能对风险有一个全面和客观的掌握。从某种意义上讲，前五种风险识别方法的主要作用在于建立初始风险清单，而风险调查法的作用则在于建立最终的风险清单。

1.4.3 建设工程风险评价

建设工程风险评价是将建设工程风险事件发生的可能性和损失后果进行定量化的过程。风险评价的结果主要在于确定各种风险事件发生的概率及其对建设工程目标影响的严重程度。

在定量评价建设工程风险时，首要工作是将各种风险发生的概率及其潜在损失定量化。在此，引入风险量的概念，即各种风险的量化结果，其数值大小取决于各种风险的发生概率及其潜在损失。如果以 R 表示风险量，p 表示风险发生概率，q 表示潜在损失，则 R 可以表示为 p 和 q 的函数，即

$$R = f(p, q) \tag{1-1}$$

在风险管理理论和方法中，在多数情况下是以离散形式来定量表示风险发生的概率及其损失，因而风险量 R 相应地表示为

$$R = \sum p_i \cdot q_i \tag{1-2}$$

与风险量有关的另一个概念是等风险量曲线，如图 1-5 所示。

图 1-5 表明，风险发生的概率同潜在的损失大小成反比关系；另外，风险量越远离原点，表明风险量越大，反之则风险量越小。因此，图中有 $R_1 < R_2 < R_3$ 的关系。

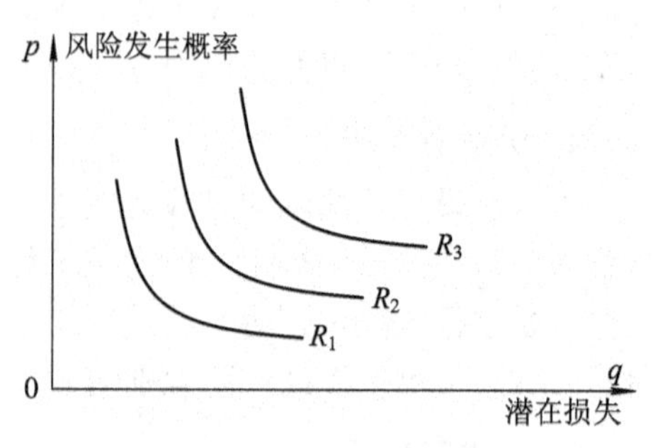

图 1-5 等风险量曲线

在风险衡量过程中，建设工程风险被量化为关于风险发生概率和损失严重性的函数，但在选择对策之前，还需对建设工程风险作出相对比较，以确定建设工程风险的相对严重性。

等风险量曲线(图 1-5)指出，在风险坐标图

上，离原点位置越近则风险量越小。据此，可以将风险发生概率和潜在损失分别分为 L、M 和 H 三个区间，从而将等风险量图分为 LL、ML、HL、LM、MM、HM、LH、MH 和 HH 九个区域，在这九个区域中有些区域的风险量是大致相等的。所以，可以将风险量的大小分为如图 1-6 所示的五个等级。其中：

VL——发生概率和潜在损失均小(LL)。

L——发生概率为中，但潜在损失为小(ML)；或发生概率为小，潜在损失为中(LM)。

M——表示发生概率和潜在损失为中(MM)；或发生概率为大，但潜在损失为小(HL)；或发生概率为小，但潜在损失为大(LH)。

H——表示发生概率为中，但潜在损失为大(MH)；或发生概率为大，但潜在损失为中(HM)。

VH——表示发生概率和潜在损失均为大(HH)。

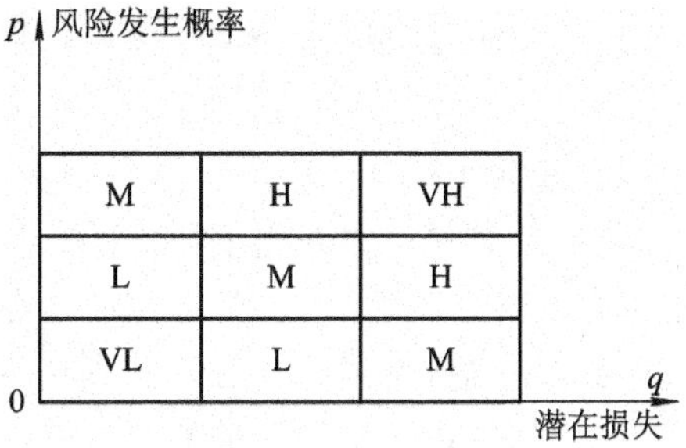

M	H	VH
L	M	H
VL	L	M

图 1-6　风险等级图

1.4.4　建设工程风险对策决策

风险对策是为风险管理目标服务的，也就是为目标控制服务的，而且相对于一般的目标控制措施而言，风险对策更强调主动控制。风险对策决策就是选择应对建设工程风险的最佳对策组合的过程。

一般来说，风险管理中运用风险回避、损失控制、风险自留和风险转移四种对策。这些风险对策的适用对象各不相同，需要根据风险评价的结果，对不同的风险事件选择最适宜的风险对策，从而形成最佳的风险对策组合。

1. 风险回避

风险回避是以一定的方式中断风险源，使其不发生或者不再发展，从而避免可能产生的潜在损失。在采用风险回避时，还要注意几个问题。首先，回避一种风险可能产生另一种新的风险。例如，在地铁建设中，采用明挖法施工有支撑失败、顶板坍塌等风险，而为回避这种风险采用逆作法施工，则可能会产生地下连续墙失败等新的风险。其次，回避风险的同时也失去了从风险中获益的可能性。例如，放弃风险很大的投资项目，也就意味着要想从中获得丰厚的回报可行性消失。最后，回避风险可能不实际或不可能。例如，要想参与工程进行投标就必然有可能出现投标失败的情况，要是为了避免出现投标失败而不去投标，则企业就无法获得任何建设项目。

总之，虽然风险回避是一种必要的、有时甚至是最佳的风险对策，但应该承认这是一种消极的风险对策。如果处处回避、事事回避就只能停止发展，甚至停止生存。

2. 损失控制

损失控制是一种主动、积极的风险对策。损失控制可分为预防损失发生的概率和减少损失的程度两方面工作。制定损失控制措施往往要消耗费用和时间两方面的代价。

在采用损失控制这一风险对策时，所制定的损失控制措施应当形成一个周密、完整的损失控制计划系统。就施工阶段而言，该计划一般应由预防计划、灾难计划和应急计划三部分组成。

1) 预防计划

预防计划是指为预防风险损失的发生而有针对性地制定的各种措施。其主要作用是降低损失发生的概率，在许多情况下也能在一定程度上降低损失的严重性。在损失控制计划系统中，预防计划的内容最广泛，具体措施最多，包括组织措施、管理措施、合同措施和技术措施等。

2) 灾难计划

灾难计划是一组事先编排好的、目的明确的工作程序和具体措施，为现场人员提供明确的行为指南，使其在各种严重的、恶性的紧急事件发生后，不至于惊慌失措，也不需要临时讨论研究应急措施，可以做到从容不迫、及时、妥善地处理，从而减少人员伤亡以及财产经济损失。灾难计划是紧急事件发生后首先启用的损失控制措施。

3) 应急计划

应急计划是在风险损失基本确定后的处理计划，其宗旨是使因严重风险事件而中断的工程实施过程尽快全面恢复，并减少进一步的损失，使其影响程度减至最小。

三种损失控制计划之间的关系如图 1-7 所示。

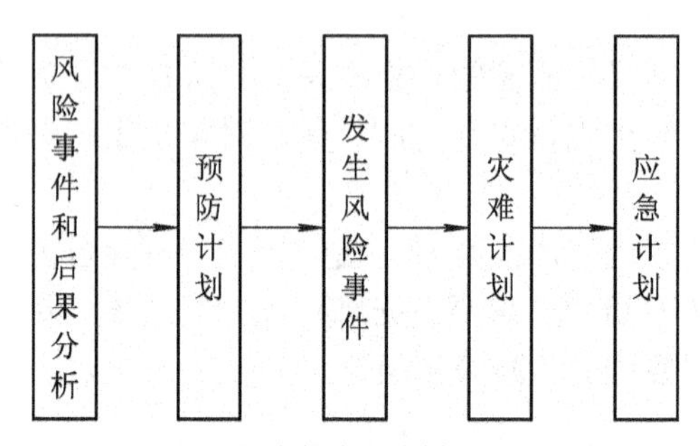

图 1-7　损失控制计划之间的关系

3. 风险自留

风险自留就是将风险留给自己承担。风险自留与其他风险对策的区别在于，它既不改变工程风险的发生概率，也不改变工程风险潜在损失的严重性。

风险自留包括两种类型：计划性风险自留和非计划性风险自留。计划性风险自留是指主动的、有意识的、有计划的选择，是风险管理人员在经过正确的风险识别和风险评价后作出的风险对策决策。非计划性风险自留是由于风险管理人员没有意识到建设工程某些风险的存在，或者不曾有意识地采取有效措施，以致风险发生后只好由自己承担。所以，计划性风险自留是主动的风险自留，而非计划风险自留属于被动的风险自留。

4. 风险转移

风险转移是建设工程风险管理中非常重要而且广泛应用的一项对策，可分为非保险转移和保险转移两种形式。

非保险转移也称为合同转移，是通过签订合同的方式将工程风险转移给非保险人的对方当事人的一种风险转移。如某工程在合同条款中规定，总包单位将较为复杂、自己难以完成的地基基础工程分包给专业的基础公司；又如，合同当事人的一方要求另一方为其履约行为提供第三方担保，等等。

保险转移通常直接称为保险，对于建设工程风险来说，则为工程保险，是通过购买保险，建设工程业主或承包商作为投保人将本应由自己承担的工程风险转移给保险公司。如企业为员工购买意外伤害保险，若员工发生意外伤害，则损失可由保险公司承担。

1.4.5　建设工程风险决策的实施与检查

建设工程风险决策的实施，是指依据制定好的建设工程风险对策，进行一系列的风险控制的过程。在这个控制过程中，要对各项风险对策的执行情况不断地进行检查，并评价各项风险对策的执行效果。在工程实施条件发生变化时，要确定是否需要提出不同的风险处理方案。

除此之外，还需检查是否有被遗漏的工程风险或者发现新的风险。当一轮风险控制完成后，接着进入新一轮的风险管理过程，直至完成整个工程风险管理的控制目标。建设工程的风险对策决策过程如图 1-8 所示。

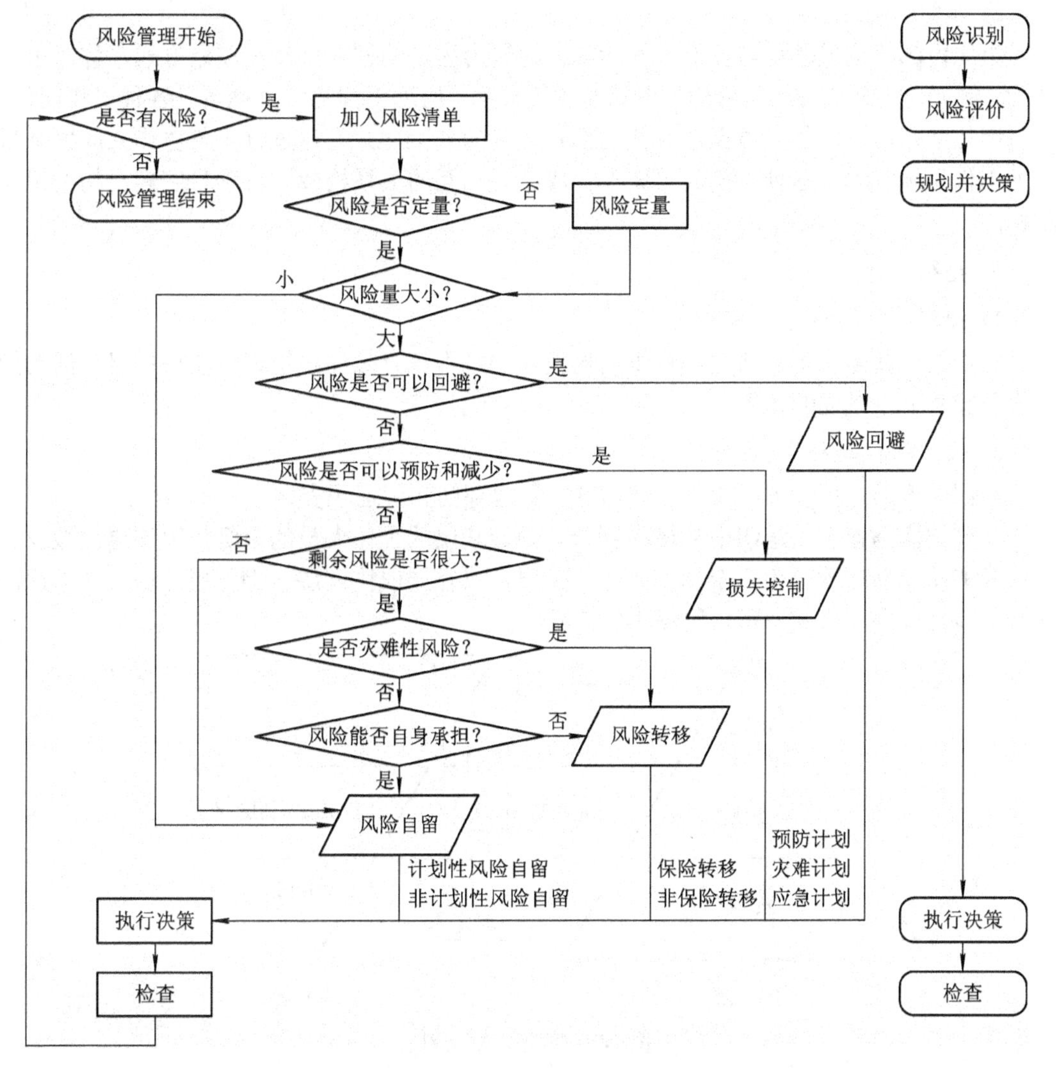

图 1-8　风险对策决策过程

1.5 建设工程监理组织

1.5.1 概述

1. 组织与组织结构

1) 组织

所谓组织，就是为了使系统达到特定的目标，全体参加者经分工与协作以及设置不同层次的权利和责任制度而构成的一种人的组合体。组织的概念包含三层意思：第一，目标是组织存在的前提；第二，组织内部的部门或人员必须要有分工与协作；第三，实现组织活动和组织目标必须有不同层次的权利和责任制度。

2) 组织结构

组织内部的构成关系与各部分间所确立的较为稳定的相互关系和联系方式，称为组织结构。例如，一个项目监理机构中有总监理工程师、监理工程师和监理员等各种工作岗位。这些岗位都是由不同的人员担任，他们都有明确的分工，并且通过分工与协作共同使项目监理工作目标实现。这种机构的组成与各成员间相互的关系构成了该项目监理机构的组织结构。

2. 组织设计

1) 组织设计的概念

组织设计就是对组织活动和组织结构设计的过程。有效的组织设计在提高组织活动效能方面起着非常重要的作用。

2) 组织的构成要素

组织的构成包括管理层次、管理跨度、管理部门和管理职责四个要素。

管理层次是指一个组织中从最高管理者到最基层的工作人员的分级管理的层次数量。一般我们将管理层次分为三个层次，即决策层、执行层或协调层、操作层，这三个层次的人数多少与权利大小关系可以用图 1-9 表示。

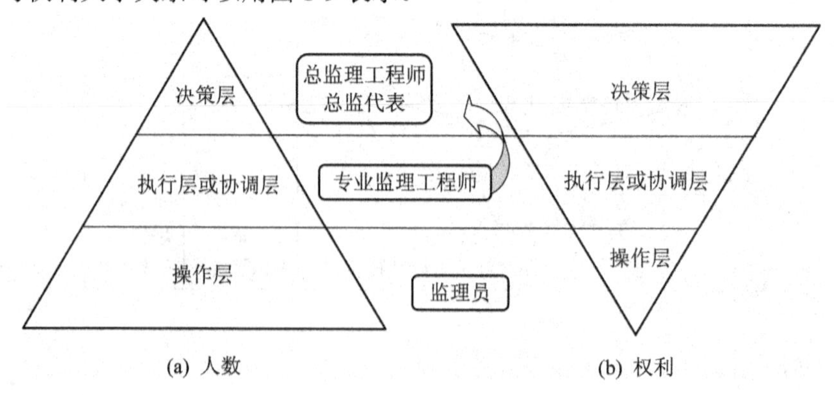

图 1-9 管理层次示意图

管理跨度是指一名上级管理人员所直接管理的下级人数。管理跨度越大，上层管理者需要协调的工作量也就越大，管理的难度也就越大。因此，必须合理确定各级管理者的管理跨度，才能使组织高效地运作。

管理部门是组织中内部专门从事某个方面工作的机构。如质量技术部门、财务管理部门、后勤保障部门等。管理部门的合理划分对于能否有效地发挥组织作用来讲十分关键。

管理职能是指关于组织中各个岗位、部门的工作程序、方法和方针等的规定。

组织设计确定各部门的职能，应使纵向的领导、检查和指挥灵活，达到指令传递快、信息反馈及时；使横向各部门相互联系、协调一致；使各个部门有职有责、各司其职。

3) 组织设计的原则

组织设计有以下几个原则：

(1) 集权与分权统一的原则。集权与分权是指权利是集中还是分散。一个项目监理机构是采取集权形式还是分权形式，要根据建设工程的特点、监理工作的重要性、总监理工程师和专业监理工程师的能力等情况综合考虑。

(2) 专业分工与协作统一的原则。专业分工的目的就是提高监理专业化程度和工作效率。而一个建设工程势必需要所有人员和部门的相互协作才能完成。只有处理好分工与协作的关系，才能真正实现整个项目的管理工作。

(3) 管理跨度与管理层次统一的原则。在组织机构的设计过程中，管理跨度与管理层次成反比例关系。即当人数一定时，管理跨度越大管理层次就越少；反之，管理跨度越小管理层次就越多。在项目监理机构的设计过程中，应该根据具体情况确立管理层次和管理跨度的统一关系。

(4) 权责一致的原则。不同的职务有多大的权利就应该承担多大的责任；反之，要承担多大的责任就应赋予相应的权利。只有这样才能充分发挥各个人员积极性，又能避免滥用权利或影响工作积极性的情况出现。

(5) 才职相称原则。每个人的工作能力、知识阅历和经验才能是有差别的，只有量才使用才能做到人尽其才，充分发挥每个人的积极性和创造性，更好地为项目管理服务。

(6) 经济效益原则。在满足组织功能的前提下考虑成本，使组织能够正常运行和持续发展，才能符合监理企业发展的需要。所以，项目监理机构的运行必须考虑经济效益。

(7) 动态弹性原则。组织机构确定后一般是稳定的，但是建设工程在实施过程中会有所变化，就需要组织机构随之调整，以适应组织管理的需要。

1.5.2　建设工程组织管理基本模式及监理委托模式

1. 平行承发包模式及其相应的监理委托模式

1) 平行承发包模式

所谓平行承发包，是指业主将建设工程的设计、施工以及材料设备采购的任务经过分解分别发包给若干个设计、施工和材料设备供应等单位，并分别与各方签订合同。各设计单位、施工单位及材料设备供应单位之间是平行关系，如图1-10所示。

2) 平行承发包模式条件下的监理委托模式

在平行承发包模式条件下，业主可以委托一家或多家监理企业为其提供监理服务，如图1-11所示。当业主委托一家监理企业时，就要求该监理单位有较强的综合业务能力，即能够胜任设计监理工作也能胜任施工监理工作；而委托多家监理企业时，可以选择相应监理企业的业务强项委托其提供相应监理服务。

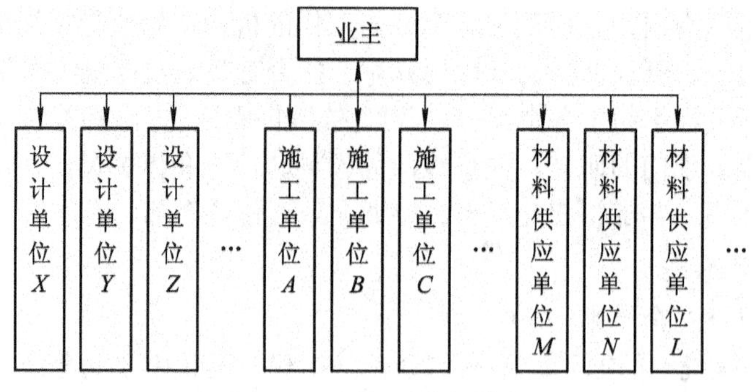

图 1-10　平行承发包模式

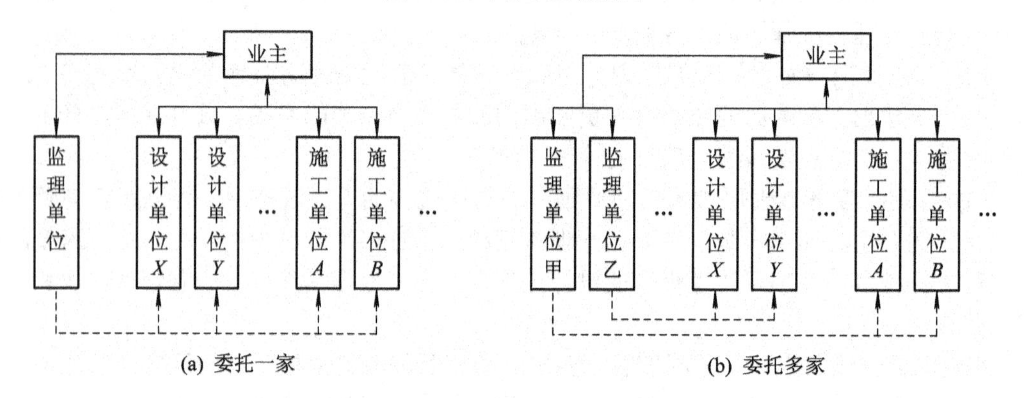

图 1-11　平行承发包模式条件下的监理委托模式

2. 设计或施工总分包模式及其相应的监理委托模式

1) 设计或施工总分包模式

所谓设计或施工总分包，是指业主将全部设计任务发包给一个设计总包单位，把施工任务发包给一个施工单位作为总包单位，总包单位可以再将其部分任务分包给其他承包单位，如图 1-12 所示。

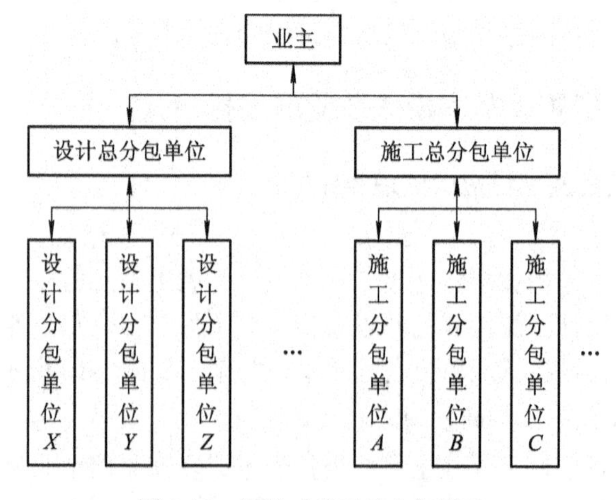

图 1-12　设计或施工总分包模式

2) 设计或施工总分包模式条件下的监理委托模式

对于设计或施工总分包模式，业主可以委托一家监理单位提供实施阶段全过程监理服务，也可以将设计和施工分别委托监理单位，如图1-13所示。

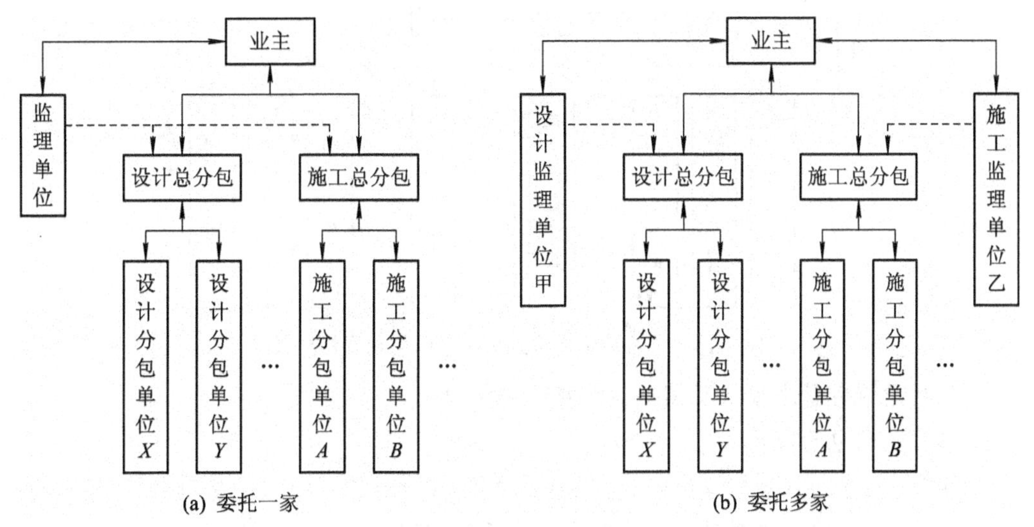

图1-13　设计或施工总分包模式条件下的监理委托模式

3. 项目总承包模式及其相应的监理委托模式

1) 项目总承包模式

所谓项目总承包模式也称交钥匙工程，是指业主将工程的设计、施工、材料和设备采购等工作全部发包给一家承包单位，由其进行实质性设计、施工和采购工作，最后向业主交出一个已经达到动用条件的工程，如图1-14所示。

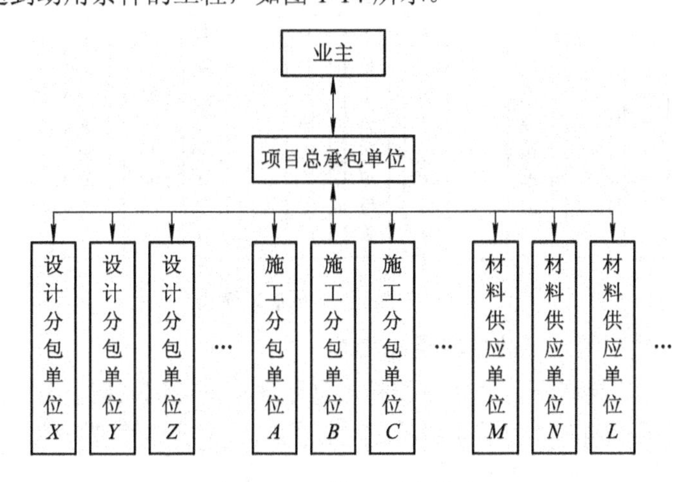

图1-14　项目总承包模式

2) 项目总承包模式条件下的监理委托模式

在项目总承包模式条件下，由于业主和总承包单位签订的是总承包合同，业主应委托一家监理单位提供监理服务，如图1-15所示。在这种模式条件下，监理工作时间跨度大，监理人员应具备较全面的知识，重点做好合同管理工作。

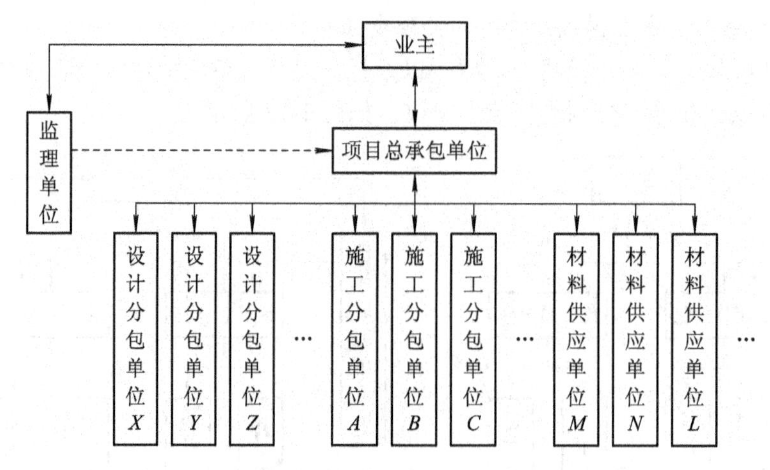

图 1-15　项目总承包模式条件下的监理委托模式

4. 项目总承包管理模式及其相应的监理委托模式

1) 项目总承包管理模式

所谓项目总承包管理模式，是指业主将工程建设任务发包给专门从事项目组织管理的单位，再由它分包给若干设计、施工和材料设备供应单位，并在实施中进行项目管理，如图 1-16 所示。

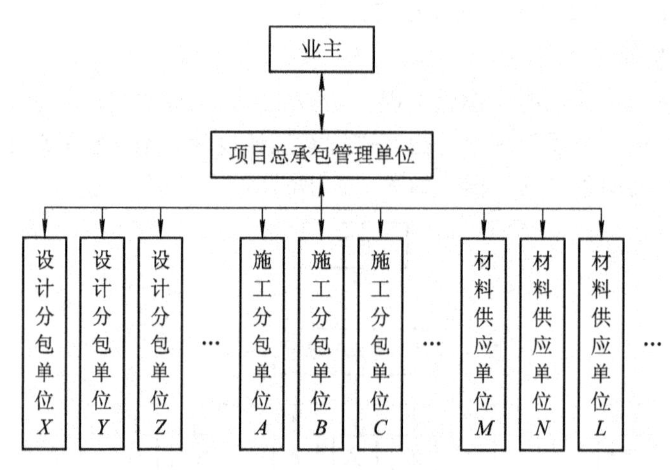

图 1-16　项目总承包管理模式

2) 项目总承包管理模式下的监理委托模式

在项目总承包管理模式下，业主应委托一家监理单位提供监理服务，这样可以明确管理责任，便于监理工程师对项目总承包管理合同和项目总承包管理单位进行分包等活动的监理。此种监理委托模式如图 1-15 所示。

5. 各种管理模式具有的优缺点

为了有效地开展监理工作，保证建设工程项目总目标的顺利实现，一般应根据不同的承发包方式来确定不同的监理委托模式。上述各种项目管理模式，均有各自的特点，如下表 1-1 所示。至于选择哪种模式应根据工程特点、项目管理的难易程度、监理单位自身条件等因素综合确定。

表1-1　各种项目管理模式的优缺点

序号	管理模式	优　点	缺　点
1	平行承发包模式	有利于缩短工期；有利于工程质量控制；有利于择优承包商	合同数量多、管理难度大；投资控制难度大
2	设计或施工总分包模式	有利于建设工程的组织管理；有利于投资、质量和进度控制	建设周期较长；总包报价可能较高
3	项目总承包模式	合同关系简单；组织协调工作量小；建设周期较短；有利于投资控制	招标发包难度大；业主择优选择承包方的范围小；质量控制难度大
4	项目总承包管理模式	合同关系简单；有利于组织协调和进度控制	一般情况下其经济实力较弱，而承担的风险又较大

1.5.3　项目监理机构

1. 建立项目监理机构的步骤

监理单位在组建项目机构时，一般按以下步骤进行。

1) 确立项目监理机构目标

建设工程监理目标是项目监理机构建立的前提，项目监理机构的建立应根据委托监理合同中确定的监理目标，制定总目标并明确划分监理机构的分解目标。

2) 确定监理工作内容

根据监理目标和委托监理合同中规定的监理任务，明确具体的监理工作内容，并进行分类归并及组合。

3) 项目监理机构的组织结构设计

项目监理机构的组织结构设计应分别从选择组织结构形式、确定管理层次和管理跨度、划分项目监理机构部门、制定岗位职责和考核标准以及安排监理人员五个方面进行设计。

4) 制定工作流程和信息流程

为了使监理工作科学、有序地进行，应按监理工作的客观规律制定工作流程和信息流程，规范化地开展监理工作。

2. 项目监理机构的组织形式

项目监理机构的组织形式是指项目监理机构具体采用的管理组织结构，常用的项目监理机构组织形式有以下几种。

1) 直线制监理组织形式

直线制监理组织形式的特点是项目监理机构中任何一个下级只接受唯一上级的命令，各级部门主管人员对所属部门的问题负责，项目监理机构中不再另设投资、进度、质量控制和合同管理等部门，适用于能划分为独立子项目的大、中型建设工程，如图1-17所示。直线制监理组织形式可以按照子项目、建设阶段和专业内容三种方法进行任务分解。

军队的管理就属于典型的直线制监理组织形式。所以，直线制监理组织形式的主要优点是组织机构简单，权利集中，命令统一，职责分明，决策迅速，隶属管理明确。缺点是要求管理者个人能力非常全面，例如对造价、进度、质量、合同管理等各方面业务均非常熟悉。

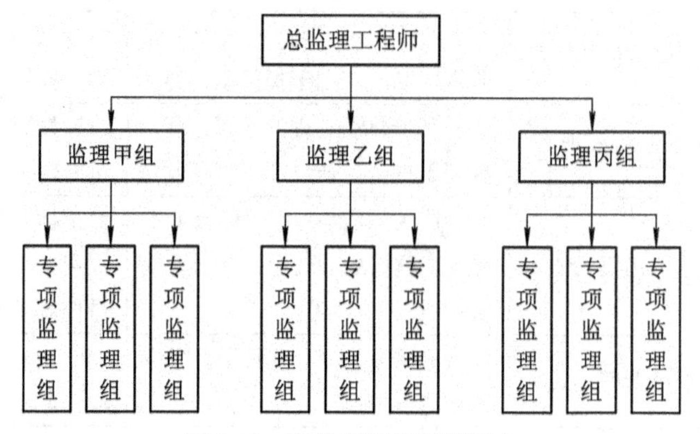

图 1-17　直线制监理组织形式

2) 职能制监理组织形式

职能制监理组织形式是在项目机构内部下设各项目标职能机构并明确或授予相应的监理职责和权利，分别从职能角度对基层监理组织进行业务管理的一种组织形式。这些职能部门可以在总监理工程师授权的范围内，直接就其主管的业务向下级下达指令，如图 1-18 所示。

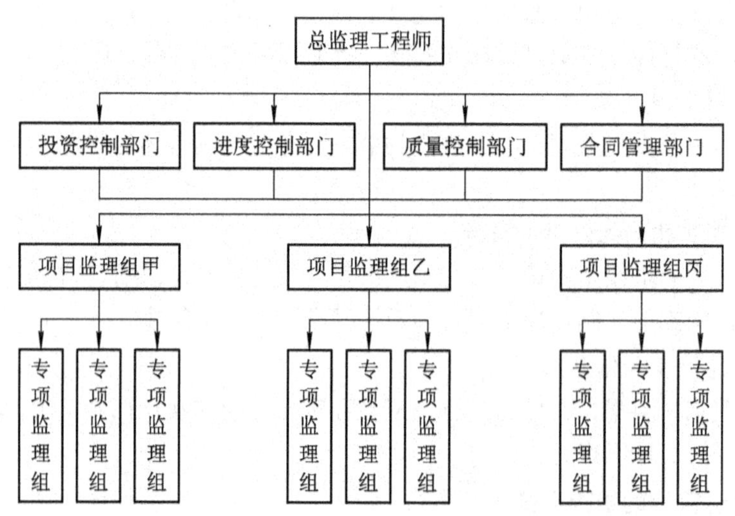

图 1-18　职能制监理组织形式

这种形式的主要优点是加强了项目监理目标控制的职能化分工，能够发挥职能机构的专业管理作用，提高管理效率，减轻总监理工程师负担。缺点是前线指挥部门人员受职能部门多头指令，易产生矛盾命令。

3) 直线职能制监理组织形式

直线职能制监理组织形式是将直线制和职能制监理组织形式的优点进行优化组合，既有直线制组织形式的命令统一、职责清楚的优点，又保持了职能制组织目标管理专业化的特点。但其缺点是职能部门与指挥部门易产生矛盾，信息传递路线长，不利于互通情报，如图 1-19 所示。

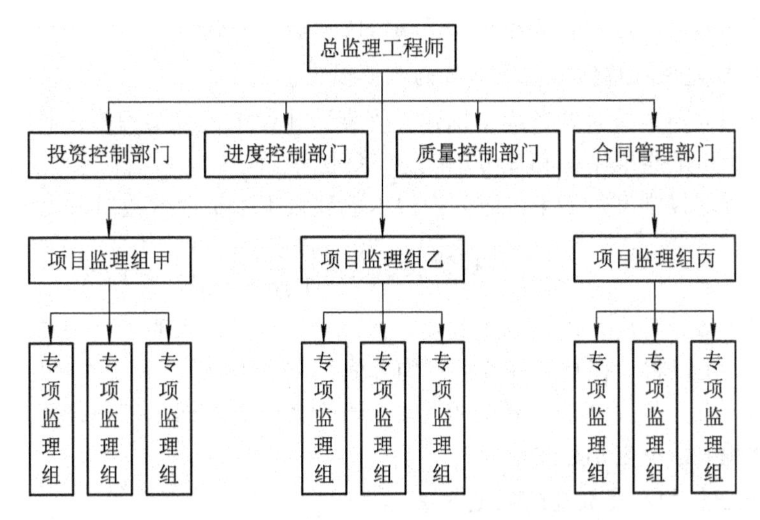

图1-19　直线职能制监理组织形式

4) 矩阵制监理组织形式

矩阵制监理组织形式是由纵横两套管理系统组成的矩阵性的组织结构，一套是纵向职能系统，另一套是横向的子项目系统，如图1-20所示。

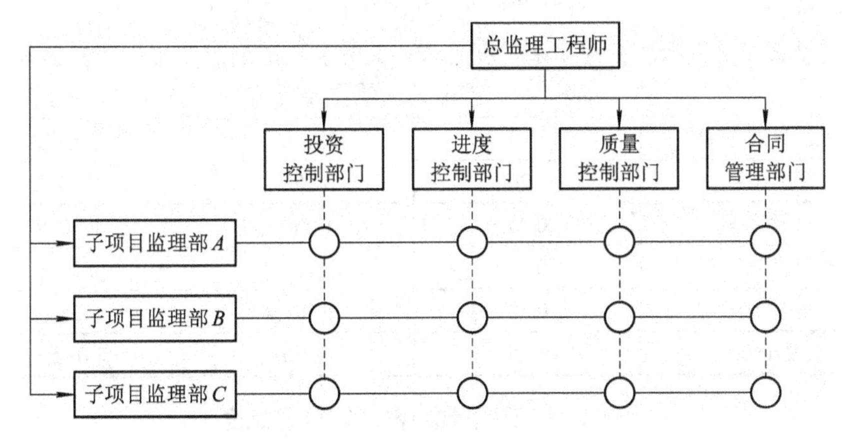

图1-20　矩阵制监理组织形式

采用矩阵制监理组织形式的优点是加强了各职能部门的横向联系，具有较大的机动性和适应性，把上下左右集权与分权实行最优的组合，有利于解决复杂难题，有利于监理人员业务能力的培养。缺点是纵横向协调工作量大，处理不当会造成扯皮现象，产生矛盾。这种形式一般适用于大型或复杂建设工程项目管理。

3. 项目监理机构的人员配备

项目监理机构中配备监理人员的数量和专业，应根据监理的任务范围、内容、期限以及工程的类别、规模、技术复杂程度、工程环境等因素综合考虑，并应符合委托监理合同中对监理深度和密度的要求，能体现项目监理机构的整体素质，满足监理目标控制的要求。

1) 项目监理机构人员结构

项目监理机构人员结构是指项目监理机构中各岗位监理人员的配备组合。这需要综合考虑监理人员的专业、技术职务和职称结构等因素后才能确定。

2) 影响项目监理机构监理人员数量的主要因素

在确定监理人员数量时要考虑工程建设强度、建设工程复杂程度、监理单位的业务水平、项目监理机构的组织结构和任务职能分工等因素。

其中，工程建设强度是指单位时间内投入的建设工程资金的数量，用下式表示：

$$工程建设强度=\frac{投资}{工期} \tag{1-3}$$

建设工程的复杂程度可以根据工程实际情况给出相应权重的分值来具体量化。如按十分制来评分，则可以将工程复杂程度按平均分值1～3、3～5、5～7、7～9和9以上，依次划分为简单、一般、一般复杂、复杂和很复杂五个等级。显然，工程越复杂要求配备的监理人员数量就越多，反之则越少。

3) 项目监理机构人员数量的确定方法

首先根据监理工程师的监理工作内容和工程复杂程度等级，按照测定、编制出的项目监理机构人员需要量定额(表1-2)确定工程的建设强度，然后确定工程的复杂程度，最后确定监理人员的数量。

【例1】 某工程项目监理机构分为2个子项目，子项目1合同价为2200万美元，子项目2合同价为2100万美元，合同总价为4300万美元，合同工期为24个月。项目监理机构人员定额见表1-2所示，工程复杂程度见表1-3所示。试确定该工程所需监理人员数量。

表1-2 监理人员需要量定额 人·年/百万美元

工程复杂程度	监理工程师	监理员	行政、文秘人员
简单工程	0.20	0.75	0.10
一般工程	0.25	1.00	0.10
一般复杂工程	0.35	1.10	0.25
复杂工程	0.50	1.50	0.35
很复杂工程	＞0.50	＞1.50	＞0.35

表1-3 工程复杂程度等级评定表

项次	影响因素	分值	项次	影响因素	分值
1	设计活动	5	6	材料供应	7
2	工程地点	9	7	施工方法	6
3	气候条件	5	8	工期要求	7
4	地形条件	7	9	工程性质	6
5	工程地质	6	10	分散程度	5
平均分值					6.3

解： (1) 确定工程建设强度

$$工程建设强度=\frac{投资}{工期}=\frac{43.00}{24}\times 12=21.5(百万美元/年)$$

(2) 确定工程复杂程度

根据表 1-3 确定工程复杂程度为复杂工程。再查表 1-2，可确定项目监理机构的监理人员定额数量分别为

监理工程师：　0.50

监理员：　1.50

行政、文秘人员：　0.35

(3) 确定人员数量

$$各类监理人员数量 = 建设强度 \times 需要量定额$$

即

监理工程师：21.5 × 0.50 = 10.75 人，按 11 人考虑；

监理员：21.5 × 1.50 = 32.25 人，按 32 人考虑；

行政文秘人员：21.5 × 0.35 = 7.53 人，按 8 人考虑。

1.5.4 国外工程项目管理相关情况简介

1. 建设项目管理

建设项目管理(Construction Project Management)在我国称为工程项目管理。工程项目管理是按客观经济规律对工程项目建设全过程进行有效地计划、组织、控制、协调的一系列管理活动。

2. 工程咨询及相关概念

工程咨询是为适应现代经济发展和社会进步的需要，集中专家群体或个人智慧和经验，运用现代科学技术和工程技术以及经济、管理、法律等方面的知识，为建设工程决策和管理提供的智力服务。

在国际上，咨询工程师是以从事工程咨询业务为职业的工程技术人员和其他专业(如经济、法律、管理等)人员的统称。其中，国际咨询工程师联合体简称为 FIDIC。国际上所说的咨询工程师不仅包括我国的建筑师、结构工程师、监理工程师、造价工程师以及从事工程招标业务的各种专业人员，还包括从事与咨询业务有关工作的审计师、会计师等。我国目前所说的咨询工程师，仅是在投资阶段从事工程咨询服务业务的工程技术人员。显然，国际上的咨询工程师包含范畴更广。

3. 建设工程组织管理新型模式

1) 传统的建设项目管理模式(DBB 模式)

传统的建设项目管理也称 DBB(Design Bid Build 的缩写)模式，是在二战前占主导地位的建设工程项目管理模式。采用这种模式时，业主与建筑师或工程师签订专业服务合同。其项目管理更突出了建筑师或工程师的个人作用，因为建筑师或工程师不仅负责提供设计文件，而且负责组织施工招标工作来选择总包商，还要在施工阶段对施工单位的施工活动进行监督、审核和管理。

2) CM 模式

所谓 CM(Construction Management 的缩写)模式是在采用快速路径法时，从建设工程的开始阶段就雇用具有施工经验的 CM 单位(或 CM 经理)参与到建设工程实施过程中来，以

便为设计人员提供施工方面的建议且随后负责管理施工过程。

其中，快速路径法指的是将设计阶段划分为相对独立的几个阶段，在设计前期的几个阶段就开始穿插进行施工工作，从而使整个项目的建设周期缩短的一种阶段施工法。如在基础工程设计完成后立即组织招标并开始基础工程的施工，在上部主体结构设计完成后立即组织招标并安排上部主体结构工程的施工工作等，如图 1-21 所示。

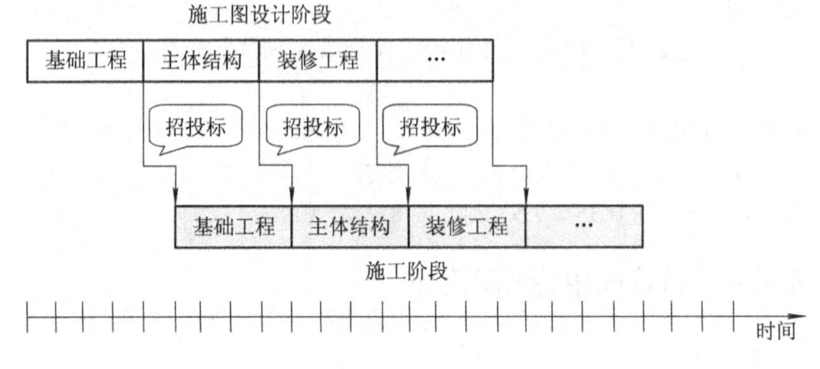

图 1-21　快速路径法示意图

CM 模式又可以分为代理型 CM 模式和非代理型 CM 模式。

采用代理型 CM 模式时，CM 单位是业主的咨询单位，业主与 CM 单位签订咨询服务合同，业主与施工单位直接签订施工合同，并由 CM 单位代表或协助业主对承建单位进行管理。CM 合同价就是 CM 费，即咨询服务费。

而采用非代理型 CM 模式时，业主一般不与施工单位签订施工合同，而是经其确认后由 CM 单位与施工单位签订施工合同，并负责管理其施工活动。这时，CM 合同价由两项费用组成：一项是业主与 CM 单位达成的 CM 费；另一项是 CM 单位与施工、材料设备供应单位合同价之和。

所以 CM 合同价从本质上属于成本加酬金合同的一种特殊形式。

3) EPC 模式

采用 EPC(Engineering Procurement Construction 的缩写)模式时，业主只需大致说明一下建设项目的投资意图和要求，其余工作均由 EPC 承包单位来完成。如某大投资商或财团拥有大量资金想要投资一个大型石油开发项目，但其并不拥有相应的技术力量和设备，这时业主就可以雇用 EPC 承包单位，由其进行项目的勘察、设计、材料采购，承担施工任务，并承担项目绝大部分风险。在这种模式下，业主并不过多干涉其工作，基本只需按合同约定及时支付中期支付款，进行最后竣工验收即可。

4) Partnering 模式

Partnering 模式也称合作伙伴模式，是指项目参与各方为了取得最大的资源效益，在相互信任、相互尊重和资源共享的基础上达成的一种短期或长期的相互协定。这种协定突破了传统的组织界限，在充分考虑参与各方利益的基础上，通过确定共同的项目目标，建立工作小组，及时地通过沟通以避免争议和诉讼的发生。

Partnering 模式具有以下几个特征：第一，参与 Partnering 模式的有关各方必须是在完全自愿的情况下，而非任何原因的强迫；第二，参与各方必须由高层管理者参与才能比较好地运行；第三，Partnering 协议并不是法律意义上的合同，所以并没有法律强制性；第四，Partnering 模式中参与各方必须将该工程的项目信息开放，以便其他合作伙伴的利用，并推动项目更好地完成，使参与各方均能从项目的收益中获利。

5) Project Controlling 模式

Project Controlling 模式是适应大型建设工程业主高层管理人员决策需要而产生的，Project Controlling 单位就相当于业主管理者的高级顾问，为其提供所需的信息、方案，担任了类似军师的角色。Project Controlling 单位只为高层管理者提供服务，并不管理工程，也不对下层下达命令，其组织结构如图 1-22 所示。

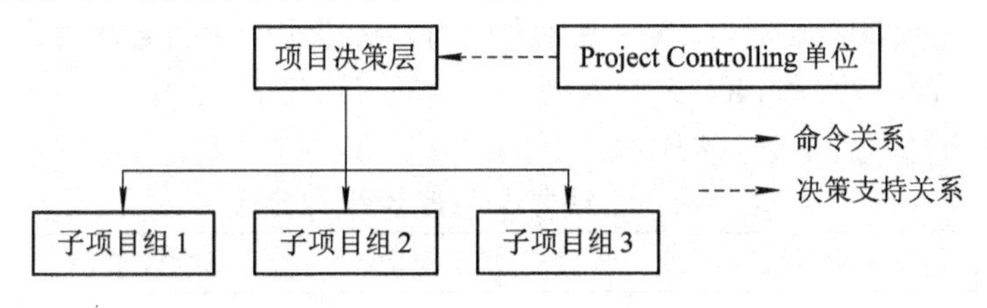

图 1-22 Project Controlling 模式的组织结构

1.6 建设工程监理基本理论实训及案例

++++ 实训 1-1 监理人员岗位职责实训 ++++

1. 条件准备

1) 准备

岗位牌准备：准备扑克若干张，在扑克上面分别书写总监理工程师、总监理工程师代表、监理工程师和监理员字样，共 4 张扑克牌作为岗位牌。

岗位职责牌准备：准备若干张扑克牌，在上面分别写上总监理工程师、总监理工程师代表、监理工程师、监理员及总监理工程师不能委托总监代表的每条岗位职责(注:每张扑克牌上写 1 条)。其中，总监理工程师岗位职责 13 条，总监理工程师代表 2 条，监理工程师 10 条，监理员 6 条，总监不能委托总监代表的 5 条，共 36 条，即 36 张扑克牌作为岗位职责牌。共准备 4 副写有相应内容的扑克牌，将每副扑克牌洗乱后整理好。

2) 分组

将班级学生分为 4 个小组，每组选派 1 个小组长。

2. 实训部署

每个小组完成下面训练：

第一步，将 4 副各 36 张岗位职责牌平均分发给各组组员；

第二步，将 4 张岗位牌分别放置在讲台上，由各小组长上来随机抽取岗位牌 1 张；

第三步，小组长翻开各自岗位牌后，本小组组员以最短时间将本岗位对应的岗位职责牌交到小组长手中；

第四步，分别统计各组岗位职责牌是否与岗位牌对应一致，每对 1 个得 1 分；

第五步，本训练视情况做 4 次，分别记取各组得分，得分高者胜出。

3. 成绩评定

本实训需在一个课时内完成 5 次训练，以此评定学生本实训项目的实训成绩。

✦✦✦✦ 实训 1-2　项目监理组织结构设计实训 ✦✦✦✦

1. 基本条件及背景

(1) 某工程项目监理机构监理了该工程的四个标段，标段Ⅰ的项目合同价为 800 万元人民币，标段Ⅱ的项目合同价为 1050 万元人民币，标段Ⅲ的项目合同价为 1250 万元人民币，标段Ⅳ的项目合同价为 1400 万元人民币。合同工期为 30 个月。

(2) 工程复杂程度见下表 1-4 所示。

表 1-4　工程复杂程度等级评定表

项次	影响因素	分值	项次	影响因素	分值
1	设计活动	7	6	材料供应	4
2	工程地点	7	7	施工方法	7
3	气候条件	9	8	工期要求	9
4	地形条件	7	9	工程性质	7
5	工程地质	5	10	分散程度	6
平均分值					

(3) 监理人员数量定额按表 1-2 确定。

(4) 人民币对美元汇率按实时央行公布的汇率计算。

2. 实训内容及要求

(1) 试确定该工程需要的监理人员的数量，设计并绘制项目组织结构图。

(2) 每位学生在 1 课时内完成，并将实训内容整理书写在 A4 纸上，交老师评定成绩。

3. 计算步骤及分值

第一步，确定该工程复杂程度，0.5 分；

第二步，完成人民币对美元汇率计算，0.5 分；

第三步，完成每个标段的工程建设强度计算，每个 0.5 分，共 2 分；

第四步，完成每个工程监理人员数量定额计算，共 1 分；

第五步，完成各标段项目监理人员数量计算，并安排到各标段，每个 0.5 分，共 2 分；

第六步，设计并绘制项目组织结构图，3 分；

第七步，整理与卷面 1 分。

共计，10 分。

【案例 1-1】

某工程，建设单位与甲施工单位签订了施工总承包合同，并委托一家监理单位实施施工阶段监理。经建设单位同意，甲施工单位将工程划分为 A1 和 A2 标段，并将 A2 标段分包给乙施工单位。根据监理工作需要，监理单位设立了投资控制组、进度控制组、质量控制组、安全管理组、合同管理组和信息管理组六个职能部门，同时设立了 A1 和 A2 两个标段的项目监理组，并按专业分别设置了若干专业监理小组，组成直线职能制项目监理组织机构。

为有效地开展监理工作，总监理工程师安排项目监理组负责人分别主持编制 A1 和 A2 标段两个监理规划。总监理工程师要求：① 六个职能部门根据 A1 和 A2 标段的特点，直接对 A1 和 A2 标段的施工单位进行管理；② 在施工过程中，A1 标段出现的质量隐患由 A1 标段项目监理组的专业监理师直接通知甲施工单位整改，A2 标段出现的质量隐患由 A2 标段项目监理组的专业监理师直接通知乙施工单位整改，如未整改，则由相应标段项目监理组负责人签发《工程暂停令》，要求停工整改。总监理工程师主持召开了第一次工地会议。会后，总监理工程师对监理规划审核批准后报送建设单位。

在报送监理规划中，项目监理人员的部分职责分工如下：

(1) 投资控制组负责人审核工程款支付申请，并签发工程款支付证书，但竣工结算须有总监理工程师签认；

(2) 合同管理组负责调解建设单位与施工单位的合同争议，处理工程索赔；

(3) 进度控制组负责审查施工进度计划及其执行情况，并由该组负责人审批工程延期；

(4) 质量控制负责人审批项目监理实施细则；

(5) A1 和 A2 两个标段项目监理组负责人分别组织、指导、检查和监督本标段监理人员的工作，及时调换不称职的监理人员。

问题:

1. 绘制监理单位设置的项目监理机构的组织结构图，说明其缺点。
2. 指出总监理工程师工作的不妥之处，写出正确方法。
3. 指出监理人员职责分工的不妥之处，写出正确方法。

【参考答案】

1. 监理单位设置的是职能制组织机构图，如图 1-23 所示。

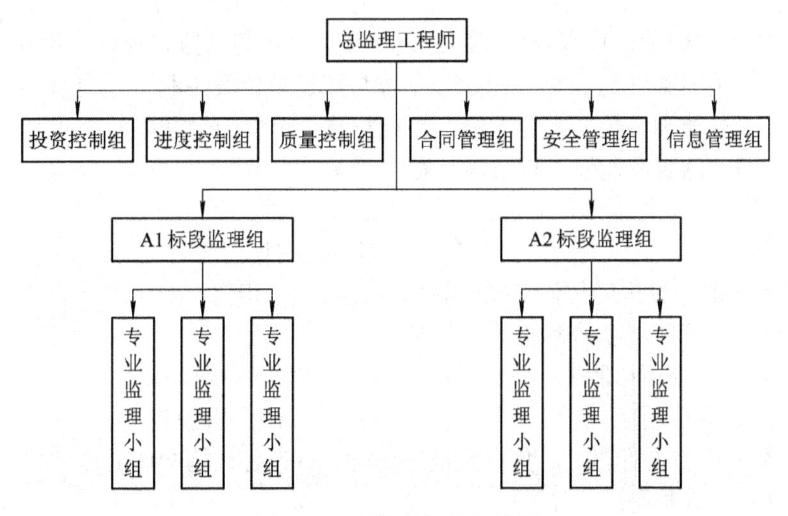

图 1-23 职能制组织机构图

职能制监理组织结构的缺点是职能部门与指挥部门易产生矛盾、信息传递路线长。

2. 总监理工程师工作不妥之处有：

(1) 安排项目监理组负责人主持编制监理规划不妥，应由总监理工程师主持编制。

(2) 分包编制 A1 和 A2 标段两个监理规划不妥。同一监理项目应统一编制监理规划。

(3) 六个职能部门管理部门直接对 A1 和 A2 标段的施工单位进行管理不妥，应作为总监理工程师的参谋，对 A1 和 A2 标段监理组进行业务指导。

(4) A2 标段监理组的专业监理工程师直接通知乙施工单位整改不妥，应发给甲施工单位。

(5) 由相应标段监理组负责人签发《工程暂停令》不妥，应由总监理工程师签发。

(6) 主持召开第一次工地会议不妥，应由建设单位主持。

(7) 监理规划在第一次工地会议以后报建设单位不妥，应在第一次工地会议前报建设单位。

(8) 监理规划由总监理工程师审核批准不妥，应由监理单位技术负责人审核批准。

3. 监理人员职责分工的不妥之处有：

(1) 投资控制组负责人签发工程款支付证书不妥，应由总监理工程师签发。

(2) 合同管理组负责人处理工程索赔不妥，应由总监理工程师负责。

(3) 进度控制组负责人审批工程延期不妥，应由总监理工程师审批。

(4) 质量控制组负责人审批项目监理实施细则不妥，应由总监理工程师审批。

(5) 项目监理组负责人调换不称职的监理人员不妥，应由总监理工程师调换。

习　　题

一、单选题(下列各题中，只有一个选项最符合题意，请将它选出并填入括号内)

1. 下列关于建设工程监理工作与建设行政主管部门监督管理工作的表述中，正确的是(　　)。

A. 建设工程监理工作与建设行政主管部门的监督管理工作都不具有强制性

B. 建设工程监理工作与建设行政主管部门的监督管理工作都具有委托性

C. 建设工程监理工作具有强制性，建设行政主管部门的监督管理工作具有委托性

D. 建设工程监理工作具有委托性，建设行政主管部门的监督管理工作具有强制性

2. 在开展工程监理的过程中，当建设单位与承建单位发生利益冲突时，监理单位应以事实为依据，以法律和有关合同为准绳，在维护建设单位的合法权益的同时，不损害承建单位的合法权益。这表明建设工程监理具有(　　)。

A. 公平性　　B. 自主性

C. 独立性　　D. 公正性

3. 我国目前的建设程序与计划经济时期的建设程序相比，发生了下列关键性变化，其中不属于建设工程管理制度体系的是(　　)。

A. 项目决策咨询评估制度　　B. 工程招标投标制度

C. 建设工程监理制度　　D. 项目法人责任制度

4. 对建设工程实施监理时，负责检查进场材料、设备、构配件的原始凭证和检测报告等质量证明文件的人员是(　　)。

A. 专业监理工程师　　B. 材料试验员

C. 质量监理员　　D. 材料监理员

5. 按时计算法是工程监理费的计算方法之一，这种方法主要适用于(　　)项目的监理业务。

A. 改建、扩建　　B. 临时性、短期

C. 中小型　　D. 住宅小区

6. 下列费用中，属于监理直接成本的是(　　)。

A. 管理人员工资、津贴等　　B. 监理辅助人员的工资、津贴等

C. 承揽监理业务的有关费用　　D. 业务培训费

7. 按控制措施制定的出发点分类，控制类型可分为(　　)。

A. 事前控制、事中控制、事后控制

B. 前馈控制、反馈控制

C. 开环控制、闭环控制

D. 主动控制、被动控制

8. 建设工程的风险识别往往要采用两种以上的方法，但不论采用何种风险识别方法的组合，都必须采用(　　)。

A. 初始清单法　　B. 财务报表法

C. 经验数据法　　D. 风险调查法

9. 下列关于建设工程各目标之间关系的表述中，体现质量目标与投资目标统一关系的是(　　)。

A. 提高功能和质量要求，需要适当延长工期

B. 提高功能和质量要求，需要增加一定的投资

C. 提高功能和质量要求，可能降低运行费用和维修费用

D. 增加质量控制的费用，有利于保证工程质量

10. 下列关于 Partnering 协议中的表述，正确的是(　　)。

A. Partnering 协议是法律意义上的合同

B. Partnering 协议均由业主方负责起草

C. Partnering 模式一经提出就要签订 Partnrting 协议

D. Partnering 的参与者未必一次全部到位

二、多选题(每题的备选项中，有 2 个或 2 个以上符合题意，至少有 1 个错项)

1. 我国建设工程监理的特点为(　　)。

A. 服务对象具有单一性　　B. 市场准入采用双重控制

C. 只提供施工阶段的服务　　D. 不具有监督功能

E. 属强制推行的制度

2. 依据《工程监理企业资质管理规定》，我国工程监理企业资质等级划分为(　　)。

A. 综合　　B. 专业

C. 甲级、乙级　　D. 事务所

E. 丙级

3. 专业监理工程师在监理工作中承担的职责有(　　)。

A. 审查分包单位资质，并提出审查意见

B. 参与工程质量事故调查

C. 审核工程计量的数据和原始凭证

D. 分项工程及隐蔽工程验收

E. 参与工程项目的竣工预验收

4. 在建设工程施工阶段，属于监理工程师投资控制的任务是(　　)。

A. 制定本阶段资金使用计划　　B. 严格进行付款控制

C. 严格控制工程变更　　D. 确认施工单位资质

E. 及时处理费用索赔

5. 配备项目监理机构人员数量时，主要考虑的影响因素有(　　)。

A. 工程复杂程度　　B. 监理人员专业结构

C. 监理单位业务范围　　D. 工程建设强度

E. 监理单位业务水平

第 2 章　建设工程投资控制

【学习目标】

通过本章的学习，了解建设工程投资的特点、任务；熟悉建设工程投资控制的相关概念，定额基本知识，预备费、建设期利息的计算和施工阶段投资控制的措施；掌握项目监理机构在建设工程投资控制中的主要任务、建筑安装工程费用的组成及计算、工程量清单及清单计价的相关知识、工程变更价款的确定、索赔费用的计算、工程价款的结算和投资偏差分析方法等。

【重点与难点】

重点是工程计量、工程索赔、变更价款的确定及投资偏差分析。

难点是施工阶段的投资控制。

2.1　建设工程投资控制概述

2.1.1　建设工程投资的概念

建设工程总投资一般是指进行某项工程建设花费的全部费用。生产性建设工程总投资包括建设投资和铺底流动资金两部分，非生产性建设工程总投资则只包括建设投资。

建设投资由设备工器具购置费、建筑安装工程费、工程建设其他费用、预备费(包括基本预备费和涨价预备费)、建设期利息和固定资产投资方向调节税(目前暂不征)组成。

建设投资可以分为静态投资部分和动态投资部分。静态投资部分由建筑安装工程费、设备工器具购置费、工程建设其他费和基本预备费组成。动态投资部分是指在建设期内，因建设期利息、建设工程需缴纳的固定资产投资方向调节税和国家新批准的税费、汇率、利率变动以及建设期价格变动引起的建设投资增加额，包括涨价预备费、建设期利息和固定资产投资方向调节税。

工程造价一般是指一项工程预计开支或实际开支的全部固定资产投资费用，在这个意义上工程造价与建设投资的概念是一致的。因此，我们在讨论建设投资时，经常使用工程造价这个概念。需要指出的是，在实际应用中工程造价还有另一种含义，那就是指工程价格，即为建成一项工程，预计或实际在土地市场、设备市场、技术劳务市场以及承包市场等交易活动中所形成的建筑安装工程的价格和建设工程的总价格。

2.1.2　建设工程投资的特点

建设工程投资的特点是由建设工程的特点决定的。

1. 建设工程投资数额巨大

建设工程投资数额巨大，动辄上千万，甚至数十亿。建设工程投资数额巨大的特点使它关系到国家、行业或地区的重大经济利益，对国计民生也会产生重大影响。

2. 建设工程投资差异明显

每个建设工程都有其特定的用途、功能及规模，每项工程的结构、空间分割、设备配置和内外装饰都有不同的要求，工程内容和实物形态都有其差异性。同样的工程处于不同的地区在人工、材料、机械消耗上也有差异。所以，建设工程投资的差异十分明显。

3. 建设工程投资需单独计算

建设工程的实物形态千差万别，再加上不同地区构成投资费用的各种要素的差异，最终导致建设工程投资的千差万别。因此，建设工程只能通过特殊的程序(编制估算、概算、预算、合同价、结算价及最后确定竣工决算等)，就每项工程单独计算其投资。

4. 建设工程投资确定依据复杂

建设工程投资的确定依据繁多，关系复杂。在不同的建设阶段有不同的确定依据，且互为基础和指导，互相影响(如图 2-1 所示)。如预算定额是概算定额(指标)编制的基础，概算定额(指标)又是估算指标编制的基础；反过来，估算指标又控制概算定额(指标)的水平，概算定额(指标)又控制预算定额的水平。间接费定额以直接费定额为基础，二者共同构成了建设工程投资的内容，等等。这些都说明了建设工程投资的确定依据复杂的特点。

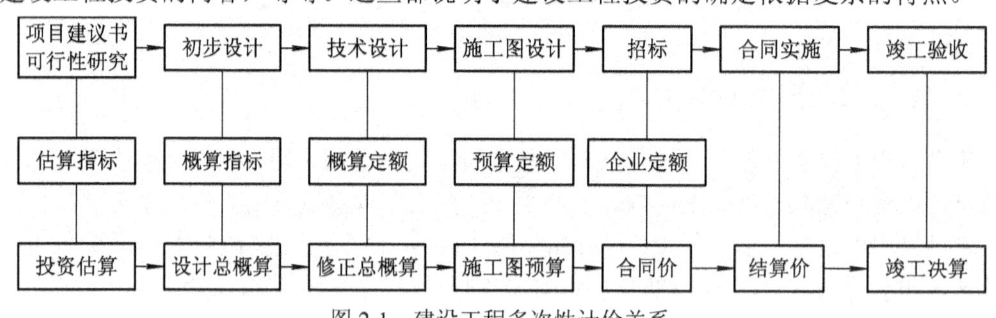

图 2-1　建设工程多次性计价关系

5. 建设工程投资确定层次繁多

凡是按照一个总体设计进行建设的各个单项工程汇集的总体称为一个建设项目。在建设项目中凡是具有独立的设计文件、竣工后可以独立发挥生产能力或工程效益的工程称为单项工程，也可将它理解为具有独立存在意义的完整的工程项目。各单项工程又可分解为各个独立施工的单位工程。考虑到组成单位工程的各部分是由不同工人用不同工具和材料完成的，又可以把单位工程进一步分解为分部工程。然后还可按照不同的施工方法、构造及规格，把分部工程更细致地分解为分项工程。需要先分别计算分部分项工程投资、单位工程投资、单项工程投资，最后才能汇总形成建设工程投资。可见确定建设工程投资的层次繁多。

6. 建设工程投资需动态跟踪调整

建设工程投资在整个建设期内都属于不确定的，需随时进行动态跟踪、调整，直至竣工决算后才能真正形成建设工程投资。

2.1.3　建设工程投资控制原理

所谓建设工程投资控制，就是在投资决策阶段、设计阶段、发包阶段、施工阶段以及竣工阶段，把建设工程投资控制在批准的投资限额以内，随时纠正发生的偏差，以保证项目投资管理目标的实现，力求在建设工程中能合理使用人力、物力和财力，取得较好的投资效益和社会效益。

投资控制是项目控制的主要内容之一。投资控制原理如图 2-2 所示，这种控制是动态的，并贯穿于项目建设的始终。

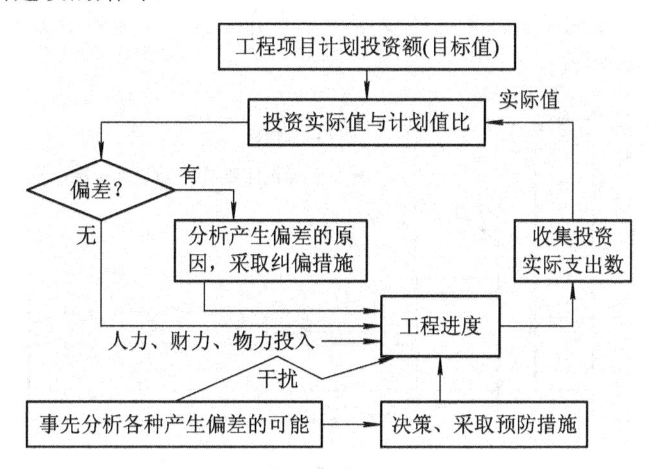

图 2-2　投资控制原理图

这个流程应每两周或一个月循环一次，其表达的含义如下：

(1) 项目投入，即把人力、物力和财力投入到项目实施中。

(2) 在工程进展过程中，必定存在各种各样的干扰，如恶劣天气、设计出图不及时等。

(3) 收集实际数据，即对工程进展情况进行评估。

(4) 把投资目标的计划值与实际值进行比较。

(5) 检查实际值与计划值有无偏差，如果没有偏差，则工程继续进展，继续投入人力、物力和财力等；如果有偏差，则需要分析产生偏差的原因，采取控制措施。

2.1.4　投资控制的目标

控制是为确保目标的实现而服务的，一个系统若没有目标，就不需要、也无法进行控制。目标的设置是很严肃的，应有科学的依据。

投资控制的目标应随着工程建设实践的不断深入而分阶段设置，具体来讲，投资估算应是建设工程设计方案选择和进行初步设计的投资控制目标，设计概算应是进行技术设计和施工图设计的投资控制目标，施工图预算或建设工程承包合同价则应是施工阶段投资控制的目标。有机联系的各个阶段目标相互制约、相互补充，前者控制后者，后者补充前者，共同组成建设工程投资控制的目标系统。

2.1.5　投资控制的重点

投资控制贯穿于项目建设的全过程，图 2-3 是国外描述的不同阶段影响投资程度的坐标图，该图与我国的情况大致是吻合的。从该图可以看出，影响项目投资最大的阶段，是约占工程项目建设周期 1/4 的技术设计结束前的工作阶段。在初步设计阶段，影响项目投资的可能性为 75%～95%；在技术设计阶段，影响项目投资的可能性为 35%～75%；在施工图设计阶段，影响项目投资的可能性则为 5%～35%。很显然，项目投资控制的重点在于施工以前的投资决策和设计阶段，而在项目做出投资决策后，控制项目投资的关键就在于设计。但是，施工阶段却是使用费用最多的，因此其投资控制就显得非常重要，并且由于现阶段监理企业主要承担的是施工阶段的监理任务，所以本章重点介绍施工阶段投资控制的相关知识。

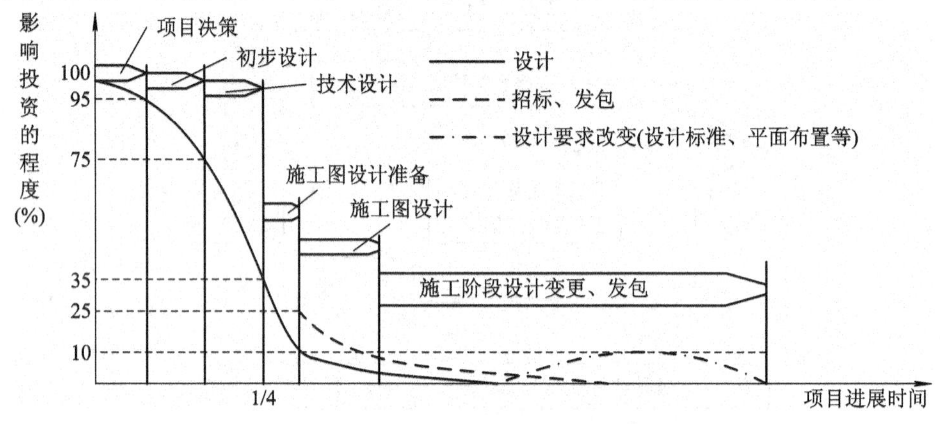

图 2-3　不同建设阶段对投资的影响程度

2.1.6　投资控制的措施

要有效地控制项目投资，应从组织、技术、经济、合同与信息管理等多方面采取措施。从组织上采取措施，包括明确项目组织结构，明确项目投资控制者及其任务，以使项目投资控制有专人负责，明确管理职能分工；从技术上采取措施，包括重视设计的多方案选择，严格审查监督初步设计、技术设计、施工图设计以及施工组织设计，深入技术领域研究节约投资的可能性；从经济上采取措施，包括动态地比较项目投资的实际值和计划值，严格审核各项费用支出，采取节约投资的奖励措施等。

应该看到，技术与经济相结合是控制项目投资最有效的手段。

2.1.7　我国项目监理机构在建设工程投资控制中的主要任务

建设工程投资控制是我国建设工程监理的一项主要任务，投资控制贯穿于工程建设的各个阶段，也贯穿于监理工作的各个环节。

(1) 在建设前期阶段，监理机构进行工程项目的机会研究、初步可行性研究、编制项目建议书，进行可行性研究，对拟建项目进行市场调查和预测，编制投资估算，进行环境影响评价、财务评价、国民经济评价和社会评价。

(2) 在设计阶段，监理机构协助业主提出设计要求，组织设计方案竞选或设计招标，用技术经济方法组织评选设计方案；协助设计单位开展限额设计工作，编制本阶段资金使用计划，并进行付款控制；进行设计挖潜，用价值工程等方法对设计进行技术经济分析、比较、论证，在保证功能的前提下进一步寻找节约投资的可能性；审查设计概预算，尽量使概算不超估算，预算不超概算。

(3) 在施工招标阶段，监理机构准备与发送招标文件，编制工程量清单和招标工程标底；协助评审投标书，提出评标建议；协助业主与承包单位签订承包合同。

(4) 在施工阶段，监理机构依据施工合同有关条款和施工图，对工程项目造价目标进行风险分析，并制定防范性对策；从造价以及项目的功能要求、质量和工期方面审查工程变更的方案，并在工程变更实施前与建设单位、承包单位协商确定工程变更的价款；按施工合同约定的工程量计算规则和支付条款进行工程量计算和工程款支付；建立月完成工程量和工作量统计表，对实际完成量与计划完成量进行比较、分析，制定调整措施；收集、整理有关的施工和监理资料，为处理费用索赔提供证据；按施工合同的有关规定进行竣工结算，对竣工结算的价款总额与建设单位和承包单位进行协商。

因监理工作过失而造成重大事故的监理企业，要对事故的损失承担一定的经济补偿责任，补偿办法在监理合同中事先约定。

2.2　建设工程投资构成

2.2.1　建设工程投资构成概述

我国现行建设工程投资构成如图2-4所示。

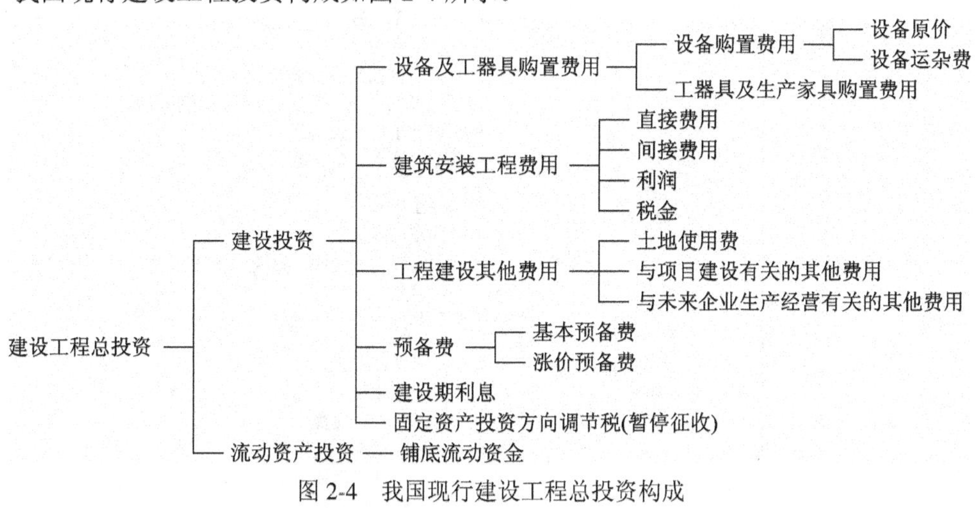

图2-4　我国现行建设工程总投资构成

2.2.2　设备、工器具购置费用的构成

设备、工器具购置费用是由设备、工具、器具及生产家具的购置费用组成，是固定资产投资中的积极部分。在生产性工程建设中，设备及工器具购置费用占工程造价比重的增大，意味着生产技术的进步和资本有机构成的提高。

1. 设备购置费用的构成

设备购置费用是指为建设工程购置或自制的达到固定资产标准的设备、工具、器具的费用。固定资产标准是使用年限在一年以上且单位价值在国家或各主管部门规定的限额以上。新建项目和扩建项目的新建车间购置或自制的全部设备、工具、器具，不论是否达到固定资产标准，均计入设备、工器具购置费用中。

2. 工具、器具及生产家具购置费用的构成

工器具及生产家具购置费用是指新建项目或扩建项目初步设计规定所必须购置的、不够固定资产标准的设备、仪器、工卡模具、器具、生产家具和备品备件的费用。

2.2.3 建筑安装工程费用的构成

1. 建筑安装工程费用项目组成

建筑安装工程费用的项目组成，根据考虑的角度不同，其费用组成略有差异。

根据原建设部、财政部关于印发《建筑安装工程费用项目组成》的通知(建标［2003］206 号，以下简称 206 号文)，建筑安装工程费用(也称工程造价)的项目组成由直接费用、间接费用、利润和税金组成，如图 2-5 所示。

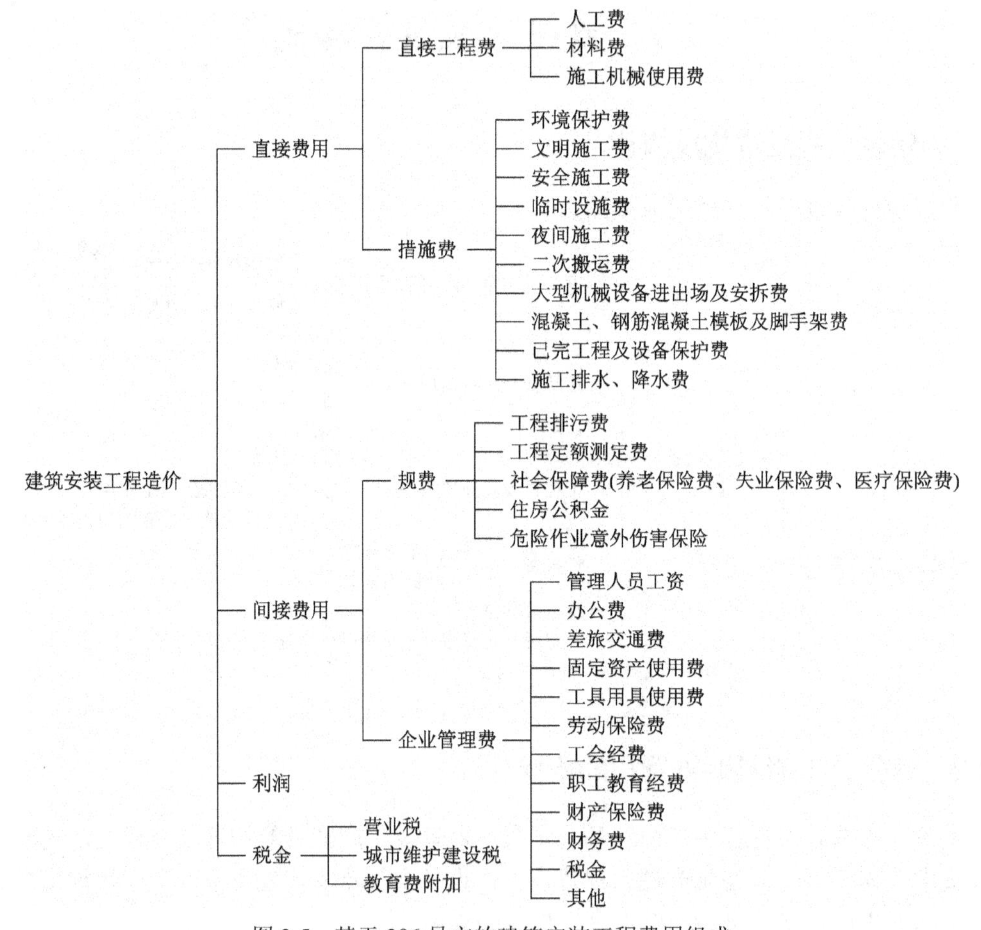

图 2-5　基于 206 号文的建筑安装工程费用组成

根据中华人民共和国住房与城乡建设部与国家质量监督检验检疫总局联合发布的国家标准《建设工程工程量清单计价规范》GB50500—2008(以下简称08规范)，建筑安装工程费用项目组成(工程造价)由分部分项工程费、措施项目费、其他项目费、规费和税金组成，如图2-6所示。

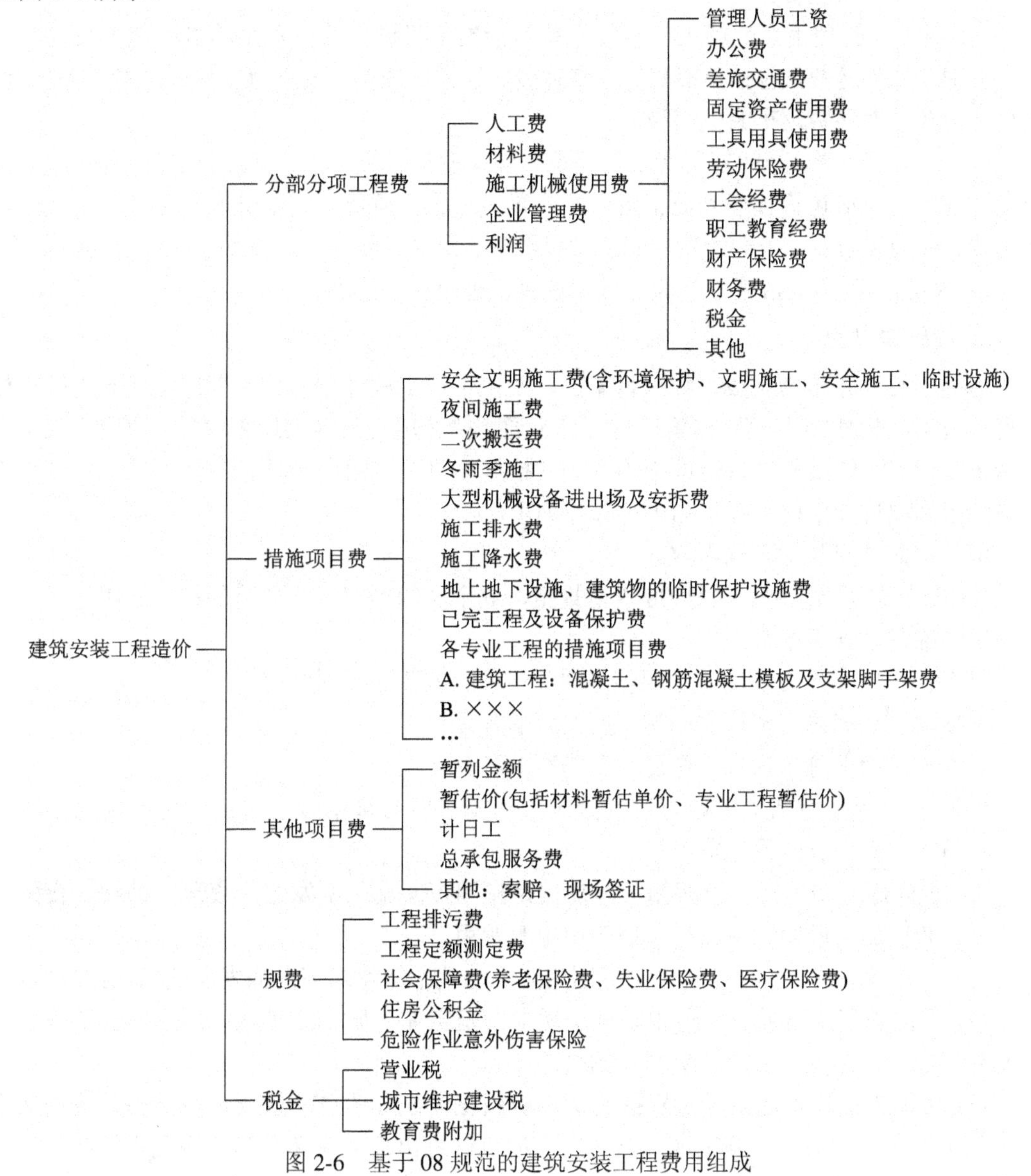

图2-6　基于08规范的建筑安装工程费用组成

从图2-5和图2-6可以看出，二者包含的内容并无实质性差异。206号文主要表述的是建筑安装工程费用的项目组成；而08规范的建筑安装工程费用组成则满足建筑安装工程在工程交易和工程实施阶段工程造价的组价要求，包括索赔等，内容更全面、更具体。本教材按08规范介绍建筑安装工程费用的组成。

2. 分部分项工程费

(1) 人工费。人工费是指直接从事建筑安装工程施工的生产工人开支的各项费用，包括基本工资、工资性补贴、生产工人辅助工资、职工福利费和生产工人劳动保护费。

(2) 材料费。材料费是指施工过程中耗用的构成工程实体的原材料、辅助材料、构配件、零件和半成品的费用，包括材料原价(或供应价格)、材料运杂费、运输损耗费、采购及保管费和检验试验费。

(3) 施工机械使用费。施工机械使用费是指施工机械作业所发生的机械使用费以及机械安拆费和场外运费。包括折旧费、大修理费、经常修理费、安拆费及场外运费、人工费、燃料动力费、养路费及车船使用税。

(4) 企业管理费。企业管理费是指建筑安装企业组织施工生产和经营管理所需的费用。企业管理费的组成包括管理人员工资、办公费、差旅交通费、固定资产使用费、工具用具使用费、劳动保险费、工会经费、职工教育经费、财产保险费、财务费、税金及其他费用。

(5) 利润。利润是指施工企业完成所承包工程获得的盈利。

3. 措施项目费

措施项目费是指为完成工程项目施工，发生于该工程施工前和施工过程中非工程实体项目的费用，根据08规范，措施项目可分为通用措施项目与专用措施项目。通用措施项目是指各专业工程的措施项目清单中均可列的措施项目。专用措施项目应按附录中各专业工程中的措施项目并根据工程实际进行选择列项。

通用措施项目包括下列内容：

(1) 安全文明施工费。根据08规范规定，安全文明施工费含环境保护、文明施工、安全施工和临时设施等费用。

环境保护费即施工现场为达到环保部门要求所需要的各项费用。

文明施工费即施工现场文明施工所需要的各项费用。

安全施工费即施工现场安全施工所需要的各项费用。

临时设施费是指施工企业为进行建筑工程施工所必须搭设的生活和生产用的临时建筑、构筑物和其他临时设施费用等。

(2) 夜间施工增加费。夜间施工增加费是指因夜间施工所发生的夜班补助费、夜间施工降效、夜间施工照明设备摊销及照明用电等费用。

(3) 二次搬运费。二次搬运费是指因施工场地狭小等特殊情况而发生的二次搬运费用。

(4) 冬雨季施工增加费。冬雨季施工增加费是指在冬雨季施工期间所采取的防冻、保温和防雨安全措施及工效降低所增加的费用。

(5) 大型机械设备进出场及安拆费是指机械整体或分体自停放场地运至施工现场或由一个施工地点运至另一个施工地点，所发生的机械进出场运输和转移费用及机械在施工现场进行安装、拆卸所需的人工费、材料费、机械费、试运转费和安装所需辅助设施的费用。

(6) 施工排水是指为确保工程在正常条件下施工，采取各种排水措施所发生的各种费用。

(7) 施工降水费即为确保工程在正常条件下施工，采取各种降水措施所发生的各种费用。

(8) 地上地下设施、建筑物的临时保护设施费是在施工过程中，对工程地上地下设施及建筑物进行临时保护所需的费用。

(9) 已完工程及设备保护费是指竣工验收前，对已完工程及设备进行保护所需的费用。

(10) 混凝土、钢筋混凝土模板及支架费是指混凝土施工过程中需要的各种钢模板、木模板、支架等的支、拆、运输费用及模板、支架的摊销(或租赁)费用。

(11) 脚手架费是指施工需要的各种脚手架搭、拆、运输费用及脚手架的摊销(或租赁)费用。

4. 其他项目费

1) 暂列金额

暂列金额是招标人在工程量清单中暂定并包括在合同价款中的一笔款项，用于施工合同签订时尚未确定或者不可预见的所需材料、设备和服务的采购，施工中可能发生的工程变更和合同约定调整因素出现时的工程价款调整以及发生的索赔和现场签证确认等的费用。

2) 暂估价

暂估价是招标人在工程量清单中提供的用于必然发生但暂时不能确定价格的材料的单价以及专业工程的金额。

3) 计日工

在施工过程中，完成发包人提出的施工图纸以外的零星项目或工作，按合同中约定的单价计价。

4) 总承包服务费

总承包人为配合协调发包人进行的工程分包，对自行采购的设备、材料等进行管理、服务以及施工现场管理、竣工资料汇总整理等服务所需的费用。

5) 其他

(1) 索赔是指在合同履行过程中，在非已方的过错而应由对方承担责任的情况下造成的损失，向对方提出补偿的要求。计算方法往往按实计算。

(2) 现场签证是指发包人现场代表与承包人现场代表就施工过程中涉及的责任事件所作的签证证明。该证明涉及的相关费用由发包人支付。

5. 规费

规费是指政府和有关权力部门规定必须缴纳的费用(简称规费)，包括工程排污费、工程定额测定费、社会保障费、住房公积金和危险作业意外伤害保险。

6. 税金

建筑安装工程税金是指国家税法规定的应计入建筑安装工程造价的营业税、城市维护建设税及教育费附加。

2.2.4　工程建设其他费用的组成

工程建设其他费用是指从工程筹建到工程竣工验收交付使用止的整个建设期间，除建筑安装工程费用和设备、工器具购置费用以外的，为保证工程建设顺利完成和交付使用后能够正常发挥效用而发生的一些费用。

工程建设其他费用按其内容大体可分为三类。第一类为土地使用费，由于工程项目固定在一定的地点与地面相连接，必须占用一定量的土地，也就必然要为建设用地支付费用；第二类是与项目建设有关的费用；第三类是与未来企业生产和经营活动有关的费用。

1. 土地使用费

1) 农用土地征用费

农用土地征用费由土地补偿费、安置补助费、土地投资补偿费、土地管理费以及耕地占用税等组成，并按被征用土地的原用途给予补偿。

2) 取得国有土地使用费

取得国有土地使用费包括土地使用权出让金、城市建设配套费、拆迁补偿与临时安置补助费等。

2. 与项目建设有关的其他费用

1) 建设单位管理费

建设单位管理费指建设单位从项目筹建开始至工程竣工验收合格或交付使用止，发生的项目建设管理费用。

2) 勘察设计费

勘察设计费是指建设工程的项目建议书、可行性研究报告及设计文件等所需的费用。

3) 研究试验费

研究试验费是指建设工程项目为试验或验证设计数据、资料等进行必要的研究试验及按照设计规定在建设过程中必须进行的试验、验证所需的费用。

4) 临时设施费

临时设施费是指建设期间建设单位所需临时设施的搭设、维修以及摊销或租赁费用。

5) 工程监理费

工程监理费是指委托工程监理企业对工程实施监理工作所需的费用，根据国家计委和建设部文件规定计算。

6) 工程保险费

工程保险费是指建设工程在建设期间根据需要实施工程保险部分所需的费用，包括建筑安装工程一切险、进口设备财产保险和人身意外伤害险等，不包括已列入施工企业管理费中的施工管理用财产和车辆保险费。

7) 引进技术和进口设备其他费

引进技术和进口设备其他费包括出国人员费用、国外工程技术人员来华费用、技术引进费、分期或延期付款利息、担保费以及进口设备检验鉴定费。

3. 与未来企业生产经营有关的其他费用

1) 联合试运转费

联合试运转费指新建企业或新增加生产工艺过程的扩建企业在竣工验收前，按照设计规定的工程质量标准，进行整个车间的负荷或无负荷联合试运转所发生的费用支出大于试运转收入的亏损部分。

2) 生产准备费

生产准备费是指新建企业或新增生产能力的企业，为保证竣工交付使用进行必要的生产准备所发生的费用。

3) 办公和生活家具购置费

办公和生活家具购置费是指为保证新建、改建、扩建项目初期正常生产、使用和管理所必须购置的办公和生活家具、用具的费用。改建、扩建项目所需的办公和生活用具购置费应低于新建项目。

2.2.5 预备费、建设期利息、固定资产投资方向调节税和铺底流动资金

1. 预备费

按我国现行规定，包括基本预备费和涨价预备费。

1) 基本预备费

基本预备费是指在项目实施中可能发生难以预料的支出，需要预先预留的费用，又称不可预见费。主要指设计变更及施工过程中可能增加工程量的费用。

2) 涨价预备费

涨价预备费是指建设工程在建设期内由于价格等变化引起投资增加，需要事先预留的费用。

2. 建设期利息

建设期利息是指项目借款在建设期内发生并计入固定资产的利息。为了简化计算，在编制投资估算时通常假定借款均在每年的年中支用，借款第一年按半年计息，其余各年份按全年计息。

3. 固定资产投资方向调节税

固定资产投资方向调节税是根据国家产业政策而征收的。目前，此项税已暂停征收。

4. 铺底流动资金

铺底流动资金是指生产性建设工程为保证生产和经营正常进行，按规定应列入建设工程总投资的铺底流动资金，一般按流动资金的 30%计算。

2.3 建设工程投资确定的依据

建设工程投资确定的依据是指进行建设工程投资确定所需的基础数据和资料，主要包括建设工程定额、工程量清单、要素市场价格信息、工程技术文件、环境条件与工程建设实施组织和技术方案等。

2.3.1 建设工程定额

1. 定额的概念

定额即规定的额度，是人们根据不同的需要，对某一事物规定的数量标准。

建设工程定额即额定的消耗量标准，是指按照国家有关的产品标准、设计规范和施工验收规范以及质量评定标准，并参考行业、地方标准以及有代表性的工程设计、施工资料确定的工程建设过程中完成规定计量单位产品所消耗的人工、材料、机械等消耗量的标准。

2. 定额的分类

1) 按反映的物质消耗的内容分类

按照反映的物质消耗的内容可将定额分为人工消耗定额、材料消耗定额和机械消耗定额。

(1) 人工消耗定额是指完成一定合格产品所消耗的人工的数量标准。

(2) 材料消耗定额是指完成一定合格产品所消耗的材料的数量标准。

(3) 机械消耗定额是指完成一定合格产品所消耗的施工机械的数量标准。

2) 按建设程序分类

按照建设程序，可将定额分为基础定额或预算定额、概算定额(指标)和估算指标。

(1) 预算定额(基础定额)是完成规定计量单位分项工程计价的人工、材料和施工机械台班消耗量的标准。

(2) 概算定额(指标)是在预算定额基础上以主要分项工程综合相关分项的扩大定额，是编制初步设计概算的依据，还可作为编制施工图预算的依据，也可作为编制估算指标的基础。

(3) 估算指标是编制项目建议书和可行性研究报告投资估算的依据。

3) 按建设工程特点分类

按照建设工程的特点，可将定额分为建筑工程定额、安装工程定额、铁路工程定额、公路工程定额和水利工程定额等。

(1) 建筑工程定额是建筑工程的基础定额或预算定额和概算定额(指标)的统称。

(2) 安装工程定额是安装工程的基础定额或预算定额和概算定额(指标)的统称。

(3) 铁路、公路和水利工程定额等分别是各自的基础定额或预算定额和概算定额(指标)的统称。

4) 按定额的适用范围分类

按照定额的适用范围分为国家定额、行业定额、地区定额和企业定额。

5) 按构成工程的成本和费用分类

按构成工程的成本和费用，可将定额分为构成直接工程成本的定额、构成间接费的定额以及构成工程建设其他费用的定额。

2.3.2 工程量清单

为规范建设工程工程量清单计价行为，统一建设工程工程量清单的编制和计价方法，根据《中华人民共和国建筑法》、《中华人民共和国合同法》、《中华人民共和国招投标法》等法律、法规，国家制定了《建设工程工程量清单计价规范》(GB50500—2008)。

08规范适用于建设工程工程量清单计价活动，即涉及建设项目的工程量清单编制、工程量清单招标控制价编制、工程量清单投标报价编制、工程合同价款的约定、竣工结算的办理以及工程施工过程中工程计量与工程价款的支付、索赔与现场签证、工程价款的调整和工程计价争议处理等工程建设招投标与施工阶段全过程的活动。

08规范明确规定，全部使用国有资金投资或国有资金投资为主的工程建设项目，必须采用工程量清单计价。国有资金(含国家融资资金)为主的工程建设项目是指国有资金占投资总额50%以上，或虽不足50%但国有投资者实质上拥有控股权的工程建设项目。

对于非国有资金投资的工程建设项目，是否采用工程量清单方式计价由项目业主自主确定。建设工程工程量清单计价活动应遵循客观、公正、公平的原则，还应符合国家有关法律、法规、标准和规范的规定。

1. 工程量清单的概念

工程量清单是标明拟建工程的分部分项工程项目、措施项目、其他项目、规费项目和税金项目的名称和相应数量的明细清单。

2. 工程量清单的编制

工程量清单应由具有编制招标文件能力的招标人或受其委托具有相应资质的中介机构进行编制。工程量清单是招标文件的组成部分。工程量清单由分部分项工程量清单、措施项目清单、其他项目清单、规费项目清单和税金项目清单组成。

1) 分部分项工程量清单

分部分项工程量清单为不可调整的闭口清单，在投标阶段，投标人对招标文件提供的分部分项工程量清单必须逐一计价，对清单所列内容不允许有任何更改变动。投标人如果认为清单内容有不妥或遗漏，只能通过质疑的方式由清单编制人作统一的修改更正，并将修正后的工程量清单发往所有投标人。

分部分项工程量清单应包括项目编码、项目名称、项目特征、计量单位和工程量五个部分，应根据《计价规范》附录中规定的项目编码、项目名称、项目特征、计量单位和工程量计算规则进行编制。

项目编码是分部分项工程量清单项目名称的数字标识。分部分项工程量清单项目编码设置五级编码，采用十二位阿拉伯数字表示。

项目名称应按附录的项目名称结合拟建工程的实际确定。

项目特征是指工程量清单项目的个性特征，基本上是按照形成工程实体而命名的，工程量清单项目特征是按不同的工程部位、施工工艺或材料品种、规格等分别列项。项目特征是提示工程量清单编制人，应在工程量清单的项目名称栏内描述项目的个性特征，以便投标人核算工程量及准确报价。

计量单位由《清单计价规范》规定，按照能够较准确地反映该项目工程内容的原则确定，即：计算重量——以吨或千克为计量单位，如钢材、金属构件、设备制作安装等；计算体积——以立方米为计量单位，如土方工程、砌筑工程、钢筋混凝土工程等；计算面积——以平方米为计量单位，如楼地面抹灰、油漆工程等；计算长度——以米为计量单位，如楼梯扶手、装饰线等；其他——以个、套、块、樘、组、台等为计量单位，如荧光灯安装以套为单位，车床以台为单位，门窗以樘为单位；没有具体数量的项目——以系统、项为计量单位。

08 规范明确了清单项目的计算规则，其工程量是以形成工程实体为准，并以完成后的净值来计算的。这一计算方法避免了因施工方案不同而造成计算的工程量大小各异的情况，为各投标人提供了一个公平的平台。

2) 措施项目清单

措施项目清单是指为完成工程项目的施工，发生于该工程施工前和施工过程中的技术、生活、安全等方面的非工程实体项目的明细清单。

措施项目清单应根据拟建工程的实际情况列项。根据 08 规范，措施项目可分为通用措施项目与专用措施项目。通用措施项目是指各专业工程的措施项目清单中均可列的措施项目，可根据工程实际选择列项，如表2-1所示。

表2-1　通用措施项目一览表

序号	项 目 名 称
1	安全文明施工(含环境保护、文明施工、安全施工和临时设施)
2	夜间施工
3	二次搬运
4	冬雨季施工
5	大型机械设备进出场及安拆
6	施工排水
7	施工降水
8	地上地下设施、建筑物的临时保护设施
9	已完工程及设备保护

专用措施项目应按附录中各专业工程中的措施项目并根据工程实际进行选择列项。若出现表中未列的项目，清单编制人可根据工程实际情况作相应的补充。

措施项目中可以计算工程量的项目清单，如混凝土、钢筋混凝土模板及支架、脚手架等，宜采用分部分项工程量清单的方式编制，列出项目编码、项目名称、项目特征、计量单位和工程量计算规则；不能计算工程量的项目清单，以项为计量单位。

措施项目清单为可调整清单，投标人可根据工程实际情况对清单所列项目作相应的增减。投标人要对拟建工程可能发生的措施项目和措施费用作通盘考虑，清单一经报出，即被认为是包括了所有应该发生的措施项目的全部费用。如果报出的清单中没有列项，且施工中又必须发生的项目，业主有权认为，其已经综合在分部分项工程量清单的综合单价中。将来措施项目发生时投标人不得以任何借口提出索赔与调整。

3) 其他项目清单

其他项目清单是指由于招标人的特殊要求而发生的与拟建工程有关的其他费用项目和相应数量的清单。其他项目清单应根据拟建工程的具体情况，参照以下内容列项：暂列金额、暂估价、计日工和总承包服务费，详见2.2节。

4) 规费项目清单

规费作为政府和有关权利部门规定必须缴纳的费用，根据206号文的规定，规费项目清单包括工程排污费、工程定额测定费、社会保险(养老保险、失业保险和医疗保险)、住房公积金和危险作业意外伤害保险。

5) 税金项目清单

根据206号文的规定，目前我国税法规定应计入工程造价内的税种包括营业税、城市建设维护税及教育费附加。如国家税法发生变化，税务部门依据职权增加了税种，应对税金项目清单进行补充。

3. 工程量清单计价

工程量清单计价是指在建设工程发包与承包计价时，按招标文件规定，根据工程量清单所列项目，参照工程量清单计价依据计算的全部费用，包括分部分项工程费、措施项目费、其他项目费、规费和税金。工程量清单应采用综合单价计价。分部分项工程量清单的综合单价，应根据规范规定的综合单价组成，按设计文件或规范附录中的“工程内容”确定。措施项目清单计价应根据拟建工程的施工组织设计，可以计算工程量的措施项目，应按分部分项工程量清单的方式采用综合单价计价；其余的措施项目可以项为单位的方式计价，应包括除规费和税金外的全部费用。其他项目费应按下列规定计价：暂列金额应根据工程特点，按有关计价规定估算；暂估价中的材料单价应根据工程造价信息或参考市场价格估算；暂估价中专业工程金额应分不同专业，按有关计价规定估算；计日工应根据工程特点和有关计价依据计算；总承包服务费应根据招标人列出的内容和要求估算；规费和税金应按国家、省级或行业建设主管部门的规定计算，不得作为竞争性费用。

4. 工程量清单及其计价格式

《08 清单计价规范》规定了工程量清单和清单计价采用的统一格式和填写方法。

2.3.3　其他确定依据

1. 工程技术文件

反映建设工程项目的规模、内容、标准、功能等的文件是工程技术文件。只有根据工程技术文件，才能对工程进行分部组合即工程结构作出分解，得到计算的基本子项；只有依据工程技术文件及其反映的工程内容和尺寸，才能测算或计算出工程实物量，得到分部分项工程的实物数量。因此，工程技术文件是建设工程投资确定的重要依据。

2. 要素市场价格信息

构成建设工程投资的要素包括人工、材料、施工机械等，要素价格是影响建设工程投资的关键因素。要素价格是由市场形成的。建设工程投资采用的基本子项所需资源的价格采自市场，随着市场的变化，要素价格亦随之发生变化。因此，建设工程投资必须随时掌握市场价格信息，了解市场价格行情，熟悉市场各类资源的供求变化及价格动态。这样，得到的建设工程投资才能反映市场，反映工程建造所需的真实费用。

3. 建设工程环境和条件

建设工程环境和条件的差异或变化，会导致建设工程投资大小的变化。工程的环境和条件，包括工程地质条件、气象条件、现场环境与周边条件，也包括工程建设的实施方案、组织方案和技术方案等。

4. 其他

国家对建设工程费用计算的有关规定、按国家税法规定需计取的相关税费等构成了建设工程投资确定的依据。

2.3.4　企业定额

1. 企业定额的概念

企业定额是工程施工企业根据本企业的技术水平和管理水平，编制的完成单位合格产品所需的人工、材料和施工机械台班消耗量，以及其他生产经营要素消耗的数量标准。

2. 企业定额的作用

(1) 企业定额是施工企业计算和确定工程施工成本的依据，是施工企业进行成本管理和经济核算的基础。

(2) 企业定额是施工企业进行工程投标、编制工程投标报价的基础和主要依据。

(3) 企业定额是施工企业编制施工组织设计、制定施工计划和作业计划的依据。

3. 企业定额的编制原则

施工企业在编制企业定额时应依据本企业的技术能力和管理水平，以国家发布的预算定额或基础定额为参照和指导，测定计算完成分项工程或工序所需的人工、材料和机械台班的消耗量，准确反映本企业的施工生产力水平。

4. 企业定额的编制方法

编制企业定额最关键的工作是确定人工、材料和机械台班的消耗量，计算分项工程单价或综合单价。

人工消耗量的确定，首先是根据企业环境拟定正常的施工作业条件，再分别计算测定基本用工和其他用工的工日数，最后拟定施工作业的定额时间。

材料消耗量的确定，是通过企业历史数据的统计分析、理论计算、实验试验、实地考察等方法计算确定材料包括周转材料的净用量和损耗量，从而拟定材料消耗的定额指标。

机械台班消耗量的确定，同样需要按照企业的环境拟定机械工作的正常施工条件，确定机械净工作效率和利用系数，据此拟定施工机械作业的定额台班和与机械作业相关的工人小组的定额时间。

2.4 建设工程施工阶段投资控制

建设项目施工阶段，是把图纸和原材料、半成品、设备等变为实体的过程，是价值和使用价值实现的阶段。投资控制即行为主体在建设工程存在各种变化的条件下，按事先拟定的计划，通过采取各种方法、措施，达到目标造价的实现。目标造价为承包合同价或预算加合理的签证价。施工阶段的监理一般是指在建设项目已完成施工图设计，并完成招投标阶段工作和签订工程承包合同以后，监理工程师对工程建设的施工过程进行的监督和控制，是监督承包商按照工程承包合同规定的工期、质量和投资额圆满地完成全部设计任务。监理工程师在施工过程中定期地进行投资实际值与目标值的比较，通过比较发现并找出实际支出额与投资控制目标值之间的偏差，然后分析产生偏差的原因，并采取切实有效的措施加以控制，以保证投资控制目标的实现。

2.4.1 施工阶段投资目标控制

1. 施工阶段投资控制的工作流程

工程建设的施工阶段涉及面很广，涉及的人员很多，与投资控制有关的工作也很多。这里不能逐一加以说明，只能对实际情况加以适当简化。图 2-7 为施工阶段投资控制的工作流程图。

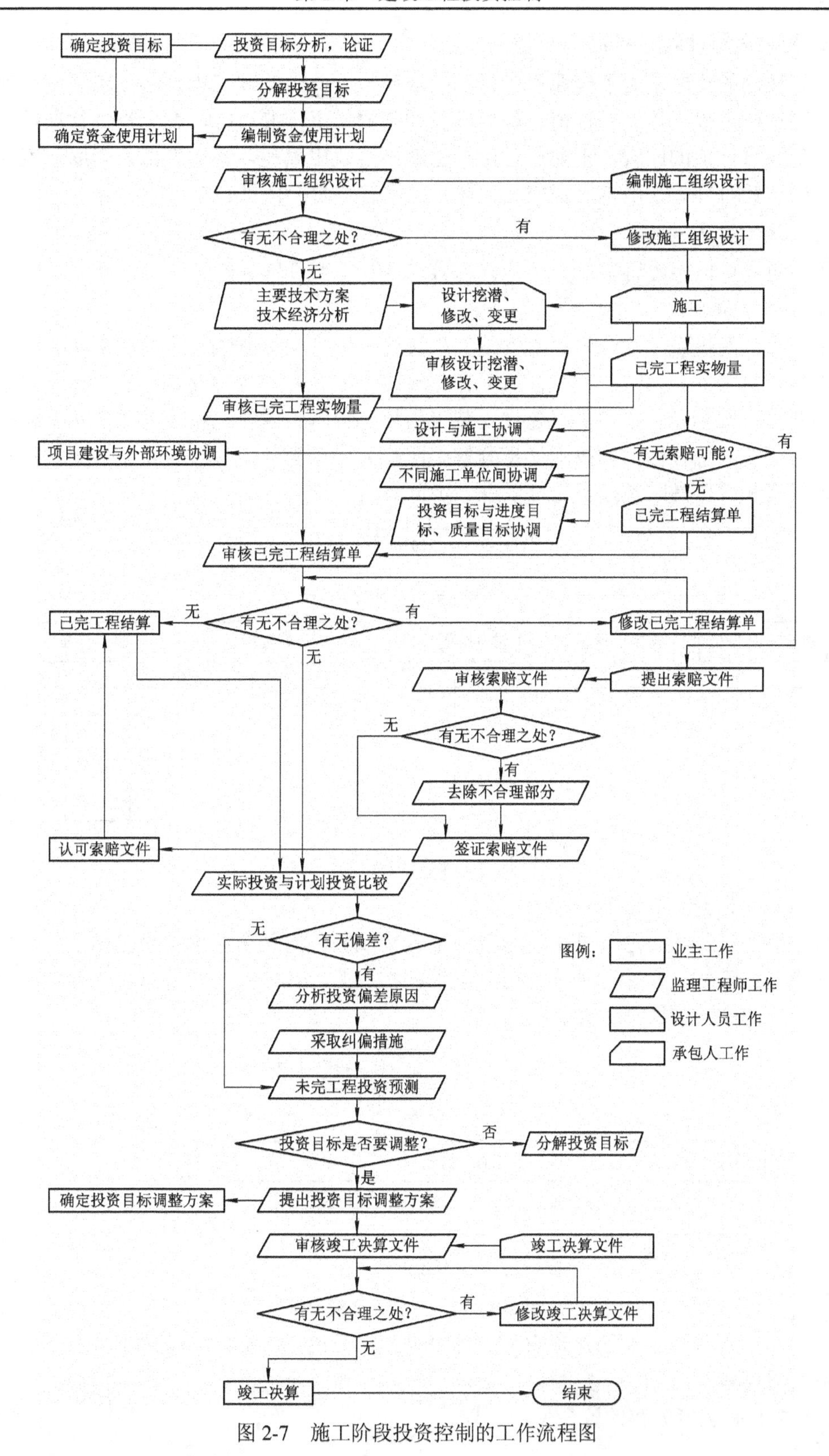

图 2-7　施工阶段投资控制的工作流程图

2. 资金使用计划的编制

投资控制的目的是为了确保投资目标的实现。因此，监理工程师必须编制资金使用计划，合理地确定投资控制目标值。如果没有明确的投资控制目标，就无法进行项目投资实际支出值与目标值的比较，不能进行比较也就不能找出偏差，不知道偏差程度，就会使控制措施缺乏针对性。在确定投资控制目标时，应有科学的依据。

1) 投资目标的分解

投资目标可以按投资构成、子项目和时间三种类型进行分解。

(1) 按投资构成分解的资金使用计划。

工程项目的投资主要分为建筑安装工程投资、设备工器具购置投资和工程建设其他投资。由于建筑工程和安装工程在性质上存在着较大差异，投资的计算方法和标准也不尽相同。因此，在实际操作中往往将建设安装工程投资分解为建筑工程投资和安装工程投资。工程项目投资的总目标可以按图 2-8 分解。图 2-8 中的建筑工程投资、安装工程投资、设备购置投资和工器具购置投资还可以进一步分解。

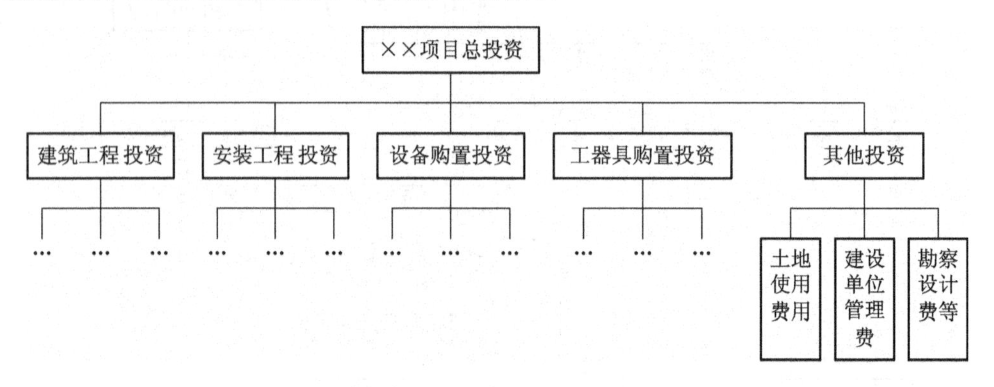

图 2-8　按投资构成分解目标

(2) 按子项目分解的资金使用计划。

大中型的工程项目通常是由若干单项工程构成的，而每个单项工程包括了多个单位工程，每个单位工程又是由若干个分部分项工程构成的，首先要把项目总投资分解到单项工程和单位工程中，如图 2-9 所示。

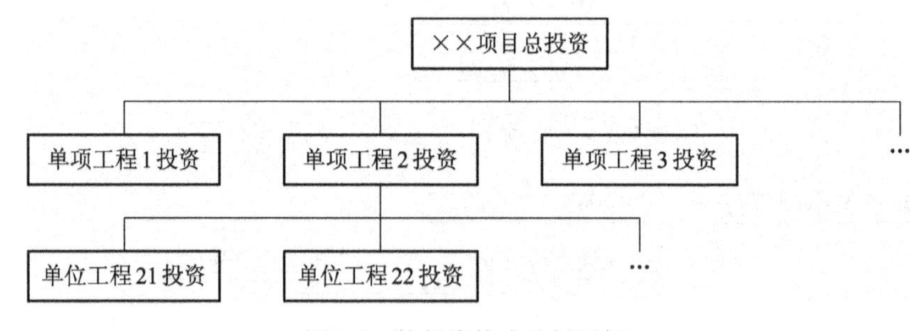

图 2-9　按投资构成分解目标

另外，对各单位工程的建筑安装工程投资还需要进一步分解，在施工阶段一般可分解到分部分项工程。

(3) 按时间进度分解的资金使用计划。

为了编制项目资金使用计划，并据此筹措资金，尽可能减少资金占用和利息支出，有必要将项目总投资按其使用时间进行分解。

编制按时间进度的资金使用计划，通常可利用控制项目进度的网络图进一步扩充得到，即在建立网络图时，一方面确定完成各项工作所需花费的时间，另一方面同时确定完成这一工作的合适的投资支出预算。

在编制网络计划时在充分考虑进度控制对项目划分要求的同时，还要考虑确定投资支出预算对项目划分的要求，做到二者兼顾。

以上三种编制资金使用计划的方法并不是相互独立的。在实践中，往往是将这几种方法结合起来使用，从而达到扬长避短的效果。

2) 资金使用计划的形式

(1) 按子项目分解得到的资金使用计划表内容一般包括：

① 工程分项编码。

② 工程内容。

③ 计量单位。

④ 工程数量。

⑤ 计划综合单价。

⑥ 本分项总计。

(2) 时间—投资累计曲线。通过对项目投资目标按时间进行分解，在网络计划基础上，可获得项目进度计划的横道图，并在此基础上编制资金使用计划。其表示方式有两种：一种是在总体控制时标网络图上表示，如图 2-10 所示；另一种是利用时间—投资曲线(*S* 形曲线)表示，如图 2-11 所示。

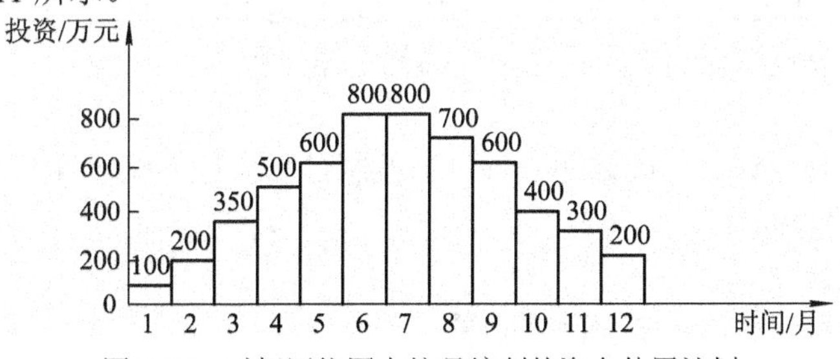

图 2-10　时标网络图上按月编制的资金使用计划

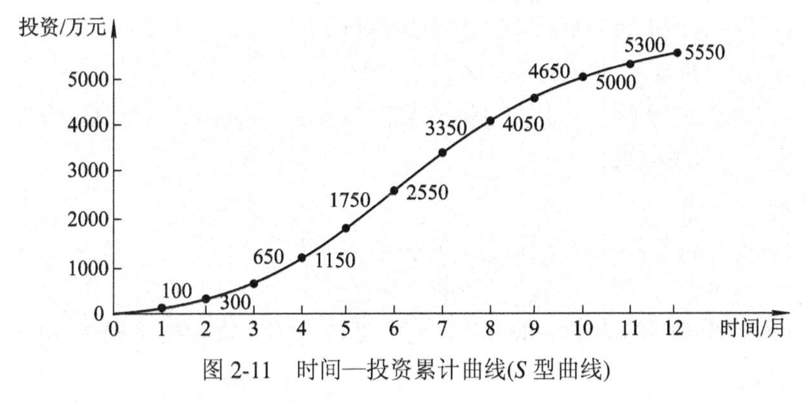

图 2-11　时间—投资累计曲线(*S* 型曲线)

时间—投资累计曲线的绘制步骤如下：

① 确定工程项目进度计划，编制进度计划的横道图。

② 根据每单位时间内完成的实物工程量或投入的人力、物力和财力，计算单位时间(月或旬)的投资，在时标网络图上按时间编制投资支出计划。

③ 计算规定时间 t 计划累计完成的投资额，其计算方法为：各单位时间计划完成的投资额累加求和，可按下式计算

$$Q_t = \sum_{n=1}^{t} q_n \tag{2-1}$$

式中，Q_t 为某时间 t 计划累计完成投资额；q_n 为单位时间 n 的计划完成投资额；t 为某规定计划时刻。

④ 按各规定时间的 Q_t 值，绘制 S 形曲线。

每一条 S 形曲线都对应某一特定的工程进度计划。

一般而言，所有工作都按最迟开始时间开始，对节约建设单位的建设资金贷款利息是有利的，但同时，也降低了项目按期竣工的保证率。因此，监理工程师必须合理地确定投资支出计划，达到既节约投资支出，又能控制项目工期的目的。

(3) 综合分解资金使用计划表。将投资目标的不同分解方法相结合会得到比前者更为详尽、有效的综合分解资金使用计划表。

3. 施工阶段投资控制的措施

对施工阶段的投资控制应给予足够的重视，仅仅靠控制工程款的支付是不够的，应从组织、经济、技术和合同等多方面采取措施，控制投资。

1) 组织措施

(1) 在项目管理班子中，落实从投资控制角度进行施工跟踪的人员任务分工和职能分工。

(2) 编制本阶段投资控制工作计划和详细的工作流程图。

2) 经济措施

(1) 编制资金使用计划，确定和分解投资控制目标，对工程项目造价目标进行风险分析，并制定防范性对策。

(2) 进行工程计量。

(3) 复核工程付款账单，签发付款证书。

(4) 在施工过程中进行投资跟踪控制，定期地进行投资实际支出值与计划目标值的比较；发现偏差，分析产生偏差的原因，采取纠偏措施。

(5) 协商确定工程变更的价款，审核竣工结算。

(6) 对工程施工过程中的投资支出做好分析与预测，经常或定期向建设单位提交项目投资控制及其存在问题的报告。

3) 技术措施

(1) 对设计变更进行技术经济比较，严格控制设计变更。

(2) 继续寻找通过设计挖潜节约投资的可能性。

(3) 审核承包商编制的施工组织设计，对主要施工方案进行技术经济分析。

4) 合同措施

(1) 做好工程施工记录，保存各种文件图纸，特别是注有实际施工变更情况的图纸，

注意积累素材，为正确处理可能发生的索赔提供依据；参与处理索赔事宜。

(2) 参与合同修改和补充工作，着重考虑其对投资控制的影响。

2.4.2　工程计量

1. 工程计量的重要性

1) 计量是控制项目投资支出的关键环节

工程计量是指根据设计文件及承包合同中关于工程量计算的规定，项目监理机构对承包商申报的已完成工程的工程量进行的核验。合同条件中明确规定工程量表中开列的工程量是该工程的估算工程量，不能作为承包商应予完成的实际和确切的工程量。经过项目监理机构计量所确定的数量是向承包商支付任何款项的凭证。

2) 计量是约束承包商履行合同义务的手段

计量不仅是控制项目投资支出的关键环节，同时也是约束承包商履行合同义务、强化承包商合同意识的手段。FIDIC 合同条件规定业主对承包商的付款，是以工程师批准的付款证书为凭据的，工程师对计量支付有充分的批准权和否决权，在施工过程中，项目监理机构可以通过计量支付手段，控制工程按合同进行。

2. 工程计量的程序

1) 施工合同(示范文本)约定的程序

按照施工合同(示范文本)规定，工程计量的一般程序是：承包人应按专用条款约定的时间，向工程师提交已完工程量的报告，工程师接到报告后 7 天内按设计图纸核实已完工程量，并在工程计量前 24 小时通知承包人，承包人为工程计量提供便利条件并派人参加。承包人收到通知后不参加工程计量，计量结果有效，作为工程价款支付的依据。工程师收到承包人报告后 7 天内未进行工程计量，从第 8 天起，承包人报告中开列的工程量既视为已被确认，作为工程价款支付的依据。工程师不按约定时间通知承包人，使承包人不能参加工程计量，计量结果无效。对承包人超出设计图纸范围和因承包人原因造成返工的工程量，工程师不予计量。

2) 建设工程监理规范规定的程序

(1) 承包单位统计经专业监理工程师质量验收合格的工程量，按施工合同的约定填报工程量清单和工程款支付申请表。

(2) 专业监理工程师进行现场计量，按施工合同的约定审核工程量清单和工程款支付申请表，并报总监理工程师审定。

(3) 总监理工程师签署工程款支付证书，并报建设单位。

3) FIDIC 施工合同约定的工程计量程序

按照 FIDIC 施工合同约定，当工程师要求测量工程的任何部分时，应向承包商代表发出合理通知，承包商代表应：

(1) 及时亲自或另派合格代表，协助工程师进行测量。

(2) 提供工程师要求的任何具体材料。

如果承包商未能到场或派代表，工程师(或其代表)所作测量应作为准确予以认可。

除合同另有规定外，凡需根据记录进行测量的任何永久工程，此类记录应由工程师准备。承包商应根据约定或被提出要求时，到场与工程师对记录进行检查和协商，达成一致后应在记录上签字。如承包商未到场，应认为该记录准确，予以认可。如果承包商检查后不同意该记录和(或)不签字表示同意，承包商应向工程师发出通知，说明该记录不准确的部分。工程师收到通知后，应审查该记录，进行确认或更改。如果承包商被要求检查记录14天内，没有发出此类通知，该记录应作为准确予以认可。

3. 工程计量的依据

工程计量的依据一般有质量合格证书、工程量清单前言、技术规范中的“计量支付”条款和设计图纸。也就是说，计量时必须以这些资料为依据。

1) 质量合格证书

对于承包商已完成的工程，并不是全部进行计量，而只是质量达到合同标准的已完工程才予以计量。所以工程计量必须与质量检验紧密配合，经过专业工程师检验，工程质量达到合同规定的标准后，由专业工程师签署报验申请表(质量合格证书)，只有质量合格的工程才予以计量。所以说质量监理是计量监理的基础，计量又是质量监理的保障，通过计量支付，强化承包商的质量意识。

2) 工程量清单前言和技术规范

工程量清单前言和技术规范是确定计量方法的依据。因为工程量清单前言和技术规范的“计量支付”条款规定了清单中每一项工程的计量方法，同时还规定了按规定的计量方法确定的单价所包括的工作内容和范围。

3) 设计图纸

单价合同以实际完成的工程量进行结算，但被工程师计量的工程量，并不一定是承包商实际施工的数量。计量的几何尺寸要以设计图纸为依据，工程师对承包商超出设计图纸要求增加的工程量和因自身原因造成返工的工程量，不予计量。

4. 工程计量的方法

工程师应对以下几方面的工程项目进行计量：

(1) 工程量清单中的全部项目。

(2) 合同文件中规定的项目。

(3) 工程变更项目。

根据08规范，工程计量时，若发现工程量清单中出现漏项、工程量计算偏差，以及工程变更引起工程量的增减，应按承包人在履行合同义务过程中实际完成的工程量计算。

根据FIDIC合同条件的规定，一般可按照以下方法进行计量：

1) 均摊法

均摊法是对清单中某些项目的合同价款按合同工期平均计量。如为监理工程师提供宿舍、保养测量设备、保养气象记录设备、维护工地清洁和整洁等，这些项目都有一个共同的特点，即每月均有发生，所以可以采用均摊法进行计量支付。例如：保养气象记录设备，每月发生的费用是相同的，如本项合同款额为2000元，合同工期为20个月，则每月计量、支付的款额为：2000元/20月 = 100元/月。

2) 凭据法

凭据法是按照承包商提供的凭据进行计量支付。如建筑工程险保险费、第三方责任险保险费以及履约保证金等项目，一般按凭据法进行计量支付。

3) 估价法

估价法是按合同文件的规定，根据工程师估算的已完成的工程价值支付。如为工程师提供办公设施和生活设施，为工程师提供用车，为工程师提供测量设备、天气记录设备、通讯设备等项目。这类清单项目往往要购买几种仪器设备，当承包商对于某一项清单项目中规定购买的仪器设备不能一次购进时，则需采用估价法进行计量支付。

4) 断面法

断面法主要用于取土坑或填筑路堤土方的计量。对于填筑土方工程，一般规定计量的体积为原地面线与设计断面所构成的体积。采用这种方法计量，在开工前承包商需测绘出原地形的断面，并需经工程师检查，作为计量的依据。

5) 图纸法

在工程量清单中，许多项目采取按照设计图纸所示的尺寸进行计量。如混凝土构筑物的体积，钻孔桩的桩长等。

6) 分解计量法

分解计量法是将一个项目，根据工序或部位分解为若干子项，对完成的各子项进行计量支付。这种计量方法主要是为了解决一些包干项目或较大的工程项目的支付时间过长，影响承包商的资金流动等问题。

2.4.3 工程变更价款的确定

在工程实施过程中，由于多方面的情况变更，经常出现工程量变化、施工进度变化，以及发包方与承包方在执行合同中的争执等许多问题。这些问题的产生，一方面是由于勘察设计工作不细，以致在施工过程中发现许多招标文件中没有考虑或估算不准确的工程量，因而不得不改变施工项目或增减工程量；另一方面是由于发生不可预见的事件，如自然或社会原因引起的停工或工期拖延等。由于工程变更所引起的工程量的变化、承包商的索赔等，都有可能使项目投资超出原来的预算投资，监理工程师必须严格予以控制，密切注意其对未完工程投资支出的影响及对工期的影响。

1. 项目监理机构对工程变更的管理

项目监理机构应按下列程序处理工程变更：

(1) 设计单位对原设计存在的缺陷提出的工程变更，应编制设计变更文件；建设单位或承包单位提出的变更，应提交总监理工程师，由总监理工程师组织专业监理工程师审查，审查同意后，应由建设单位转交原设计单位编制设计变更文件。当工程变更涉及安全、环保等内容时，应按规定经有关部门审定。

(2) 项目监理机构应了解实际情况和收集与工程变更有关的资料。

(3) 总监理工程师必须根据实际情况、设计变更文件和其他有关资料，按照施工合同的有关款项，在指定专业监理工程师完成下列工作后，对工程变更的费用和工期做出评估：

① 确定工程变更项目与原工程项目之间的类似程度和难易程度。

② 确定工程变更项目的工程量。

③ 确定工程变更的单价或总价。

(4) 总监理工程师应就工程变更费用及工期的评估情况与承包单位和建设单位进行协调。

(5) 总监理工程师签发工程变更单。工程变更单应包括工程变更要求、工程变更说明、工程变更费用和工期以及必要的附件等内容，有设计变更文件的工程变更应附设计变更文件。

(6) 项目监理机构根据项目变更单监督承包单位实施。在建设单位和承包单位未能就工程变更的费用等方面达成协议时，项目监理机构应提出一个暂定的价格，作为临时支付工程款的依据。该工程款最终结算时，应以建设单位与承包单位达成的协议为依据。在总监理工程师签发工程变更单之前，承包单位不得实施工程变更。

2. 我国现行工程变更价款的确定方法

08 规范约定的因非承包人原因导致的工程变更，对应的综合单价按下列方法确定：

(1) 合同中已有适用于变更工程的价格，按合同已有的价格变更合同价款。

(2) 合同中有类似的变更工程的价格，可以参照类似价格变更合同价款。

(3) 合同中没有适用或类似的变更工程的价格，由承包人提出适当的变更价格，经工程师确认后执行。

采用合同中工程量清单的单价或价格有几种情况：一是直接套用，二是间接套用，三是部分套用。

协商单价和价格是基于合同中没有或者有但不合适的情况而采取的一种方法。

3. FIDIC 合同条件下工程的变更与估价

1) 工程变更

(1) 变更权。根据 FIDIC 施工合同条件(1999 年第一版)的约定，在颁发工程接收证书前的任何时间，工程师可通过发布指示或要求承包商提交建议书的方式，提出变更。承包商应遵守并执行每项变更，除非承包商立即向工程师发出通知，说明(附详细根据)承包商难以取得变更所需的货物。工程师接到此类通知后，应取消、确认或改变原指示。每项变更可包括：

① 合同中包括的任何工作内容的数量的改变(但此类改变不一定构成变更)。

② 任何工作内容的质量或其他特性的改变。

③ 任何部分工程的标高、位置和(或)尺寸的改变。

④ 任何工作的删减，但要交他人实施的工作除外。

⑤ 永久工程所需的任何附加工作、生产设备、材料或服务，包括任何有关的竣工试验、钻孔和其他试验以及勘探工作。

⑥ 实施工程的顺序或时间安排的改变。

除非接到工程师指示批准了变更，承包商不得对永久工程作任何改变和(或)修改。

(2) 变更程序。如果工程师在发出变更指示前要求承包商提出一份建议书，承包商应尽快做出书面回应，提出他不能照办的理由(如果情况如此)或提交：

① 对建议要完成的工作的说明，以及实施的进度计划。

② 根据进度计划和竣工时间的要求，承包商对进度计划做出必要修改的建议书。

③ 承包商对变更估价的建议书。

工程师收到此类建议书后，应尽快给予批准、不批准或提出意见的回复，在等待答复期间，承包商不应延误任何工作。由工程师向承包商发出执行每项变更并附做好各项费用记录的指示，承包商应确认收到该指示。

2) 工程变更的估价

除非合同中另有规定，工程师应通过 FIDIC(1999 年第一版)第 12.1 款和第 12.2 款商定或确定的测量方法和适宜的费率及价格，对各项工作的内容进行估价，再按照 FIDIC 第 3.5 款，商定或确定合同价格。

各项工作内容的适宜费率或价格，应为合同对此类工作内容规定的费率或价格，如合同中无某项内容，应取类似工作的费率或价格。但在以下情况下，宜对有关工作内容采用新的费率或价格：

第一种情况：

① 如果此项工作实际测量的工程量比工程量表或其他报表中规定的工程量的变动大于 10%。

② 工程量的变化与该项工作规定的费率的乘积超过了中标的合同金额的 0.01%。

③ 由此工程量的变化直接造成该项工作单位成本的变动超过 1%。

④ 这项工作不是合同中规定的固定费率项目。

第二种情况：

① 此工作是根据变更与调整的指示进行的。

② 合同没有规定此项工作的费率或价格。

③ 由于该项工作与合同中的任何工作没有类似的性质或不在类似的条件下进行，故没有一个规定的费率或价格适用。

每种新的费率或价格应考虑是否属于以上描述的有关事项对合同中相关费率或价格加以合理调整。如果没有相关的费率或价格可供推算新的费率或价格，应根据实施该工作的合理成本和合理利润，并考虑其他相关事项后得出。

工程师应在商定或确定适宜费率或价格前，确定用于中期付款证书的临时费率或价格。

2.4.4　索赔控制

索赔是工程承包合同履行中，当事人一方因对方不履行或不完全履行既定的义务，或者由于对方的行为使权利人受到损失时，要求对方补偿损失的权利。索赔是工程承包中经常发生并随处可见的正常现象。由于施工现场条件、气候条件的变化，施工进度的变化，以及合同条款、规范、标准文件和施工图纸的变更、差异、延误等因素的影响，使得工程承包中不可避免地出现索赔，进而导致项目的投资发生变化。因此索赔控制是建设工程施工阶段投资控制的重要手段。

1. 常见的索赔内容

1) 承包商向业主的索赔

(1) 不利的自然条件与人为障碍引起的索赔。不利的自然条件是指施工中遭遇到的实际自然条件比招标文件中所描述的更为困难和恶劣，是一个有经验的承包商无法预测的不利自然条件与人为障碍，导致了承包商必须花费更多的时间和费用，在这种情况下，承包商可以向业主提出索赔要求。

① 地质条件变化引起的索赔。一般来说，在招标文件中规定，由业主提供有关该项工程的勘察所取得的水文及地表以下的资料。但在合同中往往写明“承包商在提交投标书之前，已对现场和周围环境及与之有关的可用资料进行了考察和检查，包括地表以下条件及水文和气候条件。承包商应对他自己对上述资料的解释负责。”针对此项条款，客观公正地说，是有损施工单位的合法权利的；通常合同条款中还有一条“在工程施工过程中，承包商如果遇到了现场气候条件以外的外界障碍或条件，在他看来这些障碍和条件是一个有经验的承包商无法预见到的，则承包商应就此向监理工程师提交有关通知，并将一份副本交业主。收到此通知后，如果监理工程师认为这类障碍或条件是一个有经验的承包商无法合理预见到的，在与业主和承包商适当协商以后，应给予承包商延长工期和费用补偿的权利，但不包括利润。”基于此两款中所述内容，往往会成为合同当事人双方争议的缘由所在，在投标过程中应予以必要的重视。投标方在招标文件澄清资料中应予以明确，以便保障合同当事人的合法权利及进行合同索赔。

② 工程中人为障碍引起的索赔。在施工过程中，往往会因为遇到地下构筑物或文物或地下电缆、管道和各种装置，而导致工程费用增加，如原投标是机械挖土，而现场不得不改为人工挖土，只要给定的施工合同、施工图纸未预标明，合同的当事人均可提出索赔，当然地下电缆、管道和各种原安装或所有单位的设施应例外，即对这些地下情况当知且应知的情况例外。

(2) 工程变更引起的索赔。在工地施工过程中，由于工地上不可预见的情况、环境的改变或为了节约成本等，在监理工程师认为必要时，可以对工程或其任何部分的外形、质量或数量做出变更。任何此类变更，承包商均不应以任何方式使合同作废或无效，但如果监理工程师确定的工程变更单价或价格不合理或缺乏说服承包商的依据，则承包商有权就此向业主进行索赔。

(3) 工期延期的索赔。工期延期的索赔通常包括两个方面：一是要求延长工期，二是要求偿付由于非承包商原因导致工程延期而造成的损失。一般这两方面的索赔报告要求分别编制，因为工期和费用索赔并不一定同时成立。例如：由于特殊恶劣气候等原因承包商可以要求延长工期，但不能要求补偿；有些延误时间并不影响关键路线的施工，承包商可能得不到工期的延长。但是，如果承包商能提出证据说明其延误造成的损失，就可能有权获得这些损失的补偿，有时两种索赔可能混在一起，既可以要求延长工期，又可以获得对其损失的补偿。

承包商提出工期索赔，通常是基于下述原因：

① 合同文件的内容出错或者互相矛盾。

② 监理工程师在合理的时间内未曾发出承包商要求的图纸和指示。

③ 有关放线的资料不准。

④ 不利的自然条件。

⑤ 在现场发现化石、钱币、有价值的物品或文物。

⑥ 额外的样本与试验。

⑦ 业主和监理工程师命令暂停工程。

⑧ 业主未能按时提供现场。

⑨ 业主违约。

⑩ 业主风险。

⑪ 不可抗力。

因以上原因要求延长工期，必须提出合理的证据，可能获得同意，还可能获得相应的费用损失的赔付。以上提出的工期索赔中，凡属于客观原因造成的延期、属于业主也无法预见到的情况，如特殊反常天气，达到合同中特殊反常天气的约定条件，承包商可能得到延长工期，但得不到费用补偿。凡属于业主方面的原因造成拖延工期，不仅应给承包商延长工期，还应给予费用补偿。

(4) 加速施工费用的索赔。一项工程可能遇到各种意外的情况或由于工程变更而必须延长工期。但由于业主的原因(例如该工程已经预售给买主，需按议定时间移交买主)，坚持不给延期，迫使承包商采取赶工措施来完成工程，从而导致工程成本增加，即为加速施工费用的索赔。在如何确定加速施工所发生的费用，合同双方可能差距很大，因为影响附加费用款额的因素很多，如投入的资源量、提前的完工天数、加班津贴、施工新单价等。解决这一问题的办法建议在合同中予以奖金约定的办法，鼓励合同当事一方克服困难、加速施工，即规定当某一部分工程或分部工程每提前完工一天，发给承包商奖金若干。这种支付方式的优点是：不仅促使承包商早日完成工程，早日投入运行，而且计价方式简单，避免了计算加速施工、延长工期、调整单价等许多容易起争执的繁琐计算和讨论。

(5) 业主不正当地终止工程而引起的索赔。由于业主不正当地终止工程，承包商有权要求补偿损失，其数额是承包商在被终止工程中的人工、材料和机械设备的全部支出以及各项管理费用、保险费、贷款利息、保函费用的支出减去已结算的工程款，并有权要求赔偿其盈利损失。

(6) 物价上涨引起的索赔。物价上涨是各国市场的普遍现象，尤其在一些发展中国家，由于物价上涨，使人工费和材料费增长，引起了工程成本的增加。

(7) 法律、货币及汇率变化引起的索赔。

① 法律改变引起的索赔。如果在基准日期(投标截止日期前的 28 天)以后，由于业主国家或地方的任何法规、法令、政令或其他法律或规章发生了变更，导致了承包商成本增加，对承包商由此增加的开支，业主应予以补偿。例如某工程投标日期为 2001 年 12 月，在 2002 年 10 月施工期间，某省发布了一个规定“大中型水电站不得使用立窑水泥”，投标时承包商选定的水泥是当地一家水泥厂生产的立窑水泥，水泥价格较低，后改用另一厂家生产的旋窑水泥，承包商认为施工期由于地方法规变化造成了施工方成本增加，业主应补偿前期已做的混凝土配合比试验费和水泥价差。

② 货币及汇率变化引起的索赔。如果在基准日期以后，工程施工所在国政府或授权机构支付合同价格的一种或几种货币实行限制或货币汇总限制，则业主应补偿承包商因此而受到的损失。如果合同规定将全部或部分款额以一种或几种货币支付给承包商，则这项支付不应受上述指定的一种或几种外币与工程施工所在国货币之间的汇率变化的影响。

③ 拖延支付工程款。如果业主在规定的支付时间内未能向承包商支付应支付的工程款，承包商可在提前通知业主的情况下，暂停工作或减缓工作速度，并有权获得工期的补

偿和额外费用的补偿(如利息)。FIDIC合同规定利息以高出支付货币所在国中央银行的贴现率加3%的年利率进行计算。

(8) 业主的风险。FIDIC 合同条件对业主风险的定义。业主的风险主要是指下列几种情况：

① 战争、敌对行动(不论宣战与否)、入侵和外敌行动。

② 工程所在国内的叛乱、恐怖主义、革命、暴动、军事政变或篡夺政权，或内战。

③ 承包商人员及承包商和分包商的其他雇员以外的人员在工程所在国国内的暴乱、骚动或混乱。

④ 工程所在国国内的战争军火、物资爆炸、电离辐射或放射性引起的污染，但可能由承包商使用此类军火、炸药、辐射或放射性引起的情况除外。

⑤ 由音速或超音速飞机以及飞行装置所产生的压力波。

⑥ 除合同规定以外业主使用或占用的永久工程的任何部分。

⑦ 由业主人员或业主对其负责的其他人员所做的工程任何部分的设计。

⑧ 不可预见的或不能合理预期一个有经验的承包商已采取适宜预防措施的任何自然力的作用。

业主风险的后果。如果上述业主风险列举的任何风险达到对工程、货物，或承包商文件造成损失或损害的程度，承包商应立即通知监理工程师，并应按照工程师的要求，修正此类损失或损害。

如果因修正此类损失或损害使承包商遭受延误和(或)招致增加费用，承包商应进一步通知监理工程师，并根据承包商的索赔的规定，有权要求：

① 根据竣工时间的延长的规定，如果竣工已经或将受到延误，对任何此类延误给予延长期。

② 任何此类成本应计入合同价格，给予支付。如有业主风险的 6)和 7)项的情况，还应包括合理的利润。

(9) 不可抗力。

① FIDIC合同条件对不可抗力的定义。不可抗力是指某种异常事件或情况，主要分为：一方无法控制的；该方在签订合同前，不能对之进行合理准备的；发生后，该方不能合理避免或克服的；不能主要归因他方的。

② 不可抗力的后果。如果承包商而因不可抗力，妨碍其履行合同规定的任何义务，使其遭受延误和(或)招致增加费用，承包商有权根据承包商的索赔的规定要求延长工期或增加费用。

2) 业主向承包商的索赔

由于承包商不履行或不完全履行约定的义务，或者由于承包商的行为使业主受到损失时，业主可向承包商提出索赔。

(1) 工期延误索赔。承包商支付误期损害赔偿费的前提是：工期延误的责任属于承包商方面。施工合同中的误期损害赔偿费，通常是由业主在招标文件中确定的。业主在确定误期损害赔偿费的费率时，一般要考虑以下因素：

① 业主盈利损失。

② 由于工程拖期而引起的贷款利息增加。

③ 工程拖期带来的附加监理费。

④ 由于工程拖期不能使用，继续租用原建筑物或租用其他建筑物的租赁费。

至于误期损害赔偿费的计算方法，在每个合同文件中均有具体规定。一般按每延误一天赔偿一定的款额计算，累计赔偿额一般不超过合同总额的 5%～10%。

(2) 质量不满足合同要求索赔。当承包商的施工质量不符合合同的要求，或使用的设备和材料不符合合同规定，或在缺陷责任期满后未完成应该负责修补的工程时，业主有权向承包商追究责任，要求补偿所受的经济损失。如果承包商在规定的期限内未完成缺陷修补工作，业主有权雇佣他人来完成工作，发生的成本和利润由承包商负担。如果承包商自费修复，则业主可索赔重新检验费。

(3) 承包商不履行的保险费用索赔。如果承包商未能按照合同条款指定的项目投保，并保证保险有效，业主可以投保并保证保险有效，业主所支付的必要的保险费可在应付给承包商的款项中扣回。

(4) 对超额利润的索赔。如果工程量增加很多，使承包商预期的收入增大，因工程量增加承包商并不增加任何固定成本，合同价应由双方讨论调整，收回部分超额利润。由于法规的变化导致承包商在工程实施中降低了成本，产生了超额利润，应重新调整合同价格，收回部分超额利润。

(5) 对指定分包商的付款索赔。在承包商未能提供已向指定分包商付款的合理证明时，业主可以直接按照监理工程师的证明书，将承包商未付给指定分包商的所有款项(扣除保留金)付给这个分包商，并从应付给承包商的任何款项中如数扣回。

(6) 业主合理终止合同或承包商不正当地放弃工程的索赔。如果业主合理地终止承包商的承包，或者承包商不合理放弃工程，则业主有权向承包商索赔由新的承包商完成工程所需的工程款与原合同未付部分的差额。

2. 索赔费用的计算

1) 索赔费用的组成

索赔费用的主要组成部分同工程款的计价内容相似。

(1) 分部分项工程量清单费用。工程量清单漏项或非承包人原因的工程变更，造成增加新的工程量清单项目，其对应的综合单价的确定参见工程变更价款的确定原则。

① 人工费。人工费的索赔包括：

a. 完成合同之外的额外工作所花费的人工费用。

b. 由于非施工单位责任造成的工效降低所增加的人工费用。

c. 法定的人工费增长以及非施工单位责任工程延误造成的人员窝工费和工资上涨费等。

② 材料费。材料费的索赔包括：

a. 由于索赔事件材料实际用量超过计划用量而增加的材料费。

b. 由于客观原因材料价格大幅度上涨。

c. 由于非承包商责任的工程延期导致的材料价格上涨和超期储存费用。

③ 施工机械使用费。施工机械使用费的索赔包括：

a. 由于完成额外工作增加的机械使用费。

b. 非承包商责任工效降低增加的机械使用费。

c. 由于业主或监理工程师原因导致机械停工的窝工费。窝工费的计算，如租赁设备，一般按实际租金和进出场费用的分摊计算；如承包商自有设备，一般按台班折旧费计算，而不能按台班费计算，因台班费中包括了设备使用费。

④ 企业管理费。企业管理费是指承包商完成额外工程、索赔事项工作以及工期延长期间发生的管理费，但如果对部分工人窝工损失索赔时，因其他工程仍然进行，可能不予计算。企业管理费中涉及索赔款中的总部管理费主要指的是工程延期期间所增加的管理费，包括职工工资、办公大楼、办公用品、财务管理、通讯设施以及总部领导人员赴工地检查指导工作等开支。这项索赔款的计算，目前没有统一的方法。在国际工程施工索赔中总部管理费的计算有以下几种：

a. 按照投标书中总部管理费的比例(3%～8%)计算。

b. 按照公司统一规定的总部管理费比率计算。

c. 以工程延期的总天数为基础，计算总部管理费的索赔额。

⑤ 利润。一般来说，由于工程范围的变更、文件有缺陷或技术性错误、业主未能提供现场等引起的索赔，承包商可以列入利润。但对于工程暂停的索赔，由于利润通常是包括在每项实施工程内容的价格之内的，而延长工期并未影响削减某些项目的实施，也未导致利润减少。所以，一般监理工程师很难同意在工程暂停的费用索赔中加进利润损失。索赔利润的款额计算通常是与原报价单中的利润百分率保持一致的。

(2) 措施项目费。已有的措施项目，执行原有的组价方法；原措施费中没有的措施项目，承包人提出，发包人确认。

(3) 其他项目费。其他项目费中所涉及的人工费、材料费等，按合同约定。

(4) 规费和税金。除工程内容的变更或增加，承包商可以列入相应增加的规费和税金外，其他情况一般不能索赔。索赔规费和税金的款额计算，通常是与原报价单中的百分率保持一致。

2) *索赔费用的计算方法*

(1) 实际费用法。实际费用法是计算工程索赔时最常用的一种方法。这种方法的计算原则是以承包商为某项索赔工作所支付的实际开支为根据，向业主要求费用补偿。

用实际费用法计算时，在直接费的额外费用部分的基础上，再加上应得的间接费和利润，即是承包商应得的索赔金额。由于实际费用法所依据的是实际发生的成本记录或单据，所以，在施工过程中，系统而准确地积累记录资料是非常重要的。

(2) 总费用法。总费用法就是当发生多次索赔事件以后，重新计算该工程的实际总费用，实际总费用减去投标报价时的估算总费用，即为索赔金额，即

$$索赔金额 = 实际总费用 - 投标报价估算总费用$$

不少人对采用该方法计算索赔费用持批评态度，因为实际发生的总费用中可能包括了承包商的原因，如施工组织不善而增加的费用；同时投标报价估算的总费用也可能为了中标而过低。所以这种方法只有在难以采用实际费用法时才应用。

(3) 修正的总费用法。修正的总费用法是对总费用法的改进，即在总费用计算的原则上，去掉一些不合理的因素，使其更合理。修正的内容如下：将计算索赔款的时段局限于

受到外界影响的时间，而不是整个施工期；只计算受影响时段内的某项工作所受影响的损失，而不是计算该时段内所有施工工作所受的损失；与该项工作无关的费用不列入总费用中；对投标报价费用重新进行核算，按受影响时段内该项工作的实际单价进行核算，乘以实际完成的该项工作的工程量，得出调整后的报价费用。修正的总费用法与总费用法相比，有了实质性的改进，其准确程度已接近于实际费用法。

2.4.5　工程结算

1. 工程价款的结算

1) 工程价款的主要结算方式

按照财政部、建设部印发的《建设工程价款结算暂行办法》(财建[2004]369 号)的规定：

(1) 按月结算与支付，即实行按月支付进度款，竣工后结算的办法。合同工期在两个年度以上的工程，在年终进行工程盘点，办理年度结算。

(2) 分段结算与支付，即当年开工、当年不能竣工的工程按照工程实际进度，划分不同阶段支付工程进度款。具体划分在合同中明确。

2) 工程预付款

工程预付款是建设工程施工合同订立后由发包人按照合同约定，在正式开工前预先支付给承包人的工程款。它是施工准备和所需材料、结构件等流动资金的主要来源，国内习惯上又称为预付备料款。支付的工程预付款，按照合同约定在工程进度款中抵扣。当合同对工程预付款的支付没有约定时，按照财政部、建设部印发的《建设工程价款结算暂行办法》(财建[2004]369 号)的规定办理：

(1) 工程预付款的额度：包工包料工程的预付款按合同约定拨付，原则上预付比例不低于合同金额(扣除暂列金额)的 10%，不高于合同金额(扣除暂列金额)的 30%，对重大工程项目，按年度工程计划逐年预付。实行工程量清单计价的工程，实体性消耗和非实体性消耗部分应在合同中分别约定预付款比例。

(2) 工程预付款的支付时间：在具备施工条件的前提下，发包人应在双方签订合同后的一个月内或不迟于约定的开工日期前的 7 天内预付工程款；发包人不按约定预付，承包人应在预付时间到期后 10 天内向发包人发出要求预付的通知；发包人收到通知后仍不按要求预付，承包人可在发出通知 14 天后停止施工，发包人应从约定应付之日起向承包人支付应付款的利息(利率按同期银行贷款利率计)，并承担违约责任。

(3) 预付的工程款必须在合同中约定抵扣方式，并在工程进度款中进行抵扣。

(4) 凡是没有签订合同或不具备施工条件的工程，发包人不得预付工程款，不得以预付款为名转移资金。

发包人支付给承包人的工程预付款其性质是预支。随着工程进度的推进，拨付的工程进度款数额不断增加，工程所需主要材料、构件的用量逐渐减少，原已支付的预付款应以抵扣的方式予以陆续扣回，扣款的方法有以下几种：

(1) 发包人和承包人通过洽商用合同的形式予以确定，可采用等比率或等额扣款的方式，也可针对工程实际情况具体处理。如有些工程工期较短、造价较低，就无需分期扣还；有些工期较长，如跨年度工程，其预付款的占用时间很长，根据需要可以少扣或不扣。

(2) 从未施工工程尚需的主要材料及构件的价值相当于工程预付款数额时扣起，从每次中间结算工程价款中，按材料及构件比重扣抵工程价款，至竣工之前全部扣清。因此确定起扣点是工程预付款起扣的关键。确定工程预付款起扣点的依据是：未完施工工程所需主要材料和构件的费用等于工程预付款的数额。

工程预付款起扣点可按下式计算

$$T = P - \frac{M}{N}$$

式中，T 为起扣点，即工程预付款开始扣回的累计完成工程金额；P 为承包工程合同，总额；M 为工程预付款数额；N 为主要材料、构件所占比重。

3) 工程进度款

《建设工程施工合同(示范文本)》关于工程款的支付也作出了相应的约定："在确认计量结果后 14 天内，发包人应向承包人支付工程款(进度款)。""发包人超过约定的支付时间不支付工程款(进度款)，承包人可向发包人发出要求付款的通知，发包人接到承包人通知后仍不能按要求付款，可与承包人协商签订延期付款协议，经承包人同意后可延期支付。协议应明确延期支付的时间和从计量结果确认后第 15 天起计算应付款的贷款利息。""发包人不按合同约定支付工程款(进度款)，双方又未达成延期付款协议，导致施工无法进行，承包人可停止施工，由发包人承担违约责任。"

(1) 工程进度款的计算。工程进度款的计算，主要涉及两个方面：一是单价的计算方法；二是工程量的计量。

单价的计算方法主要根据由发包人和承包人事先约定的工程价格的计价方法决定。目前我国工程价格的计价方法一般可分为工料单价和综合单价，其单价的确定方法详见 2.2 节和 2.3 节中相关内容。

工程量应按承包人在履行合同义务过程中实际完成的工程量计算。若发现工程量清单中出现漏项、工程量计算偏差，以及工程变更引起工程量的增减变化应按实调整，正确计量。

承包人应按合同约定，向发包人递交已完工程量报告。发包人应在接到报告后按合同约定进行核对。

承包人应在每个付款周期末，向发包人递交进度款支付申请，并附相应的证明文件。除合同另有约定外，进度款支付申请应包括下列内容：① 本周期已完成的工程价款；② 累计已完成的工程价款；③ 累计已支付的工程价款；④ 本周期已完成计日工金额；⑤ 应增加和扣减的变更金额；⑥ 应增加和扣减的索赔金额；⑦ 应抵扣的工程预付款；⑧ 应扣减的质量保证金；⑨ 根据合同应增加和扣减的其他金额；⑩ 本付款周期实际应支付的工程价款。

(2) 工程进度款的支付。按照财政部、建设部印发的《建设工程价款结算暂行办法》(财建[2004]369 号)的规定办理：

① 根据确定的工程计量结果，承包人向发包人提出支付工程进度款申请，14 天内，发包人应按不低于工程价款的 60%、不高于工程价款的 90%向承包人支付工程进度款。按约定时间发包人应扣回的预付款与工程进度款同期结算抵扣。

② 发包人超过约定的支付时间不支付工程进度款，承包人应及时向发包人发出要求付款的通知，发包人收到承包人通知后仍不能按要求付款，可与承包人协商签订延期付款协议，经承包人同意后可延期支付，协议应明确延期支付的时间和从工程计量结果确认后第 15 天起计算应付款的利息(利率按同期银行贷款利率计)。

③ 发包人不按合同约定支付工程进度款，双方又未达成延期付款协议，导致施工无法进行，承包人可停止施工，由发包人承担违约责任。

4) 竣工结算

《建设工程施工合同(示范文本)》约定：工程竣工验收报告经发包人认可后 28 天内，承包人向发包人递交竣工结算报告及完整的结算资料，双方按照协议书约定的合同价款及专用条款约定的合同价款调整内容，进行工程竣工结算。专业监理工程师审核承包人报送的竣工结算报表；总监理工程师审定竣工结算报表，与发包人、承包人协商一致后，签发竣工结算文件和最终的工程款支付证书。

发包人收到承包人递交的竣工结算报告结算资料后 28 天内进行核实，给予确认或者提出修改意见。发包人确认竣工结算报告后通知经办银行向承包人支付竣工结算价款。承包人收到竣工结算价款后 14 天内将竣工工程交付发包人。

发包人收到竣工结算报告及结算资料后 28 天内无正当理由不支付工程竣工结算价款，从第 29 天起按承包人同期向银行贷款利率支付拖欠工程价款的利息，并承担违约责任。发包人收到竣工结算报告及结算资料后 28 天内无正当理由不支付工程竣工结算价款，承包人可以催告发包人支付结算价款。发包人在收到竣工结算报告及结算资料后 56 天内仍不支付的，承包人可以与发包人协议将该工程折价，也可以由承包人申请人民法院将该工程依法拍卖，承包人就该工程折价或者拍卖的价款优先受偿。

工程竣工验收报告经发包人认可后 28 天内，承包人未能向发包人递交竣工结算报告及完整的结算资料，造成工程竣工结算不能正常进行或工程竣工结算价款不能及时支付，发包人要求交付工程的，承包人应当交付；发包人不要求交付工程的，承包人承担保管责任。

竣工结算要有严格的审查，一般从以下几个方面入手：

(1) 核对合同条款。首先，应核对竣工工程内容是否符合合同条件要求，工程是否竣工验收合格，只有按合同要求完成全部工程并验收合格才能竣工结算；其次，应按合同规定的结算方法、计价定额、取费标准、主材价格和优惠条款等，对工程竣工结算进行审核，若发现合同开口或有漏洞，应请建设单位与施工单位认真研究，明确结算要求。

(2) 检查隐蔽验收记录。所有隐蔽工程均须进行验收，两人以上签证；实行工程监理的项目应经监理工程师签证确认。

(3) 落实设计变更签证。设计修改变更应有原设计单位出具设计变更通知单和修改的设计图纸、校审人员签字并加盖公章，经建设单位和监理工程师审查同意、签证；重大设计变更应经原审批部门审批，否则不应列入结算。

(4) 按图核实工程数量。竣工结算的工程量应依据竣工图、设计变更单和现场签证等进行核算，并按国家统一规定的计算规则计算工程量。

(5) 执行定额单价。结算单价应按合同约定或招标规定的计价定额与计价原则执行。

(6) 防止各种计算误差。工程竣工结算子目多、篇幅大，往往有技术误差，应认真核算，防止因计算误差多计或少算。

5) 保修金的返还

工程保修金一般为施工合同价款的 3%，在专用条款中具体规定，发包人在质量保修期后 14 天内，将剩余保修金和利息返还承包商。

2. 工程价款的动态结算

建筑安装工程费用的动态结算就是要把各种动态因素渗透到结算过程中，使结算大体能反映实际的消耗费用。

1) 按实际价格结算法

工程承包商可凭发票按实报销。这种方法方便，但由于是实报实销，因而承包商对降低成本不感兴趣，为了避免副作用，造价管理部门要定期公布最高结算限价，同时合同文件中应规定建设单位或监理工程师有权要求承包商选择更廉价的供应来源。

2) 按主材计算价差

发包人在招标文件中列出需要调整价差的主要材料表及其基期价格(一般采用当时当地工程价格管理机构公布的信息价或结算价)，工程竣工结算时按竣工当时当地工程价格管理机构公布的材料信息价或结算价，与招标文件中列出的基期价比较计算材料差价。

3) 主料按抽料计算价差

主要材料按施工图预算计算的用量和竣工当月当地工程价格管理机构公布的材料结算价或信息价与基价对比计算差价。其他材料按当地工程价格管理机构公布的竣工调价系数计算方法计算差价。

4) 竣工调价系数法

按工程价格管理机构公布的竣工调价系数及调价计算方法计算差价。

5) 调值公式法(又称动态结算公式法)

根据国际惯例，对建设工程已完成投资费用的结算，一般采用此法。事实上，绝大多数情况是发包方和承包方在签订的合同中就明确规定了调值公式。

(1) 利用调值公式进行价格调整的工作程序及监理工程师应做的工作。

价格调整的计算工作比较复杂，其程序是：

首先，确定计算物价指数的品种，一般地说，品种不宜太多，只确立那些对项目投资影响较大的因素，如设备、水泥、钢材、木材和工资等。这样便于计算。

其次，要明确以下两个问题：一是合同价格条款中，应写明经双方商定的调整因素，在签订合同时要写明考核几种物价波动到何种程度才进行调整；二是考核的地点和时点，地点一般在工程所在地或指定的某地市场价格，时点指的是某月某日的市场价格。这里要确定两个时点价格，即基准日期的市场价格(基础价格)和与特定付款证书有关的期间最后一天的 49 天前的时点价格，这两个时点就是计算调值的依据。

第三，确定各成本要素的系数和固定系数，各成本要素的系数要根据各成本要素对总造价的影响程度而定。各成本要素系数之和加上固定系数应该等于 1。

在实行国际招标的大型合同中，监理工程师应负责按下述步骤编制价格调值公式：

① 分析施工中必需的投入，并决定选用一个公式，还是选用几个公式。

② 估计各项投入占工程总成本的相对比重，以及国内投入和国外投入的分配，并决定对国内成本与国外成本是否分别采用单独的公式。

③ 选择能代表主要投入的物价指数。

④ 确定合同价中固定部分和不同投入因素的物价指数的变化范围。

⑤ 规定公式的应用范围和用法。

⑥ 如有必要，规定外汇汇率的调整。

(2) 建筑安装工程费用的价格调值公式。

若施工期内市场价格波动超出一定幅度时，应按合同约定调整工程价款；合同没有约定或约定不明确的，应按省级或行业建设主管部门或其授权的工程造价管理机构的规定调整。

2.4.6 投资偏差分析

1. 投资偏差的概念

在投资控制中，把投资的实际值与计划值的差异叫做投资偏差，即

$$投资偏差 = 已完工程实际投资 - 已完工程计划投资$$

结果为正，表示投资超支；结果为负，表示投资节约。

进度偏差对投资偏差分析的结果有重要影响。

$$进度偏差1 = 已完工程实际时间 - 已完工程计划时间$$

为了与投资偏差联系起来，进度偏差也可表示为：

$$进度偏差2 = 拟完工程计划投资 - 已完工程计划投资$$

拟完工程计划投资，是指根据进度计划安排在某一确定时间内所应完成的工程内容的计划投资，即

$$拟完工程计划投资 = 拟完工程量(计划工程量) \times 计划单价$$

进度偏差 1 为正值，表示工期拖延；结果为负值，表示工期提前。

在进行投资偏差分析时，还要考虑以下几组投资偏差参数：

1) 局部偏差和累计偏差

所谓局部偏差有两层含义：一是对于整个项目而言，指各单项工程、单位工程及分部分项工程的投资偏差；另一含义是对于整个项目已经实施的时间而言，是指每一控制周期所发生的投资偏差。

累计偏差是一个动态的概念，其数值总是与具体的时间联系在一起，第一个累计偏差在数值上等于局部偏差，最终的累计偏差就是整个项目的投资偏差。

2) 绝对偏差和相对偏差

绝对偏差是指投资实际值与计划值比较所得到的差额。

$$相对偏差=\frac{绝对偏差}{投资计划值}=\frac{投资实际值-投资计划值}{投资的计划值}$$

3) 偏差程度

偏差程度是指投资实际值对计划值的偏离程度，其表达式为

$$投资偏差程度=\frac{投资实际值}{投资计划值}$$

偏差程度可参照局部偏差和累计偏差分为局部偏差程度和累计偏差程度。注意累计偏差程度并不等于局部偏差程度的简单相加。

2. 偏差分析的方法

偏差分析可采用不同的方法，常用的有横道图法、表格法和曲线法。

1) 横道图法

用横道图法进行投资偏差分析，是用不同的横道标识已完工程计划投资、拟完工程计划投资和已完工程实际投资，横道的长度与其金额成正比例，见图 2-12 所示。

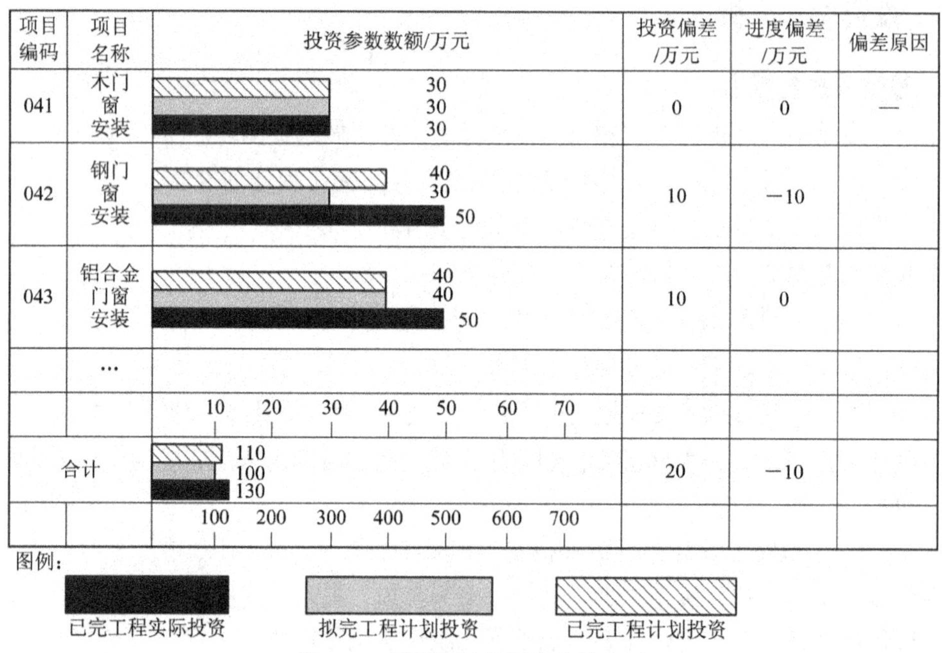

图 2-12　横道图法的投资偏差分析

横道图法具有形象、直观、一目了然等优点，它能够准确表达出投资的绝对偏差，而且能一眼感受到偏差的严重性。但是，这种方法反映的信息量少，一般在项目的较高管理层中应用。

2) 表格法

表格法是进行偏差分析最常用的一种方法。它将项目编号、名称、各投资参数以及投资偏差数综合归纳入一张表格中，并且直接在表格中进行比较。

用表格法进行偏差分析具有如下优点：

(1) 灵活、适用性强。可根据实际需要设计表格，进行增减项。

(2) 信息量大。可以反映偏差分析所需的资料，从而有利于投资控制人员及时采取针对性措施，加强控制。

(3) 表格处理可借助于计算机，从而节约大量数据处理所需的人力，并大大提高速度。

3) 曲线法(赢值法)

曲线法是用投资累计曲线(*S* 形曲线)来进行投资偏差分析的一种方法，如图 2-13 所示。其中 *a* 表示投资实际值曲线，*p* 表示投资计划值曲线，两条曲线之间的竖向距离表示投资偏差。

在用曲线法进行投资偏差分析时，首先要确定投资计划值曲线。投资计划值曲线是与确定的进度计划联系在一起的。同时，还应考虑实际进度的影响，应当引入三条投资参数曲线，即已完工程实际投资曲线 *a*，已完工程计划投资曲线 *b* 和拟完工程计划投资曲线 *p*，如图 2-14 图中曲线 *a* 与曲线 *b* 的竖向距离表示投资偏差，曲线 *b* 与曲线 *p* 的水平距离表示进度偏差。

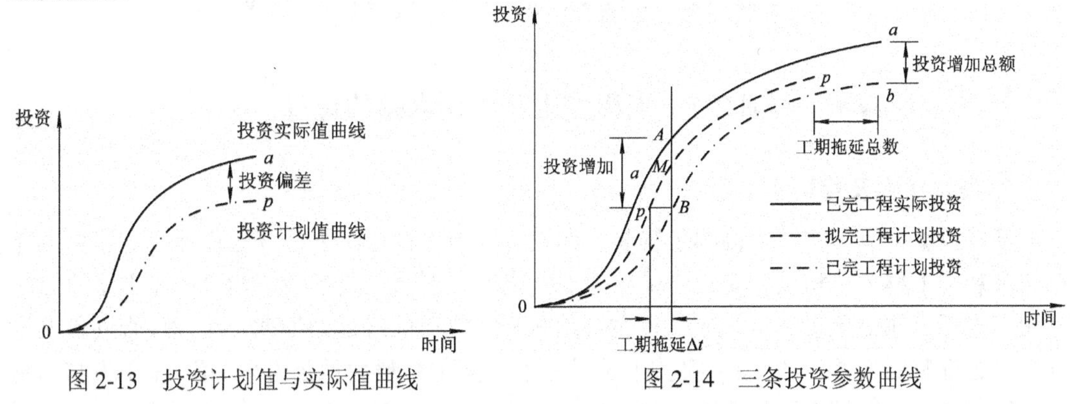

图 2-13　投资计划值与实际值曲线　　图 2-14　三条投资参数曲线

图 2-14 反映的偏差为累计偏差。用曲线法进行偏差分析同样具有形象、直观的特点，但这种方法很难直接用于定量分析，只能对定量分析起一定的指导作用。

3. 偏差原因分析

偏差分析的一个重要目的就是要找出引起偏差的原因，从而有可能采取有针对性的措施，减少或避免相同原因的再次发生。 在进行偏差原因分析时，应当将已经导致和可能导致偏差的各种原因逐一列举出来。导致不同工程项目产生费用偏差的原因具有一定共性，因而可以通过对已建项目的费用偏差原因进行归纳、总结，为该项目采用预防措施提供依据。

一般来说，产生投资偏差的原因有以下几种，如图 2-15 所示。

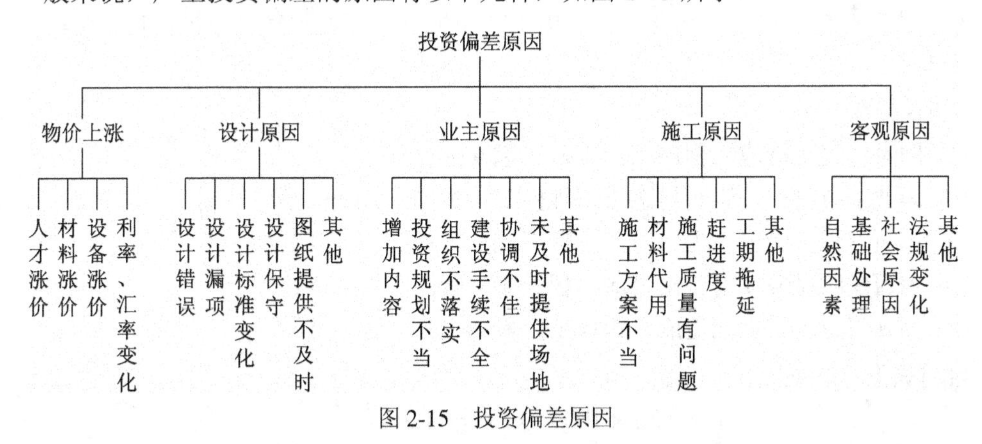

图 2-15　投资偏差原因

4. 纠偏

对偏差原因进行分析的目的是为了有针对性地采取纠偏措施，从而实现投资的动态控制和主动控制。

纠偏首先要确定纠偏的主要对象，由于客观原因是无法避免的，施工原因造成的损失由施工单位自己负责，因此，纠偏的主要对象是业主缘由和设计原因造成的投资偏差。在确定了纠偏的主要对象之后，就需要采取有针对性的纠偏措施，纠偏可采用的措施有组织措施、经济措施、技术措施和合同措施等几方面。

2.5 建设工程投资控制实训及案例

✦✦✦✦ 实训 2-1 工程变更及工期索赔的计算 ✦✦✦✦

1. 基本条件及背景

某建设单位有一宾馆大楼的装饰装修和设备安装工程，经公开招标投标确定了由某建筑装饰装修工程公司和设备安装公司承包工程施工，并签订了施工承包合同。合同价为 160 万元，工期为 130 天。合同规定：业主与承包方“每提前或延误工期一天，按合同价的千分之二进行奖罚”，“石材及主要设备由业主提供，其他材料由承包方采购”。施工方与石材厂商签订了石材购销合同；业主经与设计方商定，对主要装饰石料指定了材质、颜色和样品。施工进行到第 20 天时，因业主原因工程变更停工 9 天；施工进行到第 36 天时，因业主方挑选确定石材，使部分工程停工累计达 16 天(均位于关键线路上)，施工方 10 天内提出了索赔意向通知；施工进行到第 52 天时，业主方挑选确定的石材送达现场，进场验收时发现该批石材大部分不符合质量要求，监理工程师通知承包方该批石材不得使用。承包方要求将不符合要求的石材退换，因此延误工期 5 天。石材厂商要求承包方支付退货运费，承包方拒绝。工程结算时，承包方因此向业主方要求索赔。施工进行到第 73 天时，该地遭受罕见暴风雨袭击，施工无法进行，延误工期 2 天，施工方 5 天内提出了索赔意向通知；施工进行到第 137 天时，施工方因人员调配原因，延误工期 3 天。最后，工程在 152 天后竣工。工程结算时，施工方向业主方提出了索赔报告并附索赔有关的材料和证据，各项索赔要求如下：

工期索赔：

(1) 因设计变更造成工程停工，索赔工期 9 天；

(2) 因业主方挑选确定石材造成工程停工，索赔工期 16 天；

(3) 因石材退换造成工程停工，索赔工期 5 天；

(4) 因遭受罕见暴风雨袭击造成工程停工，索赔工期 2 天；

(5) 因施工方人员调配造成工程停工，索赔工期 3 天。

经济索赔：

$$35 \times 160 \times 0.2\% = 11.2(\text{万元})$$

工期奖励：

$$13 \times 160 \times 0.2\% = 4.16(\text{万元})$$

2. 实训内容及要求

(1) 哪些索赔要求能够成立？哪些不能成立？为什么？

(2) 上述工期延误索赔中，哪些应由业主方承担？哪些应由施工方承担？

(3) 施工方应获得的工期补偿和经济补偿各为多少？工期奖励应为多少？

(4) 发生不可抗力事件，风险承担的原则是什么？

(5) 每位学生在 1 课时内完成，并将实训内容整理书写在 A4 纸上，交老师评定成绩。

3. 计算步骤及分值

第一步，明确工程变更、工程索赔的相关知识，2 分；

第二步，明确产生工程索赔的原因，2 分；

第三步，掌握因工程变更而导致工程索赔的计算，4 分；

第四步，掌握发生不可抗力事件时，风险承担的原则，1 分；

第五步，整理与卷面 1 分。

共计，10 分。

✦✦✦✦ 实训 2-2　工程设计变更价款及费用索赔的计算 ✦✦✦✦

1. 基本条件及背景

某钢结构厂房工程，建设单位通过公开招标选择了一家施工总承包单位，并将施工阶段的监理工作委托给了某家监理单位。施工总承包单位将其中钢结构的安装工程分包给某分包单位，安装人员在安装时发现设计图纸标明的安装尺寸等多处地方有明显问题和错误，必须进行设计修改，于是总监理工程师要求安装单位向其提出书面工程变更，安装人员即停止了该部位施工并书面向监理人员作了报告，报告中测算设计修改将可能导致直接费增加 15 万元，工期增加 2 天，25 名工人窝工，1 台设备闲置。总监理工程师组织专业监理工程师查阅了总承包施工合同条款，双方约定安装人员窝工费用补偿 15 元/人日，该台设备闲置补偿 1000 元/天，间接费费率 10%，利润率 5%，税金 3.41%，且设计变更应计算利润，索赔费用单独计算，不能进入直接费计算利润，总监理工程师审核了该工程变更，同意后与建设单位和设计单位进行了协商，他们也无疑义，于是总监理工程师通知安装单位照此变更继续施工。

2. 实训内容及要求

(1) 总监理工程师处理该工程变更是否妥当？说明理由。

(2) 若分包安装单位评估的情况与实际情况一样，该工程设计变更价款和索赔的费用各为多少？(计算至小数点两位，四舍五入)

(3) 每位学生在 1 课时内完成，并将实训内容整理书写在 A4 纸上，交老师评定成绩。

3. 计算步骤及分值

第一步，明确总包与分包的关系，1分；

第二步，明确工程设计变更时，建设、监理和设计单位各自所处的地位及所负的责任，1分；

第三步，掌握工程设计变更价款的组成，1分；

第四步，直接费、间接费、利润和税金的计算，每个1分，共计4分；

第五步，计算索赔费用，2分；

第六步，整理与卷面1分。

共计，10分。

【案例2-1】

某综合办公楼工程的地下一层，设计用途为停车场；地上六层，用于办公。总建筑面积11 212.8 m^2(其中地下部分建筑面积1603.3 m^2，作为停车场，耐磨地面面积为1050 m^2)，为全现浇钢筋混凝土剪力墙结构。

甲施工单位于2008年2月参加该综合办公楼工程项目的投标，根据业主提供的工程全部施工图纸和工程量清单提出了报价。2008年3月12日，业主组织开标，甲施工单位以经济标和技术标总分第一中标该项目。

2008年3月20日，甲施工单位与业主方签订了建设工程施工合同，合同约定了合同价款的调整因素，其部分内容摘要如下：

合同价款的调整因素：

1. 分部分项工程量清单

(1) 工程量清单漏项、错项据实调整。

(2) 设计变更、施工洽商据实调整。

(3) 由于工程量清单的工程数量与施工图纸之间存在差异，幅度在±2.6%之内的不予调整；超过该范围的，超出部分据实调整。

(4) 清单中暂估价材料和设备：招标中给出暂估价的材料、设备，在施工过程中经过招标人认质认价后，据实调整差价并只计取税金。

2. 措施项目清单

投标报价中的措施费，包含了完成招标范围内全部工作内容的措施费，包干使用，不做调整。

3. 综合单价的调整

出现新增、错项和漏项的项目，设计变更，工程洽商或原有清单工程量变化幅度不足10%的，执行原有综合单价；变化幅度超过10%的部分的综合单价由承包方根据当其市场价格水平提出，经发包方确认后作为结算依据。

2008年6月17日，工程正式破土动工。

在施工过程中发生了如下事件：

事件1：合同约定的基础土方施工阶段环境保护费为8.2万元，但是由于在施工期间工程所在城市临近的某城市将要举办超大型国际性活动，对周边方圆500 km以内的工程建设环境保护均提出了更为严格的要求。因此环境保护费不得不提高到了 12.3 万元。

事件 2：工程量清单给出的地基基础工程混凝土工程量为 1024 m^3，而根据施工图纸计算的该分部中混凝土工程量为 1086.6 m^3。本工程地基基础全部采用 C40S8 防水混凝土，综合单价为 520 元/m^3。

事件 3：工程量清单给出的主体结构工程楼板 Φ12 以下的钢筋工程量为 1548.6 t，而根据施工图纸计算的该分部中楼板中 Φ12 以下的钢筋工程量为 1580.4 t。主体结构楼板这一规格钢筋的综合单价为 4000 元/t。

事件 4：在进行屋面防水工程施工时，施工方发现屋面详图的做法与相关规范的要求不一致，因此提出了工程洽商，最终重新确定了屋面防水的做法。该工程屋面防水面积为 1600 m^2，变更做法为一层卷材防水，变更后做法为两层卷材防水，工程量翻倍。原合同约定屋面防水卷材综合单价为 100 元/m^2，施工时市场价格水平已经发生变化，施工单位根据当时的市场价格，确定综合单价为 120 元/m^2，经业主审核得到批准。

事件 5：在施工过程中，业主方决定将地下一层的一部分使用面积用作其他用途，为此需削减地下一层停车场面积，故此业主方通知设计单位重新进行了相关设计并出具了设计变更，耐磨地面面积减小为 950 m^2。原合同约定地下停车场耐磨地面综合单价为 144 元/m^2，施工时市场价格水平已经发生变化，市场平均价格水平为 120 元/m^2。

问题： 施工单位就上述事件要求调整合同价款。合同价款是否可以因各事件而得到调整，调整额度为多少?请依次进行阐述。

【参考答案】

事件 1：不予调整。

环境保护费属于措施费的范畴。原合同约定措施费包干使用，不做调整，故事件 1 中令施工单位增加的支出不能得到补偿。

事件 2：应予以调整。

工程量清单地基基础工程混凝土工程量与按照施工图纸计算的工程量的差异幅度为：

$$\frac{1086.6-1024}{1024}\times 100\% = 6.11\%$$

差异额度超过合同约定的 2.6% 的限额，因此依据合同可以进行调整。

依据合同，超过 2.6% 的部分可进行调整，即可以调整的工程量为：

$$1086.6 - 1024\times(1+2.6\%) = 35.976\ \text{m}^3$$

应调整的价款为：

$$35.976\times 520\ 元 = 18\ 707.52\ 元$$

事件 3：不予调整。

工程量清单主体结构工程楼板中 Φ12 以下的钢筋工程量与按照施工图纸计算的工程量的差异幅度为：

$$\frac{1580.4-1548.6}{1548.6}\times 100\% = 2.05\%$$

差异额度不足合同约定的 2.6% 的限额，因此依据合同不可以进行调整。

事件 4：应予以调整。

本事件属于工程洽商造成的工程量变化。合同约定由于工程洽商引起的工程量变化应据实调整。

本事件屋面防水卷材工程量增加幅度为 100%，超过合同约定的 10%的限额。

根据合同的约定，工程量变化幅度在 10%以外的部分，承包人就该部分的工程量根据市场价格水平提出新的综合单价，并已经过发包人确认，应作为结算依据。

按照原综合单价计算的工程量为：

$$1600\ \text{m}^2 \times (1 + 10\%) = 1760\ \text{m}^2$$

按照新的综合单价计算的工程量为：

$$(1600 \times 2 - 1760)\ \text{m}^2 = 1440\ \text{m}^2$$

应予以补偿的金额为：

$$(160 \times 100 + 1440 \times 120)\text{元} = 188\ 800\ \text{元}$$

事件 5：应予以调整。

本事件属于设计变更造成的工程量变化。合同约定由于设计变更引起的工程量变化应据实调整。

本事件地下停车场耐磨地面工程量增减幅度为：

$$\frac{1050-950}{1050} \times 100\% = 9.52\%$$

减少幅度不超过合同约定的 10% 的限额。

根据合同的约定，工程量变化幅度在 10% 以内的部分，执行原合同综合单价价格。

应扣除的金额为：

$$(1050 - 950) \times 144\ \text{元} = 14\ 400\ \text{元}$$

【案例 2-2】

某分部工程由顺序进行的 A、B、C、D 四个分项工程组成，它们各自的计划单价、计划工程量和计划所需的施工时间，以及施工实际所用的时间、费用和实际完成的工程量见下表。

计算项目 / 分项工程名称	计划投资		实际投资		施工时间/天	
	单价(元/m³)	工程量/m³	单价(元/m³)	工程量/m³	计划	实际
	①	②	③	④	⑤	⑥
A	40	1600	50	2100	11	16
B	110	1100	110	1100	7	9
C	60	1300	70	1600	5	6
D	25	10100	30	10100	11	13
累计/天				34	34	

问题：试对各分项工程和该分部工程的投资偏差进行分析比较。

【参考答案】

计算项目 分项工程名称	拟完工程计划投资/万元	已完工程实际投资/万元	已完工程计划投资/万元	投资局部偏差/万元	进度局部偏差/万元
	①·②	③·④	①·④	⑧-⑨	⑦-⑨
	⑦	⑧	⑨	⑩	11
A	6.4	10.5	8.4	2.1	−2
B	12.1	12.1	12.1	0	0
C	7.8	11.2	9.6	1.6	−1.8
D	25.25	30.3	25.25	5.05	0
累计/天	51.55	64.1	55.35	8.75	3.8

习　　题

一、单选题(只有一个最符合题意的选项)

1. 生产性建设工程总投资包括(　　　)两部分。

A. 建设投资和流动资金　　B. 建设投资和铺底流动资金

C. 静态投资和动态投资　　D. 固定资产投资和无形资产投资

2. 某项目，建筑安装工程费 1000 万元，设备工器具购置费 700 万元，工程建设其他费 500 万元，涨价预备费 250 万元，基本预备费 100 万元，建设期利息 80 万元，则该项目的静态投资为(　　　)万元。

A. 2300　　B. 2450　　C. 2550　　D. 2630

3. 下列内容中，属于建设工程静态投资的是(　)。

A. 涨价预备费　　B. 基本预备费

C. 建设期利息　　D. 铺底流动资金

4. 根据《建设工程工程量清单计价规范》(GB50500—2008)规定，大型机械设备进出场及安拆费列入(　　　)。

A. 施工机械使用费　　B. 分部分项工程费

C. 措施项目费　　D. 间接费

5. 某工程合同总额 200 万元，工程预付款为 24 万，主要材料、构件所占比重为 60%，问起扣点为(　　　)?

A. 120 万元　　B. 150 万元　　C. 160 万元　　D. 180 万元

6. 在批准的初步设计范围内，设计变更、局部地基处理等增加的费用应计入(　　　)。

A. 现场经费　　B. 施工企业管理费

C. 涨价预备费　　D. 基本预备费

7. 设计单位提出的某专业工程变更应由(　　　)签发工程变更单。

A. 业主　　B. 设计单位

C. 总监理工程师　　D. 专业监理工程师

8. 按照 FIDIC《施工合同条件》的约定，如果遇到了“一个有经验的承包商难以合理预见”的地质条件变化，导致承包商工期延长和成本增加，则承包商有权索赔(　　)。

A. 工期、成本和利润　　B. 工期、成本，但不包括利润

C. 工期，但不包括成本　　D. 成本，但不包括工期

9. 工程量清单是由(　　)编制的。

A. 建设工程招标人　　B. 建设工程投标人

C. 造价管理部门　　D. 招投标管理部门

10. 建设工程项目的投资控制应贯穿于项目建设的全过程，但各阶段对投资的影响程度是不同的，应以决策阶段和(　　)阶段为重点。

A. 设计　　B. 招投标　　C. 施工　　D. 试运行

二、多选题(5 个备选答案中有 2～4 个正确选项)

1. 项目监理机构在施工阶段投资控制的主要任务包括(　　)。

A. 协商确定工程变更价款

B. 协助业主与承包单位签订承包合同

C. 对工程项目造价目标进行风险分析

D. 审查设计概算

E. 为处理费用索赔提供证据

2. 下列属于施工阶段投资控制经济措施的有(　　)。

A. 编制投资控制工作流程图

B. 对设计变更方案进行严格论证

C. 落实投资控制人员的任务分工和职能分工

D. 编制资金使用计划

E. 定期地进行投资偏差分析

3. 由于业主原因，工程暂停一个月，则承包商可索赔(　　)。

A. 材料超期储存费用　　B. 施工机械窝工费

C. 合理的利润　　D. 工人窝工费

E. 增加的利息支出

4. 在下列材料费用中，承包商可以获得业主补偿的包括(　　)。

A. 由于索赔事项材料实际用量超过计划用量而增加的材料费用

B. 由于客观原因材料价格大幅度上涨而增加的材料费用

C. 由于非承包商责任工程延误导致的材料价格上涨而增加的材料费用

D. 由于现场承包商仓库被盗而损失的材料费用

E. 承包商为保证混凝土质量选用高标号水泥而增加的材料费用

5. 当发生(　　)时，承包商可以提出工期索赔。

A. 有关的放线资料不准　　B. 业主合理终止合同

C. 不利的自然条件　　D. 业主风险

E. 现场发现化石、钱币、有价值的物品或文物

第3章　建设工程进度控制

【学习目标】

通过本章的学习，了解建设工程进度控制的目的和意义，熟悉建设工程进度计划的表示方法和编制程序，掌握常用进度计划的编制、检查和调整，掌握施工阶段的进度控制。通过实训环节，初步掌握本章知识的实际应用。

【重点与难点】

重点是施工阶段的进度控制。

难点是进度计划的编制与调整。

3.1　概　述

3.1.1　建设工程进度控制的概念

1. 进度控制的定义

施工项目进度控制指为实现预定的进度目标而进行的计划、组织、指挥、协调和控制等活动。其最终目的是确保建设项目按预定的时间动用或提前交付使用，建设工程进度控制的总目标是建设工期。

2. 进度控制的措施和主要任务

(1) 监理工程师进度控制的措施应包括组织措施、技术措施、经济措施和合同措施。

① 组织措施。进度控制的组织措施主要包括：建立进度控制目标体系，明确工程现场监理机构进度控制人员及其职责分工；建立工程进度报告制度及进度信息沟通网络；建立进度计划审核制度和进度计划实施中的检查分析制度；建立进度协调会议制度，包括协调会议举行的时间、地点、参加人员等；建立图纸审查、工程变更和设计变更管理制度。

② 技术措施。进度控制的技术措施主要包括：审查承包商提交的进度计划，使承包商能在合理的状态下施工；编制进度控制工作细则，指导监理人员实施进度控制；采用网络计划技术及其他科学适用的计划方法，并结合计算机的应用，对建设工程进度实施动态控制。

③ 经济措施。进度控制的经济措施主要包括：及时办理工程预付款及工程进度款支付手续，对应急赶工给予优厚的赶工费用，对工期提前给予奖励，对工程延误收取误期损失赔偿金。

④ 合同措施。进度控制的合同措施主要包括：推行CM承发包模式，对建设工程实行分段设计、分段发包和分段施工；加强合同管理，协调合同工期与进度计划之间的关系，保证进度目标的实现；严格控制合同变更，对各方提出的工程变更和设计变更，应严格审查后再补入合同文件之中；加强风险管理，在合同中应充分考虑风险因素及其对进度的影响，以及相应的处理方法；加强索赔管理，公正地处理索赔。

(2) 施工阶段进度控制的主要任务。监理工程师的任务是为了有效地控制施工阶段进度。在施工阶段，监理工程师不仅要审查设计单位和施工单位提交的进度计划，更要编制监理进度计划，以确保进度控制目标的实现。

3.1.2 建设工程进度控制计划体系

1. 建设工程进度计划的作用

进度计划是管理工作中处于首要地位的工作。进度计划的作用主要有以下几个方面：

(1) 在工程项目建设总工期目标确定后，通过进度计划可以分析研究总工期能否实现，工程项目的投资、进度和质量控制三大目标能否得到保证和平衡。

(2) 通过对总工期目标从不同角度进行层层分解，形成进度控制目标体系，进而从组织上落实责任体系，确保工程的顺利进行和目标的实现。

(3) 进度计划在工作时间上是实施的依据和评价的标准。实施要按计划执行，并以计划作为控制依据，最后它又作为评价和检验实际成果的标准。由于工程项目是一次性的，项目实施成果只能与自己的计划比、与目标相比，而不能与其他项目比或与上年度比。

(4) 业主需要了解和控制工程，同样也需要进度计划信息，以及计划进度与实际进度比较的信息，作为项目阶段决策和筹备下一步要做事项的依据。

建设工程进度控制计划体系主要包括建设单位的进度计划系统、监理单位的进度计划系统、设计单位的进度计划系统和施工单位的进度计划系统。本节主要介绍监理单位和施工单位的进度计划系统。

2. 监理单位的进度计划系统

监理单位除对被监理单位的进度计划进行监控外，自己也应编制有关进度计划，以便更有效地控制建设工程实施进度。

1) 监理总进度计划

在对建设工程实施全过程监理的情况下，监理总进度计划是依据工程项目可行性研究报告、工程项目前期工作计划和工程项目建设总进度计划编制的，其目的是对建设工程进度控制总目标进行规划，明确建设工程前期准备、设计、施工、动用前准备及项目动用等各个阶段的进度安排，如表 3-1 所示。

2) 监理总进度分解计划

(1) 按工程进展阶段分解：① 设计准备阶段进度计划；② 设计阶段进度计划；③ 施工阶段进度计划；④ 动用前准备阶段进度计划。

(2) 按时间分解：① 年度进度计划；② 季度进度计划；③ 月度进度计划。

表 3-1　监理总进度计划

	各阶段进度																
建设阶段	××年				××年				××年				××年				
	1	2	3	4	1	2	3	4	1	2	3	4	1	2	3	4	
前期准备																	
设　计																	
施　工																	
动用前准备																	
项目动用																	

3. 施工单位的计划系统

施工单位的进度计划系统包括施工准备工作计划、施工总进度计划、单位工程施工进度计划及分部分项工程进度计划。

1) 施工准备工作计划

施工准备工作的主要任务是为建设工程的施工创造必要的技术和物资条件，统筹安排施工力量和施工现场。施工准备的工作内容通常包括：技术准备、物资准备、劳动组织准备、施工现场准备和施工场外准备。为落实各项施工准备工作，加强检查和监督，应根据各项施工准备工作的内容、时间和人员，编制施工准备工作计划，其表式见表 3-2。

表 3-2　施工准备工作计划

序号	施工准备项目	简要内容	负责单位	负责人	开始日期	完成日期	备　注

2) 施工总进度计划

施工总进度计划是根据施工部署中施工方案和工程项目的开展程序，对全工地所有单位工程做出时间上的安排。其目的在于确定各单位工程及全工地性工程的施工期限及开竣工日期，进而确定施工现场劳动力、材料、成品、半成品、施工机械的需要数量和调配情况，以及现场临时设施的数量、水电供应量和能源、交通需求量。因此，科学、合理地编制施工总进度计划，是保证整个建设工程按期交付使用，充分发挥投资效益，降低建设工程成本的重要条件。

3) 单位工程施工进度计划

单位工程施工进度计划是在已定施工方案的基础上，根据规定的工期和各种资源供应条件，遵循各施工过程的合理施工顺序，对单位工程中的各施工过程做出时间和空间上安排，并以此为依据，确定施工作业所必需的劳动力、施工机具和材料供应计划。因此，合理安排单位工程施工进度，是保证在规定工期内完成符合质量要求的工程任务的重要前提。同时，为编制各种资源需要量计划和施工准备工作计划提供依据。

4) 分部分项工程进度计划

分部分项工程进度计划是针对工程量较大或施工技术比较复杂的分部分项工程，在依据工程具体情况所制定的施工方案基础上，对其各施工过程所作出的时间安排。如大型基础土方工程、复杂的基础加固工程、大体积混凝土工程、大型桩基工程、大面积预制构件吊装工程等，均应编制详细的进度计划，以保证单位工程施工进度计划的顺利实施。

3.1.3　建设工程进度控制的表示方法

进度计划的表达方式有多种，其中，工程上常采用的是横道图进度计划和网络进度计划。

1. 横道图进度计划及其特点

横道图是一种较形象、直观的进度计划表示方式，便于编制和理解。但其本身也存在一些缺陷，如：

(1) 不能明确地反映出各项工作之间错综复杂的相互关系，因而在计划执行过程中，当某些工作的进度由于某种原因提前或拖延时，不便于分析它对其他工作及总工期的影响程度，不利于建设工程进度的动态控制。

(2) 不能明确地反映出影响工期的关键工作和关键线路，也就无法反映出整个工程项目的关键所在，因而不便于进度控制人员抓住主要矛盾。

(3) 不能反映出工作所具有的机动时间，看不到计划的潜力所在，无法进行最合理的组织和指挥。

(4) 不能反映工程费用与工期之间的关系，因而不便于缩短工期和降低工程成本。

在计划执行过程中，横道图进度计划进行调整也十分繁琐和费时。

2. 网络进度计划及其特点

无论是设计阶段的进度控制，还是施工阶段的进度控制，均可使用网络进度计划，作为一名监理工程师，必须掌握和应用网络进度计划。

与横道图进度计划相比，网络进度计划具有以下主要特点：

(1) 网络进度计划能够明确表达各项工作之间的逻辑关系。

(2) 通过网络进度计划时间参数的计算，可以找出关键线路和关键工作。

(3) 通过网络进度计划时间参数的计算，可以明确各项工作的机动时间。

3.2　流水施工原理

3.2.1　流水施工的基本概念

1. 流水施工的概念

流水施工是指所有的施工过程按一定的时间间隔依次投入施工，各个施工过程陆续开工、陆续竣工，使同一施工过程的施工队组保持连续、均衡施工，不同的施工过程尽可能平行搭接施工的组织方式。

2. 流水施工的参数

流水施工需要解决的主要问题是施工过程的分解、流水段的划分、施工队组的组织、施工过程间的搭接以及各流水段的作业时间等。这些问题统称为流水施工的参数，流水施工的参数是组织流水施工的基础，也是绘制横道进度计划的依据。

流水施工的参数根据其性质的不同可划分为三类：工艺参数、空间参数和时间参数。

3. 工艺参数

用以表达流水施工在施工工艺上开展顺序及其特征的参数称为工艺参数。工艺参数包括施工过程数和流水强度两种。

1) 施工过程数

施工过程数是指参与一组流水的施工过程数目，以 n 表示。施工过程通常分为制备类施工过程、运输类施工过程和安装砌筑类施工过程。其中，除安装砌筑类施工过程必须参与流水外，前两类可根据现场具体情况决定其是否参与流水。

2) 流水强度

流水强度是指某施工过程在单位时间内所完成的工程量，一般以 V_i 表示。

4. 空间参数

在组织流水施工时，用以表达流水施工在空间布置上所处状态的参数称为空间参数。空间参数主要有工作面、施工段数和施工层数。

1) 工作面

某专业工种的工人在从事建筑产品施工生产过程中，所必须具备的活动空间称为工作面。其大小是根据相应工种单位时间内的产量定额、工程操作规程和安全规程等的要求确定的。工作面确定的合理与否，直接影响到专业工种工人的劳动生产效率。

2) 施工段数和施工层数

施工段数和施工层数是指工程对象在组织流水施工中所划分的施工区段数目。一般把平面上划分的若干个劳动量大致相等的施工区段称为施工段，用 m 表示。把建筑物垂直方向划分的施工区段称为施工层，用 r 表示。

5. 时间参数

在组织流水施工时，用以表达流水施工在时间排列上所处状态的参数称为时间参数。它包括：流水节拍、流水步距、平行搭接时间、技术与组织间歇时间和工期。

1) 流水节拍

流水节拍是指从事某一施工过程的施工队组在一个施工段上完成施工任务所需的时间，流水节拍的确定通常采用定额计算法。

2) 流水步距

流水步距是指两个相邻的施工过程的施工队组相继进入同一施工段开始施工的最小时间间隔(不包括技术与组织间歇时间)。

通常确定流水步距的方法有公式法和累加数列法(潘特考夫斯基法)。而累加数列法适用于各种形式的流水施工，且较为简捷、准确。

累加数列法没有计算公式，其文字表达式为：累加数列错位相减取大差。其计算步骤如下：

(1) 将每个施工过程的流水节拍逐段累加，求出累加数列。

(2) 根据施工顺序，对所求相邻的两累加数列错位相减。

(3) 根据错位相减的结果，确定相邻施工队组之间的流水步距，即相减结果中数值最大者。

3) 平行搭接时间

在组织流水施工时，有时为了缩短工期，在工作面允许的条件下，如果前一个施工队组完成部分施工任务后，能够提前为后一个施工队组提供工作面，使后者提前进入前一个施工段，两者在同一施工段上平行搭接施工，这个搭接时间称为平行搭接时间。

4) 技术与组织间歇时间

在组织流水施工时，有些施工过程完成后，后续施工过程不能立即投入施工，必须有足够的间歇时间。由建筑材料或现浇构件工艺性质决定的间歇时间称为技术间歇，如现浇混凝土构件的养护时间、抹灰层的干燥时间和油漆层的干燥时间等；由施工组织原因造成的间歇时间称为组织间歇。如回填土前地下管道检查验收，施工机械转移和砌筑墙体前的墙身位置弹线，以及其他作业前的准备工作。

5) 流水工期

流水工期是指完成一项工程任务或一个流水组施工所需的时间。

3.2.2 流水施工的方式

根据流水施工节奏特征的不同，流水施工的基本方式分为有节奏流水施工和无节奏流水施工两大类。有节奏流水又可分为等节奏流水和异节奏流水；异节奏流水具体可分为等步距异节拍流水和异步距异节拍流水。

1. 等节奏流水

等节奏流水是指同一施工过程在各施工段上的流水节拍都相等，并且不同施工过程之间的流水节拍也相等的一种流水施工方式。即各施工过程的流水节拍均为常数，故也称为全等节拍流水或固定节拍流水。

1) 全等节拍流水的特征

(1) 各施工过程在各施工段上的流水节拍彼此相等。

(2) 流水步距彼此相等，而且等于流水节拍值。

(3) 各专业工作队在各施工段上能够连续作业，施工段之间没有空闲时间。

(4) 专业工作队数等于施工过程数。

2) 全等节拍流水施工的组织

全等节拍流水施工的组织方法是：首先划分施工过程，应将劳动量小的施工过程合并到相邻施工过程中去，以使各流水节拍相等；其次确定主要施工过程的专业工作队数，计算其流水节拍；最后根据已定的流水节拍，确定其他施工过程的专业工作队数及其组成。

全等节拍流水施工一般适用于工程规模较小，建筑结构比较简单，施工过程不多的房屋或某些构筑物。常用于组织一个分部工程的流水施工。

2. 异步距异节拍流水施工

异步距异节拍流水是指同一施工过程在各施工段上的流水节拍都相等，不同施工过程之间的流水节拍不一定相等的流水施工方式。

1) 异步距异节拍流水的特征

(1) 同一施工过程流水节拍相等，不同施工过程之间的流水节拍不一定相等。

(2) 各个施工过程之间的流水步距不一定相等。

(3) 各专业工作队能够在施工段上连续作业，但有的施工段之间可能有空闲。

(4) 专业工作队数等于施工过程数。

2) 异步距异节拍流水施工的组织

组织异步距异节拍流水施工的基本要求是：各专业工作队尽可能依次在各施工段上连续施工，允许有些施工段出现空闲，但不允许多个专业工作队在同一施工段交叉作业，更不允许发生工艺顺序颠倒的现象。

异步距异节拍流水施工适用于施工段大小相等的分部和单位工程的流水施工，它在进度安排上比等节奏流水灵活，实际应用范围较广泛。

3. 成倍节拍流水

成倍节拍流水是指同一施工过程在各个施工段上的流水节拍相等，不同施工过程之间的流水节拍不完全相等，但各个施工过程的流水节拍之间存在一个最大公约数。为加快流水施工进度，按最大公约数的倍数组建每个施工过程的专业工作队，以形成类似于等节奏流水的成倍节拍流水施工方式。

1) 成倍节拍流水的特征

(1) 同一施工过程流水节拍相等，不同施工过程流水节拍之间存在整数倍或公约数关系；

(2) 流水步距彼此相等，且等于流水节拍的最大公约数；

(3) 各专业工作队都能够保证连续作业，施工段没有空闲；

(4) 专业工作队数大于施工过程数。

2) 成倍节拍流水施工的组织

成倍节拍流水施工的组织方法是：首先根据工程对象和施工要求，划分若干个施工过程；其次根据各施工过程的内容、要求及其工程量，计算每个施工段所需的劳动量，接着根据专业工作队数及组成，确定劳动量最少的施工过程的流水节拍；最后确定其他劳动量较大的施工过程的流水节拍，用调整专业工作队数或其他技术组织措施的方法，使它们的流水节拍值之间存在一个最大公约数。

成倍节拍流水施工方式比较适用于线形工程(如道路、管道等)的施工，也适用于房屋建筑施工。

4. 无节奏流水

无节奏流水施工是指同一施工过程在各个施工段上流水节拍不完全相等的一种流水施工方式。

特别需要说明的是，在实际工程中，通常每个施工过程在各个施工段上的工程量彼此不等，各专业工作队的生产效率相差较大，导致大多数的流水节拍也彼此不相等，因此有节奏流水，尤其是全等节拍和成倍节拍流水往往是难以组织的。而无节奏流水则是利用流水施工的基本概念，在保证施工工艺、满足施工顺序要求的前提下，按照一定的计算方法，确定相邻专业工作队之间的流水步距，使其在开工时间上最大限度地、合理地搭接起来，形成每个专业工作队都能连续作业的流水施工方式，是流水施工的普遍形式。

1) 无节奏流水的特征

(1) 每个施工过程在各个施工段上的流水节拍不尽相等；

(2) 各个施工过程之间的流水步距不完全相等且差异较大；

(3) 各专业工作队能够在施工段上连续作业，但有的施工段之间可能有空闲时间；

(4) 专业工作队数等于施工过程数。

2) 无节奏流水施工的组织

无节奏流水施工的实质是：各工作队连续作业，流水步距经计算确定，使专业工作队之间在一个施工段内不相互干扰(不超前，但可能滞后)，或做到前后工作队之间工作紧紧衔接。因此，组织无节奏流水的关键就是正确计算流水步距。组织无节奏流水施工的基本要求与异步距异节拍流水相同，即保证各施工过程的工艺顺序合理和各专业工作队尽可能依次在各施工段上连续施工。

无节奏流水施工不像有节奏流水施工那样有一定的时间规律约束，在进度安排上比较灵活、自由，适用于分部工程和单位工程及大型建筑群的流水施工，实际运用比较广泛。

3.3 网络计划技术

3.3.1 基本概念

网络图是指由箭线和节点组成的，用来表示工作流程的有向、有序的网状图形。

1. 逻辑关系

工作之间相互制约或依赖的关系称为逻辑关系。工作之间的逻辑关系包括工艺关系和组织关系。

1) 工艺关系

工艺关系是指生产工艺上客观存在的先后顺序关系，或者是非生产性工作之间由工作程序决定的先后顺序关系。例如建筑工程施工时，先做基础，后做主体；先做结构，后做装修。工艺关系是不能随意改变的。

2) 组织关系

组织关系是指在不违反工艺关系的前提下，人为安排工作的先后顺序关系。例如，建筑群中各个建筑物的开工顺序的先后，施工对象的分段流水作业等。组织顺序可以根据具体情况，按安全、经济、高效的原则统筹安排。

2. 虚工作及其应用

双代号网络计划中，只表示前后相邻工作之间的逻辑关系，既不占用时间，也不耗用资源的虚拟的工作称为虚工作。虚工作用虚箭线表示，其表达形式可垂直方向向上或向下，也可水平方向向右，虚工作起着联系、区分和断路三个作用。

3. 线路、关键线路和关键工作

网络图中从起点节点开始，沿箭头方向顺序通过一系列箭线与节点，最后达到终点节点的通路称为线路。一个网络图中，从起点节点到终点节点，一般都存在着许多条线路。

线路上总的工作持续时间最长的线路称为关键线路。其余线路称为非关键线路。位于关键线路上的工作称为关键工作。关键工作完成快慢直接影响整个计划工期的实现。

一般来说，一个网络图中至少有一条关键线路。关键线路也不是一成不变的，在一定的条件下，关键线路和非关键线路会相互转化。例如，当采取技术组织措施，缩短关键工作的持续时间，或者非关键工作持续时间延长时，就有可能使关键线路发生转移。网络计划中，关键工作的比重往往不宜过大，网络计划愈复杂工作节点就愈多，则关键工作的比重应该越小，这样有利于抓住主要矛盾。

关键线路宜用粗箭线、双箭线或彩色箭线标注，以突出其在网络计划中的重要位置。

3.3.2 网络计划时间参数及计算

1. 双代号网络计划时间参数的概念及符号

1) 工作持续时间

工作持续时间是指一项工作从开始到完成的时间，用 D 表示。其主要计算方法有：

(1) 参照以往实践经验估算。

(2) 经过试验推算。

(3) 有标准可查，按定额计算。

2) 工期

工期是指完成一项任务所需要的时间，一般有以下三种工期：

(1) 计算工期是指根据时间参数计算所得到的工期，用 T_c 表示。

(2) 要求工期是指任务委托人提出的指令性工期，用 T_r 表示。

(3) 计划工期是指根据要求工期和计算工期所确定的作为实施目标的工期，用 T_p 表示。

当规定了要求工期时：$T_p \leqslant T_r$

当未规定要求工期时：$T_p = T_c$

3) 网络计划中节点的时间参数

(1) 节点最早时间。双代号网络计划中，以该节点为开始节点的各项工作的最早开始时间，称为节点最早时间。节点 i 的最早时间用 ET_i 表示。

(2) 节点最迟时间。双代号网络计划中，以该节点为完成节点的各项工作的最迟完成时间，称为节点的最迟时间，节点 i 的最迟时间用 LT_i 表示。

4) 网络计划中工作的时间参数

网络计划中工作的时间参数有六个：最早开始时间、最早完成时间、最迟完成时间、

最迟开始时间、总时差和自由时差。

(1) 最早开始时间和最早完成时间。

最早开始时间是指各紧前工作全部完成后，本工作有可能开始的最早时刻，用 ES 表示。

最早完成时间是指各紧前工作全部完成后，本工作有可能完成的最早时刻，用 EF 表示。

这类时间参数的实质是提出了紧后工作与紧前工作的关系，即紧后工作若提前开始，也不能提前到其紧前工作未完成之前。就整个网络图而言，受到起点节点的控制。因此，其计算程序为：自起点节点开始，顺着箭线方向，用累加的方法计算到终点节点。

(2) 最迟完成时间和最迟开始时间。

最迟完成时间是指在不影响整个任务按期完成的前提下，工作必须完成的最迟时刻，用 LF 表示。

最迟开始时间是指在不影响整个任务按期完成的前提下，工作必须开始的最迟时刻，用 LS 表示。

这类时间参数的实质是提出紧前工作与紧后工作的关系，即紧前工作要推迟开始，不能影响其紧后工作的按期完成。就整个网络图而言，受到终点节点(即计算工期)的控制。因此，其计算程序为：自终点节点开始，逆着箭线方向，用累减的方法计算到起点节点。

(3) 总时差和自由时差。

总时差是指在不影响总工期的前提下，本工作可以利用的机动时间，用 TF 表示。

自由时差是指在不影响其紧后工作最早开始时间的前提下，本工作可以利用的机动时间，用 FF 表示。

2. 关键工作和关键线路的确定

1) 关键工作

在网络计划中，总时差为最小的工作为关键工作；当计划工期等于计算工期时，总时差为零的工作为关键工作。

当进行节点时间参数计算时，凡满足下列三个条件的工作必为关键工作。

(1) $\mathrm{LT}_i - \mathrm{ET}_i = T_p - T_c$

(2) $\mathrm{LT}_j - \mathrm{ET}_j = T_p - T_c$

(3) $\mathrm{LT}_j - \mathrm{ET}_i - D_{i-j} = T_p - T_c$

2) 关键节点

在网络计划中，如果节点最迟时间与最早时间的差值最小，则该节点就是关键节点。当网络计划的计划工期等于计算工期时，凡是最早时间等于最迟时间的节点就是关键节点。

在网络计划中，当计划工期等于计算工期时，关键节点具有如下特性：

(1) 关键工作两端的节点必为关键节点，但两关键节点之间的工作不一定是关键工作。

(2) 以关键节点为完成节点的工作总时差和自由时差相等。

(3) 当关键节点间有多项工作，且工作间的非关键节点无其他内向箭线和外向箭线时，则该线路上的各项工作的总时差相等，除了以关键节点为完成节点的工作自由时差等于总时差外，其他工作的自由时差均为零。

(4) 当关键节点间有多项工作，且工作间的非关键节点存在外向箭线或内向箭线时，该线路段上各项工作的总时差不一定相等；若多项工作间的非关键节点只有外向箭线而无其他内向箭线，则除了以关键节点为完成节点的工作自由时差等于总时差外，其他工作的自由时差为零。

3) 关键线路的确定方法

(1) 利用关键工作判断。网络计划中，自始至终全部由关键工作(必要时经过一些虚工作)组成或线路上总的工作持续时间最长的线路应为关键线路。

(2) 用关键节点判断。由关键节点的特性可知，在网络计划中，关键节点必然处在关键线路上。

(3) 用网络破圈判断。从网络计划的起点到终点顺着箭线方向，对每个节点进行考察，凡遇到节点有两个以上的内向箭线时，都可以按线路段工作时间长短，采取留长去短而破圈，从而得到关键线路。通过考察节点，去掉每个节点内向箭线所在线路段工作时间之和较短的工作，余下的工作即为关键工作，如图 3-1 中粗线所示。

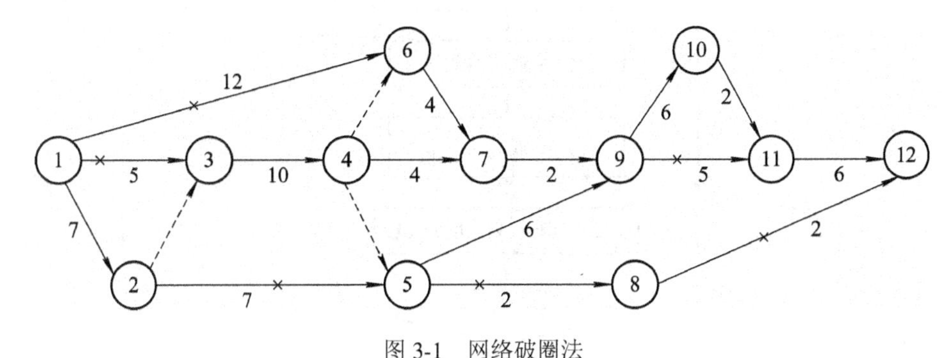

图 3-1　网络破圈法

3.3.3　双代号时标网络计划

1. 时标网络计划的概念

(1) 双代号时标网络计划必须以水平时间坐标为尺度表示工作时间。时标的时间单位应根据需要在编制网络计划之前确定，可为时、天、周、月或季。

(2) 时标网络计划应以实箭线表示工作，以虚箭线表示虚工作，以波形线表示工作的自由时差。

(3) 时标网络计划中所有符号在时间坐标上的水平投影位置，都必须与其时间参数相对应。节点中心必须对准相应的时标位置。虚工作必须以垂直方向的虚箭线表示，有自由时差加波形线表示。

2. 双代号时标网络计划的特点

(1) 时标网络计划中，箭线的长短与时间有关。

(2) 可直接显示各工作的时间参数和关键线路，不必计算。

(3) 由于受到时间坐标的限制，所以时标网络计划不会产生闭合回路。

(4) 可以直接在时标网络图的下方绘出资源动态曲线，便于分析和平衡调度；

(5) 由于箭线的长度和位置受时间坐标的限制，因而调整和修改不太方便。

3.4　建设工程进度计划实施中的监测与调整方法

3.4.1　实际进度监测与调整的系统过程

1. 进度监测的系统过程

在建设工程实施过程中，监理工程师应经常地、定期地对进度计划的执行情况进行跟踪检查，发现问题后，及时采取措施加以解决。进度监测系统过程如图 3-2 所示。

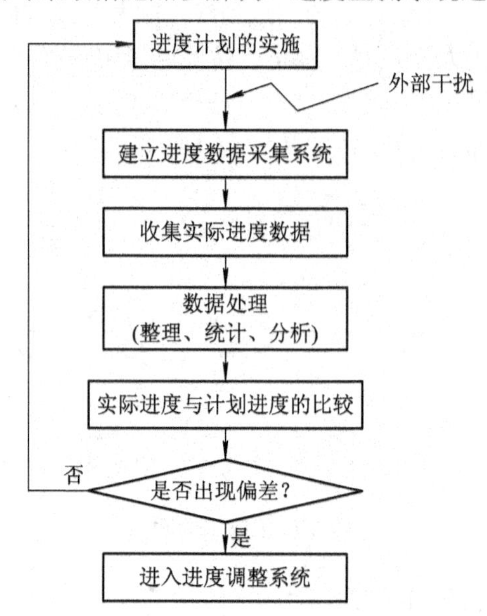

图 3-2　建设工程进度监测系统过程

1) 进度计划执行中的跟踪检查

对进度计划的执行情况进行跟踪检查是计划执行信息的主要来源，是进度分析和调整的依据，也是进度控制的关键步骤。跟踪检查的主要工作是定期收集反映工程实际进度的有关数据，收集的数据应当全面、真实、可靠，不完整或不正确的进度数据将导致判断不准确或决策失误。为了全面、准确地掌握进度计划的执行情况，监理工程师应认真做好以下三方面的工作：

(1) 定期收集进度报表资料。进度报表是反映工程实际进度的主要方式之一。进度计划执行单位应按照进度监理制度规定的时间和报表内容，定期填写进度报表。监理工程师通过收集进度报表资料掌握工程实际进展情况。

(2) 现场实地检查工程进展情况。派监理人员常驻现场，随时检查进度计划的实际执行情况，这样可以加强进度监测工作，掌握工程实际进度的第一手资料，使获取的数据更加及时、准确。

(3) 定期召开现场会议。定期召开现场会议，监理工程师通过与进度计划执行单位的有关人员面对面的交谈，既可以了解工程实际进度状况，同时也可以协调有关方面的进度关系。

一般来说，进度控制的效果与收集数据资料的时间间隔有关。究竟多长时间进行一次进度检查，这是监理工程师应当确定的问题。如果不经常地、定期地收集实际进度数据，就难以有效地控制实际进度。进度检查的时间间隔与工程项目的类型、规模、监理对象及有关条件等多方面因素相关，可视工程的具体情况，每月、每半月或每周进行一次检查。在特殊情况下，甚至需要每日进行一次进度检查。

2) 实际进度数据的加工处理

为了进行实际进度与计划进度的比较，必须对收集到的实际进度数据进行加工处理，形成与计划进度具有可比性的数据。例如，对检查时段实际完成工作量的进度数据进行整理、统计和分析，确定本期累计完成的工作量、本期已完成的工作量占计划总工作量的百分比等。

3) 实际进度与计划进度的对比分析

将实际进度数据与计划进度数据进行比较，可以确定建设工程实际执行状况与计划目标之间的差距。为了直观反映实际进度偏差，通常采用表格或图形进行实际进度与计划进度的对比分析，从而得出实际进度比计划进度超前、滞后还是一致的结论。

2. 进度调整的系统过程

在建设工程实施进度监测过程中，一旦发现实际进度偏离计划进度，即出现进度偏差时，必须认真分析产生偏差的原因及其对后续工作和总工期的影响，必要时采取合理、有效的进度计划调整措施，确保进度总目标的实现。进度调整的系统过程如图 3-3 所示。

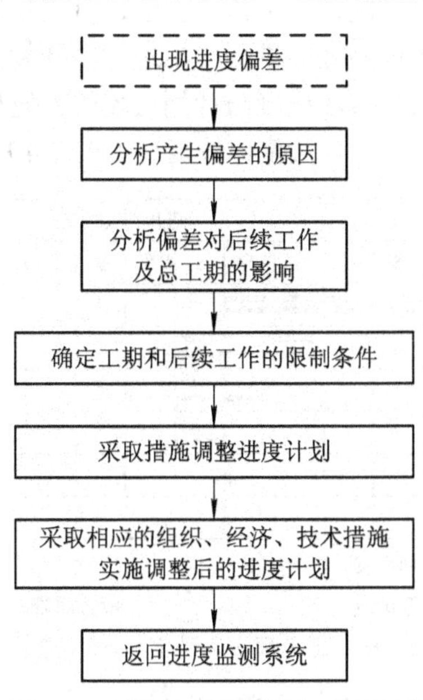

图 3-3　建设工程进度调整系统过程

1) 分析进度偏差产生的原因

通过实际进度与计划进度的比较，发现进度偏差时，为了采取有效措施调整进度计划，必须深入现场进行调查，分析产生进度偏差的原因。

2) 分析进度偏差对后续工作和总工期的影响

当查明进度偏差产生的原因之后，要分析进度偏差对后续工作和总工期的影响程度，以确定是否应采取措施调整进度计划。

3) 确定后续工作和总工期的限制条件

当出现的进度偏差影响到后续工作或总工期而需要采取进度调整措施时，应当首先确定可调整进度的范围，主要指关键节点、后续工作的限制条件以及总工期允许变化的范围。这些限制条件往往与合同条件有关，需要认真分析后确定。

4) 采取措施调整进度计划

采取进度调整措施，应以后续工作和总工期的限制条件为依据，确保要求的进度目标得以实现。

5) 实施调整后的进度计划

进度计划调整之后，应采取相应的组织、经济、技术措施来执行，并继续监测其执行情况。

3.4.2　实际进度与计划进度的比较方法

实际进度与计划进度的比较是建设工程进度监测的主要环节。常用的进度比较方法有横道图、*S* 曲线、香蕉曲线、前锋线和列表比较法。

1. 横道图比较法

横道图比较法是指将项目实施过程中检查实际进度收集到的数据，经加工整理后直接用横道线平行绘于原计划的横道线处，进行实际进度与计划进度的比较方法。采用横道图比较法，可以形象、直观地反映实际进度与计划进度的比较情况。如某工程项目基础工程的计划进度和截止到第 9 周末的实际进度比较情况如图 3-4 所示。

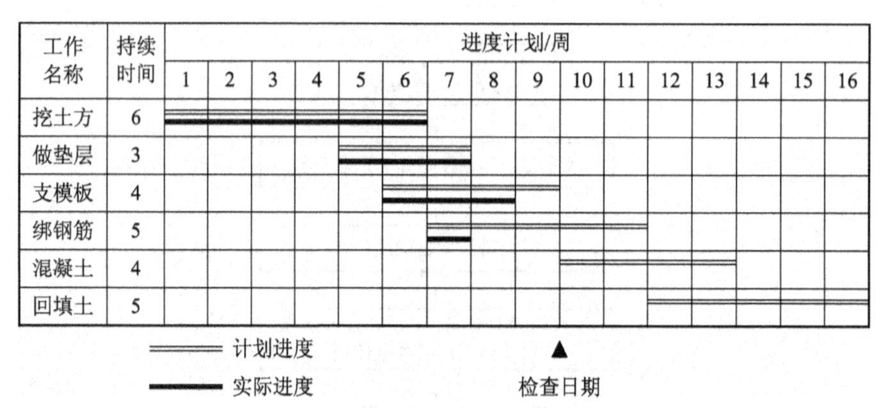

图 3-4　某基础工程实际进度与计划进度比较图

根据各项工作的进度偏差，进度控制者可以采取相应的纠偏措施对进度计划进行调整，以确保该工程按期完成。

2. *S* 曲线比较法

S 曲线比较法是以横坐标表示时间，纵坐标表示累计完成任务量，绘制一条按计划时

间累计完成任务量的 S 曲线；然后将工程项目实施过程中各检查时间实际累计完成任务量的 S 曲线也绘制在同一坐标系中，进行实际进度与计划进度比较的一种方法。

从整个工程项目实际进展全过程看，单位时间投入的资源量一般是开始和结束时较少，中间阶段较多。与其相对应，单位时间完成的任务量也呈同样的变化规律。而随工程进展累计完成的任务量则应呈 S 形变化。由于其形似英文字母 S，S 曲线因此而得名。

同横道图比较法一样，S 曲线比较法也是在图上进行工程项目实际进度与计划进度的直观比较。在工程项目实施过程中，按照规定时间将检查收集到的实际累计完成任务量绘制在原计划 S 曲线图上，即可得到实际进度 S 曲线，如图 3-5 所示。通过比较实际进度 S 曲线和计划进度 S 曲线，可以获得如下信息：

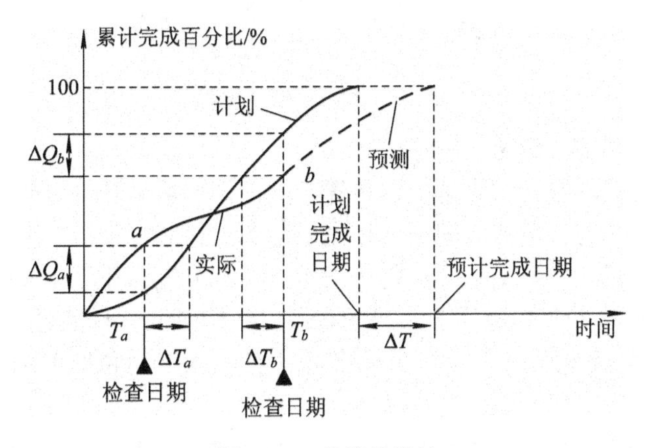

图 3-5　S 曲线比较法

1) 工程项目实际进展状况

如果工程实际进展点落在计划 S 曲线左侧，表明此时实际进度比计划进度超前，如图 3-5 中的 a 点；如果工程实际进展点落在 S 曲线右侧，表明此时实际进度拖后，如图 3-5 中的 b 点；如果工程实际进展点正好落在计划 S 曲线上，则表示此时实际进度与计划进度一致。

2) 工程项目实际进度超前或拖后的时间

在 S 曲线比较图中可以直接读出实际进度比计划进度超前或拖后的时间。如图 3-5 所示，ΔT_a 表示 T_a 时刻实际进度超前的时间，ΔT_b 表示 T_b 时刻实际进度拖后的时间。

3) 工程项目实际超额或拖欠的任务量

在 S 曲线比较图中也可直接读出实际进度比计划进度超额或拖欠的任务量。如图 3-5 所示，ΔQ_a 表示 T 时刻超额完成的任务量，ΔQ_b 表示 T_b 时刻拖欠的任务量。

4) 后期工程进度预测

如果后期工程按原计划速度进行，则可做出后期工程计划 S 曲线如图 3-5 中虚线所示，从而可以确定工期拖延预测值ΔT。

3. 香蕉曲线比较法

香蕉曲线是由两条 S 曲线组合而成的闭合曲线。由 S 曲线比较法可知，工程项目累计完成的任务量与计划时间的关系，可以用一条 S 曲线表示。对于一个工程项目的网络计划来说，如果以其中各项工作的最早开始时间安排进度而绘制 *S* 曲线，称为 ES 曲线；如果以其中各项工作的最迟开始时间安排进度而绘制 *S* 曲线，称为 LS 曲线。两条 *S* 曲线具有相同的起点和终点，因此，两条曲线是闭合的。在一般情况下，ES 曲线上的其余各点均落在 LS 曲线的相应点的左侧。由该闭合曲线形似香蕉，故称为香蕉曲线，如图 3-6 所示。

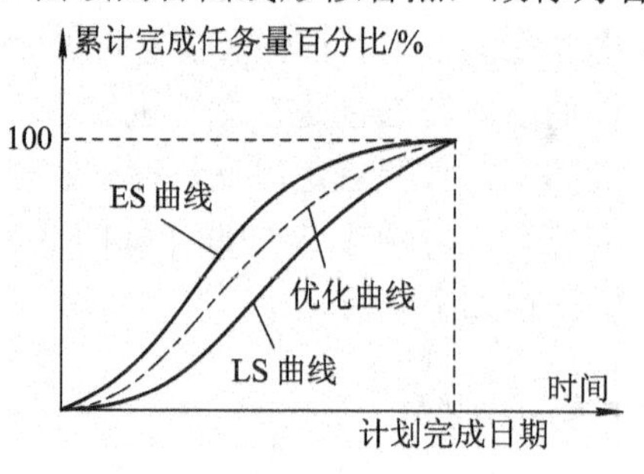

图 3-6　香蕉曲线比较图

香蕉曲线的绘制步骤如下：

(1) 以工程项目的网络计划为基础，计算各项工作的最早开始时间和最迟开始时间。

(2) 确定各项工作在各单位时间的计划完成任务量。

(3) 计算工程项目总任务量，即对所有工作在各单位时间计划完成的任务量累加求和。

(4) 分别根据各项工作按最早开始时间、最迟开始时间安排的进度计划，确定工程项目在各单位时间计划完成的任务量，即将各项工作在某一单位时间内计划完成的任务量求和。

(5) 分别根据各项工作按最早开始时间、最迟开始时间安排的进度计划，确定不同时间累计完成的任务量或任务量的百分比。

(6) 绘制香蕉曲线。分别根据各项工作按最早开始时间、最迟开始时间安排的进度计划而确定的累计完成任务量或任务量的百分比描绘各点，并连接各点得到 ES 曲线和 LS 曲线，由 ES 曲线和 LS 曲线组成香蕉曲线。

在工程项目实施过程中，根据检查得到的实际累计完成任务量，按同样的方法在原计划香蕉曲线图上绘出实际进度曲线，便可以进行实际进度与计划进度的比较。

4. 前锋线比较法

前锋线比较法是通过绘制某检查时刻工程项目实际进度前锋线，进行工程实际进度与计划进度比较的方法，主要适用于时标网络计划。所谓前锋线，是指在原时标网络计划上，从检查时刻的时标点出发，用点划线依次将各项工作实际进展位置点连接而成的折线。前锋线比较法就是通过实际进度前锋线与原进度计划中各工作箭线交点的位置来判断工作实际进度与计划进度的偏差，进而判定该偏差对后续工作及总工期影响程度的一种方法。

采用前锋线比较法进行实际进度与计划进度的比较，其步骤如下：

1) 绘制时标网络计划图

工程项目实际进度前锋线是在时标网络计划图上标示，为清楚起见，可在时标网络计划图的上方和下方各设一时间坐标。

2) 绘制实际进度前锋线

一般从时标网络计划图上方时间坐标的检查日期开始绘制，依次连接相邻工作的实际进展位置点，最后与时标网络计划图下方坐标的检查日期相连接。

3) 进行实际进度与计划进度的比较

前锋线可以直观地从检查日期反映出有关工作实际进度与计划进度之间的关系。对某项工作来说，其实际进度与计划进度之间的关系可能存在以下三种情况：

(1) 工作实际进展位置点落在检查日期的左侧，表明该工作实际进度拖后，拖后的时间为二者之差。

(2) 工作实际进展位置点与检查日期重合，表明该工作实际进度与计划进度一致。

(3) 工作实际进展位置点落在检查日期的右侧，表明该工作实际进度超前，超前的时间为二者之差。

4) 预测进度偏差对后续工作及总工期的影响

通过实际进度与计划进度的比较确定进度偏差后，还可根据工作的自由时差和总时差预测该进度偏差对后续工作及项目总工期的影响。由此可见，前锋线比较法既适用于工作实际进度与计划进度之间的局部比较，又可用来分析和预测工程项目整体进度状况。

【例 3-1】　某工程根据第 6 周末实际进度的检查结果绘制前锋线，如图 3-7 中点划线所示。

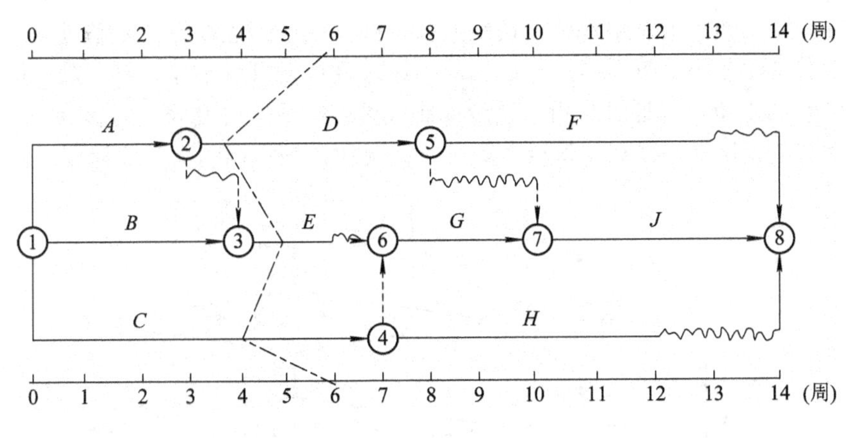

图 3-7　某工程前锋线比较图

通过比较可以看出：

(1) 工作 D 实际进度拖后 2 周，将使其后续工作 F 的最早开始时间推迟 2 周，并使总工期延长 1 周；

(2) 工作 E 实际进度拖后 1 周，既不影响总工期，也不影响其后续工作的正常进行；

(3) 工作 C 实际进度拖后 2 周，将使其后续工作 G、H、J 的最早开始时间推迟 2 周。由于工作 G、J 开始时间的推迟，从而使总工期延长 2 周。

综上所述，如果不采取措施加快进度，该工程项目的总工期将延长 2 周。

3.4.3　进度计划实施中的调整方法

1. 分析进度偏差对后续工作及总工期的影响

在工程项目实施过程中，当通过实际进度与计划进度的比较，发现有进度偏差时，需要分析该偏差对后续工作及总工期的影响，从而采取相应的调整措施对原进度计划进行调整，以确保工期目标的顺利实现。进度偏差的大小及其所处的位置不同，对后续工作和总工期的影响程度是不同的，分析时需要利用网络计划中工作总时差和自由时差的概念进行判断。分析步骤如下：

1) 进度偏差的工作是否为关键工作

如果出现进度偏差的工作位于关键线路上，即该工作为关键工作，则无论其偏差有多大，都将对后续工作和总工期产生影响，必须采取相应的调整措施；如果出现偏差的工作是非关键工作，则需要根据进度偏差值与总时差和自由时差的关系作进一步分析。

2) 偏差是否超过总时差

如果工作的进度偏差大于该工作的总时差，则此进度偏差必将影响其后续工作和总工期，必须采取相应的调整措施；如果工作的进度偏差未超过该工作的总时差，则此进度偏差不影响总工期。至于对后续工作的影响程度，还需要根据偏差值与其自由时差的关系作进一步分析。

3) 偏差是否超过自由时差

如果工作的进度偏差大于该工作的自由时差，则此进度偏差将对其后续工作产生影响，此时应根据后续工作的限制条件确定调整方法；如果工作的进度偏差未超过该工作的自由时差，则此进度偏差不影响后续工作，因此，原进度计划可以不作调整。进度偏差的分析判断过程如图 3-8 所示。通过分析，进度控制人员可以根据进度偏差的影响程度，制订相应的纠偏措施进行调整，以获得符合实际进度情况和计划目标的新进度计划。

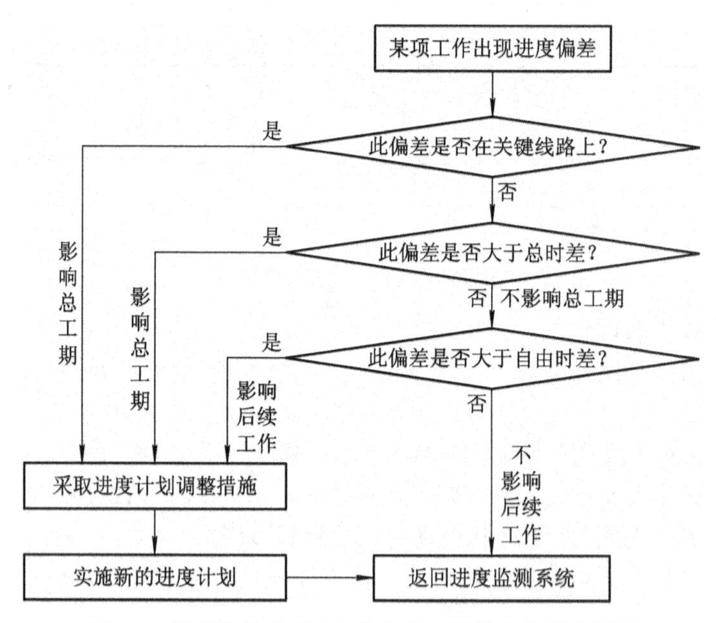

图 3-8　进度偏差对后续工作和总工期影响分析过程图

2. 进度计划的调整方法

当实际进度偏差影响到后续工作和总工期而需要调整进度计划时，其调整方法主要有两种。

1) 改变某些工作间的逻辑关系

当工程项目实施中产生的进度偏差影响到总工期，且有关工作的逻辑关系允许更改，可以改变关键线路和超过计划工期的非关键线路上的有关工作之间的逻辑关系，达到工期的目的。例如，将顺序进行的工作改为平行作业、搭接作业以及分段组织流水作业等，都可以有效地缩短工期。

2) 缩短某些工作的持续时间

不改变工程项目中各项工作之间的逻辑关系，而通过采取增加资源投入、提高劳动效率等措施来缩短某些工作的持续时间，使工程进度加快，以保证按计划工期完成该工程项目。这些被压缩持续时间的工作应是位于关键线路和超过计划工期的非关键线路上的工作。同时，这些工作又是其持续时间可被压缩的工作。这种调整方法通常可以在网络图上直接进行。其调整方法视限制条件及对其后续工作的影响程度的不同而有所区别，一般可分为以下三种情况：

(1) 网络计划中某项工作进度拖延的时间已超过其自由时差但未超过其总时差。

如前所述，此时该工作的实际进度不会影响总工期，而只对其后续工作产生影响。因此，在进行调整前，需要确定其后续工作允许拖延的时间限制，并以此作为进度调整的限制条件。该限制条件的确定常常较复杂，尤其是当后续工作由多个平行的承包单位负责实施时更是如此。后续工作如不能按原计划进行，在时间上产生的任何变化都可能使合同不能正常履行，而导致蒙受损失的一方提出索赔。因此，寻求合理的调整方案，把进度拖延对后续工作的影响减少到最低程度，是监理工程师的一项重要工作。如某工程项目双代号时标网络计划执行到第 35 天时实际进度前锋线如图 3-9 所示。

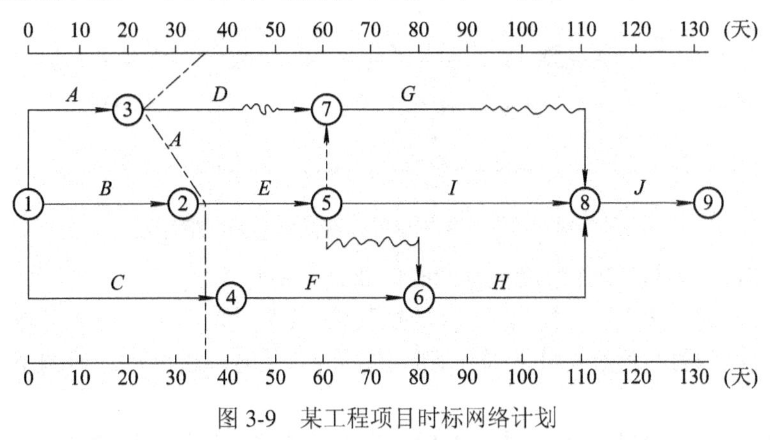

图 3-9　某工程项目时标网络计划

从图中可以看出，目前只有工作 D 的开始时间拖后 15 天，而影响其后续工作 G 的最早开始时间，其他工作的实际进度均正常。由于工作 D 的总时差为 30 天，故此时工作 D 的实际进度不影响总工期。

该进度计划是否需要调整，取决于工作 D 和 G 的限制条件：

① 后续工作拖延的时间无限制。如果后续工作拖延的时间完全被允许时，可将拖延后的时间参数带入原计划，并化简网络图(即去掉已执行部分，以进度检查日期为起点，将实际数据带入，绘制出未实施部分的进度计划)，即可得调整方案。例如在本例中，以检查时刻第 35 天为起点，将工作 D 的实际进度数据及 G 被拖延后的时间参数带入原计划(此时工

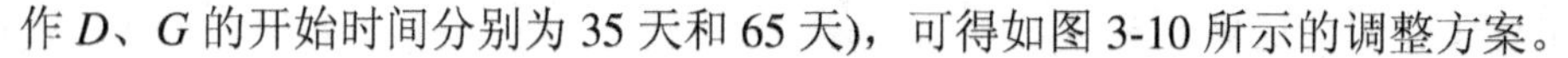
作 D、G 的开始时间分别为 35 天和 65 天)，可得如图 3-10 所示的调整方案。

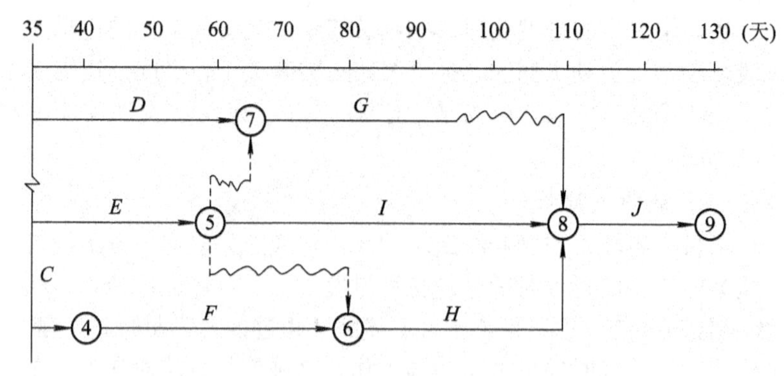

图 3-10　后续工作拖延时间无限制时的网络计划

② 后续工作拖延的时间有限制。如果后续工作不允许拖延或拖延的时间有限制时，需要根据限制条件对网络计划进行调整，寻求最优方案。例如在本例中，如果工作 G 的开始时间不允许超过第 60 天，则只能将其紧前工作 D 的持续时间压缩为 25 天，调整后的网络计划如图 3-11 所示。如果在工作 D、G 之间还有多项工作，则可以利用工期优化的原理确定应压缩的工作，得到满足 G 工作限制条件的最优调整方案。

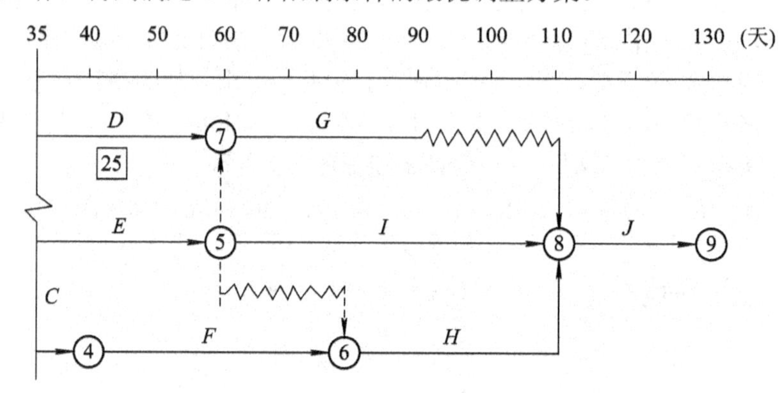

图 3-11　后续工作拖延时间有限制时的网络计划

(2) 网络计划中某项工作进度拖延的时间超过其总时差。

如果网络计划中某项工作进度拖延的时间超过其总时差，则无论该工作是否为关键工作，其实际进度都将对后续工作和总工期产生影响。此时，进度计划的调整方法又可分为以下三种情况：

① 项目总工期不允许拖延。如果工程项目必须按照原计划工期完成，则只能采取缩短关键线路上后续工作持续时间的方法来达到调整计划的目的。

② 项目总工期允许拖延。如果项目总工期允许拖延，则此时只需以实际数据取代原计划数据，并重新绘制实际进度检查日期之后的简化网络计划即可。

③ 项目总工期允许拖延的时间有限。如果项目总工期允许拖延，但允许拖延的时间有限，则当实际进度拖延的时间超过此限制时，也需要对网络计划进行调整，以便满足要求。

具体的调整方法是以总工期的限制时间作为规定工期，对检查日期之后尚未实施的网络计划进行工期优化，即通过缩短关键线路上后续工作持续时间的方法来使总工期满足规定工期的要求。

(3) 网络计划中某项工作进度超前。

监理工程师对建设工程实施进度控制的任务就是在工程进度计划的执行过程中，采取必要的组织协调和控制措施，以保证建设工程按期完成。在建设工程计划阶段所确定的工期目标，往往是综合考虑了各方面因素而确定的合理工期。因此，时间上的任何变化，无论是进度拖延还是超前，都可能造成其他目标的失控。例如，在一个建设工程施工总进度计划中，由于某项工作的进度超前，致使资源的需求发生变化，而打乱了原计划对人、材、物等资源的合理安排，亦将影响资金计划的使用和安排；特别是当多个平行的承包单位进行施工时，由此引起后续工作时间安排的变化，势必给监理工程师的协调工作带来许多麻烦。因此，如果建设工程实施过程中出现进度超前的情况，进度控制人员必须综合分析进度超前对后续工作产生的影响，并同承包单位协商，提出合理的进度调整方案，以确保工期总目标的顺利实现。

3.5　建设工程施工阶段的进度控制

3.5.1　施工阶段进度控制目标的确定

1. 施工进度控制目标体系

保证工程项目按期建成交付使用是建设工程施工阶段进度控制的最终目的。为了有效地控制施工进度，首先要将施工进度总目标从不同角度进行层层分解，形成施工进度控制目标体系，从而作为实施进度控制的依据。

建设工程不但要有项目建成交付使用的确切日期这个总目标，还要有各单位工程交工动用的分目标以及按承包单位、施工阶段和不同计划期划分的分目标。各目标之间相互联系，共同构成建设工程施工进度控制目标体系。其中，下级目标受上级目标的制约，下级目标保证上级目标，最终保证施工进度总目标的实现。

1) 按项目组成分解，确定各单位工程开工及动用日期

各单位工程的进度目标在工程项目建设总进度计划及建设工程年度计划中都有体现。建设工程项目的组成可分解为项目、单项工程、单位工程(子单位工程)、分部工程(子分部工程)、分项工程和检验批。在施工阶段应进一步明确各单位工程的开工和交工动用日期，以确保施工总进度目标的实现。

2) 按承包单位分解，明确分工条件和承包责任

在一个单位工程中有多个承包单位参加施工时，应按承包单位将单位工程的进度目标分解，确定出各分包单位的进度目标，列入分包合同，以便落实分包责任，并根据各专业工程交叉施工方案和前后衔接条件，明确不同承包单位工作面交接的条件和时间。

3) 按施工阶段分解，划定进度控制分界点

根据工程项目的特点，应将其施工分成几个阶段，如土建工程可分为地基与基础工程、主体结构工程和室内外装修工程阶段。每一阶段的起止时间都要有明确的标志。特别是不

同单位承包的不同施工段之间，更要明确划定时间分界点，以此作为形象进度的控制标志，从而使单位工程动用目标具体化。

4) 按计划期分解，组织综合施工

将工程项目的施工进度控制目标按年度、季度、月(或旬)进行分解，并用实物工程量、货币工作量及形象进度表示，这样更有利于监理工程师明确对各承包单位的进度要求。同时，还可以据此监督其实施，检查其完成情况。计划期愈短，进度目标愈细，进度跟踪就愈及时，发生进度偏差时也就更能有效地采取措施予以纠正。这样，就形成一个有计划有步骤协调施工、长期目标对短期目标自上而下逐级控制、短期目标对长期目标自下而上逐级保证、逐步趋近进度总目标的局面，最终达到工程项目按期竣工交付使用的目的。

2. 施工进度控制目标的确定

为了提高进度计划的预见性和进度控制的主动性，在确定施工进度控制目标时，必须全面细致地分析与建设工程进度有关的各种有利因素和不利因素。只有这样，才能定出一个科学、合理的进度控制目标。确定施工进度控制目标的主要依据有：建设工程总进度目标对施工工期的要求，工期定额、类似工程项目的实际进度以及工程难易程度和工程条件的落实情况等。

在确定施工进度分解目标时，还要考虑以下各个方面：

(1) 对于大型建设工程项目，应根据尽早提供可动用单元的原则，集中力量分期分批建设，以便尽早投入使用，尽快发挥投资效益。这时，为保证每一动用单元能形成完整的生产能力，就要考虑这些动用单元交付使用时所必需的全部配套项目。因此，要处理好前期动用和后期建设的关系、每期工程中主体工程与辅助及附属工程之间的关系等。

(2) 合理安排土建与设备的综合施工。要按照各自的特点，合理安排土建施工与设备基础、设备安装的先后顺序及搭接、交叉或平行作业，明确设备工程对土建工程的要求和土建工程为设备工程提供施工条件的内容及时间。

(3) 结合本工程的特点，参考同类建设工程的经验来确定施工进度目标。避免只按主观愿望盲目确定进度目标，而在实施过程中造成进度失控。

(4) 做好资金供应能力、施工力量配备、物资(材料、构配件和设备)供应能力与施工进度的平衡工作，确保工程进度目标的要求而不使其落空。

(5) 考虑外部协作条件的配合情况。包括施工过程中及项目竣工动用所需的水、电、气、通讯、道路及其他社会服务项目的满足程度和满足时间，它们必须与有关项目的进度目标相协调。

(6) 考虑工程项目所在地区地形、地质、水文和气象等方面的限制条件。

总之，要想对工程项目的施工进度实施控制，就必须有明确、合理的进度目标(进度总目标和进度分目标)，否则，控制便失去了意义。

3.5.2 施工阶段进度控制的内容

1. 施工阶段进度控制工作流程

施工阶段进度控制工作流程如图 3-12 所示。

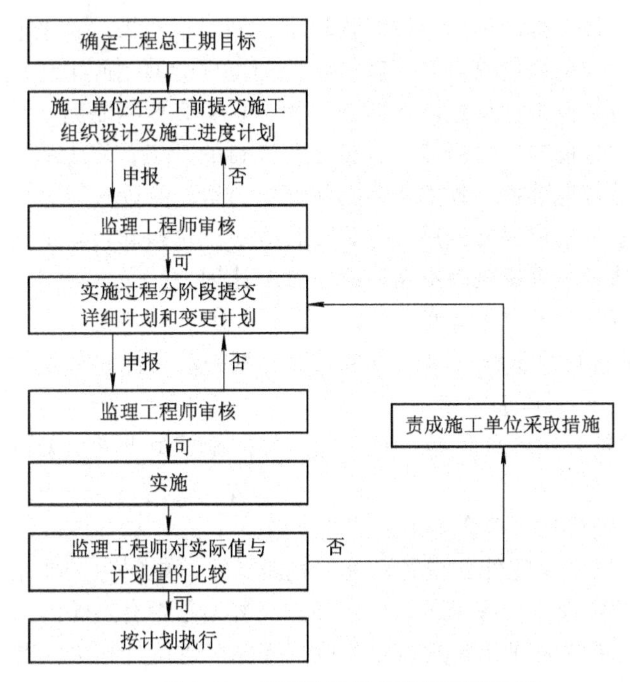

图 3-12 施工阶段进度控制工作流程

2. 施工阶段进度控制工作内容

施工阶段进度控制工作从审核承包单位提交的施工进度计划开始，直至建设工程保修期满为止，其工作内容主要有：

1) 编制施工进度控制工作细则

施工进度控制工作细则是在建设工程监理规划的指导下，由项目监理班子中进度控制部门的监理工程师负责编制的更具有实施性和操作性的监理业务文件。其主要内容包括：

(1) 施工进度控制目标分解图。

(2) 施工进度控制的主要工作内容和深度。

(3) 进度控制人员的职责分工。

(4) 与进度控制有关各项工作的时间安排及工作流程。

(5) 进度控制的方法(包括进度检查周期、数据采集方式、进度报表格式和统计分析方法等)。

(6) 进度控制的具体措施(包括组织措施、技术措施、经济措施及合同措施等)。

(7) 施工进度控制目标实现的风险分析。

(8) 尚待解决的有关问题。

事实上，施工进度控制工作细则是对建设工程监理规划中有关进度控制内容的进一步深化和补充。如果将建设工程监理规划比作开展监理工作的初步设计，施工进度控制工作细则就可以看成是开展建设工程监理工作的施工图设计，它对监理工程师的进度控制工作起着具体的指导作用。

2) 编制或审核施工进度计划

为了保证建设工程的施工任务按期完成，监理工程师必须审核承包单位提交的施工进度计划。对于大型建设工程，由于单位工程较多、施工工期长，且采取分期分批发包又没有一个负责全部工程的总承包单位时，就需要监理工程师编制施工总进度计划；或者当建设工程由若干个承包单位平行承包时，监理工程师也有必要编制施工总进度计划。施工总进度计划应确定分期分批的项目组成，各批工程项目的开工、竣工顺序及时间安排，全场性准备工程，特别是首批准备工程的内容与进度安排等。当建设工程有总承包单位时，监理工程师只需对总承包单位提交的施工总进度计划进行审核即可。而对于单位工程施工进度计划，监理工程师只负责审核而不需要编制进度计划。

施工进度计划审核的内容主要有：

(1) 进度安排是否符合工程项目建设总进度计划中总目标和分目标的要求，是否符合施工合同中开工、竣工日期的规定。

(2) 施工总进度计划中的项目是否有遗漏，分期施工是否满足分批动用的需要和配套动用的要求。

(3) 施工顺序的安排是否符合施工工艺的要求。

(4) 劳动力、材料、构配件、设备及施工机具、水、电等生产要素的供应计划是否能保证施工进度计划的实现，供应是否均衡、需求高峰期是否有足够能力实现计划供应。

(5) 总包、分包单位分别编制的各项单位工程施工进度计划之间是否相协调，专业分工与计划衔接是否明确合理。

(6) 对于业主负责提供的施工条件(包括资金、施工图纸、施工场地以及采供的物资等)，在施工进度计划中安排得是否明确、合理，是否有造成因业主违约而导致工程延期和费用索赔的可能存在。

如果监理工程师在审查施工进度计划的过程中发现问题，应及时向承包单位提出书面修改意见(也称整改通知书)，并协助承包单位修改。其中重大问题应及时向业主汇报。

应当说明，编制和实施施工进度计划是承包单位的责任。承包单位之所以将施工进度计划提交给监理工程师审查，是为了听取监理工程师的建设性意见。因此，监理工程师对施工进度计划的审查或批准，并不解除承包单位对施工进度计划的任何责任和义务。此外，对监理工程师来讲，其审查施工进度计划的主要目的是为了防止承包单位计划不当，以及为承包单位保证实现合同规定的进度目标提供帮助。如果强制地干预承包单位的进度安排，或支配施工中所需要劳动力、设备和材料，那将是一种错误行为。

尽管承包单位向监理工程师提交施工进度计划是为了听取建设性的意见，但施工进度计划一经监理工程师确认，即应当视为合同文件的一部分，它是以后处理承包单位提出的工程延期或费用索赔的一个重要依据。

3) 按年、季、月编制工程综合计划

在按计划期编制的进度计划中，监理工程师应着重解决各承包单位施工进度计划之间、施工进度计划与资源(包括资金、设备、机具、材料及劳动力)保障计划之间及外部协作条件的延伸性计划之间的综合平衡与相互衔接问题，并根据上期计划的完成情况对本期计划作必要的调整，从而作为承包单位近期执行的指令性计划。

4) 下达工程开工令

总监理工程师应根据承包单位和业主双方关于工程开工的准备情况，选择合适的时机发布工程开工令。工程开工令的发布，要尽可能及时，因为从发布工程开工令之日算起，加上合同工期后即为工程竣工日期。如果开工令发布拖延，就等于推迟了竣工时间，甚至可能引起承包单位的索赔。

为了检查双方的准备情况，监理工程师应参加由业主主持召开的第一次工地会议。业主应按照合同规定，做好征地拆迁工作，及时提供施工用地；同时，还应当完成法律及财务方面的手续，并及时向承包单位支付工程预付款。承包单位应当将开工所需要的人力、材料及设备准备好，同时还要按合同规定为监理工程师提供监理工作的各种条件。

5) 协助承包单位实施进度计划

监理工程师要随时了解施工进度计划执行过程中所存在的问题，并帮助承包单位予以解决，特别是承包单位无力解决的内外关系协调问题。

6) 监督施工进度计划的实施

监督施工进度计划的实施是建设工程施工进度控制的经常性工作。监理工程师不仅要及时检查承包单位报送的施工进度报表和分析资料，同时还要进行必要的现场实地检查，核实所报送的已完成项目的时间及工程量，杜绝虚报现象。

在对工程实际进度资料进行整理的基础上，监理工程师应将其与计划进度相比较，以判定实际进度是否出现偏差。如果出现进度偏差，监理工程师应进一步分析此偏差对进度控制目标的影响程度及其产生的原因，以便研究对策、提出纠偏措施。必要时还应对后期工程进度计划作适当的调整。

7) 组织现场协调会

监理工程师应每月、每周定期组织召开不同层级的现场协调会议，以解决工程施工过程中的相互协调配合问题。在每月召开的工地例会上通报工程项目建设的重大变更事项，协商其后果处理，解决各个承包单位之间以及业主与承包单位之间的重大协调配合问题；在每周召开的管理层协调会上，通报各自进度状况、存在的问题及下周的安排，解决施工中的相互协调配合问题。

8) 签发工程进度款支付凭证

监理工程师应对承包单位申报的已完分项工程量进行核实，在质量监理人员检查验收后，由总监理工程师签发工程进度款支付凭证。

9) 审批工程延期

造成工程进度拖延的原因有两个方面：一是由于承包单位自身的原因，二是由于承包单位自身以外的原因。前者所造成的进度拖延称为工程延误；而后者所造成的进度拖延称为工程延期。

10) 向业主提供进度报告

监理工程师应随时整理进度资料，并做好工程记录，定期向业主提交工程进度报告。

11) 督促承包单位整理技术资料

监理工程师要根据工程进展情况，督促承包单位及时整理有关技术资料。

12) 签署工程竣工报验单、提交质量评估报告

当单位工程达到竣工验收条件后，承包单位在自行预验的基础上提交工程竣工报验单，

申请竣工验收。监理工程师在对竣工资料及工程实体进行全面检查、验收合格后，签署工程竣工报验单，并向业主提出质量评估报告。

13) 整理工程进度资料

在工程完工以后，监理工程师应将工程进度资料收集起来，进行归类、编目和建档，以便为今后其他类似工程项目的进度控制提供参考。

14) 工程移交

监理工程师应督促承包单位办理工程移交手续，颁发工程移交证书。在工程移交后的保修期内，还要处理验收后质量问题的原因及责任等争议问题，并督促责任单位及时修理。当保修期结束且再无争议时，建设工程进度控制的任务即告完成。

3.5.3 施工进度计划实施中的检查

1. 工程施工进度计划的检查

在施工项目进度实施的过程中，由于影响工程进度的因素很多，经常会改变进度实施的正常状态，而使实际进度出现偏差。为了有效地进行施工进度控制，监理工程师和施工单位进度控制人员必须经常地、定期地跟踪检查施工实际进度情况，收集有关施工进度情况的数据资料，进行统计整理和对比分析，确定施工实际进度与计划进度之间的关系，提出工程施工进度控制报告。

1) 施工进度计划检查主要内容

(1) 跟踪检查施工实际进度，收集有关施工进度的信息。跟踪检查施工项目的实际进度是进度控制的关键，其目的是收集有关施工进度的信息。而检查信息的质量直接影响施工进度控制的质量和效果。

① 跟踪检查的时间周期。跟踪检查的时间周期一般与施工项目的类型、规模、施工条件和对进度要求的严格程度等因素有关。通常可以确定每月、半月、旬或周进行一次；若在施工中遇到天气、资源供应等不利因素的影响时，跟踪检查的时间周期应缩短，检查次数相应增加，甚至每天检查一次。

② 收集信息资料的方式和要求。收集信息资料一般采用进度报表方式和定期召开进度工作汇报会的形式。为了确保数据信息资料的准确性，监理和施工进度控制人员要经常深入到施工现场去察看施工项目的实际进度情况，经常地、定期地、准确地测量和记录反映施工实际进度状况的信息资料。

(2) 整理统计信息资料，使其具有可比性。将收集到的有关实际进度的数据资料进行必要的整理，并按计划控制的工作项目进行统计，形成与施工计划进度具有可比性的数据资料、相同的单值和形象进度类型。通常采用实物工程量、工作量、劳动消耗量或累计完成任务量的百分比等数据资料进行整理和统计。

(3) 施工实际进度与计划进度对比，确定偏差数量。工程施工的实际进度与计划进度进行比较时，常用的比较方法有横道比较法和 *S* 形曲线比较法，另外还有香蕉型曲线比较法、前锋线比较法、普通网络计划的分割线比较法和列表比较法等。实际进度与计划进度之间的关系有一致、超前和拖后三种情况，对于超前或拖后的偏差，还应计算出检查时的偏差量。

(4) 根据施工实际进度的检查结果，提出进度控制报告。进度控制报告是将实际进度与计划进度的检查比较结果、有关施工进度的现状和发展趋势以及施工单位应定期向监理工程师提供有关进度控制的报告，同时也是提供给项目经理、业务职能部门的进度情况汇报。

① 施工进度控制报表。工程施工进度报表不仅是监理工程师实施施工进度控制的依据，同时也是监理工程师签发工程进度款支付凭证的依据。一般情况下，施工进度报表格式由监理单位提供给施工单位，施工单位按时填写完毕后提交给监理工程师核查。报表的内容根据施工对象及承包方式的不同而有所区别，但一般应包括工作的开始时间、完成时间、持续时间、逻辑关系、实物工程量以及工作时差的利用情况等。施工单位应当准确地填写施工进度报表，监理工程师能从中了解到建筑工程施工的实际进展情况。

② 召开工地协调例会。在施工过程中，总监理工程师根据施工情况每周主持召开工地例会或不定期召开协调会议。工地例会的主要内容是检查分析施工进度计划完成情况，提出下一阶段施工进度目标及其落实措施。施工单位应汇报上周的施工进度计划执行情况，工程有无延误，如有工程延误应说明延误的原因，以及下周的施工进度计划安排。通过这种面对面的交谈，监理工程师可以从中了解到施工进度是否正常，发现施工进度计划执行过程中存在的潜在问题，以便及时采取相应的措施加以预防。

2) 工程进度计划的检查方法

工程进度计划的检查方法较多，如标牌法、实际记录法、工程进度曲线法和网络计划技术法等。这里主要介绍后两种方法。

(1) 工程进度曲线法。

使用横道图比较实际进度与计划进度，为了清楚地表明进度提前或拖期的情况，不仅需要画上计划进度与实际进度的横道线，而且需要在线条上方或下方以数字表明完成的工程数量及其占计划的百分数。该方法缺点是难以清晰地反映出进度差距。

绘制工程进度曲线可以克服横道图的这一缺点，准确地管理工程进度。它以横轴为工期，纵轴为工程进度参数(工程量、资源用量、工程成本以及施工强度)的累计量，分别绘制计划与实际完成的工程管理曲线，如图 3-13 所示。

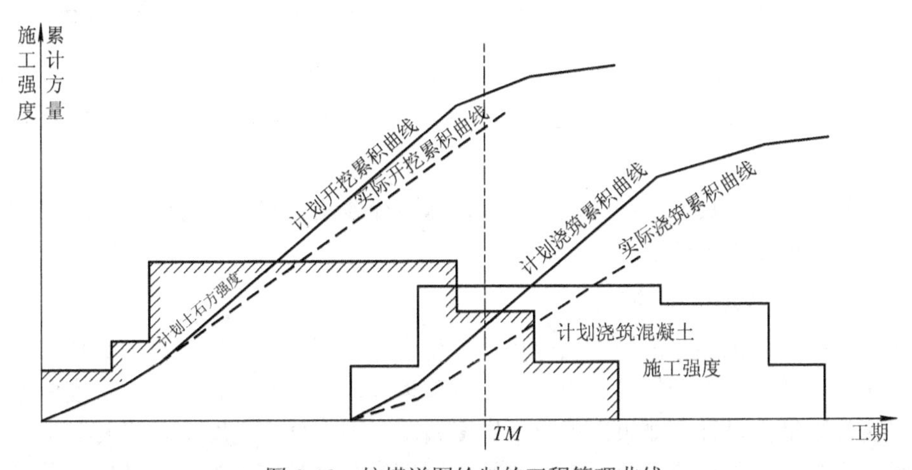

图 3-13　按横道图绘制的工程管理曲线

这种工程曲线具有直观上对比计划参数与实际完成参数差距的优点，可以准确地反映工程动态。它常绘在横道图进度计划的下方，与横道图配合使用。

横道图和工程进度曲线虽可用于施工管理，但仍难以准确表示某项作业拖期对其他作业和整个工程的影响，也不能及时采用电子计算机进行跟踪和调整，因此网络计划已成为一种新的替代方法，广泛用来对工程进行动态管理，采用网络计划管理技术，也可绘制工程进度曲线作为管理工具。

工程进度曲线的绘制步骤：

① 确定工程进度计划(横道图或网络进度计划)。

② 按计划绘制计划参数的累计曲线。

③ 按实际进度绘制相应参数的累计曲线。

实际进度累计曲线与计划进度累计曲线的差值，即为两者偏离的幅度。

工程管理曲线的形状，大致分二种情况：

第一种：计划参数均匀不变，生产能力正常发挥，每天完成的工程量不变，则工程管理曲线如图 3-14(a)所示。它是一条直线，其斜率则为工程施工强度。施工强度不变，这是一种少有的理想情况。

第二种：一般由于工程初期准备工作，或结尾时的清理工作以及其他情况，工程施工强度通常经历从开始曲线斜率逐步增加，在中期维持一定水平，到后期逐步减少的过程，如图 3-14(b)所示的管理曲线，大致成 S 形，开始曲线斜率逐步增加，到顶时达到最大值，然后曲线变为斜率不变的一段直线，到最后，由于施工强度逐步减少，曲线斜率逐步减小到完工时为止。当然这也是一条理想的工程管理曲线，计划人员要尽量争取的 S 曲线。

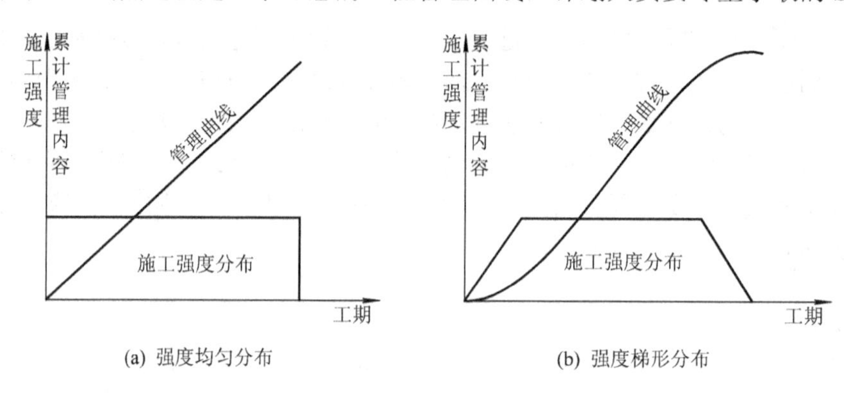

(a) 强度均匀分布　　(b) 强度梯形分布

图 3-14　施工强度分布及工程量累积曲线

(2) 网络计划管理技术。

网络计划管理技术最常用的方法是实际进度前锋线法，其绘制方法和应用在 3.4 节中已有详细介绍，此处不再赘述。

2. 实际进度与计划进度的对比

施工进度检查的主要方法是对比分析法，将经过整理的实际施工进度数据与计划施工进度数据进行比较，从中分析是否出现施工进度偏差。如果没有出现施工进度偏差，则按原施工进度计划继续执行；如果出现施工进度偏差，则应分析进度偏差的大小。

通过检查分析，如果施工进度偏差比较小，应在分析其产生原因的基础上采取有效措施，如组织措施或技术措施，解决矛盾，排除不利于进度的障碍，继续执行原进度计划；如果经过分析，确实不能按原计划实现时，再考虑对原计划进行必要的调整或修改，即适当延长工期，或改变施工速度，或改变施工内容。

施工进度计划的不变是相对的，改变是绝对的。施工进度计划的调整一般是不可避免的，但应当慎重，尽量减少重大的计划性调整。

3. 监理工程师在进度控制中的作用

建筑工程施工进度控制是监理工程师对质量、进度和投资三大控制内容之一。监理工程师受业主的委托在工程施工阶段实施监理时，其进度控制的总任务就是编制和审核施工进度计划，在满足工程建设总进度计划要求的基础上，对其执行情况加以动态控制，以保证工程项目实际工期在计划工期内，并按期竣工交付使用。监理工程师通常并不直接编制进度计划，但监理工程师对进度计划具有重要的影响力，这种影响力主要体现在三个方面：一是协助业主编制控制性计划，二是审核承包商的进度计划，三是监督施工单位进度计划的实施。监理工程师在进度控制中的主要作用如下所述：

1) 进度计划的编制与分解

对于规模较大的工程，监理工程师要协助业主编制进度计划，也要编制指导监理工作的监理进度计划，以便能更好地指导整个工程的进度计划；对进度计划要进行分解即确定计划中要分解的施工过程的内容，划分的粗细程度应根据计划的性质决定，既不能太粗也不宜太细。业主的一级计划中反映的是项目各个大项的里程碑控制点安排，细度较粗；监理的二级进度计划是项目的总体目标计划，是项目实施和控制的依据，既要对承包单位的三级进度计划有切实的指导作用，又不能过于约束承包单位的计划编制和承包单位发挥各自施工优势的机会，如承包单位的劳动力充足且技术熟练、施工机具充足、有类似工程施工经验等，因此该计划的细度应根据项目的性质适度编制；三级进度计划是各个承包单位的分标段总体目标进度计划，细度要高于二级计划的细度，且在可能的情况下尽量细化。

2) 对承包商编制进度计划的审查

承包商在投标书中制定了所投项目的进度计划，但这是业主授标的依据。承包商应根据现场情况制定详细的施工计划。承包商递交的施工进度计划，取得工程师批准后，即成为指导整个工程进度的合同目标计划，是施工工程中双方共同遵守的合同文件之一。由于该计划是以后修正计划比较的基础，同时也是处理以后可能出现的工期延误分析和索赔分析的依据之一，因此，目标进度计划很重要，工程师在审核、批准时一定要谨慎、仔细。

目标进度计划审查的主要内容有：

(1) 审查计划作业项目是否齐全、有无漏项。

(2) 各工序作业的逻辑关系是否正确、合理，是否符合施工程序。

(3) 各项目的完工日期是否符合合同规定的各个中间完工日期(主要进度控制里程碑)和最终完工日期。

(4) 计划的施工效率和施工强度是否合理可行，是否满足连续性、均衡性的要求，与之相应的人员、设备和材料以及费用等资源是否合理，能否保证计划的实施。

(5) 与外部环境是否有矛盾，如与业主提供的设备条件和供货时间有无冲突，对其他标段承包商的施工有无干扰。

工程师在审查过程中发现的问题，应及时向承包商提出，并协助承包商修改目标进度计划。

3) 加强对进度计划的控制与检查

计划执行情况的控制与检查，要求监理工程师在建筑工程施工过程中不断收集工程的信息，检查工程实际施工进度执行情况，找出进度偏差的原因，通过督促承包商改进施工方法或修改施工进度计划，最终实现合同目标。监理工程师主要从三个方面做好工作：一是抓好对计划完成情况的检查，正确估测完成的实际量，计算已完成计划的百分率；二是分析比较，将已完成的百分率及已过去的时间与计划进行比较，每月组织召开一次计划分析会，发现问题，分析原因，及时提出纠正偏差的措施，必要时进行计划调整，以使计划适应变化了的新条件，以保证计划的时效性，从而保证整个项目工期目标的实现；三是认真搞好计划的考核、工程进度动态通报和信息反馈，为领导决策和项目宏观管理协调提供依据。

3.5.4 工程延期

1. 工程延期的申报与审批

1) 申报工程延期的条件

由于以下原因导致工程拖期，承包单位有权提出延长工期的申请，监理工程师应按合同规定，批准工程延期时间。

(1) 监理工程师发出工程变更指令而导致工程量增加。

(2) 合同所涉及的任何可能造成工程延期的原因，如延期交图、工程暂停、对合格工程的剥离检查及不利的外界条件等。

(3) 异常恶劣的气候条件。

(4) 由业主造成的任何延误、干扰或障碍，如未及时提供施工场地、未及时付款等。

(5) 除承包单位自身以外的其他任何原因。

2) 工程延期的审批程序

当工程延期事件发生后，承包单位应在合同规定的有效期内以书面形式通知监理工程师(即工程延期意向通知)，以便于监理工程师尽早了解所发生的事件，及时作出一些减少延期损失的决定。

当延期事件具有持续性，承包单位在合同规定的有效期内不能提交最终详细的申述报告时，应先向监理工程师提交阶段性的详情报告。监理工程师应在调查核实阶段性报告的基础上，尽快做出延长工期的临时决定。临时决定的延期时间不宜太长，一般不超过最终批准的延期时间。

待延期事件结束后，承包单位应在合同规定的期限内向监理工程师提交最终的详情报告。监理工程师应复查详情报告的全部内容，然后确定该延期事件所需要的延期时间。

如果遇到比较复杂的延期事件，监理工程师可以成立专门小组进行处理。对于一时难以做出结论的延期事件，即使不属于持续性的事件，也可以采用先作出临时延期的决定，然后再做出最后决定的办法。这样既可以保证有充足的时间处理延期事件，又可以避免由于处理不及时而造成的损失。

监理工程师在做出临时工程延期批准或最终工程延期批准之前，均应与业主和承包单位进行协商。

3) 工程延期的审批原则

监理工程师在审批工程延期时应遵循下列原则：

(1) 合同条件。监理工程师批准的工程延期必须符合合同条件。也就是说，导致工期拖延的原因确实属于承包单位自身以外的，否则不能批准为工程延期。这是监理工程师审批工程延期的一条根本原则。

(2) 影响工期。发生延期事件的工程部位，无论其是否处在施工进度计划的关键线路上，只有当所延长的时间超过其相应的总时差而影响到工期时，才能批准工程延期。如果延期事件发生在非关键线路上，且延长的时间并未超过总时差时，即使符合批准为工程延期的合同条件，也不能批准工程延期。应当说明，建设工程施工进度计划中的关键线路并非固定不变，它会随着工程的进展和情况的变化而转移。监理工程师应以承包单位提交的、经自己审核后的施工进度计划(不断调整后)为依据来决定是否批准工程延期。

(3) 实际情况。批准的工程延期必须符合实际情况。为此，承包单位应对延期事件发生后的各类有关细节进行详细记录，并及时向监理工程师提交详细报告。与此同时，监理工程师也应对施工现场进行详细考察和分析，并做好有关记录，以便为合理确定工程延期时间提供可靠依据。

2. 工程延期的控制

发生工程延期事件，不仅影响工程的进展，而且会给业主带来损失。因此，监理工程师应做好以下工作，以减少或避免工程延期事件的发生。

1) 选择合适的时机下达工程开工令

总监理工程师在下达工程开工令之前，应充分考虑业主的前期准备工作是否充分。特别是征地、拆迁问题是否已解决，设计图纸能否及时提供，以及付款方面有无问题等，以避免由于上述问题缺乏准备而造成工程延期。

2) 提醒业主履行施工承包合同中所规定的职责

在施工过程中，监理工程师应经常提醒业主履行自己的职责，提前做好施工场地及设计图纸的提供工作，并能及时支付工程进度款，以减少或避免由此而造成的工程延期。

3) 妥善处理工程延期事件

当延期事件发生以后，监理工程师应根据合同规定进行妥善处理，既要尽量减少工程延期时间及其损失，又要在详细调查研究的基础上合理批准工程延期时间。

此外，业主在施工过程中应尽量减少干预、多协调，以避免由于业主的干扰和阻碍而导致延期事件的发生。

3. 工程延误的处理

如果由于承包单位自身的原因造成工期拖延，而承包单位又未按照监理工程师的指令改变延期状态时，通常可以采用下列手段进行处理：

1) 拒绝签署付款凭证

当承包单位的施工活动不能使监理工程师满意时，监理工程师有权拒绝承包单位的支付申请。因此，当承包单位的施工进度拖后且又不采取积极措施时，监理工程师可以采取拒绝签署付款凭证的手段制约承包单位。

2) 误期损失赔偿

拒绝签署付款凭证一般是监理工程师在施工过程中制约承包单位延误工期的手段，而误期损失赔偿则是当承包单位未能按合同规定的工期完成合同范围内的工作时对其的处罚。如果承包单位未能按合同规定的工期和条件完成整个工程，则应向业主支付投标书附件中规定的金额，作为该项违约的损失赔偿费。

3) 取消承包资格

如果承包单位严重违反合同，又不采取补救措施，则业主为了保证合同工期有权取消其承包资格。例如：承包单位接到监理工程师的开工通知后，无正当理由推迟开工时间，或在施工过程中无任何理由要求延长工期，施工进度缓慢，又无视监理工程师的书面警告等，都有可能受到取消承包资格的处罚。

取消承包资格是对承包单位违约的严厉制裁。因为业主一旦取消了承包单位的资格，承包单位不但要被驱逐出施工现场，而且还要承担由此而造成的业主的损失费用。这种惩罚措施一般不轻易采用，而且在做出这项决定前，业主必须事先通知承包单位，并要求其在规定的期限内做好辩护准备。

3.6 建设工程进度控制实训及案例

✦✦✦✦ 实训 3-1 流水施工的组织 ✦✦✦✦

1. 基本条件及背景

某六层教学楼，基础为钢筋混凝土独立基础，主体工程为全现浇框架结构。施工过程的划分即各分项工程的劳动量见表 3-3。其中，分项工程楼地面及楼梯地砖与分项工程门扇、窗扇安装之间有 4 天的技术间歇。

2. 实训内容及要求

(1) 单位工程组织流水施工组织的步骤。

(2) 对该工程组织流水施工。

(3) 每位学生在 2 课时内完成。

3. 计算步骤及分值

第一步，写出单位工程组织流水施工组织的步骤，1 分；

第二步，选择分部工程的施工组织方式，1 分；

第三步，划分施工段并组建施工队组，1 分；

第四步，计算各分部工程的参数，3 分；

第五步，为每个分部工程组织流水施工，并绘制横道进度计划，3 分；

第六步，将各个分部工程的流水合并，1 分；

共计，10 分。

表 3-3　某六层教学楼劳动量一览

序号	分项工程名称	劳动量(工日或台班)
基础工程		
1	机械开挖基础土方	6台班
2	混凝土垫层	30
3	绑扎基础钢筋	59
4	基础模板	73
5	基础混凝土	87
6	回填土	150
主体工程		
7	柱筋	96
8	柱、梁、板模板(含楼梯)	1232
9	梁、板筋(含楼梯)	530
10	柱、梁、板混凝土(含楼梯)	1185
屋面工程		
13	加气混凝土保温隔热层(含找坡)	236
14	屋面找平层	52
15	屋面防水层	49
装饰工程		
16	外墙面砖	957
17	顶棚墙面抹灰	1648
18	楼地面及楼梯地砖	929
19	门扇、窗扇安装	68
20	顶棚墙面涂料	380
21	水、暖、电	

✦✦✦✦　实训 3-2　施工进度计划的调整实训　✦✦✦✦

1. 基本条件及背景

某工程项目时标网络计划如图 3-15 所示。该计划执行到第 6 周末检查实际进度时，发现工作 *A* 和 *B* 已经全部完成，工作 *D*、*E* 分别完成计划任务量的 20%和 50%，工作 *C* 尚需 3 周完成，并根据实际进度绘制出前锋线。

2. 实训内容及要求

(1) 判断 *D*、*E* 和 *C* 工作进度拖延的时间对其紧后工作和总工期的影响；如对总工期有影响，应该如何调整该进度计划(项目总工期允许拖延)。

(2) 每位学生在 1 课时内完成。

3. 计算步骤及分值

第一步，判断 D、E 和 C 工作对各自紧后工作的影响，2 分；

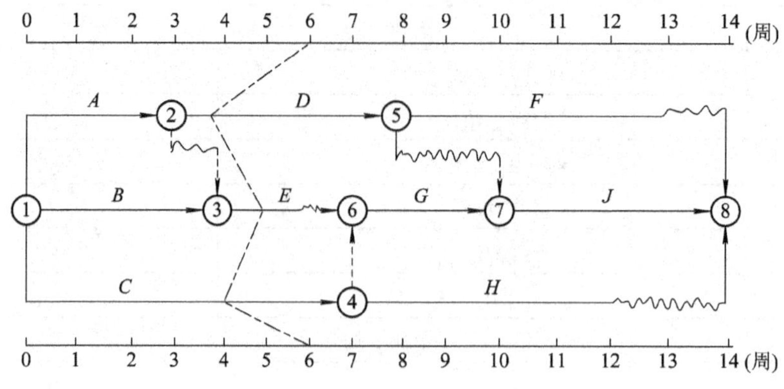

图 3-15　某工程实际进度前锋线

第二步，判断 D、E 和 C 工作对总工期的影响，3 分；

第三步，绘制调整后的进度计划并确定工期，4 分；

第四步，整理与卷面 1 分。

共计，10 分。

【案例 3-1】

某工程计划工期为 130 天，在施工过程中出现以下情况：

情况 1：在第四十天施工完毕后进行了进度检查，发现 D 工作比原计划拖后十天；E 工作正常；C 工作比原计划拖后十天，并根据实际进度绘制前锋线，如图 3-16 所示。

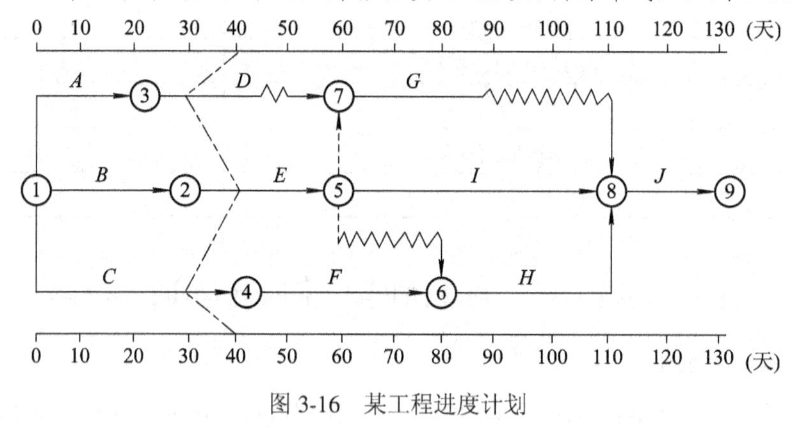

图 3-16　某工程进度计划

问题：

1. 分析 D、C 工作拖后的时间对各自后续工作及总工期的影响。

2. 若工期允许拖延，试调整该进度计划，并绘制调整后的进度计划(进度计划采用时标网络计划)。

情况 2：在 C 和 D 工作的拖延情况发生后，施工方在合同规定的时间内致电监理，通知现场情况并要求工程延期；监理经过调查，D、C 工作是因为恶劣天气原因导致了拖后。

监理认为，由于恶劣天气因素都属于甲方不可控因素，工程拖后责任不在甲方，所以对施工方提出的工程延期要求不予批准。

问题：

3. 指出施工方工作的不妥之处，写出正确方法。

4. 指出监理方工作的不妥之处，写出正确方法。

【参考答案】

1. 从图中可看出：

工作 D 实际进度拖后 10 天，但不影响其后续工作，也不影响总工期；

工作 C 实际进度拖后 10 天，由于其为关键工作，故其实际进度将使总工期延长 10 天，并使其后续工作 F、H 和 J 的开始时间推迟 10 天。

2. 调整后的进度计划如图 3-17 所示。

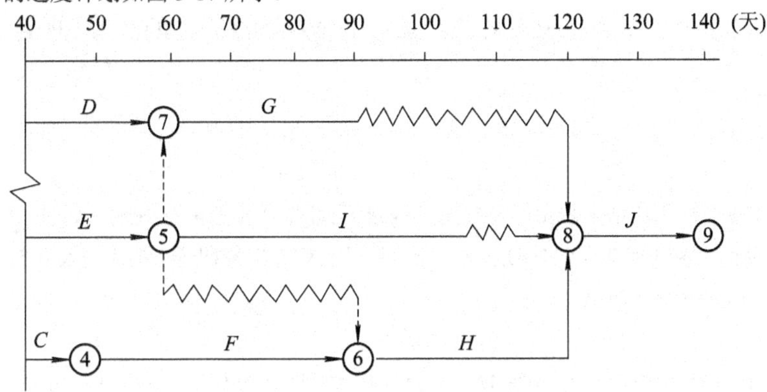

图 3-17　调整后的进度计划

3. “施工方在合同规定的时间内致电监理”不妥，应在合同规定的时间内书面通知监理。

4. “由于恶劣天气因素都属于甲方不可控因素，工程拖后责任不在甲方，所以对施工方提出的工程延期要求不予批准”不妥，不可控因素导致的工期损失应予以顺延。

【案例 3-2】

某实施监理的工程，建设单位与施工单位按照《建设工程施工合同(示范文本)》签订了施工合同。项目监理机构批准的施工进度计划如图 3-18 所示，各项工作均按最早开始时间安排，匀速进行。

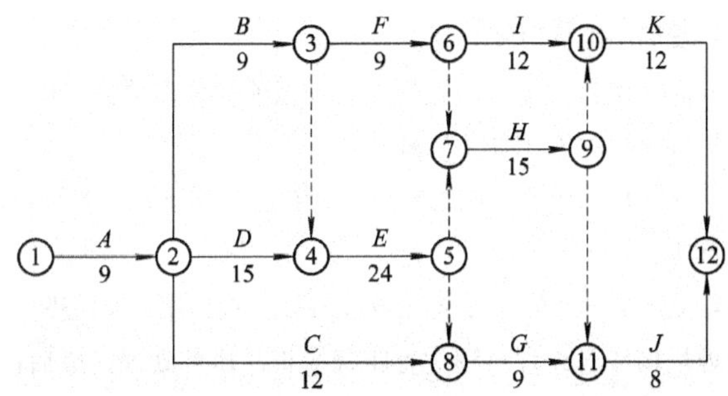

图 3-18　项目监理机构批准的施工进度计划

施工过程中发生如下事件：

事件 1：施工准备期间，由于施工设备未按期进场，施工单位在合同约定的开工日前第 5 天向项目经理机构提出延期开工的申请，总监理工程师审核后给予书面回复。

事件 2：工程开工后第 20 天下班时刻，项目监理机构确认：*A*、*B* 工作已完成；*C* 工作已完成 6 天的工作量；*D* 工作已完成 5 天的工作量；*B* 工作未经监理人员验收的情况下，*F* 工作已进行 1 天。

问题：

1. 总监理工程师是否应批准事件 1 中施工单位提出的延期开工申请？说明理由。

2. 针对本题所示的施工进度计划，确定该施工进度计划的工期和关键工作。并分别计算 *C* 工作、*D* 工作、*F* 工作的总时差和自由时差。

3. 分析开工后第 20 天下班时刻施工进度计划的执行情况，并分别说明对总工期及紧后工作的影响，此时，预计总工期延长多少天？

4. 针对事件 2 中 *F* 工作在 *B* 工作未经验收的情况下就开工的情形，项目监理机构应如何处理？

【参考答案】

1. 不应批准延期开工申请。理由：《建设工程施工合同(示范文本)》规定：如果承包人不能按时开工，应在开工日期前至少提前 7 天以书面形式向项目监理机构提出延期开工的申请及其理由。本案已过了延期开工申请的时限，故不应批准。

2. 总工期为 75 天，关键工作为 *A*，*D*，*E*，*H*，*K*。

C 工作的自由时差为 27 天，总时差 37 天；*D* 工作的总时差为 0，自由时差为 0；*F* 工作的总时差为 21 天，其自由时差为 0。

3. *C* 工作拖后 5 天，但不影响其紧后工作和总工期；*D* 工作拖后 6 天，将使其紧后工作 *E* 的最早开始时间拖后 6 天，并将导致总工期延长 6 天，因为 *D* 工作是关键工作。

工作 *F* 较为特殊，暂时先撇开工作 *B* 未进行验收的因素分析，工作进行至第 20 天时，工作 *F* 拖后 1 天，将导致其紧后工作 *I* 的最早开始时间延误 1 天，但并不影响总工期，因为 *F* 工作的自由时差为 0，总时差为 21 天。但若工作 *B* 的验收或质量问题(若有)的处理将进一步影响工作 *F*，则工作 *F* 延误的时间将会更长，甚至可能影响到总工期。

综上，预计总工期将延长 6 天。

4. 项目监理机构应按以下程序进行处理：

(1) 由总监理工程师签发局部工程暂停令；

(2) 责令施工单位对 *B* 工作进行自检，自检合格后按报验程序向项目监理机构申报验收；

(3) 项目监理机构按验收程序对 *B* 工作组织验收；

(4) 若验收合格，尚应检查 *F* 工作的已施工部分是否符合质量要求，若符合，由总监理工程师签发复工令，方能进行 *F* 工作的施工；

(5) 若 *B* 工作的验收结果不合格，应责令施工单位编报处理方案，经监理方审查同意后，由施工单位照方案进行处理，项目监理机构应对处理过程进行跟踪检查，质量处理完成后，再按上述第(2)～(4)步程序执行；

(6) 若 *F* 工作已施工部分不符合质量要求，亦应责令施工单位进行处理，再按上述第(4)步程序执行；

(7) 由施工单位承担所造成的费用及工期损失。

习　　题

一、单项选择题(下列各题中，只有一个选项最符合题意，请将它选出并填入括号内)

1. 下列关于某项工作进度偏差对后续工作及总工期的影响的说法中，正确的是(　　)。

A. 工作的进度偏差大于该工作的总时差时，则此进度偏差只影响后续工作。

B. 工作的进度偏差大于该工作的总时差时，则此进度偏差只影响总工期。

C. 工作的进度偏差未超过该工作的自由时差时，则此进度偏差不影响后续工作。

D. 非关键工作出现进度偏差时，则此进度偏差不会影响后续工作。

2. 在某工程网络计划中，已知工作 *M* 的总时差和自由时差分别为 5 天和 2 天，监理工程师检查时发现该工作的实际进度拖后 2 天，则工作 *M* 的实际进度(　　)。

A. 既不影响总工期，也不影响其后续工作的正常进行。

B. 不影响总工期，但会将其紧后工作的开始时间推迟 2 天。

C. 会将其紧后工作的开始时间推迟 2 天，并使总工期延长 2 天。

D. 会将其紧后工作的开始时间推迟 4 天，并使总工期延长 2 天。

3. 在建设工程进度计划的执行过程中，缩短某些工作的持续时间是调整建设工程进度计划的有效方法之一，这些被压缩的工作应该是关键线路和超过计划工期的非关键线路上(　　)的工作。

A. 持续时间较长　　B. 直接费用率最小

C. 所需资源有限　　D. 自由时差为零

4. 在施工过程中，为了加快施工进度，施工单位可采取的技术措施包括(　　)。

A. 采用更先进的施工方法　　B. 增加每天的施工时间

C. 实施强有力的施工调度　　D. 增加施工作业面

5. 根据工程延期的审批程序，当延期事件具有持续性、承包单位在合同规定的有效期内不能提交最终详细的申述报告时，应先向监理工程师提交该延期事件的(　　)。

A. 工程延期估计值　　B. 延期意向通知

C. 阶段性详情报告　　D. 临时延期申请书

6. 与横道图表示的进度计划相比，网络计划的主要特征是能够明确表达(　　)。

A. 单位时间内的资源需求量　　B. 各项工作之间的逻辑关系

C. 各项工作的持续时间　　D. 各项工作之间的搭接时间

7. 网络计划工期优化的前提是(　　)。

A. 计算工期不满足计划工期　　B. 不改变各项工作之间的逻辑关系

C. 计划工期不满足计算工期　　D. 将关键工作压缩成非关键工作

8. 在分析进度偏差对后续工作及总工期的影响时，如果工作的进度偏差大于该工作的自由时差，则此进度偏差将对(　　)产生影响。

A. 工程总工期　　B. 后续工作的最迟开始时间

C. 后续工作的最早开始时间　　　D. 后续工作的关键线路

9. 下列各项工作中，属于监理工程师控制建设工程施工进度工作的是(　　)。

A. 编制单位工程施工进度计划　　　B. 协助承包单位确定工程延期时间

C. 调整施工总进度计划　　　D. 定期向业主提供工程进度报告

10. 通过缩短某些工作持续时间的方式调整施工进度计划时，可采取的技术措施是(　　)。

A. 增加工作面　　　B. 改善劳动条件

C. 增加每天的施工时间　　　D. 采用更先进的施工机械

二、多项选择题(每题的备选项中，有 2 个或 2 个以上符合题意，至少有 1 个错项)

1. 确定建设工程施工进度控制目标的依据包括(　　)。

A. 建设总进度目标对施工工期的要求

B. 施工总进度计划

C. 工期定额

D. 单位工程施工进度计划

E. 工程难易程度

2. 施工进度的检查方式有(　　)。

A. 定期地、经常地收集由承包单位提交的有关进度报表资料

B. 由驻地监理工程人员现场跟踪检查工程项目的实际进展情况

C. 随机抽查

D. 指定责任人定时检查监督

E. 工程完工后详细审核检查

3. 建设工程施工物资储备计划的编制依据包括(　　)。

A. 物资需求计划　　　B. 物资储备定额

C. 物资储备方式　　　D. 物资供应市场价格

E. 物资供应市场分布

4. 下面几项内容哪些是单位工程施工组织设计包含的内容(　　)。

A. 工程概况　　　B. 施工方案

C. 施工进度计划　　　D. 施工平面布置图

E. 施工环境调查

5. 与平行施工相比，流水施工组织方式的优点有(　　)。

A. 它的工期短　　　B. 现场组织、管理简单

C. 能够实现专业工作队连续施工　　　D. 单位时间投入劳动力、资源量最少

E. 效率较高

第 4 章　建设工程质量控制

【学习目标】

通过本章的学习，了解建设工程质量控制的基本概念，熟悉建设工程质量控制的统计分析方法，掌握施工过程的质量控制和工程施工质量验收，掌握建设工程质量问题和质量事故处理的程序。通过实训环节，初步掌握本章知识的实际应用。

【重点与难点】

重点是施工过程的质量控制。

难点是质量控制的统计分析方法。

4.1　概　　述

4.1.1　建设工程质量的基本概念

1. 建设工程质量

建设工程质量简称工程质量。工程质量是指工程满足业主需要的，符合国家法律法规、技术规范标准、设计文件及合同规定的特性综合。

建设工程质量的特性主要表现在以下六个方面：

(1) 适用性即功能，是指工程满足使用目的的各种性能。包括理化性能，如尺寸、规格、保温、隔热、隔音等物理性能，耐酸、耐碱、耐腐蚀、防火、防风化、防尘等化学性能；结构性能，指地基基础牢固程度，结构的足够强度、刚度和稳定性；使用性能，如民用住宅工程要能使居住者安全居住等；外观性能，指建筑物的造型、布置、室内装饰效果、色彩等美观大方、协调等；建设工程的组成部件、配件、水、暖、电、卫器具及设备也要能满足其使用功能。

(2) 耐久性即寿命，是指工程在规定的条件下满足规定功能要求使用的年限，也就是工程竣工后的合理使用寿命周期。

(3) 安全性是指工程建成后在使用过程中保证结构安全、保证人身和环境免受危害的程度。建设工程产品的结构安全度、抗震、耐火及防火能力，人民防空的抗辐射、抗核污染、抗爆炸度等能力，是否能达到特定的要求，都是安全性的重要标志。工程交付使用之后，必须保证人身财产、工程整体都有能免遭工程结构破坏及外来危害的伤害。工程组成部件，如阳台栏杆、楼梯扶手、电器产品漏电保护、电梯及各类设备等，也要保证使用者的安全。

(4) 可靠性是指工程在规定的时间和规定的条件下完成规定功能的能力。工程不仅要求在交工验收时要达到规定的指标，而且在一定的使用期限内要保持应有的正常功能。如工程上的防洪与抗震能力、防水隔热、恒温恒湿措施、工业生产用的管道防“跑、冒、滴、漏”等，都属可靠性的质量范畴。

(5) 经济性是指工程从规划、勘察、设计、施工到整个产品使用寿命周期内的成本和消耗的费用。工程经济性具体表现为设计成本、施工成本及使用成本三者之和。包括从征地、拆迁、勘察、设计、采购(材料和设备)、施工和配套设施等建设全过程的总投资和工程使用阶段的能耗、水耗、维护、保养乃至改建更新的使用维修费用。通过分析比较，判断工程是否符合经济性要求。

(6) 与环境的协调性是指工程与其周围生态环境协调，与所在地区经济环境协调以及与周围已建工程相协调，以适应可持续发展的要求。

上述六个方面的质量特性彼此之间是相互依存的。总体而言，适用、耐久、安全、可靠、经济和与环境适应性，都是必须达到的基本要求，缺一不可。但是对于不同门类不同专业的工程，如工业建筑、民用建筑、公共建筑、住宅建筑和道路建筑，可根据其所处的特定地域环境条件和技术经济条件的差异，有不同的侧重面。

2. 影响工程质量的因素

影响工程质量的因素很多，但归纳起来主要有五个方面，即人(Man)、材料(Material)、机械(Machine)、方法(Method)和环境(Environment)，简称为4M1E因素。

1) 人员素质

人是生产经营活动的主体，也是工程项目建设的决策者、管理者和操作者，工程建设的全过程都是通过人来完成的。人员的素质将直接和间接地对规划、决策、勘察、设计和施工的质量产生影响；而规划是否合理，决策是否正确，设计是否符合所需要的质量功能和施工能否满足合同、规范、技术标准的需要等，都将对工程质量产生不同程度的影响。所以人员素质是影响工程质量的一个重要因素。因此，建筑行业实行经营资质管理和各类专业从业人员持证上岗制度是保证人员素质的重要管理措施。

2) 工程材料

工程材料泛指构成工程实体的各类建筑材料、构配件和半成品等，是工程建设的物质条件，是工程质量的基础。工程材料选用是否合理、产品是否合格、材质是否经过检验、保管使用是否得当等，都将直接影响建设工程的结构刚度和强度，影响工程外表及观感，影响工程的使用功能，影响工程的使用安全。

3) 机械设备

机械设备可分为两类：一是指组成工程实体及配套的工艺设备和各类机具，如电梯、泵机、通风设备等，它们构成了建筑设备安装工程或工业设备安装工程，形成完整的使用功能；二是指施工过程中使用的各类机具设备，包括大型垂直与横向运输设备、各类操作工具、各种施工安全设施、各类测量仪器和计量器具等，简称施工机具设备，它们是施工生产的手段。机具设备对工程质量也有重要的影响。工程用机具设备其产品质量优劣，直接影响工程使用功能质量。施工机具设备的类型是否符合工程施工特点、性能是否先进稳定、操作是否方便安全等，都将会影响工程项目的质量。

4) 方法

方法是指工艺方法、操作方法和施工方案。在工程施工中，施工方案是否合理，施工工艺是否先进以及施工操作是否正确，都将对工程质量产生重大的影响。大力推进采用新技术、新工艺和新方法，不断提高工艺技术水平，是保证工程质量稳定提高的重要因素。

5) 环境条件

环境条件是指对工程质量特性起重要作用的环境因素，包括工程技术环境，如工程地质、水文、气象等；工程作业环境，如施工环境作业面大小、防护设施、通风照明和通讯条件等；工程管理环境，主要指工程实施的合同结构与管理关系的确定，组织体制及管理制度等；周边环境，如工程邻近的地下管线、建(构)筑物等。环境条件往往对工程质量产生特定的影响。加强环境管理，改进作业条件，把握好技术环境以及辅以必要的措施，是控制环境对质量影响的重要保证。

4.1.2 工程质量控制

1. 工程质量控制

工程质量控制是指致力于满足工程质量要求，也就是为了保证工程质量满足工程合同、规范标准所采取的一系列措施、方法和手段。工程质量要求主要表现为工程合同、设计文件和技术规范标准规定的质量标准。

(1) 工程质量控制按其实施主体不同，分为自控主体和监控主体。前者是指直接从事质量职能的活动者，后者是指对他人质量能力和效果的监控者。工程质量控制主要包括以下四个方面：

① 政府的工程质量控制。政府属于监控主体，主要是以法律、法规为依据，通过工程报建、施工图设计文件审查、施工许可、材料和设备准用、工程质量监督、重大工程竣工验收备案等主要环节进行工程质量控制的。

② 工程监理单位的质量控制。工程监理单位属于监控主体，主要是受建设单位的委托，代表建设单位对工程实施全过程进行质量监督和控制，包括勘察、设计阶段质量控制和施工阶段质量控制，以满足建设单位对工程质量的要求。

③ 勘察、设计单位的质量控制。勘察、设计单位属于自控主体，是以法律、法规及合同为依据，对勘察、设计的整个过程进行控制，包括工作程序、工作进度、费用及成果文件所包含的功能和使用价值，以满足建设单位对勘察设计质量的要求。

④ 施工单位的质量控制。施工单位属于自控主体，是以工程合同、设计图纸和技术规范为依据，对施工准备阶段、施工阶段、竣工验收交付阶段等施工全过程的工作质量和工程质量进行控制，以达到合同文件规定的质量要求。

(2) 工程质量控制按工程质量形成过程，包括了全过程各阶段的质量控制，主要是：

① 决策阶段的质量控制。主要是通过项目的可行性研究，选择最佳建设方案，使项目的质量要求符合业主的意图，并与投资目标相协调，与所在地区环境相协调。

② 工程勘察设计阶段的质量控制。主要是要选择好勘察设计单位，保证工程设计符合决策阶段确定的质量要求，保证设计符合有关技术规范和标准的规定，保证设计文件、图纸符合现场和施工的实际条件，保证设计能满足施工的需要。

③ 工程施工阶段的质量控制。一是择优选择能保证工程质量的施工单位，二是严格监督承建商按设计图纸进行施工，并形成符合合同文件规定质量要求的最终建筑产品。

2. 工程质量责任体系

在工程项目建设中，参与工程建设的各方，应根据国家颁布的《建设工程质量管理条例》以及合同、协议及有关文件的规定承担相应的质量责任。

1) 建设单位的质量责任

(1) 建设单位要根据工程特点和技术要求，按有关规定选择相应资质等级的勘察、设计单位和施工单位。合同中必须有质量条款，明确质量责任，并真实、准确、齐全地提供与建设工程有关的原始资料。凡建设工程项目的勘察、设计、施工、监理以及工程建设有关重要设备材料等的采购，均实行招标，依法确定程序和方法，择优选定中标者。不得将应由一个承包单位完成的建设工程项目肢解成若干部分发包给几个承包单位。不得迫使承包方以低于成本的价格竞标。不得任意压缩合理工期。不得明示或暗示设计单位或施工单位违反建设强制性标准，降低建设工程质量。建设单位对其自行选择的设计、施工单位发生的质量问题承担相应责任。

(2) 建设单位应根据工程特点，配备相应的质量管理人员。对国家规定强制实行监理的工程项目，必须委托有相应资质等级的工程监理单位进行监理。建设单位应与监理单位签订监理合同，明确双方的责任和义务。

(3) 建设单位在工程开工前，负责办理有关施工图设计文件审查、工程施工许可证和工程质量监督手续，组织设计和施工单位认真进行设计交底。在工程施工中，应按国家现行有关工程建设法规、技术标准及合同规定，对工程质量进行检查，涉及建筑主体和承重结构变动的装修工程，建设单位应在施工前委托原设计单位或者相应资质等级的设计单位提出设计方案，经原审查机构审批后方可施工。工程项目竣工后，应及时组织设计、施工、工程监理等有关单位进行施工验收，未经验收备案或验收备案不合格的，不得交付使用。

(4) 建设单位按合同的约定负责采购供应的建筑材料、建筑构配件和设备，应符合设计文件和合同要求，对发生的质量问题，应承担相应的责任。

2) 勘察、设计单位的质量责任

(1) 勘察、设计单位必须在其资质等级许可的范围内承揽相应的勘察设计任务，不许承揽超越其资质等级许可范围以外的任务，不得将承揽工程转包或违法分包，也不得以任何形式用其他单位的名义承揽业务或允许其他单位或个人以本单位的名义承揽业务。

(2) 勘察、设计单位必须按照国家现行的有关规定、工程建设强制性技术标准和合同要求进行勘察、设计工作，并对所编制的勘察、设计文件的质量负责。勘察单位提供的地质、测量、水文等勘察成果文件必须真实、准确。设计单位提供的设计文件应当符合国家规定的设计深度要求，注明工程合理使用年限。设计文件中选用的材料、构配件和设备，应当注明规格、型号、性能等技术指标，其质量必须符合国家规定的标准，除有特殊要求的建筑材料、专用设备和工艺生产线外，不得指定生产厂和供应商。设计单位应就审查合格的施工图文件向施工单位作出详细说明，解决施工中对设计提出的问题，负责设计变更，参与工程质量事故分析，并对因设计造成的质量事故，提出相应的技术处理方案。

3) 施工单位的质量责任

(1) 施工单位必须在其资质等级许可的范围内承揽相应的施工任务，不许承揽超越其

资质等级业务范围以外的任务，不得将承接的工程转包或违法分包，也不得以任何形式用其他施工单位的名义承揽工程或允许其他单位或个人以本单位的名义承揽工程。

(2) 施工单位对所承包的工程项目的施工质量负责。应当建立健全质量管理体系，落实质量责任制，确定工程项目的项目经理、技术负责人和施工管理负责人。实行总承包的工程，总承包单位应对全部建设工程质量负责。建设工程勘察、设计、施工、设备采购的一项或多项实行总承包的，总承包单位应对其承包的建设工程或采购的设备的质量负责；实行总分包的工程，分包应按照分包合同约定对其分包工程的质量向总承包单位负责，总承包单位与分包单位对分包工程的质量承担连带责任。

(3) 施工单位必须按照工程设计图纸和施工技术规范标准组织施工。未经设计单位同意，不得擅自修改工程设计。在施工中，必须按照工程设计要求、施工技术规范标准和合同约定，对建筑材料、构配件、设备和商品混凝土进行检验，不得偷工减料，不使用不符合设计和强制性技术标准要求的产品，不使用未经检验和试验或检验和试验不合格的产品。

4) 工程监理单位的质量责任

(1) 工程监理单位应按其资质等级许可的范围承担工程监理业务，不许超越本单位资质等级许可的范围或以其他工程监理单位的名义承担工程监理业务，不得转让工程监理业务，不许其他单位或个人以本单位的名义承担工程监理业务。

(2) 工程监理单位应依照法律、法规以及有关技术标准、设计文件和建设工程承包合同，与建设单位签订监理合同，代表建设单位对工程质量实施监理，并对工程质量承担监理责任。监理责任主要有违法责任和违约责任两个方面。如果工程监理单位故意弄虚作假，降低工程质量标准，造成质量事故的，要承担法律责任。若工程监理单位与承包单位串通，谋取非法利益，给建设单位造成损失的，应当与承包单位承担连带赔偿责任。如果监理单位在责任期内，不按照监理合同约定履行监理职责，给建设单位或其他单位造成损失的，属违约责任，应当向建设单位赔偿。

5) 建筑材料、构配件及设备生产或供应单位的质量责任

建筑材料、构配件及设备生产或供应单位对其生产或供应的产品质量负责。生产厂或供应商必须具备相应的生产条件、技术装备和质量管理体系，所生产或供应的建筑材料、构配件及设备的质量应符合国家和行业现行的技术规定的合格标准和设计要求，并与说明书和包装上的质量标准相符，且应有相应的产品检验合格证，设备应有详细的使用说明等。

4.1.3　建设工程质量的政府监督管理

国务院建设行政主管部门对全国的建设工程质量实施统一监督管理。国务院铁路、交通、水利等有关部门按国务院规定的职责分工，负责对全国的有关专业建设工程质量的监督管理。县级以上地方人民政府建设行政主管部门对本行政区域内的建设工程质量实施监督管理。县级以上地方人民政府交通、水利等有关部门在各自职责范围内，负责本行政区域内的专业建设工程质量的监督管理。

国务院发展计划部门按照国务院规定的职责，组织稽查特派员，对国家出资的重大建设项目实施监督检查。国务院经济贸易主管部门按国务院规定的职责，对国家重大技术改造项目实施监督检查。国务院建设行政主管部门和国务院铁路、交通、水利等有关专业部

门、县级以上地方人民政府建设行政主管部门和其他有关部门，对有关建设工程质量的法律、法规和强制性标准执行情况加强监督检查。

县级以上政府建设行政主管部门和其他有关部门履行检查职责时，有权要求被检查的单位提供有关工程质量的文件和资料，有权进入被检查单位的施工现场进行检查，在检查中发现工程质量存在问题时，有权责令改正。

政府的工程质量监督管理具有权威性、强制性和综合性的特点。

近年来我国建设行政主管部门先后颁布了多项建设工程质量管理制度，主要有：

1. 施工图设计文件审查制度

施工图设计文件审查是政府主管部门对工程勘察设计质量监督管理的重要环节。施工图审查是指国务院建设行政主管部门和省、自治区、直辖市人民政府建设行政主管部门委托依法认定的设计审查机构，根据国家法律、法规、标准与规范，对施工图进行结构安全和强制性标准、规范执行情况等进行的独立审查。

2. 工程质量监督制度

工程质量监督管理是由建设行政主管部门或其他有关部门委托的工程质量监督机构具体实施的一种监督管理制度。

3. 工程质量检测制度

工程质量检测工作是对工程质量进行监督管理的重要手段之一。工程质量检测机构是对建设工程、建筑构件、制品及现场所用的有关建筑材料、设备质量进行检测的法定单位，在建设行政主管部门领导和标准化管理部门指导下开展检测工作，其出具的检测报告具有法律效力。

4. 工程质量保修制度

建设工程质量保修制度是指建设工程在办理交工验收手续后，在规定的保修期内，因勘察、设计、施工、材料等原因造成的质量问题，要由施工单位负责维修、更换，由责任单位负责赔偿损失。质量问题是指工程不符合国家工程建设强制性标准、设计文件以及合同中对质量的要求。

4.2 工程施工质量控制

由于我国现阶段监理工作主要体现在建设项目的施工准备阶段和施工阶段，所以在本节主要讲述施工准备阶段和施工阶段的质量控制。

4.2.1 施工准备阶段的质量控制

1. 施工承包单位资质的核查

监理工程师对施工承包单位资质的审核主要包括以下两方面。

1) 招投标阶段对承包单位资质的审查

(1) 根据工程的类型、规模和特点，确定参与投标企业的资质等级，并取得招投标管理部门的认可。

(2) 对符合参与投标承包企业的核查：

① 查对《营业执照》及《建筑业企业资质证书》，并了解其实际的建设业绩、人员素质、管理水平、资金情况、技术装备等。

② 考核承包企业近期的表现，查对年检情况，资质升降级情况，了解其有否工程质量、施工安全、现场管理等方面的问题，企业管理的发展趋势，质量是否是上升趋势，选择向上发展的企业。

③ 查对近期承建工程，实地参观考核工程质量情况及现场管理水平。在全面了解的基础上，重点考核与拟建工程类型、规模和特点相似或接近的工程。优先选取创出名牌优质工程的企业。

2) 对中标进场从事项目施工的承包企业质量管理体系的核查

(1) 了解企业的质量意识，质量管理情况，重点了解企业质量管理的基础工作、工程项目管理和质量控制的情况。

(2) 审查企业贯彻 ISO 9000 标准、体系建立和通过认证的情况。

(3) 考核企业领导班子的质量意识及质量管理机构落实、质量管理权限实施的情况等。

(4) 审查承包单位现场项目经理部的质量管理体系。承包单位健全的质量管理体系，对于取得良好的施工效果具有重要作用，因此，监理工程师做好承包单位质量管理体系的审查，是搞好监理工作的重要环节，也是取得好的工程质量的重要条件。

① 承包单位向监理工程师报送项目经理部的质量管理体系的有关资料，包括组织机构、各项制度、管理人员、专职质检员、特种作业人员的资格证和上岗证以及试验室。

② 监理工程师对报送的相关资料进行审核，并进行实地检查。

③ 经审核，承包单位的质量管理体系满足工程质量管理的需要，总监理工程师予以确认；对于不合格人员，总监理工程师有权要求承包单位予以撤换，不健全、不完善之处要求承包单位尽快整改。

2. 施工组织设计的审查

1) 施工组织设计的审查程序

施工组织设计已包含了质量计划的主要内容，因此，监理工程师对施工组织设计的审查也同时包括了对质量计划的审查。

(1) 在工程项目开工前约定的时间内，承包单位必须完成施工组织设计的编制及内部自审批准工作，填写《施工组织设计(方案)报审表》报送项目监理机构。

(2) 总监理工程师在约定的时间内，组织专业监理工程师审查承包单位报送的设计方案，提出意见后，由总监理工程师审核签认。需要承包单位修改时，由总监理工程师签发书面意见，退回承包单位修改后再报审，总监理工程师重新审查。

(3) 已审定的施工组织设计方案由项目监理机构报送建设单位。

(4) 承包单位应按审定的施工组织设计文件组织施工。如需对其内容做较大的变更，应在实施前将变更内容书面报送项目监理机构审核。

(5) 规模大、结构复杂或属新结构、特种结构的工程，项目监理机构对施工组织设计审查后，还应报送监理单位技术负责人审查，提出审查意见后由总监理工程师签发，必要时与建设单位协商，组织有关专业部门和有关专家会审。

(6) 规模大、工艺复杂的工程、群体工程或分期出图的工程，经建设单位批准可分阶段报审施工组织设计；技术复杂或采用新技术的分项、分部工程，承包单位还应编制该分项、分部工程的施工方案，报项目监理机构审查。

2) 审查施工组织设计时应掌握的原则

(1) 施工组织设计的编制、审查和批准应符合规定的程序。

(2) 施工组织设计应符合国家的技术政策，充分考虑承包合同规定的条件、施工现场条件及法规条件的要求，突出“质量第一、安全第一”的原则。

(3) 施工组织设计的针对性是指承包单位是否了解并掌握了本工程的特点及难点，施工条件是否分析充分。

(4) 施工组织设计的可操作性是指承包单位是否有能力执行并保证工期和质量目标，该施工组织设计是否切实可行。

(5) 技术方案的先进性是指施工组织设计采用的技术方案和措施是否先进适用，技术是否成熟。

(6) 质量管理和技术管理体系以及质量保证措施是否健全且切实可行。

(7) 安全、环保、消防和文明施工措施是否切实可行并符合有关规定。

(8) 在满足合同和法规要求的前提下，对施工组织设计的审查，应尊重承包单位的自主技术决策和管理决策。

3) 施工组织设计审查的注意事项

(1) 重要的分部、分项工程的施工方案，承包单位在开工前，向监理工程师提交为完成该项工程的施工方法、施工机械设备及人员配备与组织、质量管理措施以及进度安排等的详细说明，报请监理工程师审查认可后方能实施。

(2) 在施工顺序上应符合先地下、后地上，先土建、后设备，先主体、后围护的基本规律。

(3) 施工方案与施工进度计划的一致性。施工进度计划的编制应以确定的施工方案为依据，正确体现施工的总体部署、流向顺序及工艺关系等。

(4) 施工方案与施工平面图布置的协调一致。施工平面图的静态布置内容，如临时施工供水供电供热、供气管道、施工道路、临时办公房屋、物资仓库等，以及动态布置内容，如施工材料模板、工具器具等，应做到布置有序，有利于各阶段施工方案的实施。

3. 施工现场准备的质量控制

施工现场准备的质量控制工作主要包括：工程定位及标高基准控制、施工平面布置的控制、材料构配件采购订货的控制、施工机械配置的控制、分包单位资质的审核确认、设计交底与施工图纸的现场核对、严把开工关、监理组织内部的监控准备工作等。

4.2.2 施工过程的质量控制

1. 作业技术准备状态的控制

所谓作业技术准备状态，是指各项施工准备工作在正式开展作业技术活动前，是否按预先计划的安排落实到位的状况，包括配置的人员、材料、机具、场所环境、通风、照明、安全设施等。做好作业技术准备状况的检查，有利于实际施工条件的落实，避免计划与实际两张皮、承诺与行动相脱离，在准备工作不到位的情况下贸然施工。

作业技术准备状态的控制，应着重抓好以下环节的工作。

1) 质量控制点的设置

(1) 质量控制点的概念。质量控制点是指为了保证作业过程质量而确定的重点控制对象、关键部位或薄弱环节。设置质量控制点是保证达到施工质量要求的必要前提，监理工程师在拟定质量控制工作计划时，应予以详细的考虑，并以制度来保证落实。

(2) 选择质量控制点的一般原则。可做为质量控制点的对象涉及面广，既可能是技术要求高、施工难度大的结构部位，也可能是影响质量的关键工序、操作或某一环节。总之，不论是结构部位，还是影响质量的关键工序、操作、施工顺序、技术、材料、机械、自然条件、施工环境等，均可做为质量控制点来控制。概括地说，应当选择那些保证质量难度大、对质量影响大的或者是发生质量问题时危害大的对象做为质量控制点。

① 施工过程中的关键工序或环节以及隐蔽工程。

② 施工中的薄弱环节，或质量不稳定的工序、部位或对象。

③ 对后续工程施工或对后续工序质量或安全有重大影响的工序、部位或对象，例如预应力结构中的预应力钢筋质量、模板的支撑与固定等。

④ 采用新技术、新工艺、新材料的部位或环节。

⑤ 施工上无足够把握的、施工条件困难的或技术难度大的工序或环节，例如复杂曲线模板的放样等。

显然，是否设置为质量控制点，主要视其对质量特性影响的大小、危害程度以及其质量保证的难度大小而定。

(3) 做为质量控制点重点控制的对象。

① 人的行为。对某些作业或操作，应以人为重点进行控制，例如高空、高温、水下、危险作业等，对人的身体素质或心理应有相应的要求；技术难度大或精度要求高的作业，如复杂模板放样，精密、复杂的设备安装以及重型构件吊装等，对人的技术水平均有相应的较高要求。

② 物的质量与性能。施工设备和材料是直接影响工程质量和安全的主要因素，对某些工程尤为重要，常作为控制的重点。例如：基础的防渗灌浆，灌浆材料细度及可灌性、作业设备的质量、计量仪器的质量都是直接影响灌浆质量和效果的主要因素。

③ 关键的操作。如预应力钢筋的张拉工艺操作过程及张拉力的控制，是可靠地建立预应力值和保证预应力构件质量的关键过程。

④ 施工技术参数。例如对填方路堤进行压实时，对填土含水量等参数的控制是保证填方质量的关键；对于岩基水泥灌浆，灌浆压力和吃浆率、冬季施工混凝土受冻临界强度等技术参数是质量控制的重要指标。

⑤ 施工顺序。对于某些工作必须严格保证作业之间的顺序，例如，对于冷拉钢筋应当先对焊、后冷拉，否则会失去冷强；对于屋架固定一般应采取对角同时施焊，以免焊接应力使已校正的屋架发生变位等。

⑥ 技术间歇。有些作业之间需要有必要的技术间歇时间，例如砖墙砌筑后与抹灰工序之间，以及抹灰与粉刷或喷涂之间，均应保证有足够的间歇时间；混凝土浇筑后至拆模之间也应保持一定的间歇时间等。

⑦ 新工艺、新技术、新材料的应用。由于缺乏经验，施工时可做为重点进行严格控制。

⑧ 产品质量不稳定、不合格率较高及易发生质量通病的工序应列为重点，仔细分析、严格控制。例如防水层的铺设，供水管道接头的渗漏等。

⑨ 易对工程质量产生重大影响的施工方法。例如，液压滑模施工中的支撑杆失稳问题、升板法施工中提升差的控制等，都是一旦施工不当或控制不严，即可能引起重大质量事故问题，也应做为质量控制的重点。

⑩ 特殊地基或特种结构。如大孔性湿陷性黄土和膨胀土等特殊土地基的处理、大跨度和超高结构等难度大的施工环节和重要部位等都应予以特别重视。

总之，质量控制点的选择要准确、有效。为此，一方面需要有经验的工程技术人员来进行选择，另一方面也要集思广益，集中群体智慧由有关人员充分讨论，在此基础上进行选择。选择时要根据对重要的质量特性进行重点控制的要求，选择质量控制的重点部位、重点工序和重点的质量因素作为质量控制点，进行重点控制和预控，这是进行质量控制的有效方法。

2) 作业技术交底的控制

承包单位做好技术交底是取得好的施工质量的条件之一。为此，每一分项工程开始实施前均要进行交底。作业技术交底是对施工组织设计或施工方案的具体化，是更细致、明确、更加具体的技术实施方案，是工序施工或分项工程施工的具体指导文件。为做好技术交底，项目经理部必须由主管技术人员编制技术交底书，并经项目总工程师批准。技术交底的内容包括施工方法、质量要求和验收标准，施工过程中需注意的问题，可能出现意外时采取的措施及应急方案。技术交底要紧紧围绕和具体施工有关的操作者、机械设备、使用的材料、构配件、工艺、工法、施工环境和具体管理措施等方面进行，交底中要明确做什么、谁来做、如何做、作业标准和要求、什么时间完成等。关键部位或技术难度大、施工复杂的检验批、分项工程施工前，承包单位的技术交底书(作业指导书)要报监理工程师。经监理工程师审查后，如技术交底书不能保证作业活动的质量要求，承包单位要进行修改补充。没有做好技术交底的工序或分项工程，不得进入正式实施。

3) 进场材料构配件的质量控制

(1) 凡运到施工现场的原材料、半成品或构配件，进场前应向项目监理机构提交《工程材料构配件/设备报审表》，同时附有产品出厂合格证及技术说明书，由施工承包单位按规定要求进行检验的检验或试验报告，经监理工程师审查并确认其质量合格后，方准进场。凡是没有产品出厂合格证明及检验不合格者，不得进场。如果监理工程师认为承包单位提交的有关产品合格证明的文件以及施工承包单位提交的检验和试验报告仍不足以说明到场产品的质量符合要求时，监理工程师可以再行组织复检或见证取样试验，确认其质量合格后方允许进场。

(2) 进口材料的检查和验收应会同国家商检部门进行。如在检验中发现质量问题或数量不符合规定要求时，应取得供货方及商检人员签署的商务记录，在规定的索赔期内进行索赔。

(3) 材料构配件存放条件的控制。质量合格的材料、构配件进场后，到其使用或安装时通常都要经过一定的时间间隔。在此时间内，如果对材料等的存放、保管不良，可能导致质量状况的恶化，如损伤、变质、损坏，甚至不能使用。因此，监理工程师对承包单位在材料、半成品、构配件的存放、保管条件及时间也应实行监控。

(4) 对于某些当地材料及现场配制的制品，一般要求承包单位事先进行试验，达到要求的标准方准施工。

4) 环境状态的控制

(1) 施工作业环境的控制。所谓作业环境条件主要是指诸如水、电或动力供应、施工照明、安全防护设备、施工场地空间条件和通道以及交通运输和道路条件等。这些条件是否良好直接影响到施工能否顺利进行以及施工质量。例如，施工照明不良，会给要求精密度高的施工操作造成困难，施工质量不易保证；交通运输道路不畅，干扰、延误多，可能造成运输时间加长，运送的混凝土中拌和料质量发生变化(如水灰比、坍落度变化)；路面条件差，可能加重所运混凝土拌合料的离析、水泥浆流失等。此外，当同一个施工现场有多个承包单位或多个工种同时施工或平行立体交叉作业时，更应注意避免它们在空间上的相互干扰，影响效率及质量、安全。所以，监理工程师应事先检查承包单位对施工作业环境条件方面的有关准备工作是否已做好安排和准备妥当；当确认其准备可靠、有效后，方准许其进行施工。

(2) 施工质量管理环境的控制。施工质量管理环境主要是指：施工承包单位的质量管理体系和质量控制自检系统是否处于良好的状态；系统的组织结构、管理制度、检测制度、检测标准以及人员配备等方面是否完善和明确；质量责任制是否落实。监理工程师做好承包单位施工质量管理环境的检查，并督促其落实，是保证作业效果的重要前提。

(3) 现场自然环境条件的控制。监理工程师应检查施工承包单位，对于未来的施工期间自然环境条件可能出现对施工作业质量的不利影响时，是否事先已有充分的认识并已做好充足的准备和采取了有效措施与对策以保证工程质量。例如，对严寒季节的防冻，夏季的防高温，高地下水位情况下基坑施工的排水或细砂地基防止流砂，施工场地的防洪与排水，风浪对水上打桩或沉箱施工质量影响的防范等。

5) 进场施工机械设备性能及工作状态的控制

保证施工现场作业机械设备的技术性能及工作状态，对施工质量有重要的影响。因此，监理工程师要做好现场控制工作，不断检查并督促承包单位，只有状态良好、性能满足施工需要的机械设备才允许进入现场作业。

(1) 施工机械设备的进场检查。机械设备进场前，承包单位应向项目监理机构报送进场设备清单，列出进场机械设备的型号、规格、数量、技术性能(技术参数)、设备状况和进场时间。机械设备进场后，根据承包单位报送的清单，监理工程师应进行现场核对，检查其是否和施工组织设计中所列的内容相符。

(2) 机械设备工作状态的检查。监理工程师应审查作业机械的使用、保养记录，检查其工作状况；重要的工程机械，如大马力推土机、大型凿岩设备、路基碾压设备等，应在现场实际复验(如开动、行走等)，以保证投入作业的机械设备状态良好。监理工程师还应经常了解施工作业中机械设备的工作状况，防止带病运行，发现问题，指令承包单位及时修理，以保持良好的作业状态。

(3) 特殊设备安全运行的审核。对于现场使用的塔吊及有特殊安全要求的设备，进入现场后在使用前，必须经当地劳动安全部门鉴定，符合要求并办好相关手续后方允许承包单位投入使用。

(4) 大型临时设备的检查。在跨越大江大河的桥梁施工中，经常会涉及到承包单位在现场组装的大型临时设备，如轨道式龙门吊机、悬灌施工中的挂篮、架梁吊机、吊索塔架、缆索吊机等。这些设备使用前，承包单位必须取得本单位上级安全主管部门的审查批准，办好相关手续后，监理工程师方可批准投入使用。

6) 施工测量及计量器具性能、精度的控制

(1) 试验室。工程项目中，承包单位应建立试验室。如确因条件限制，不能建立试验室，则应委托具有相应资质的专门试验室作为试验室。

(2) 监理工程师对试验室的检查。

① 工程作业开始前，承包单位应向项目监理机构报送试验室(或外委试验室)的资质证明文件，列出本试验室所开展的试验、检测项目、主要仪器和设备；法定计量部门对计量器具的标定证明文件；试验检测人员上岗资质证明；试验室管理制度等。

② 监理工程师的实地检查。监理工程师应检查试验室资质证明文件、试验设备和检测仪器能否满足工程质量检查要求，是否处于良好的可用状态，精度是否符合需要；法定计量部门标定资料、合格证和率定表，是否在标定的有效期内；试验室管理制度是否齐全，符合实际；试验和检测人员的上岗资质等。经检查，确认能满足工程质量检验要求，则予以批准，同意使用，否则，承包单位应进一步完善、补充，在没得到监理工程师同意之前，试验室不得使用。

(3) 工地测量仪器的检查。施工测量开始前，承包单位应向项目监理机构提交测量仪器的型号、技术指标、精度等级、法定计量部门的标定证明和测量工的上岗证明，监理工程师审核确认后，方可进行正式测量作业。在作业过程中监理工程师也应经常检查了解计量仪器和测量设备的性能、精度状况，使其处于良好的状态之中。

7) 施工现场劳动组织及作业人员上岗资格的控制

(1) 现场劳动组织的控制。劳动组织涉及到从事作业活动的操作者及管理者，以及相应的各种制度。

① 操作人员：从事作业活动的操作者数量必须满足作业活动的需要，相应工种配置能保证作业有序持续进行，不能因人员数量及工种配置不合理而造成停顿。

② 管理人员到位：作业活动的直接负责人(包括技术负责人)，专职质检人员，安全员，与作业活动有关的测量人员、材料员、试验员必须在岗。

③ 相关制度要健全：如管理层及作业层各类人员的岗位职责，作业活动现场的安全、消防规定，作业活动中环保规定，试验室及现场试验检测的有关规定，紧急情况的应急处理规定等。同时要有相应措施及手段以保证制度、规定的落实和执行。

(2) 作业人员上岗资格。从事特殊作业的人员(如电焊工、电工、起重工、架子工和爆破工)，必须持证上岗。对此监理工程师要进行检查与核实。

2. 作业技术活动运行过程的控制

工程施工质量是在施工过程中形成的，而不是最后检验出来的；施工过程是由一系列相互联系与制约的作业活动所构成。因此，保证作业活动的效果与质量是施工过程质量控制的基础。

1) 承包单位自检与专检工作的监控

(1) 承包单位的自检系统。承包单位是施工质量的直接实施者和责任者。监理工程师的质量监督与控制就是使承包单位建立起完善的质量自检体系并运转有效。

承包单位的自检体系表现在以下几点：

① 作业活动的作业者在作业结束后必须自检。

② 不同工序交接、转换必须由相关人员交接检查。

③ 承包单位专职质检员的专检。

为实现上述三点，承包单位必须有整套的制度及工作程序，具有相应的试验设备及检测仪器，配备一定数量满足需要的专职质检人员及试验检测人员。

(2) 监理工程师的检查。监理工程师的质量检查与验收，是对承包单位作业活动质量的复核与确认。监理工程师的检查决不能代替承包单位的自检，而且，监理工程师的检查必须是在承包单位自检并确认合格的基础上进行的。专职质检员没检查或检查不合格不能报监理工程师。不符合上述规定，监理工程师一律拒绝进行检查。

2) 测量复核工作监控

常见的施工测量复核有：

(1) 民用建筑的测量复核：建筑物定位测量、基础施工测量、墙体皮数杆检测、楼层轴线检测、楼层间高层传递检测等。

(2) 工业建筑测量复核：厂房控制网测量、桩基施工测量、柱模轴线与高程检测、厂房结构安装定位检测、动力设备基础与预埋螺栓检测等。

(3) 高层建筑测量复核：建筑场地控制测量、基础以上的平面与高程控制、建筑物中垂准检测、建筑物施工过程中沉降变形观测等。

(4) 管线工程测量复核：管网或输配电线路定位测量、地下管线施工检测、架空管线施工检测、多管线交汇点高程检测等。

3) 见证取样送检工作的监控

见证是指由监理工程师现场监督承包单位某工序全过程完成情况的活动。见证取样则是指对工程项目使用的材料、半成品、构配件的现场取样和工序活动效果的检查实施见证。

(1) 见证取样的工作程序。

① 工程项目施工开始前，项目监理机构要督促承包单位尽快落实见证取样的送检试验室。

② 项目监理机构要将选定的试验室报送负责本项目的质量监督机构备案并得到认可，同时要将项目监理机构中负责见证取样的监理工程师在该质量监督机构备案。

③ 承包单位在对进场材料、试块、试件、钢筋接头等实施见证取样前要通知负责见证取样的监理工程师，在该监理工程师现场监督下，承包单位按相关规范的要求，完成材料、试块、试件等的取样过程。

④ 完成取样后，承包单位将送检样品装入木箱，由监理工程师加封，不能装入箱中的试件，如钢筋样品、钢筋接头，则贴上专用加封标志，然后送往试验室。

(2) 实施见证取样的要求。

① 试验室要具有相应的资质并进行备案和认可。

② 负责见证取样的监理工程师要具有材料、试验等方面的专业知识，且要取得从事监理工作的上岗资格(一般由专业监理工程师负责从事此项工作)。

③ 承包单位从事取样的人员一般应是试验室人员或专职质检人员担任。

④ 送往试验室的样品，要填写送验单，送验单要盖有见证取样专用章，并有见证取样监理工程师的签字。

⑤ 试验室出具的报告一式两份，分别由承包单位和项目监理机构保存，并作为归档材料。该报告是工序产品质量评定的重要依据。

⑥ 见证取样的频率。国家或地方主管部门有规定的，执行相关规定；施工承包合同中如有明确规定的，执行施工承包合同的规定。见证取样的频率和数量，包括在承包单位自检范围内，一般所占比例为 30%。

⑦ 见证取样的试验费用由承包单位支付。

⑧ 实行见证取样，绝不代替承包单位应对材料、构配件进场时必须进行的自检。自检频率和数量要按相关规范要求执行。

4) 施工过程中承包单位提出工程变更的监控

在施工过程中承包单位提出的工程变更要求可能是：① 要求作某些技术修改；② 要求作设计变更。

(1) 对技术修改要求的处理称为技术修改，这里是指承包单位根据施工现场具体条件和自身的技术、经验和施工设备等条件，在不改变原设计图纸和技术文件的原则前提下，提出的对设计图纸和技术文件的某些技术上的修改要求。例如，对某种规格的钢筋采用替代规格的钢筋，对基坑开挖边坡的修改等。

承包单位提出技术修改的要求时，应向项目监理机构提交《工程变更单》。在该表中应说明要求修改的内容及原因或理由，并附图和有关文件。

技术修改问题一般可以由专业监理工程师组织承包单位和现场设计代表参加，经各方同意后签字并形成纪要，做为工程变更单附件，经总监批准后实施。

(2) 设计变更的要求是指施工期间，对于设计单位在设计图纸和设计文件中所表达的设计标准状态的改变和修改。

首先，承包单位应就要求变更的问题填写《工程变更单》，送交项目监理机构。其次，总监理工程师根据承包单位的申请，经与设计、建设和承包单位研究并作出变更的决定后，签发《工程变更单》，并应附有设计单位提出的变更设计图纸。最后，承包单位签收后按变更后的图纸施工。

总监理工程师在签发《工程变更单》之前，应就工程变更引起的工期改变及费用的增减分别与建设单位和承包单位进行协商，力求达成双方均能同意的结果。

这种变更，一般均会涉及到设计单位重新出图的问题。

如果变更涉及到结构主体及安全，该种工程变更还要按有关规定报送施工图原审查单位进行审批，否则变更不能实施。

5) 见证点的实施控制

(1) 见证点的概念。见证点监督，也称为 W 点监督。凡是列为见证点的质量控制对象，在规定的关键工序施工前，承包单位应提前通知监理人员在约定的时间内到现场进行见证和对其施工实施监督。如果监理人员未能在约定的时间内到现场见证和监督，则承包单位有权进行该 W 点的相应的工序操作和施工。

(2) 见证点的监理实施程序。

① 承包单位应在某见证点施工之前一定时间，例如 24 小时前，书面通知监理工程师，说明该见证点准备施工的日期与时间，请监理人员届时到达现场进行见证和监督。

② 监理工程师收到通知后，应注明收到该通知的日期并签字。

③ 监理工程师应按规定的时间到现场见证。对该见证点的实施过程进行认真的监督、检查，并在见证表上详细记录该项工作所在的建筑物部位、工作内容、数量、质量及工时等后签字，作为凭证。

④ 如果监理人员在规定的时间不能到场见证，承包单位可以认为已获监理工程师默认，有权进行该项施工。

⑤ 如果在此之前监理人员已到过现场检查，并将有关意见写在施工记录上，则承包单位应在该意见旁写明根据该意见已采取的改进措施，或者写明某些具体意见。

在实际工程实施质量控制时，通常是由施工承包单位在分项工程施工前制定施工计划时就选定设置质量控制点，并在相应的质量计划中再进一步明确哪些是见证点。承包单位应将该施工计划及质量计划提交监理工程师审批。如监理工程师对上述计划及见证点的设置有不同的意见，应书面通知承包单位，要求予以修改，修改后再上报监理工程师审批后执行。

6) 级配管理质量监控

建设工程中，均会涉及到材料的级配和不同材料的混合拌制。如混凝土工程中，砂、石骨料本身的组分级配，混凝土拌制的配合比；交通工程中路基填料的级配、配合及拌制；路面工程中沥青摊铺料的级配配比。由于不同原材料的级配、配合及拌制后的产品对最终工程质量有重要的影响，因此，监理工程师要做好相关的质量控制工作。

7) 计量工作质量监控

计量是施工作业过程的基础工作之一，计量作业效果对施工质量有重大影响。监理工程师对计量工作的质量监控包括以下内容：

(1) 施工过程中使用的计量仪器、检测设备、称重衡器的质量控制。

(2) 从事计量作业人员技术水平资格的审核，尤其是现场从事施工测量的测量工和从事试验、检测的试验工。

(3) 现场计量操作的质量控制。

8) 工地例会的管理

工地例会是施工过程中参加建设项目各方沟通情况、解决分歧、形成共识、做出决定的主要渠道，也是监理工程师进行现场质量控制的重要场所。

通过工地例会，监理工程师检查分析施工过程的质量状况，指出存在的问题，承包单位提出整改的措施，并作出相应的保证。

由于参加工地例会的人员较多，层次也较高，会上容易就问题的解决达成共识。

除了例行的工地例会外，针对某些专门质量问题，监理工程师还应组织专题会议，集中解决较重大或普遍存在的问题。实践表明采用这样的方式比较容易解决问题，使质量状况得到改善。

为开好工地例会及质量专题会议，监理工程师要充分了解情况，判断要准确，决策要正确。此外，要讲究方法，协调处理各种矛盾，不断提高会议质量，使工地例会真正起到解决质量问题的作用。

3. 作业技术活动结果的控制

1) 作业技术活动结果的控制内容

作业技术活动结果，泛指作业工序的产出品、分项分部工程的已完施工及已完准备交验的单位工程等。

作业技术活动结果的控制是施工过程中间产品及最终产品质量控制的方式，只有作业活动的中间产品质量都符合要求，才能保证最终单位工程产品的质量，主要内容有：

(1) 基槽(基坑)验收。

(2) 隐蔽工程验收。

(3) 工序交接验收。

(4) 检验批、分项、分部工程的验收。

(5) 单位工程或整个工程项目的竣工验收。

(6) 成品保护。

2) 作业技术活动结果检验程序与方法

(1) 检验程序。按一定的程序对作业活动结果进行检查，其根本目的是要体现作业者要对作业活动结果负责，同时也是加强质量管理的需要。

作业活动结束，应先由承包单位的作业人员按规定进行自检。自检合格后与下一工序的作业人员交接检查，如满足要求则由承包单位专职质检员进行检查。以上自检、交检和专检均符合要求后则由承包单位向监理工程师提交报验申请表，监理工程师收到通知后，应在合同规定的时间内及时对其质量进行检查，确认其质量合格后予以签认验收。

作业活动结果的质量检查验收主要是对质量性能的特征指标进行检查，即采取一定的检测手段进行检验，根据检验结果分析、判断该作业活动的质量(效果)。

(2) 质量检验的主要方法。对于现场所用原材料、半成品、工序过程或工程产品质量进行检验的方法，一般可分为三类，即：目测法、检测工具量测法以及试验法。

① 目测法：即凭借感官进行检查，也可以叫做观感检验。这类方法主要是根据质量要求，采用看、摸、敲、照等手法对检查对象进行检查。

② 量测法：就是利用量测工具或计量仪表，通过实际量测结果与规定的质量标准或规范的要求相对照，从而判断质量是否符合要求。量测的手法可归纳为靠、吊、量和套。

③ 试验法：指通过进行现场试验或试验室试验等理化试验手段，取得数据，分析判断质量情况。

(3) 质量检验程度的种类。按质量检验的程度，即检验对象被检验的数量划分，可有以下几类：

① 全数检验。全数检验也叫做普遍检验。它主要是用于关键工序部位或隐蔽工程，以及那些在技术规程、质量检验验收标准或设计文件中有明确规定应进行全数检验的对象。

② 抽样检验。对于主要的建筑材料、半成品或工程产品等，由于数量大，通常大多采取抽样检验。与全数检验相比较，抽样检验具有如下优点：检验数量少，比较经济；适合于需要进行破坏性试验(如混凝土抗压强度的检验)的检验项目；检验所需时间较少。

③ 免检。就是在某种情况下，可以免去质量检验过程。对于已有足够证据证明质量有保证的一般材料或产品，或实践证明其产品质量长期稳定、质量保证资料齐全者，或是某些施工质量只有通过在施工过程中的严格质量监控，而质量检验人员很难对产品内在质量再作检验的，均可考虑采取免检。

4.3　工程施工质量验收

4.3.1　概述

工程施工质量验收是工程建设质量控制的一个重要环节，包括工程施工质量的中间验收和工程的竣工验收两个方面。工程质量验收应坚持“验评分离、强化验收、完善手段、过程控制”的指导思想。

1. 施工质量验收的有关术语

1) 验收

建筑工程在施工单位自行质量坚持评定的基础上，参与建设活动的有关单位共同对检验批、分项、分部、单位工程的质量进行抽样检验，根据有关标准以书面形式对工程质量达到合格与否作出确认。

2) 检验批

按统一的生产条件或按规定的方式汇总起来供检验用的，由一定数量样本组成的检验体。检验批是施工质量验收的最小单位，是分项工程乃至整个建筑工程质量验收的基础。

3) 主控项目

建筑工程中的对安全、卫生、环境保护和公众利益起决定性作用的检验项目。例如混凝土结构工程中钢筋安装时，受力钢筋的品种、级别、规格和数量必须符合设计要求。

4) 一般项目

除主控项目以外的项目都是一般项目。例如混凝土结构中，除了主控项目外，钢筋的接头宜设置在受力较小处，同一纵向受力钢筋不宜设置两个或两个以上的接头等都是一般项目。

5) 观感质量

通过观察和必要的量测所反映的工程外在质量。

6) 返修

对工程不符合标准规定的部位采取整修等措施。

7) 返工

对不合格的工程部位采取的重新制作、重新施工等措施。

2. 施工质量验收的基本规定

(1) 施工现场质量管理应有相应的施工技术标准，健全的质量管理体系、施工质量检验制度和综合施工质量水平评价考核制度，并做好施工现场质量管理检查记录。

(2) 建筑工程施工质量应按下列要求验收。

① 建筑工程施工质量应符合建筑工程施工质量验收统一标准和相应专业验收规范的规定。

② 建筑工程施工应符合工程勘察、设计文件的要求。

③ 参加工程施工质量验收的各方人员应具备规定的资格。

④ 工程质量的验收应在施工单位自行检查评定的基础上进行。

⑤ 隐蔽工程在隐蔽前应由施工单位通知有关方进行验收，并应形成验收文件。

⑥ 涉及结构安全的试块、试件以及有关材料，应按规定进行见证取样检测。

⑦ 检验批的质量应按主控项目和一般项目验收。

⑧ 对涉及结构安全和使用功能的分项工程应进行抽样检测。

⑨ 承担见证取样检测及有关结构安全检测的单位应具有相应资质。

⑩ 工程的观感质量应由验收人员通过现场检查，并应共同确认。

4.3.2 施工质量验收的划分

1. 单位工程的划分

单位工程的划分应按下列原则确定：

(1) 具备独立施工条件并能形成独立使用功能的建筑物及构筑物为一个单位工程。如一个学校中的一栋教学楼，某城市的广播电视塔等。

(2) 规模较大的单位工程，可将其能形成独立使用功能的部分划分为一个子单位工程。子单位工程的划分一般可根据工程的建筑设计分区、使用功能的显著差异、结构缝的设置等实际情况，在施工前由建设、监理以及施工单位自行商定，并据此收集整理施工技术资料和验收。

2. 分部工程的划分

分部工程的划分应按下列原则确定：

(1) 分部工程的划分应按专业性质和建筑部位确定。如建筑工程划分为地基与基础、主体结构、建筑装饰装修、建筑屋面、建筑给水排水及采暖、建筑电气、智能建筑、通风与空调和电梯九个分部工程。

(2) 当分部工程较大或较复杂时，可按施工程序、专业系统及类别等划分为若干个子分部工程。如智能建筑分部工程中就包含了火灾及报警消防联动系统、安全防范系统、综合布线系统、智能化集成系统、电源与接地、环境和住宅(小区)智能化系统等分部工程。

3. 分项工程的划分

分项工程应按主要工种、材料、施工工艺和设备类别等进行划分。如混凝土结构工程中按主要工种分为模板工程、钢筋工程、混凝土工程等分项工程；按施工工艺又分为预应力、现浇结构、装配式结构等分项工程。

4. 检验批的划分

分项工程可由一个或若干个检验批组成，检验批可根据施工及质量控制和专业验收需要按楼层、施工段、变形缝等进行划分。建筑工程的地基基础分部工程中的分项工程一般划分为一个检验批；有地下层的基础工程可按不同地下层划分检验批；屋面分部工程中的分项工程不同楼层屋面可划分为不同的检验批；单层建筑工程中的分项工程可按变形缝等划分检验批，多层及高层建筑工程中主体分部的分项工程可按楼层或施工段来划分检验批；其他分部工程中的分项工程一般按楼层划分检验批。对于工程量较少的分项工程可统一化为一个检验批，安装工程一般按一个设计系统或组别划分为一个检验批，室外工程统一划分为一个检验批。散水、台阶、明沟等含在地面检验批中。

4.3.3 施工质量验收

1. 检验批的质量验收

1) 检验批合格质量规定

(1) 主控项目和一般项目的质量经抽样检验合格。

(2) 具有完整的施工操作依据和质量检查记录。

从上面的规定可以看出，检验批的质量验收包括了质量资料的检查和主控项目、一般项目的检验两方面的内容。

2) 检验批按规定验收

(1) 资料检查。质量控制资料反映了检验批从原材料到验收的各施工工序的施工操作依据，检查情况以及保证质量所必需的管理制度等。对其完整性的检查，实际是对过程控制的确认，这是检验批合格的前提。所要检查的资料主要包括：

① 图纸会审、设计变更和洽商记录。

② 建筑材料、成品、半成品、建筑构配件、器具和设备的质量证明书及进场检(试)验报告。

③ 工程测量和放线记录。

④ 按专业质量验收规范规定的抽样检验报告。

⑤ 隐蔽工程检查记录。

⑥ 施工过程记录和施工过程检查记录。

⑦ 新材料和新工艺的施工记录。

⑧ 质量管理资料和施工单位操作依据等。

(2) 主控项目和一般项目的检验。检验批的合格质量主要取决于对主控项目和一般项目的检验结果。主控项目是对检验批的基本质量起决定性影响的检验项目，因此必须全部符合有关专业工程验收规范的规定。这意味着主控项目不允许有不符合要求的检验结果，即这种项目的检查具有否决权。鉴于主控项目对基本质量的决定性影响，从严要求是必须的。

(3) 检验批的抽样方案。合理的抽样方案的制定对检验批的质量验收有十分重要的影响。在制定检验批的抽样方案时，应考虑合理分配生产方风险(或错判概率 α)和使用方风险(或漏判概率 β)。对于主控项目，对应于合格质量水平的 α 和 β 均不宜超过 5%；对于一般项目，对于合格质量水平的 α 不宜超过 5%，β 不宜超过 10%。

(4) 检验批质量验收的程序和组织。检验批由专业监理工程师组织项目专业质量检验员等进行验收。检验批与分项工程是建筑工程施工质量基础，因此，所有检验批和分项工程均应由监理工程师或建设单位项目技术负责人组织验收。验收前，施工单位先填好检验批和分项工程的验收记录(有关监理记录和结论不填)，并由项目专业质量检验员和项目专业技术负责人分别在检验批和分项工程质量检验记录中的相关栏目中签字，然后由监理工程师组织，严格按规定程序进行验收。

2. 分项工程质量验收

分项工程的质量验收在检验批的基础上进行。一般情况下，两者具有相同或相近的性质，只是批量的大小不同而已。因此，将有关的检验批汇集构成分项工程。分项工程合格质量的条件比较简单，只要构成分项工程的各检验批的验收资料文件完整，并且均已验收合格，则分项工程验收合格。

1) 分项工程质量验收合格应符合的规定

(1) 分项工程所含的检验批均应符合合格质量规定。

(2) 分项工程所含的检验批的质量验收记录应完整。

2) 分项工程质量验收的程序和组织

分项工程由专业监理工程师组织项目专业技术负责人等进行验收。分项工程质量验收的组织同检验批质量验收的组织。

3. 分部(子分部)工程质量验收

1) 分部(子分部)工程质量验收合格应符合的规定

(1) 分部(子分部)工程所含分项工程的质量均应验收合格。

(2) 质量控制资料应完整。

(3) 地基与基础、主体结构和设备安装等分部工程有关安全及功能的检验和抽样检测结果应符合有关规定。

(4) 观感质量验收应符合要求。

分部工程的验收在其所含各分项工程验收的基础上进行。首先，分部工程的各分项工程必须已验收且相应的质量控制资料文件必须完整，这是验收的基本条件。此外，由于各分项工程的性质不尽相同，因此作为分部工程不能简单的组合而加以验收，尚须增加以下两类检查。

涉及安全和使用功能的地基基础、主体结构、有关安全及重要使用功能的安装分部工程，应进行有关见证取样送样试验或抽样检测。如建筑物垂直度、标高、垒高测量记录，建筑物沉降观测测量记录，给水管道通水试验记录，暖气管道、散热器压力试验记录，照明动力全负荷试验记录等。关于观感质量验收，这类检查往往难以定量，只能以观察、触摸或简单量测的方式进行，并由各个人的主观印象判断，检查结果并不给出合格或不合格的结论，而是综合给出质量评价。评价的结论为好、一般和差三种。对于差的检查点应通过返修处理等进行补救。

2) 分部(子分部)工程质量验收的程序与组织

分部工程应由总监理工程师(建设单位项目负责人)组织施工单位项目负责人和项目技术、质量负责人等进行验收。由于地基基础、主体结构技术性能要求严格，技术性强，关系到整个工程的安全，因此规定与地基基础、主体结构分部工程相关的勘察、设计单位工程项目负责人和施工单位技术、质量部门负责人也应参加相关分部工程验收。

4. 单位(子单位)工程质量验收

1) 单位(子单位)工程质量验收合格应符合下列规定

(1) 单位(子单位)工程所含分部(子分部)工程的质量应验收合格。

(2) 质量控制资料应完整。

(3) 单位(子单位)工程所含分部工程有关安全和功能的检验资料应完整。

(4) 主要功能项目的抽查结果应符合相关专业质量验收规范的规定。

(5) 观感质量验收应符合要求。

单位工程质量验收也称质量竣工验收，是建筑工程投入使用前的最后一次验收，也是最重要的一次验收。验收合格的条件有五个：除构成单位工程的各分部工程应该合格，并且有关的资料文件应完整以外，还应进行以下三方面的检查。

涉及安全和使用功能的分部工程应进行检验资料的复查。不仅要全面检查其完整性(不得有漏检缺项)，而且对分部工程验收时补充进行的见证抽样检验报告也要复核。这种强化验收的手段体现了对安全和主要使用功能的重视。

此外，对主要使用功能还须进行抽查。使用功能的检查是对建筑工程和设备安装工程最终质量的综合检查，也是用户最为关心的内容。因此，在分项、分部工程验收合格的基础上，竣工验收时再作全面检查。抽查项目是在检查资料文件的基础上由参加验收的各方人员商定，并用计量、计数的抽样方法确定检查部位。检查要求按有关专业工程施工质量验收标准的要求进行。

最后，还须由参加验收的各方人员共同进行观感质量检查。检查的方法、内容、结论等应在分部工程的相应部分中阐述，最后共同确定是否通过验收。

2) 单位(子单位工程)工程质量竣工验收的程序与组织

(1) 竣工初验收的程序。

当单位工程达到竣工验收条件后，施工单位应在自查、自评工作完成后，填写工程竣工报验单，并将全部竣工资料报送项目监理机构，申请竣工验收。总监理工程师应组织各专业监理工程师对竣工资料及各专业工程的质量情况进行全面检查。对检查出的问题，应督促施工单位及时整改。对需要进行功能试验的项目(包括单机试车和无负荷试车)，监理工程师应督促施工单位及时进行试验，并对重要项目进行监督、检查，必要时请建设单位和设计单位参加。监理工程师应认真审查试验报告单并督促施工单位搞好成品保护和现场清理。

经项目监理机构对竣工资料及实物全面检查、验收合格后，由总监理工程师签署工程竣工报验单，并向建设单位提出质量评估报告。

(2) 正式验收。

建设单位收到工程验收报告后，应由建设单位(项目)负责人组织施工(含分包单位)、设计、监理等单位(项目)负责人进行单位(子单位)工程验收。单位工程由分包单位施工时，分包单位对所承包的工程项目应按规定的程序检查评定，总包单位应派人参加。分包工程完成后，应将工程有关资料交总包单位。建设工程经验收合格的方可交付使用。

建设工程竣工验收应当具备下列条件：

① 完成建设工程设计和合同约定的各项内容。

② 有完整的技术档案和施工管理资料。

③ 有工程使用的主要建筑材料、建筑构配件和设备的进场试验报告。

④ 有勘察、设计、施工、工程监理等单位分别签署的质量合格文件。

⑤ 有施工单位签署的工程保修书。

在一个单位工程中，对满足生产要求或具备使用条件，施工单位已预验，监理工程师已初验通过的子单位工程，建设单位可组织进行验收。由多个施工单位负责施工的单位工程，当其中的施工单位所负责的子单位工程已按设计完成，并经自行检验，也可组织正式验收，办理交工手续。在整个单位工程进行全部验收时，已验收的子单位工程验收资料应作为单位工程验收的附件。

在竣工验收时，对某些剩余工程和缺陷工程，在不影响交付的前提下，经建设单位、设计单位、施工单位和监理单位协商，施工单位应在竣工验收后的限定时间内完成。

参加验收各方对工程质量验收意见不一致时，可请当地建设行政主管部门或工程质量监督机构协调处理。

5. 工程施工质量不符合要求时的处理

一般情况下，不合格现象在检验批的验收时就应发现并及时处理，所有质量隐患必须尽快消灭在萌芽状态，否则将影响后续检验批和相关的分项工程、分部工程的验收。但非正常情况可按下述规定进行处理：

(1) 经返工重做或更换器具、设备的检验批，应重新进行验收。这种情况是指主控项目不能满足验收规范规定或一般项目超过偏差限制的子项不符合检验规定的要求时，应及时进行处理的检验批。其中，严重的缺陷应推倒重来；一般的缺陷通过返修或更换器具、设备予以解决。应允许施工单位在采取相应的措施后重新验收。如能够符合相应的专业工程质量验收规范，则应认为该检验批合格。

(2) 经有资质的检测单位鉴定达到设计要求的检验批，应予以验收。这种情况是指个别检验批发现试块强度等不满足要求等问题，难以确定是否验收时，应请具有资质的法定检测单位检测，当鉴定结果能够达到设计要求时，该检验批应允许通过验收。

(3) 经有资质的检测单位鉴定达不到设计要求但经原设计单位核算认可能满足结构安全和使用功能的检验批，可予以验收。这种情况是指，一般情况下，规范标准给出了满足安全和功能的最低限度要求，而设计往往在此基础上留有一些余量。不满足设计要求但符合相应规范标准的要求，两者并不矛盾。

(4) 经返修或加固的分项、分部工程，虽然改变外形尺寸但仍能满足安全使用要求，可按技术处理方案和协商文件进行验收。这种情况是指更为严重缺陷或范围超过检验批的更大范围内的缺陷可能影响结构的安全性和使用功能。如经法定检测单位检测鉴定以后认为达不到规范标准的相应要求，即不能满足最低限度的安全储备和使用功能，则必须按一定的技术方案进行加固处理，使之能保证其满足安全使用的基本要求。这样会造成一些永久性的缺陷，如改变结构的外形尺寸，影响一些次要的使用功能等。为了避免社会财富更大的损失，在不影响安全和主要使用功能条件下可按处理技术方案和协商文件进行验收，但不能作为轻视质量而回避责任的一种出路，这是应该特别注意的。

(5) 通过返修或加固仍不能满足安全使用要求的分部工程、单位(子单位)工程，严禁验收。

4.4　建设工程质量问题和质量事故处理

4.4.1　工程质量问题及处理

根据 1989 年建设部颁布的第 3 号令《工程建设重大事故报告和调查程序规定》和 1990 年建设部建工字第 55 号文件关于第 3 号部令有关问题的说明：凡是工程质量不合格，必须进行返修、加固或报废处理，由此造成直接经济损失低于 5000 元的称为质量问题，直接经济损失在 5000 元(含 5000 元)以上的称为工程质量事故。

监理工程师应学会区分工程质量不合格、质量问题和质量事故；应准确判定工程质量不合格、正确处理工程质量不合格和工程质量问题的基本方法和程序；了解工程质量事故处理的程序，在工程质量事故处理过程中如何正确对待有关各方，并应掌握工程质量事故处理方案确定基本方法和处理结果的鉴定验收程序。

1. 常见问题的成因

由于建筑工程工期较长，所用材料品种繁杂，在施工过程中受社会环境和自然条件方面异常因素的影响等，使产生的工程质量问题表现形式千差万别，类型多种多样。这使得引起工程质量问题的成因也错综复杂，往往一项质量问题是由于多种原因引起。虽然每次发生质量问题的类型各不相同，但是通过对大量质量问题调查与分析发现，其发生的原因有不少相同或相似之处，归纳其最基本的因素主要有以下几方面：

(1) 违背建设程序。

(2) 违反法规行为。

(3) 地质勘察失真。

(4) 设计差错。

(5) 施工与管理不到位。

(6) 使用不合格的原材料、制品及设备。

(7) 自然环境因素。

(8) 使用不当。

2. 工程质量问题的处理方式

在各项工程的施工过程中或完工以后，现场监理人员如发现工程项目存在着不合格项或质量问题，应根据其性质和严重程度按如下方式处理：

(1) 当施工而引起的质量问题处在萌芽状态，应及时制止，并要求施工单位立即更换不合格材料、设备或不称职人员，或要求施工单位立即改变不正确的施工方法和操作工艺。

(2) 当因施工而引起的质量问题已出现时，应立即向施工单位发监理通知，要求其对质量问题进行补救处理，并采取足以保证施工质量的有效措施后，填报监理通知回复单报监理单位。

(3) 当某道工序或分项工程完工以后，出现不合格项，监理工程师应填写不合格项处置记录，要求施工单位及时采取措施予以整改。监理工程师应对其补救方案进行确认，跟踪处理过程，对处理结果进行验收，否则不允许进行下道工序或分项的施工。

(4) 在交工使用后的保修期内发现的施工质量问题，监理工程师应及时签发监理通知，指令施工单位进行修补、加固或返工处理。

3. 工程质量问题的处理程序

当发现工程质量问题时，监理工程师应按以下程序进行处理。

(1) 当发生工程质量问题时，监理工程师首先应判断其严重程度。对可以通过返修或返工弥补的质量问题可签发监理通知，责成施工单位写出质量问题调查报告，提出处理方案，填写监理通知回复单报监理工程师审核后，批复承包单位处理。必要时应经建设单位和设计单位认可，处理结果应重新进行验收。对需要加固补强的质量问题，或质量问题的存在影响下道工序和分项工程的质量时，应签发工程暂停令，指令施工单位停止有质量问题部位和与其有关联部位及下道工序的施工。必要时，应要求施工单位采取防护措施，责成施工单位写出质量问题调查报告，由设计单位提出处理方案，并征得建设单位同意，批复承包单位处理。处理结果应重新进行验收。

(2) 施工单位接到监理通知后，在监理工程师的组织参与下，尽快进行质量问题调查并完成报告编写。

(3) 监理工程师审核、分析质量问题调查报告，判断和确认质量问题产生的原因。

(4) 在原因分析的基础上，监理工程师认真审核签认质量问题处理方案。

(5) 监理工程师指令施工单位按既定的处理方案实施处理并进行跟踪检查。

(6) 质量问题处理完毕，监理工程师应组织有关人员对处理的结果进行严格的检查、鉴定和验收，写出质量问题处理报告，报建设单位和监理单位存档。

4.4.2 工程质量事故的特点及分类

工程质量事故具有复杂性、严重性、可变性和多发性的特点。

建设工程质量事故的分类方法有多种，既可按造成损失严重程度划分，又可按其产生的原因划分，也可按其造成的后果或事故责任区分。各部门、各专业工程，甚至各地区在不同时期界定和划分质量事故的标准尺度也不一样。国家现行对工程质量通常采用按造成损失严重程度进行分类，其基本分类如下：

(1) 一般质量事故：凡具备下列条件之一者为一般质量事故。

① 直接经济损失在5000元(含5000元)以上，不满50 000元的。

② 影响使用功能和工程结构安全，造成永久质量缺陷的。

(2) 严重质量事故：凡具备下列条件之一者为严重质量事故。

① 直接经济损失在 50 000 元(含 50 000 元)以上，不满 10 万元的。

② 严重影响使用功能或工程结构安全，存在重大质量隐患的。

③ 事故性质恶劣或造成 2 人以下重伤的。

(3) 重大质量事故：凡具备下列条件之一者为重大质量事故，属建设工程重大事故范畴。

① 工程倒塌或报废。

② 由于质量事故，造成人员死亡或重伤 3 人以上。

③ 直接经济损失 10 万元以上。

工程建设过程中或由于勘察、设计、监理、施工等过失造成工程质量低劣，而在交付使用后发生的重大质量事故，或因工程质量达不到合格标准，而需加固补强、返工或报废，直接经济损失 10 万元以上的重大质量事故。此外，由于施工安全问题，如施工脚手架、平台倒塌，机械倾覆、触电、火灾等造成建设工程重大事故。按国家建设行政主管部门规定建设工程重大事故分为四个等级。

① 凡造成死亡 30 人以上或直接经济损失 300 万元以上为一级。

② 凡造成死亡 10 人以上 29 人以下或直接经济损失 100 万元以上，不满 300 万元为二级。

③ 凡造成死亡 3 人以上 9 人以下或重伤 20 人以上或直接经济损失 30 万元以上，不满 100 万元为三级。

④ 凡造成死亡 2 人以下，或重伤 3 人以上 19 人以下或直接经济损失 10 万元以上，不满 30 万元为四级。

(4) 特别重大事故：凡具备国务院发布的《特别重大事故调查程序暂行规定》所列发生一次死亡 30 人及其以上，或直接经济损失达 500 万元及其以上，或其他性质特别严重，上述影响三个之一均属特别重大事故。

4.4.3　工程质量事故处理的依据和程序

1. 工程质量事故处理的依据

进行工程质量事故处理的主要依据有四个方面：质量事故的实况资料，具有法律效力的、得到有关当事各方认可的工程承包合同、设计委托合同、材料或设备购销合同以及监理合同或分包合同等合同文件，有关的技术文件、档案和相关的建设法规。

在这四方面依据中，前三种是与特定的工程项目密切相关的具有特定性质的依据；第四种法规性依据，是具有很高权威性、约束性、通用性和普遍性的依据，因而它在工程质量事故的处理事务中，也具有极其重要的、不容置疑的作用。

2. 工程质量事故处理的程序

工程质量事故发生后，监理工程师可按以下程序进行处理。

(1) 工程质量事故发生后，总监理工程师应签发工程暂停令，并要求停止进行质量缺陷部位和与其有关联部位及下道工序施工，应要求施工单位采取必要的措施，防止事故扩大并保护好现场；同时，要求质量事故发生单位迅速按类别和等级向相应的主管部门上报，并于 24 小时内写出书面报告。

(2) 监理工程师在事故调查组展开工作后，应积极协助，客观地提供相应证据。若监理方无责任，监理工程师可应邀参加调查组，参与事故调查；若监理方有责任，则应予以回避，但应配合调查组工作。质量事故调查组的职责是：

① 查明事故发生的原因、过程，事故的严重程度和经济损失情况。

② 查明事故的性质、责任单位和主要责任人。

③ 组织技术鉴定。

④ 明确事故主要责任单位和次要责任单位，承担经济损失的划分原则。

⑤ 提出技术处理意见及防止类似事故再次发生应采取的措施。

⑥ 提出对事故责任单位和责任人的处理建议。

⑦ 写出事故调查报告。

(3) 当监理工程师接到质量事故调查组提出的技术处理意见后，可组织相关单位研究，并责成相关单位完成技术处理方案，并予以审核签认。质量事故技术处理方案一般应委托原设计单位提出，由其他单位提供的技术处理方案，应经原设计单位同意签认。技术处理方案的制订，应征求建设单位意见。技术处理方案必须依据充分，应在质量事故的部位、原因全部查清的基础上，必要时，应委托法定工程质量检测单位进行质量鉴定或请专家论证，以确保技术处理方案有效、可行、保证结构安全和使用功能。

(4) 技术处理方案核签后，监理工程师应要求施工单位制定详细的施工方案设计。必要时应编制监理实施细则，对工程质量事故技术处理施工质量进行监理。技术处理过程中的关键部位和关键工序应进行旁站，并会同设计、建设等有关单位共同检查认可。

(5) 对施工单位完工自检后报验结果，监理工程师组织有关各方进行检查验收，必要时应进行处理结果鉴定，要求事故单位整理编写质量事故处理报告，并审核签认，组织人员将有关技术资料归档。

(6) 总监理工程师签发工程复工令，恢复正常施工。

4.4.4 工程质量事故处理方案的确定及鉴定验收

1. 工程质量事故处理方案的确定

尽管对造成质量事故的技术处理方案多种多样，但根据质量事故的情况可归纳为三种类型的处理方案，监理工程师应掌握从中选择最适用处理方案的方法，方能对相关单位上报的事故技术处理方案作出正确审核结论。

工程质量事故处理方案类型：

1) 修补处理

这是最常用的一类处理方案。通常当工程的某个检验批、分项或分部的质量虽未达到规定的规范、标准或设计要求，存在一定缺陷，但通过修补或更换器具、设备后还可达到要求的标准，又不影响使用功能和外观要求，在此情况下，可以进行修补处理。

2) 返工处理

当工程质量未达到规定的标准和要求，存在的严重质量问题，对结构的使用和安全构成重大影响，且又无法通过修补处理的情况下，可对检验批、分项、分部甚至整个工程返工处理。

3) 不做处理

某些工程质量问题虽然不符合规定的要求和标准构成质量事故，但视其严重情况，经过分析、论证、法定检测单位鉴定和设计等有关单位认可，对工程或结构使用及安全影响不大，也可不做专门处理。通常不做专门处理的情况有以下几种：

(1) 不影响结构安全和正常使用。例如，有的工业建筑物出现放线定位偏差，且严重超过规范标准规定，若要纠正会造成重大经济损失，若经过分析、论证其偏差不影响生产工艺和正常使用，在外观上也无明显影响，可不做处理。

(2) 有些质量问题，经过后续工序可以弥补。例如，混凝土墙表面轻微麻面，可通过后续的抹灰、喷涂或刷白等工序弥补，亦可不做专门处理。

(3) 经法定检测单位鉴定合格。例如，某检验批混凝土试块强度值不满足规范要求，强度不足，在法定检测单位，对混凝土实体采用非破损检验等方法测定其实际强度已达规范允许和设计要求值时，可不做处理。对经检测未达要求值，但相差不多，经分析论证，只要使用前经再次检测达设计强度，也可不做处理，但应严格控制施工荷载。

(4) 出现的质量问题，经检测鉴定达不到设计要求，但经原设计单位核算，仍能满足结构安全和使用功能。

监理工程师应牢记，不论哪种情况，特别是不做处理的质量问题，均要备好必要的书面文件，对技术处理方案、不做处理结论和各方协商文件等有关档案资料认真组织签认，对责任方应承担的经济责任和合同中约定的罚则应正确判定。

2. 工程质量事故处理的鉴定验收

质量事故的技术处理是否达到了预期目的，消除了工程质量不合格和工程质量问题，是否仍留有隐患，监理工程师应通过组织检查和必要的鉴定，进行验收并予以最终确认。

1) 检查验收

工程质量事故处理完成后，监理工程师在施工单位自检合格报验的基础上，应严格按施工验收标准及有关规范的规定进行，结合监理人员的旁站、巡视和平行检验结果，依据质量事故技术处理方案设计要求，通过实际量测，检查各种资料数据进行验收，并应办理交工验收文件，组织各有关单位会签。

2) 必要的鉴定

为确保工程质量事故的处理效果，凡涉及结构承载力等使用安全和其他重要性能的处理工作，常需做必要的试验和检验鉴定工作。当质量事故处理施工过程中建筑材料及构配件保证资料严重缺乏，或对检查验收结果各参与单位有争议时，常见的检验工作有：混凝土钻芯取样，用于检查密实性和裂缝修补效果，或检测实际强度；结构荷载试验，确定其实际承载力；超声波检测焊接或结构内部质量；池、罐、箱柜工程的渗漏检验等。检测鉴定必须委托政府批准的有资质的法定检测单位进行。

3) 验收结论

对所有质量事故，无论经过技术处理通过检查鉴定验收还是不需专门处理的，均应有明确的书面结论。若对后续工程施工有特定要求，或对建筑物使用有一定限制条件，应在结论中提出。

对于处理后符合《建筑工程施工质量验收统一标准》规定的，监理工程师应予以验收、确认，并应注明责任方主要承担的经济责任；对经加固补强或返工处理仍不能满足安全使用要求的分部工程、单位(子单位)工程，应拒绝验收。

4.5 建设工程质量控制的统计分析方法

4.5.1 统计调查表法、分层法、排列图法与因果图法

1. 统计调查表法

统计调查表法是利用专门设计的统计表对质量数据进行收集、整理和粗略分析质量状态的一种方法。

在质量控制活动中，利用统计调查表收集数据，简便灵活，便于整理，实用有效。它没有固定格式，可根据需要和具体情况，设计出不同统计调查表，常用的有：

(1) 分项工程作业质量分布调查表。

(2) 不合格项目调查表。

(3) 不合格原因调查表。

(4) 施工质量检查评定用调查表等。

2. 分层法

分层法又叫分类法，是将调查收集的原始数据，根据不同的目的和要求，按某一性质进行分组、整理的分析方法。

由于工程质量形成的影响因素多，因此，对工程质量状况的调查和质量问题的分析，必须分门别类地进行，以便准确有效地找出问题及其原因所在，这就是分层法的基本思想。

【例 4-1】 一个焊工班组有 *A*、*B* 和 *C* 三位工人实施焊接作业，共抽检 60 个焊接点，发现有 18 点不合格，占 30%。究竟问题在哪里？根据分层调查的统计数据表 4-1 可知，主要是作业工人 *C* 的焊接质量影响了总体的质量水平。

表 4-1 分层调查的统计数据表

作业工人	抽检点数	不合格点数	个体不合格率	不合格点占总数百分率
A	20	2	10%	11%
B	20	4	20%	22%
C	20	12	60%	67%
合计	60	18	—	100%

3. 排列图法

排列图法是利用排列图寻找影响质量主次因素的方法。如图 4-1 所示，左侧的纵坐标表示频数，右侧纵坐标表示累计频数，横坐标表示影响质量的各个因素，按影响程度从左至右排列，直方形的高度表示某个因素的影响大小。实际应用中，通常按累计频率划分为 0%～80%、80%～90%、90%～100%三部分，与其对应的因素分别为 A、B 和 C 三类。A 为主要因素，B 为次要因素，C 为一般因素。

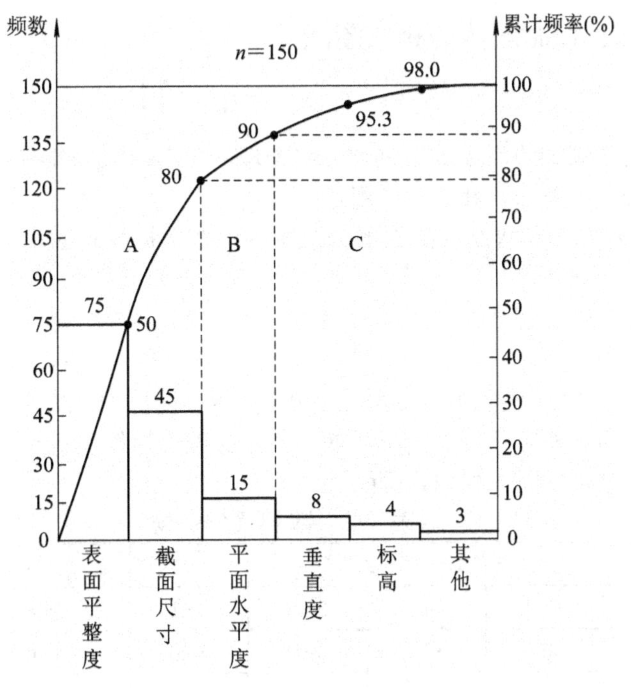

图 4-1　排列图

4. 因果分析图法

因果分析图法，也称为质量特性要因分析法，其基本原理是对每一个质量特性或问题，采用如图 4-2 所示的方法，逐层深入排查可能原因，然后确定其中最主要原因，进行有的放矢的处置和管理。

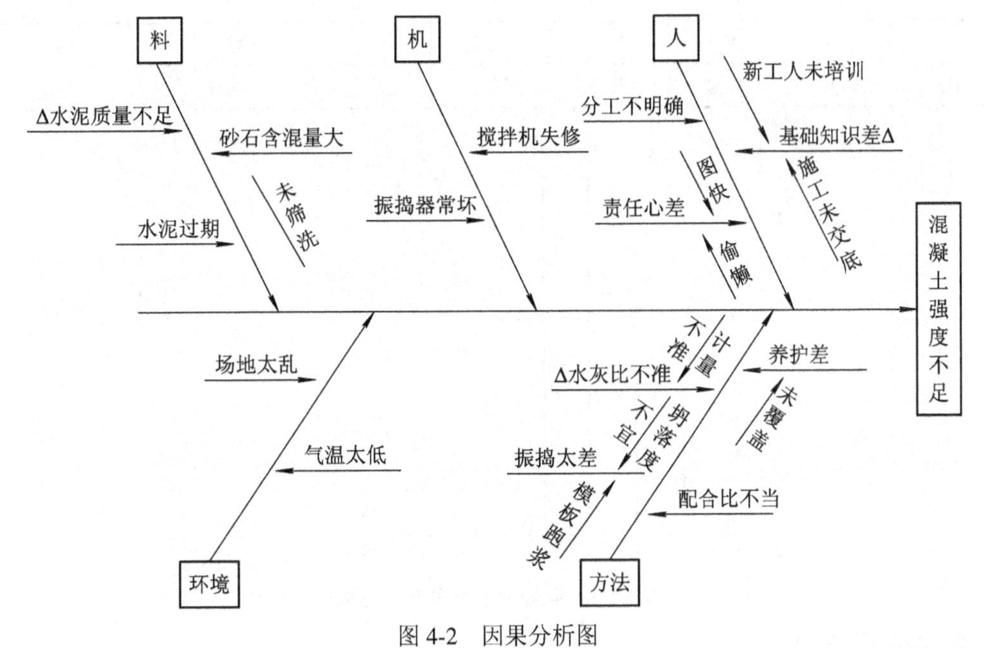

图 4-2　因果分析图

4.5.2 直方图法、控制图法与相关图法

1. 直方图法

直方图法是将收集到的质量数据进行分组整理，绘制成频数分布直方图，用以描述质量分布状态的一种分析方法。其主要作用是：

(1) 整理统计数据，了解统计数据的分布特征，即数据分布的集中或离散状况，从中掌握质量能力状态。

(2) 观察分析生产过程质量是否处于正常、稳定和受控状态以及质量水平是否保持在公差允许的范围内。

【例4-2】 表4-2为某工程10组试块的150个抗压强度数据，从这些数据很难直接判断其质量状况是否正常、稳定和受控情况，如将其数据整理后绘制成直方图，就可以根据正态分布的特点进行分析判断，如图4-3所示。

表 4-2 数 据 整 理 表 N/mm²

序号	抗 压 强 度					最大值	最小值
1	39.8	37.7	33.8	31.5	36.1	39.8	31.5
2	37.2	38.0	33.1	39.0	36.0	39.0	33.1
3	35.8	35.2	31.8	37.1	34.0	37.1	31.8
4	39.9	34.3	33.2	40.4	41.2	41.2	33.2
5	39.2	35.4	34.4	38.1	40.3	40.3	34.4
6	42.3	37.5	35.5	39.3	37.3	42.3	35.5
7	35.9	42.4	41.8	36.3	36.2	42.4	35.9
8	46.2	37.6	38.3	39.7	38.0	46.2	37.6
9	36.4	38.3	43.4	38.2	38.0	43.4	36.4
10	44.4	42.0	37.9	38.4	39.5	44.4	37.9

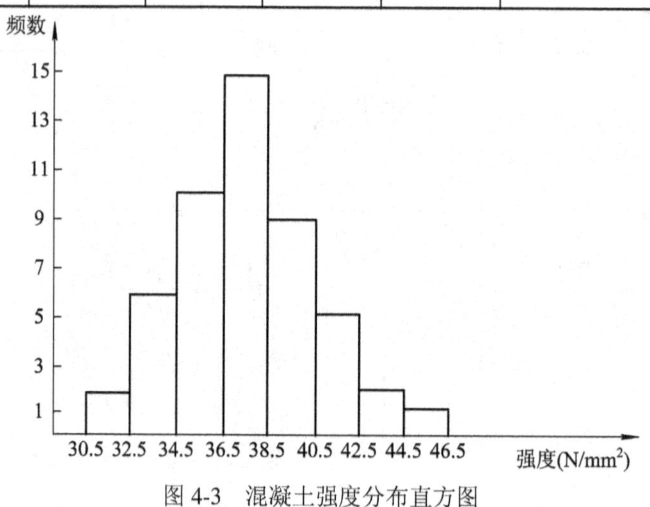

图 4-3 混凝土强度分布直方图

2. 控制图法

控制图是在直角坐标系内画出有控制界限、描述生产过程中质量波动的图形。

控制图是用样本数据来分析判断生产过程是否处于稳定状态的有效工具。它的用途主要有两个：

(1) 过程分析即分析生产过程是否稳定。为此，应随机连续收集数据，绘制控制图，观察数据点分布情况并判定生产过程状态。

(2) 过程控制即控制生产过程质量状态。为此，要定时抽样取得数据，将其变为点子描在图上，发现并及时消除生产过程中的失调现象，预防不合格品的产生。

控制图的基本形式如图 4-4 所示。横坐标为样本(子样)序号或抽样时间，纵坐标为被控制对象即被控制的质量特性值。控制图上一般有三条线：在上面的一条虚线称为上控制界限，用符号 UCL 表示；在下面的一条虚线称为下控制界限，用符号 LCL 表示；中间的一条实线称为中心线，用符号 CL 表示。中心线标志着质量特性值分布的中心位置，上下控制界限标志着质量特性值允许波动范围。

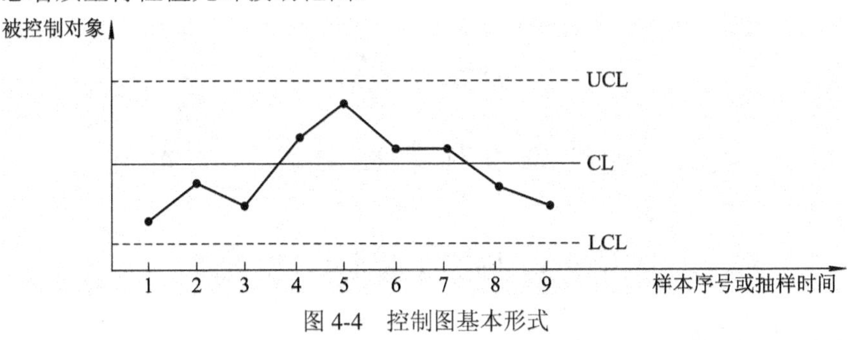

图 4-4　控制图基本形式

在生产过程中通过抽样取得数据，把样本统计量描在图上来分析判断生产过程状态。如果点子随机地落在上、下控制界限内，则表明生产过程正常处于稳定状态，不会产生不合格品；如果点子超出控制界限，或点子排列有缺陷，则表明生产条件发生了异常变化，生产过程处于失控状态。

3. 相关图法

相关图又称散布图。在质量控制中它是用来显示两种质量数据之间关系的一种图形。质量数据之间的关系多属相关关系，一般有三种类型：一是质量特性和影响因素之间的关系，二是质量特性和质量特性之间的关系，三是影响因素和影响因素之间的关系。

我们可以用 y 和 x 分别表示质量特性值和影响因素，通过绘制散布图，计算相关系数等，分析研究两个变量之间是否存在相关关系，以及这种关系密切程度如何，进而对相关程度密切的两个变量，通过对其中一个变量的观察控制，去估计控制另一个变量的数值，以达到保证产品质量的目的。这种统计分析方法称为相关图法。

【例 4-3】　分析混凝土抗压强度和水灰比之间的关系。

1. 收集数据

要成对地收集两种质量数据，数据不得过少。本例收集数据如表 4-3 所示。

表 4-3　混凝土抗压强度与水灰比统计资料

序　号		1	2	3	4	5	6	7	8
x	水灰比 w/c	0.4	0.45	0.5	0.55	0.6	0.65	0.7	0.75
y	强度 N/mm^2	36.3	35.3	28.2	24.0	23.0	20.6	18.4	15.0

2. 绘制相关图

在直角坐标系中，一般 x 轴用来代表原因的量或较易控制的量，本例中表示水灰比；y 轴用来代表结果的量或不易控制的量，本例中表示强度。将数据在相应的坐标位置上描点，便得到散布图，如图 4-5 所示。

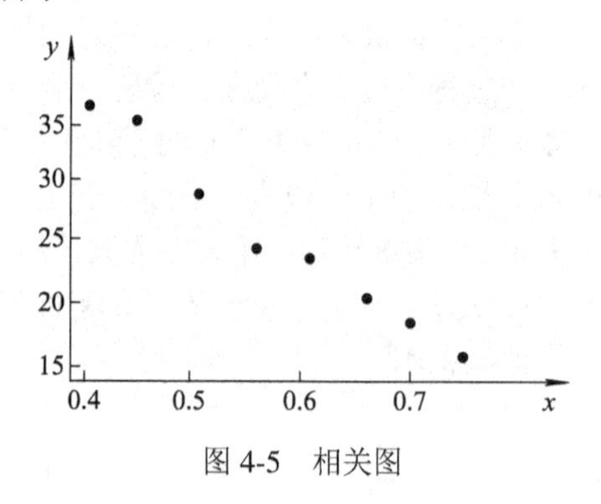

图 4-5　相关图

4.6　建设工程质量控制实训及案例

✦✦✦✦　实训 4-1　施工过程质量控制实训　✦✦✦✦

1. 基本条件及背景

某 27 层大型商住楼工程项目，建设单位 A。将其实施阶段的工程监理任务委托给 B 监理公司进行监理，并通过招标决定将施工承包合同授予施工单位 C。在施工阶段，由于施工方自身的技术条件不足，施工方提出对基坑开挖边坡的放坡形式进行修改，以保证施工中边坡的稳定。

2. 实训内容及要求

(1) 在技术准备阶段，如何选择质量控制点。

(2) 材料进场时，施工方应向监理机构提交哪些材料。

(3) 对于施工方提出的工程变更，监理工程师应如何处理。

3. 分析步骤及分值

第一步，写出质量控制点设置的原则，3 分；

第二步，写出材料进场时，监理工程师如何确认其质量合格，3 分；

第三步，写出监理工程师处理工程变更的程序，4 分。

共计，10 分。

✦✦✦✦　实训 4-2　工程质量验收实训　✦✦✦✦

1. 基本条件及背景

某六层砖混结构住宅楼，基础为钢筋混凝土条形基础，委托 A 监理公司监理，经过招投标，B 建筑工程有限公司中标，并于 2011 年 3 月 8 日开工。

施工过程验收时，监理人员发现部分砌体施工存在质量问题，要求返工重做，然后再行验收。

2012 年 1 月 28 日工程整体竣工，并交付使用。

2. 实训内容及要求

(1) 该混合结构住宅楼达到什么条件方可竣工验收?

(2) 单位工程竣工验收质量合格的条件是什么?

(3) 针对工程质量不符合要求，本案例中的处理方式是否合理?

3. 分析步骤及分值

第一步，写出单位工程竣工验收的条件，3 分；

第二步，写出单位工程质量验收的合格标准，3 分；

第三步，写出工程施工质量不符合要求时的处理方法，4 分。

共计，10 分。

✦✦✦✦ 实训 4-3　工程质量问题与处理实训 ✦✦✦✦

1. 基本条件及背景

某市大学城园区新建音乐学院教学楼，其中中庭主演播大厅层高 5.4 m，双向跨度 38 m，设计采用钢筋混凝土井字梁。在演播大厅屋盖混凝土施工中，因西侧模板支持系统失稳，发生局部坍塌，使东侧刚浇筑的混凝土顺斜面向西侧流淌，导致整个楼层模架全部失稳而相继倒塌。

整个事故未造成人员死亡，重伤 9 人，轻伤 14 人，直接经济损失 190 余万元。

2. 实训内容及要求

(1) 本工程发生的事故，按造成损失严重程度划分应为什么类型事故? 并给出此类事故的分类标准。

(2) 工程质量事故处理的依据有哪些?

(3) 作为监理工程师，处理工程质量事故的程序是什么?

3. 分析步骤及分值

第一步，写出质量事故的分类及标准，3 分；

第二步，写出工程质量事故处理的依据，3 分；

第三步，写出监理工程师对工程质量事故的处理程序，4 分。

共计，10 分。

【案例 4-1】

某工程，建设单位委托监理单位承担施工招标代理和施工阶段监理工作，工程实施过程中发生下列事件:

事件 1: 施工单位对某分项工程的混凝土试块进行试验，试验数据表明混凝土质量不合格,于是委托经监理单位认可的有相应资质的检测单位对该分项工程混凝土实体进行检测。检测结果表明，混凝土强度达不到设计要求，须加固补强。

事件 2：专业监理工程师巡视时发现，施工单位采购进场的一批钢材准备用于工程，但尚未报验。

问题：

1. 根据《建设工程监理规范》，总监理工程师处理事件 1 的程序是什么？

2. 专业监理工程师处理事件 2 的程序是什么？

【参考答案】

1. 须加固补强的质量事故处理程序：

(1) 总监理工程师应责令承包单位报送质量事故调查报告和经设计单位等相关单位认可的处理方案；

(2) 项目监理机构应对质量事故处理过程和处理结果进行跟踪检查和验收；

(3) 总监理工程师应及时向建设单位及本监理单位提交有关质量事故的书面报告，并应将完整的质量事故处理记录整理归档。

2. 专业监理工程师对该事件的处理程序如下：

(1) 对未经报验的钢材，应拒绝签认并要求施工单位不得使用；

(2) 报告总监理工程师，并签发监理工程师通知单，书面通知承包单位予以整改，对钢材进行报验；

(3) 要求承包单位在材料进场前应向项目监理机构提交《工程材料报审表》，同时附有产品出厂合格证、技术说明书以及由承包单位按规定要求进行检验的检验或试验报告，需要时，监理工程师可再行组织复检或见证取样试验，经监理工程师审查并确认其质量合格后，方准进场；

(4) 凡没有出厂合格证明或检验不合格的，应限期清退出场。

【案例 4-2】

某实施监理的工程，施工单位按合同约定将打桩工程分包。施工过程中发生如下事件：

事件 1：一批工程材料进场后，施工单位质检员填写《工程材料/构配件/设备报审表》并签字后，仅附供应方提供的质量证明资料报送项目监理机构，项目监理机构审查后认为不妥，不予签认。

事件 2：主体工程施工过程中，专业监理工程师发现已浇筑的钢筋混凝土出现质量问题，经分析，有以下原因：

① 现场施工人员未经培训；② 浇筑顺序不当；③ 振捣器性能不稳定；④ 雨天进行钢筋焊接；⑤ 施工现场狭窄；⑥ 钢筋锈蚀严重。

问题：

1. 指出事件 1 中施工单位的不妥之处，并写出正确做法。

2. 将项目监理机构针对事件 2 分析的①～⑤项原因分别归入影响工程质量的五大要因(人员、机械、材料、方法和环境)之中，并绘制因果分析图。

【参考答案】

1. 不妥之处，正确做法：

(1)《工程材料/构配件/设备报审表》由施工单位质检员签字不妥，应由施工单位项目经理签字并盖章；

(2) 仅附供应方提供的质量证明资料不妥，《工程材料/构配件/设备报审表》所附资料应含数量清单、质量证明文件和施工单位自检结果三类资料。

2. 因果分析图：

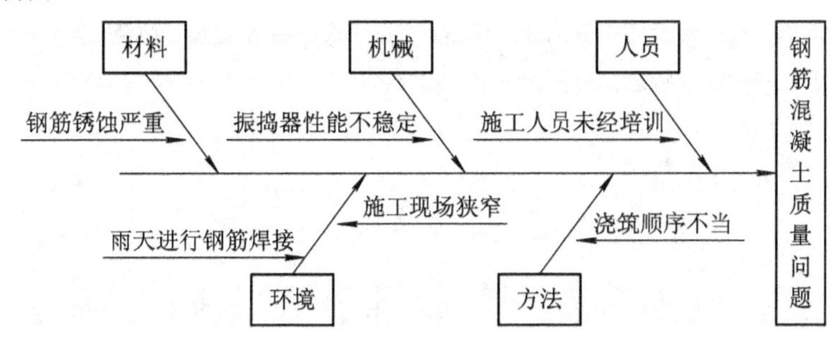

【案例4-3】

某实施监理的工程，建设单位分别与甲、乙施工单位签订了土建工程施工合同和设备安装工程施工合同。工程实施过程中发生下列事件：

事件1：专业监理工程师巡视时发现，甲施工单位现场施工人员准备将一种新型建筑材料用于工程。经询问，甲施工单位认为该新型建筑材料性能好、价格便宜，对工程质量有保证。项目监理机构要求其提供该新型建筑材料的有关资料，甲施工单位仅提供了使用说明书。

事件2：项目监理机构检查甲施工单位的某分项工程质量时，发现试验检测数据异常，便再次对甲施工单位试验室的资质等级及其试验范围、本工程试验项目及要求等内容进行了全面考核。

事件3：工程竣工验收时，建设单位要求甲施工单位统一汇总甲、乙施工单位的工程档案后提交项目监理机构，由项目监理机构组织工程档案验收。

问题：

1. 监理机构处理事件1的程序是什么？
2. 事件2中，项目监理机构还应从哪些方面考核甲施工单位的试验室？
3. 指出事件3中建设单位要求的不妥之处，说明理由。

【参考答案】

1. 事件1的处理程序如下：

(1) 专业监理工程师应签发《监理工程师通知单》，通知承包单位，新材料未经报验和论证，不得使用，并提出下列要求。

(2) 要求施工单位提供产品合格证、技术说明书、质量检验证明、质量保证书，有关图纸和技术资料以及生产厂家生产许可证，并报送施工工艺措施和相应的证明材料。

(3) 要求施工单位按技术规范，对材料进行有监理人员见证的取样送检。

(4) 要求承包单位组织专题论证。

(5) 审查上述质量证明材料、检验结果和论证结果，若符合技术要求即予以签认，准许使用，若不符合要求则应限期清退出场。

(6) 将处理结果书面通知业主。

2. 还应从以下几个方面对承包单位的试验室进行考核：

(1) 法定计量部门对试验设备出具的计量检定证明，应检查实验设备、检测仪器能否满足工程质量检查要求，是否处于良好的可用状态；

(2) 试验室的管理制度；

(3) 试验人员的资格证书。

3. (1) 不妥之一：由甲施工单位统一汇总甲、乙施工单位工程档案不妥。理由：因为甲、乙施工单位之间无总分包合同关系。

(2) 不妥之二：由项目监理机构组织工程档案验收不妥。理由：监理单位组织的对工程档案的验收仅为项目内部的预验收，此后，凡列入城建部门档案接收范围的工程，还应由建设单位提请城建档案部门进行预验收，并出具认可文件，最后，建设单位还应组织各单位进行工程的正式验收，包括对工程实体质量的验收和工程资料的验收。

【案例 4-4】

T 省 H 市一幢商住楼工程项目，建设单位 A 与施工单位 B 和监理单位 C 分别签订了施工承包合同和施工阶段委托监理合同。该工程项目的主体工程为钢筋混凝土框架式结构，设计要求混凝土抗压强度达到 C20。在主体工程施工至第三层时，钢筋混凝土柱浇筑完毕拆模后，监理工程师发现，第三层全部 80 根钢筋混凝土柱的外观质量很差，不仅蜂窝麻面严重，而且表面的混凝土质地酥松，用锤轻敲即有混凝土碎块脱落。经检查，施工单位提交的从 9 根柱施工现场取样的混凝土强度试验结果表明，混凝土抗压强度值均达到或超过了设计要求值，其中最大值达到 C30 的水平，监理工程师对施工单位提交的试验报告结果十分怀疑。

问题：

1. 常见的工程质量问题产生的原因主要有哪几方面？
2. 工程质量问题的处理方式有哪些？
3. 质量事故处理方案有哪几类？事故处理的基本要求是什么？

【参考答案】

1. 常见的工程质量问题可能的成因有：

(1) 违背建设程序；

(2) 违反法规行为；

(3) 地质勘察失真；

(4) 设计差错；

(5) 施工管理不到位；

(6) 使用不合格的原材料、制品及设备；

(7) 自然环境因素；

(8) 使用不当。

2. 对于工程质量问题，根据其性质及严重程度不同可有以下处理方式：

① 当施工引起的质量问题尚处于萌芽状态时，应及时制止，并要求施工单位立即改正；

② 当施工引起的质量问题已出现，立即向施工单位发出监理通知，要求其进行补救处理，当其采取保证质量的有效措施后，向监理单位填报《监理通知回复单》；

③ 某工序分项工程完工后，如出现不合格项，监理工程师应填写《不合格项处置记录》，要求施工单位整改，并对其补救方案进行确认，跟踪其处理过程，对处理结果进行验收，不合格不允许进入下道工序或分项工程施工；

④ 在交工使用后保修期内，发现施工质量问题时，监理工程师应及时签发监理通知，指令施工单位进行保修(修补、加固或返工处理)。

3. 关于工程质量事故处理的方案类型、处理的基本要求如下：

(1) 质量事故处理方案类型有：① 修补处理；② 返工处理；③ 不做专门处理。不做专门处理的条件是：① 不影响结构安全和使用；② 可以经过后续工序弥补；③ 经法定单位鉴定合格；④ 经检测鉴定达不到设计要求，但经原设计单位核算并能满足结构、安全及使用功能。

(2) 事故处理的基本要求是：满足设计要求和用户期望，保证结构安全可靠，不留任何隐患以及符合经济的合理原则。

习　　题

一、单项选择题(下列各题中，只有一个选项最符合题意，请将它选出并填入括号内)

1. 下列质量事故中，属于建设单位责任的是(　　)。

A. 商品混凝土未经检验造成的质量事故

B. 总包和分包职责不明造成的质量事故

C. 施工中使用了禁止使用的材料造成的质量事故

D. 地下管线资料不准造成的质量事故

2. 施工质量控制点的设置，要在分析施工对象或工序活动对工程质量特性可能产生的影响大小、危害程度及质量保证难易程度的基础上，由(　　)确定。

A. 项目监理机构　　B. 承包单位

C. 质量监督机构　　D. 建设单位

3. 由承包单位负责采购的重要材料，订货前应向监理工程师申报，与一般原材料、半成品或构配件的采购前申报相比，前者的申报还要提供(　　)。

A. 产品说明书　　B. 权威性认证资料

C. 技术说明书　　D. 材料样品

4. 按照工程质量事故处理程序要求，监理工程师在质量事故发生后签发《工程暂停令》的同时，应要求施工单位在(　　)小时内写出质量事故报告。

A. 12　　B. 24　　C. 36　　D. 48

5. 在质量管理排列图中，对应于累计频率曲线80%～90%部分的，属于(　　)影响因素。

A. 一般　　B. 主要　　C. 次要　　D. 其他

6. 在建筑工程施工质量验收时，对涉及结构安全和使用功能的分部工程应进行(　　)检测。

A. 抽样　　B. 全数　　C. 无损　　D. 见证取样

7. 建筑工程施工质量不符合要求，经返工重做或更换器具、设备的检验批应进行(　　)验收。

A. 协商　　B. 有条件　　C. 专门　　D. 重新

8. 涉及主体结构及安全的工程变更，要按有关规定报送(　　)审批，否则变更不能实施。

A. 当地建设行政主管部门　　B. 质量监督机构

C. 施工图原审查单位　　D. 建设单位主管部门

9. 监理工程师收到承包单位隐蔽工程验收申请后，要在(　　)的时间内到现场检查验收。

A. 建设单位确认　　B. 总监理工程师批准

C. 质检部门规定　　D. 合同条件约定

二、多项选择题(每题的备选项中，有 2 个或 2 个以上符合题意，至少有 1 个错项)

1. 根据《建筑工程施工质量验收统一标准》(GB/T 50300—2001)，工程施工检验批质量验收工作的内容包括(　　)。

A. 检验批的划分　　B. 资料检查

C. 主控项目和一般项目检验　　D. 抽样方案设计并实施

E. 质量验收记录

2. 处理工程质量事故的依据有(　　)。

A. 质量事故的实况资料　　B. 有关合同及合同文件

C. 有关的经济文件和报表　　D. 有关的技术文件和档案

E. 相关的建设法规

3. 下列工程质量问题中，可不做处理的有(　　)。

A. 不影响结构安全和正常使用的质量问题

B. 经过后续工序可以弥补的质量问题

C. 存在一定的质量缺陷，若处理则影响工期的质量问题

D. 质量问题经法定检测单位鉴定为合格

E. 出现的质量问题，经原设计单位核算，仍能满足结构安全和正常使用

4. 在工程质量控制中，直方图可用于(　　)。

A. 分析产生质量问题的原因　　B. 分析判断质量状况

C. 估算生产过程总体的不合格品率　　D. 分析生产过程是否稳定

E. 评价过程能力

第 5 章　建设工程监理相关法规

【学习目标】

通过本章学习，了解建筑工程监理相关法规的基本概念及其在整个法律体系中所处的地位、调整对象以及建设工程法律、法规体系，熟悉《建筑法》、《合同法》、《建设工程质量管理条例》和《建设工程安全生产管理条例》。

【重点与难点】

重点是理解相关法律、法规条款的含义。

难点是记忆及掌握相关法律法规规定，并能灵活运用以解决实际工程事件。

5.1　建设工程法律、法规概述

有法可依、有法必依、执法必严、违法必究，是我国社会主义法治建设的基本原则。作为一名监理工程师，必须增强法律意识和法治观念，做到学法、懂法、守法和用法。

5.1.1　建设工程法律法规体系

1. 建设工程法律、法规的基本概念

法律体系也称法的体系，通常指由一个国家现行的各个部门法构成的有机联系的统一整体。建设工程法律具有综合性、独立性和完整性的特点。

建设工程法律、法规体系是根据《中华人民共和国立法法》的规定，制定和公布施行的有关建设工程的各项法律、行政法规、地方性法规、自治条例、单行条例、部门规章和地方政府规章的总称。

建设工程法律是由全国人民代表大会及其常务委员会通过的规范工程建设活动的法律规范，由国家主席签署主席令予以公布，如《中华人民共和国建筑法》、《中华人民共和国合同法》、《中华人民共和国招标投标法》等。

建设工程行政法规是由国务院根据宪法和法律制定的规范工程建设活动的各项法规，是由总理签署国务院令予以公布，如《建设工程质量管理条例》、《建设工程安全生产管理条例》、《建设工程勘察设计管理条例》等。

建设工程部门规章是指建设部按照国务院规定的职权范围，独立或同国务院有关部门联合根据法律和国务院的行政法规、决定、命令，制定的规范工程建设活动的各项规章，属于建设部制定的，由部长签署建设部令予以公布，如《工程监理企业资质管理规定》、《注册监理工程师管理规定》等。

上述法律、法规、规章的法律效力从高到低依次为法律、行政法规、部门规章。

2. 建设工程法律、法规的调整对象

建设工程法律、法规旨在调整国家及其有关机构、企业事业单位、社会团体、公民之间在建设活动中或建设行政管理活动中发生的各种社会关系。建设法规的调整对象即各种建设关系，包括：

1) 建设活动中的行政管理关系

由于建设活动对社会经济发展有着重大的影响，国家必须要实行全面严格的监督管理，包括对建设工程的审批、立项、实施、验收等活动的监督和管理，以规范建设活动，维护建筑市场秩序，促进建设活动的健康发展。为此，国家成立了专门的建设行政主管部门代表国家行使执法权利，监督管理建设工程领域的各种建设行为。

2) 建设活动中的经济协作关系

在工程建设活动中，各种经济主体需要相互协作才能得到各自的经济利益或目的。如建设单位需要设计单位完成设计工作、需要施工单位完成工程的建造工作，而设计、施工等单位又需要建设单位的建设任务才能创造经济效益，等等。

3) 建设活动中的民事关系

建设活动的民事关系是指调整和处理国家、法人、公民之间在建设活动中的民事权利和义务关系。主要包括：在建设活动中的有关自然人的损害、侵权、赔偿关系，建设领域从业人员的自身和经济权利保护关系，房地产交易中买卖、租赁、产权关系，土地征用、房屋拆迁导致的拆迁安置关系，等等。

我国《宪法》规定，凡具有中华人民共和国国籍的人都是中华人民共和国公民。不具有中华人民共和国国籍的人不是我国公民，但是依然属于自然人的范畴。

自然人不仅包括公民，还包括外国人和无国籍人，他们都可以成为民事法律关系的主体。法人是指具有民事权利能力和民事行为能力，依法独立享有民事权利和承担民事义务的组织。

5.1.2　与建筑工程监理有关的建设工程法律、行政法规和部门规章

1. 法律

(1) 《中华人民共和国建筑法》。
(2) 《中华人民共和国合同法》。
(3) 《中华人民共和国招标投标法》。
(4) 《中华人民共和国土地管理法》。
(5) 《中华人民共和国城市规划法》。
(6) 《中华人民共和国城市房地产管理法》。
(7) 《中华人民共和国环境保护法》。
(8) 《中华人民共和国环境影响评价法》。

2. 行政法规

(1) 《建设工程质量管理条例》。

(2) 《建筑工程安全生产管理条例》。

(3) 《建设工程勘察设计管理条例》。

(4) 《中华人民共和国设计管理条例》。

3. 部门规章

(1) 《工程监理企业资质管理规定》。

(2) 《注册监理工程师管理规定》。

(3) 《建设工程监理范围和规模标准规定》。

(4) 《建筑工程设计招标投标管理办法》。

(5) 《房屋建筑和市政基础设施工程施工招标投标管理办法》。

(6) 《评标委员会和评标方法暂行规定》。

(7) 《建筑工程施工发包与承包计价管理办法》。

(8) 《建筑工程施工许可管理办法》。

(9) 《实施工程建设强制性标准监督规定》。

(10) 《房屋建筑工程质量保修办法》。

(11) 《房屋建筑工程和市政基础设施工程竣工验收备案管理暂行办法》。

(12) 《建设工程施工现场管理规定》。

(13) 《建筑安全生产监督管理规定》。

(14) 《工程建设重大事故报告和调查程序规定》。

(15) 《城市建设档案管理规定》。

本章将重点介绍《中华人民共和国建筑法》、《中华人民共和国合同法》、《建设工程质量管理条例》和《建设工程安全生产管理条例》等法律、法规。

5.2 中华人民共和国建筑法

1997 年颁布的《中华人民共和国建筑法》(以下简称《建筑法》)包括八十五条，分别从建筑许可、建筑工程发包与承包、建筑工程监理、建筑安全生产管理、建筑工程质量管理、法律责任等方面做出了规定。其中安全生产管理和质量管理的内容分别在《建设工程安全生产管理条例》和《建设工程质量管理条例》中做出了更详细的规定，这里不再重复介绍。

5.2.1 总则

1. 立法目的

《建筑法》第 1 条规定：为了加强对建筑活动的监督管理、维护建筑市场秩序、保证建筑工程的质量和安全，促进建筑业健康发展，制定本法。

2. 调整对象

《建筑法》第 2 条规定：在中华人民共和国境内从事建筑活动，实施对建筑活动的监督管理，应当遵守本法。

5.2.2　建筑许可

1. 建筑工程施工许可

1) 施工许可制度的概念

施工许可制度是指由国家授权有关建设行政主管部门，对建筑工程施工前依建设单位申请，对该项工程是否符合法定的开工条件进行审查，对符合条件的工程发给施工许可证，允许建设单位开工建设的制度。

2) 建设单位申请领取施工许可证应具备的法定条件

《建筑法》第 7 条规定："建设工程开工前，建设单位应当按照国家有关规定向工程所在地县级以上人民政府建设行政主管部门申请领取施工许可证；但是，国务院建设行政主管部门确定的限额以下的小型工程除外。按照国务院规定的权限和程序批准开工报告的建筑工程，不再领取施工许可证。"

建设单位申请领取施工许可证应具备的法定条件在《建筑法》第 8 条作出了规定："申请领取施工许可证，应当具备下列条件：

(1) 已经办理该建设工程用地批准手续。

(2) 在城市规划区的建筑工程，已经取得规划许可证。

(3) 需要拆迁的，其拆迁进度符合施工要求。

(4) 已经确定建设施工企业。

(5) 有满足施工需要的施工图纸及技术资料。

(6) 有保证工程质量和安全的具体措施。

(7) 建设资金已经落实。

(8) 法律、行政法规规定的其他条件。

建设行政主管部门自收到申请之日起 15 日内，对符合条件的申请颁发施工许可证。"

3) 不需要申请施工许可证的工程类型

并不是所有工程在开工前都需要办理施工许可证，不需要申请施工许可证的工程类型包括：

(1) 国务院建设行政管理部门确定的限额以下的小型工程。

(2) 按照国务院规定的权限和程序批准开工的建筑工程。

(3) 抢险救灾工程。

(4) 临时性工程。

(5) 军用房屋建筑。

4) 施工许可证或开工报告管理

《建筑法》第 9 条规定："建设单位应当自领取施工许可证之日起 3 个月内开工。因故不能按期开工的，应当向发证机关申请延期；延期以两次为限，每次不超过 3 个月。既不开工又不申请延期或者超过延期时限的，施工许可证自行废止。"

《建筑法》第 10 条规定："在建的建筑工程因故中止施工的，建设单位应当自中止施工之日起 1 个月内，向发证机关报告，并按规定做好建筑工程的维护管理工作。建筑工程恢复施工的，应当向发证机关报告；中止施工满 1 年的工程恢复施工前，建设单位应当报告发证机关核验施工许可证。”

对于需要领取开工报告的工程，《建筑法》第 11 条规定：“按照国务院有关规定批准开工报告的建设工程，因故不能按期开工或者中止施工的，应当及时向批准机关报告情况。因故不能按期开工超过 6 个月的，应当重新办理开工报告的批准手续。”

2. 从业资格

1) 企业从业资格

在我国，对从事建筑活动的建设工程企业实行等级许可制度，这些企业包括建筑施工企业、勘察单位、设计单位和监理单位等。

《建筑法》第 13 条规定：“从事建筑活动的建筑施工企业、勘察单位、设计单位和工程监理单位，按照其拥有的注册资本、专业技术人员、技术装备和已完成的建筑工程业绩等资质条件，划分为不同的资质等级，经资质审查合格，取得相应等级的资质证书后，方可在其资质等级许可的范围内从事建筑活动。”

根据相应的规定，工程建设参与各方资质等级有不同的划分方法：

(1) 工程设计企业资质的划分。工程设计企业资质分为工程设计综合资质、行业资质和专项资质。工程设计综合资质只设甲级，工程设计行业资质和专项资质根据工程性质和技术特点分别设立了不同的类别和级别。

(2) 工程监理企业资质的划分。工程监理企业资质分为综合资质、专业资质和事务所资质。其中，专业资质可分为房屋建筑工程、水利水电工程、公路工程、市政公用工程、冶炼工程、矿山工程、化工石油工程、电力工程、农林工程、铁路工程、港口与航道工程、航天航空工程、通信工程以及机械电子工程 14 个专业类别，每个专业类别又分为甲级和乙级(房屋建筑工程、水利水电工程、公路工程和市政公用工程 4 种专业工程类别设有丙级)。甲级工程监理企业可以监理经核定的工程类别中的一等、二等、三等工程；乙级监理企业可以监理经核定的工程类别中的二等、三等工程；丙级工程监理企业可以监理经核定的工程类别中的三等工程。

(3) 建筑企业资质的划分。建筑企业资质分为施工总承包、专业承包和劳务分包三个序列。这三类建筑企业按照各自工程性质和技术特点，分为若干资质类别。其中，施工总承包企业划分为 12 个类别，专业承包企业划分为 60 个类别，劳务分包企业划分为 13 个类别。各资质类别按照各自规定的条件划分若干等级。例如，房屋建筑工程施工总承包企业资质分为特级、一级、二级和三级，地基与基础工程专业承包企业资质分为一级、二级和三级，木工作业分包企业资质分为一级和二级。

2) 专业人员执业资格制度

《建筑法》第 14 条规定：从事建筑活动的专业技术人员，应当依法取得相应的职业资格证书，并在执业资格证书许可的范围内从事建筑活动。

建筑业专业人员执业资格制度指的是我国的建筑业专业人员在各自的专业范围内参加全国或行业组织的统一考试，获得相应的职业资格证书，经注册后在资格许可范围内执业的制度。目前我国主要的建筑业专业技术人员执业资格种类包括注册建筑师、注册结构工程师、注册监理工程师、注册造价工程师、注册咨询工程师和注册建造师等。

另外，取得执业资格的专业技术人员，每年还需要接受一定时限的继续教育。

5.2.3 建筑工程发包与承包

1. 一般规定

建筑工程发包单位与承包单位应当依法订立书面合同，明确双方权利和义务。在发包与承包的招标投标活动中，应当遵循公开、公正、平等的竞争原则，建设单位应当择优选择承包单位。

2. 工程发包制度

建设工程的发包方式主要有两种：招标发包和直接发包。《建筑法》第 19 条规定：建筑工程依法实行招标发包，对不适用招标发包的可以直接发包。

建设工程的招标发包，主要适用《招标投标法》及其有关规定。《招标投标法》第 3 条规定了必须进行招标的工程建设项目范围。在该范围内并且达到国家规定的规模标准的工程建设项目的勘察、设计、施工、监理、重要设备和材料的采购都必须依法进行招标。对于公开招标的，《建筑法》第 20 条规定：建筑工程实行公开招标的，发包单位应当依照法定程序和方式，发布招标公告，提供载有招标工程的主要技术要求、主要的合同条款、评标的标准和方式以及开标、评标、定标的程序等内容的招标文件。

对于不适于招标发包可以直接发包的建设工程，承包人依然要符合资质的要求。《建筑法》第 22 条规定：建筑工程实行直接发包的，发包单位应当将建筑工程发包给具有相应资质条件的承包单位。

另外，国家也提倡建筑工程实行工程总承包，但是禁止将建筑工程肢解发包，“建设单位不得将应当由一个承包单位完成的建设工程肢解成若干部分发包给几个承包单位”。发包单位也不得指定承包单位购入用于工程的建筑材料、建筑构配件和设备或者指定生产厂、供应商。

3. 工程承包制度

1) 工程承包单位的资质等级许可制度

我国对工程承包实行资质等级许可制度。《建筑法》第 26 条第 1 款规定：“承包建筑工程的单位应当持有依法取得的资质证书，并在其资质等级许可的业务范围内承揽工程。”为了规范建筑施工企业的市场行为，严格建筑施工企业的市场准入，《建筑法》第 26 条第 2 款对违反资质许可制度的行为作出了如下规定：

(1) 禁止建筑施工企业超越本企业资质等级许可的业务范围承揽工程。

(2) 禁止以任何形式用其他建筑施工企业的名义承揽工程。

(3) 禁止建筑施工企业以任何形式允许其他单位或者个人使用本企业的资质证书、营业执照，以本企业的名义承揽工程。

2) 联合承包

《建筑法》第 27 条规定“大型建筑工程或者结构复杂的建筑工程，可以由两个以上的承包单位联合共同承包。共同承包的各方对承包合同的履行承担连带责任”。同时还规定“两个以上不同资质等级的单位实行联合承包的，应当按照资质等级较低的单位的业务许可范围承揽工程”。

3) 禁止转包

《建筑法》第 28 条规定：禁止承包单位将其承包的全部建筑工程转包给他人，禁止承包单位将其承包的全部建筑工程肢解以后以分包的名义分包转包给他人。

4. 工程分包制度

分包是指总承包单位将其所承包的工程中的部分工程发包给其他承包单位完成的活动。

1) 分包商不可以超越其资质许可范围去承揽分包工程

《建筑法》第 29 条规定“建筑工程总承包单位可以将承包工程中的部分工程发包给具有相应资质条件的分包单位”。

2) 对分包单位的认可

《建筑法》第 29 条进一步规定“除总承包合同中约定的分包外，必须经建设单位认可”。这条规定实际上赋予了建设单位对分包商的否决权。需要指出的是，建设单位的认可是在总承包单位已经做出选择的基础上的确认；这不同于指定分包商，指定分包商是首先由建设单位作出选择。直接指定分包商在我国是违反的，而在《FIDIC 施工合同条件》中业主则可以指定分包商。

3) 禁止违法分包

《建筑法》禁止违法分包。“禁止承包单位将其承包的全部建筑工程肢解以后以分包名义分包转包给他人”、“分包单位必须具有相应资质”、“分包单位一般应得到建设单位的认可”，等等。

4) 总承包单位与分包单位的连带责任

《建筑法》第 29 条第 2 款规定：“建筑工程总承包单位按照总承包合同的约定对建设单位负责；分包单位按照分包合同的约定对总承包单位负责。总承包单位和分包单位就分包工程对建设单位承担连带责任。”其中，连带责任既可以依合同约定产生，也可以依法律规定产生。

分包与转包的根本区别在于分包是将工程的一部分或非主体结构部分交由其他单位完成，而转包则是将整个工程的全部或者主体部分交由其他单位完成。

5.2.4 建设工程监理

建设工程监理是指具有相应资质条件的工程监理单位依法接受建设单位的委托，依照法律、法规以及有关技术标准、设计文件和建设工程承包合同，对建设工程质量、建设工期和建设资金使用等实施的专业化监督管理。《建筑法》第 30 条第 1 款规定“国家推行建筑工程监理制度”。

1. 实行强制监理的建设工程范围

《建筑法》第 30 条第 2 款规定“国务院可以规定实行强制监理的建筑工程的范围”。国务院《建设工程质量管理条例》第 12 条规定了必须实行监理的建设工程范围，《建设工程监理范围和规模标准规定》则对必须实行监理的建设工程做出了更具体的规定：

(1) 国家重点建设工程。依据《国家重点建设项目管理办法》所确定的对国民经济和社会发展有重大影响的骨干项目。

(2) 大中型公用事业工程。项目总投资额在3000万以上的供水、供电、供气、供热和社会发展有重大影响的骨干项目。

(3) 成片开发建设的住宅小区工程。建设面积在5万m^2以上的住宅建设工程。

(4) 利用外国政府或者国际组织贷款、援助资金的工程。包括使用世界银行、亚洲开发银行等国际组织贷款资金的项目，使用外国政府及其机构贷款资金的项目，使用国际组织或者国外政府援助资金的项目。

(5) 国家规定必须实行监理的其他工程。项目总投资额在3000万元以上关系社会公共利益、公众安全的交通运输、水利建设、城市基础设施、生态环境保护、信息产业和能源等基础设施项目以及学校、影剧院和体育场馆项目。

2. 工程监理单位资质等级许可制度

我国对工程监理单位实行资质等级许可制度。《建筑法》第31条规定："实行监理的建筑工程，由建设单位委托具有相应资质条件的工程监理单位监理。建设单位与其委托的工程监理单位应当订立书面委托监理合同。"

3. 工程监理的依据、权限和内容

根据《建筑法》、《建设工程质量管理条例》、《建设工程安全生产管理条例》的有关规定，工程监理的依据包括法律、法规，有关技术标准、规范、操作规程，设计文件和建设工程承包合同与委托监理合同等。

根据《建筑法》的规定，工程监理的内容可以概括为工程监理单位对承包单位在质量、工期和资金使用等方面的监督，即三控。其工作内容、监理权限还将取决于双方合同的具体约定，并且该约定要向被监理的承包单位通报。为此，《建筑法》第33条规定："实施建筑工程监理前，建设单位应当将委托的工程监理单位、监理内容及监理权限，书面通知被监理的建筑施工企业。"

《建筑法》第32条第2款、第3款分包规定了工程监理人员的监理权限和义务，包括：

(1) 工程监理人员认为工程施工不符合设计要求、施工技术标准和合同约定的，有权要求建设施工企业改正。

(2) 工程监理人员发现工程设计不符合建筑工程质量标准或者合同约定的质量要求的，应当报告建设单位要求设计单位改正。

4. 禁止工程监理单位实施的违反行为

根据《建筑法》第34条、第35条的规定，工程监理单位还应当遵守如下强制性法律规定：

(1) 工程监理单位与被监理工程的承包单位以及建筑材料、建筑构配件和设备供应单位不得有隶属关系或者其他利害关系。

(2) 工程监理单位不得转让监理业务。

(3) 工程监理单位不按照委托监理合同的约定履行监理义务，对应当监督检查的项目不检查或者不按照规定检查，给建设单位造成损失的，应当承担相应的赔偿责任。

(4) 工程监理单位与承包单位串通，为承包单位谋取非法利益，给建设单位造成损失的，应当与承包单位承担连带赔偿责任。

5.3　中华人民共和国合同法

1999 年颁布的《中华人民共和国合同法》(以下简称《合同法》)共 428 条，其中第 1 章至第 8 章为总则，包括一般规定、合同的订立、合同的效力、合同的履行、合同变更和转让、合同的权利义务终止、违约责任等内容；第 9 章至 23 章为分则，包括买卖合同、承揽合同、建设工程合同、技术合同、委托合同等 15 类合同内容；还有一条作为附则。这里只对与建筑工程有关的、重要的总则条款做介绍。

合同又称契约，《合同法》第 2 条规定：“本法所称合同是平等自然人、法人、其他组织之间设立、变更、终止民事权利义务关系的协议。”合同作为一种法律手段，是法律规范在具体问题中的应用方式，签订合同属于一种法律行为，依法签订的合同具有法律约束力。

5.3.1　一般规定

1. 制定《合同法》的目的

《合同法》第 1 条规定：“为了保证合同当事人的合法权益，维护社会经济秩序，促进社会主义现代化建设，制定本法。”

2. 《合同法》立法的基本原则

1) 平等原则

《合同法》第 3 条规定：“合同当事人的法律地位平等，一方不得将自己意志强加给另一方。”

2) 自愿原则

《合同法》第 4 条规定：“当事人依法享有自愿订立合同的权利，任何单位和个人不得非法干预。”

3) 公平原则

《合同法》第 5 条规定：“当事人应当遵循公平原则确定各方的权利和义务。”

4) 诚实信用原则

《合同法》第 6 条例规定：“当事人行使权利、履行义务应当遵守诚实信用原则。”

5) 遵纪守法的原则

《合同法》第 7 条规定：“当事人订立、履行合同，应当遵守法律、行政法规，遵守社会公德，不得扰乱社会经济秩序，损害社会公共利益。”

3. 合同的分类

根据不同的标准，可以将合同划分为不用的种类。以下选择建筑工程有关的重要的分类进行介绍：

1) 要式合同和不要式合同

要式合同是指必须采用法定形式的合同，例如，中外合资经营合同经双方当事人签字盖章后必须经过政府主管部门批准后才成立，此批准即为法定形式。采用要式合同时，当事人采用合同书形式订立合同的，自双方当事人签字或盖章时合同成立。

不要式合同是指不要求采用特定形式，当事人可以选择合同形式。合同实践中，以不要式合同居多。采用不要式合同时，合同成立是指合同当事人对合同的标的、数量等内容协商一致。如果法律、法规、当事人对合同的形式、程序没有特殊要求，则承诺生效时合同成立。

区别要式合同与不要式合同的意义在于，某些要式合同如果不具备法律、行政法规要求的形式，可能不产生合同效力。

2) 双务合同与单务合同

依照合同当事人之间是否互负义务，合同可以分为双务合同与单务合同。

双务合同是当事人之间互相承担义务，或者说当事人均承担义务的合同。例如买卖合同。双务合同下合同风险由各方共担风险。如委托监理合同、建筑工程施工合同均属于双务合同。

单务合同是只有一方当事人承担给予的义务，另一方不承担义务只享受权利的合同。例如赠与合同。单务合同下，履行合同风险全部由承担义务的一方承担。

3) 有偿合同与无偿合同

依照合同当事人之间权利义务是否存在对价关系，可以将合同分为有偿合同与无偿合同。

有偿合同是当事人一方享有合同规定的权益须向另一方付出相应代价的合同。有偿合同是常见的合同形式，合同当事人应当具有相应的民事行为能力，如买卖、租赁、运输、承揽合同等。

无偿合同是一方当事人享有合同规定权益，但无须向另一方付出相应对价的合同。例如无偿借用合同。无偿付出的一方一般承担较低程度的义务，合同对当事人的行为能力要求较低，甚至是无民事行为能力人也能签订无偿合同。

4) 有名合同与无名合同

根据法律是否赋予其特定的合同名称并设有专业规范，将合同分为有名合同与无名合同。

有名合同也称典型合同，是法律对某些合同赋予专门名称，并设立专门规范的合同，如《合同法》分则所规定的 15 类合同。

无名合同也称非典型合同，是法律上未规定专门名称和专门规则的合同。根据合同的自由原则，只要不违反法律、行政法规强制性规定，不违背社会公共利益和公德，不侵害他人权益，允许当事人根据自身意愿订立任何形式的合同。

5.3.2 合同的订立

1. 合同的形式和内容

《合同法》第 10 条规定："当事人订立合同，有书面形式、口头形式和其他形式。"其中，口头形式是以口头语言形式表现合同内容的合同，书面形式是指合同书、信件、数据电文(包括电报、电传、传真、电子数据交换和电子邮件)等可以有形表示所载内容的形式，其他形式则包括公证、审批、登记等形式。

关于合同的内容，合同法第 12 条规定：合同的内容由当事人约定。一般包括以下条款：

(1) 当事人的名称或姓名和住所。

(2) 标的。

(3) 数量。

(4) 质量。

(5) 价款或者报酬。

(6) 履行期限、地点和方式。

(7) 违约责任。

(8) 解决争议的方法。

2. 要约与承诺

当事人订立合同时，应当采取要约、承诺方式。

《合同法》第 14 条规定，要约是希望和他人订立合同的意思表示。该意思表示应当符合下列规定：

(1) 内容具体确定。

(2) 表明经受要约人承诺，要约人即受该意思表示约束。

其中，提出要约的一方为要约人，接受要约的一方为受约人。具体地讲，要约必须是特定人的意思表示，必须是以缔约合同为目的的。要约必须是对相对人发出的行为，虽然相对人的人数可能为不特定的多数人，都必须由相对人承诺。另外，要约必须具备合同的一般条款。

《合同法》第 15 条规定："要约邀请是希望他们向自己发出要约的意思表示。寄送的价目表、拍卖公告、招标公告、招股说明书、商业广告等为要约邀请。"这里意思表示的内容往往不确定，不含有合同得以成立的主要内容，也不含相对人同意受其约束的表示。要约邀请并不是合同成立过程中的必经过程，它是当事人订立合同的预备行为，在法律上无须承担责任。

要约可以撤回或撤销。要约的撤回是指要约在发生法律效力之前，欲使其不发生法律效力而取消的意思表示；要约撤销是指要约在发生法律效力之后，要约人欲使其丧失法律效力而取消该项要约的意思表示。

《合同法》第 21 条规定："承诺是受要约人作出的同意要约的意思表示。"第 22 条规定："承诺应当以通知的方式作出，但根据交易习惯或者要约表明可以通过行为作出的承诺除外。"承诺应具有以下条件：

(1) 承诺必须由受要约人作出。

(2) 承诺只能向要约人作出。

(3) 承诺的内容应当与要约的内容一致。

(4) 承诺必须在承诺期限内发出。

3. 合同的成立

《合同法》第 25 条规定："承诺生效时合同成立。"

承诺可以撤回但是不能撤销。承诺的撤回是承诺人阻止或者消灭承诺发生法律效力的意思表示。撤回承诺应当在承诺通知到达要约人之前或者与承诺通知同时到达要约人。

4. 示范文本

合同示范文本是将各类合同的主要条款、式样等制定出规范的、指导性的文本，在全国范围内积极宣传和推广，引导当事人采用示范文本订立合同，以实现合同签订的规范化。《合同法》第12条规定："当事人可以参照各类合同的示范文本订立合同。"

在建筑工程领域，1991年起先后颁布了《建设工程施工合同(示范文本)》、《建设工程委托监理合同(示范文本)》等示范文本，这些示范文本更符合市场经济的要求。

5. 格式条款

格式条款又称标准条款，是指当事人为了重复使用而预先拟定，并在订立合同时未与对方协商即采用的条款。提供条款的相对人只能在接受格式条款和解决合同两者之间选择。提供格式条款的一方应当遵循公平的原则确定当事人之间的权利义务关系，并采取合理的方式提请对方注意免除或限制其责任的条款，按照对方的要求，对该条款予以说明。当双方对格式条款的理解发生争议时，应当按照通常的理解予以解释。对格式条款有两种以上解释的，应当向不利于提供格式条款的一方解释。

5.3.3　合同的效力

1. 合同生效

合同生效是指合同对双方当事人的法律约束力的开始。合同成立后，必须具备相应的法律条件才能生效，否则合同是无效的。

合同生效应当具备下列条件：

(1) 当事人具有相应的民事权利能力和民事行为能力。

(2) 意思表示真实。

(3) 不违反法律或者损害社会公共利益。

一般来说，依法处理的合同自成立时生效。具体地讲，口头合同自受要约人承诺时生效；书面合同当事人双方签字或者盖章时生效；法律规定应当采用书面形式的合同，当事人虽然未采取书面形式但已经履行全部或者主要义务的，可以视为合同有效。合同中有违反法律或社会公共利益的条款的，当事人取消或更改后，不影响合同其他条件。

对于附条件合同，虽然成立与生效不是同一时间，合同成立后并未开始履行，但任何一方不得撤销要约和承诺，仍然必须忠实履行合同约定的义务。否则，应承担缔约过失责任或者按违约责任条款的约定追究相应责任。

对于效力待定合同的生效则与后续行为有关，包括：

(1) 限制民事行为能力人订立的合同。

(2) 无代理权人订立的合同。

(3) 表见代理人订立的合同。

(4) 法定代表人、负责人越权订立的合同。

(5) 无处分权人处分他人财产订立的合同。

一般地，后续行为是指相应权利人应知、追认、授权或相对人与表见代理人订立的合同为有效合同。

2. 无效合同

无效合同是指当事人违反了法律规定的条件而订立的，国家不承认其效力，不给予法律保护的合同。

《合同法》第 52 条规定，有下列情形之一的，合同无效：

(1) 一方以欺诈、胁迫的手段订立的合同，损害国家利益。

(2) 恶意串通，损害国家、集体或者第三人利益。

(3) 以合同形式掩盖非法目的。

(4) 损害社会公共利益。

(5) 违反法律、行政法规的强制性规定。

合同被确认无效后，合同规定的权利义务即为无效。履行中的合同应当终止履行，尚未履行的不得继续履行。对因履行无效和而产生的后果应当采取返还财产、赔偿损失以及追缴财产收归国有的处理方法。

3. 可变更或可撤销合同

可变更或可撤销合同是指欠缺生效条件，但一方当事人可依照自己的意思使合同的内容变更或者使合同的效力归于消灭的合同。可变更或可撤销合同不同于无效合同，当事人提出请求是合同被变更、撤销的前提，人民法院或者仲裁机构不得主动变更或者撤销合同。当事人如果只要求变更，人民法院或者仲裁机构不得撤销合同。

《合同法》第 54 条规定，下列合同，当事人一方有权请求人民法院或者仲裁机构变更或者撤销：

(1) 因重大误解订立的。

(2) 在订立合同时显失公平的。

一方以欺诈、胁迫的手段或者乘人之危，使对方在违背真实意思的情况下订立的合同，受损害方有权请求人民法院或者仲裁机构变更或者撤销。

4. 当事人名称或者法定代表人变更不对合同效力产生影响

当事人名称或者法定代表人变更不会对合同的效力产生影响。《合同法》第 76 条规定："合同生效后当事人不得因姓名、名称的变更或者法定代表人、负责人、承办人的变动而不履行合同义务。"

5. 当事人合并或分立后对合同效力的影响

在现实的市场经济活动中，经常由于资产的优化或重组而产生法人的合并或分立。《合同法》第 90 条规定："当事人订立合同后合并的，由合并后的法人或者其他组织行使合同权利，履行合同义务。当事人订立合同后分立的，除债权人和债务人另有约定的义务，由分立的法人或者其他组织对合同的权利和义务享有连带债权，承担连带债务。"

5.3.4　合同的履行

1. 合同履行的概念

合同履行是指合同当事人按照合同的规定，全面履行各自的义务，实现各自的权利，使各方的目的得以实现的行为。

2. 合同履行的原则

《合同法》第 60 条规定："当事人应当按照约定全面履行自己的义务。当事人应当遵循诚实信用原则，根据合同的性质、目的和交易习惯履行通知、协助、保密等义务。"所以，合同当事人履行合同时，应遵循以下原则：

(1) 全面履行的原则。

(2) 诚实信用原则。

3. 抗辩权

抗辩权是指在双务合同中，在符合法定条件时，当事人一方可以暂时拒绝对方当事人的履行要求的权利，包括同时抗辩权、先履行抗辩权和不安抗辩权。需要注意的是，抗辩权的形式只能暂时拒绝对方的履行请求，即中止履行，而不能消灭对方的履行请求权。一旦抗辩权事由消失，原抗辩权人仍应当履行其债务。

同时履行抗辩权是指在没有规定履行顺序的双务合同中，当事人一方在当事人另一方未对其给付以前，有权拒绝先给付的权利。如施工合同中期付款时，对承包人施工质量不合格部分，发包人有权拒绝该部分的工程款；如果发包人拖欠工程款，则承包人可以放慢施工进度，甚至停止施工，所产生的后果，由违约方承担。

先履行抗辩权是指当事人互负债务，有先后履行顺序的，先履行一方未履行债务或者履行债务不符合约定，后履行一方有权拒绝先履行一方的履行请求。设立履行情况表的目的在于，预防合同成立后情况发生变化而损害合同另一方的利益。

不安抗辩权是指具有先给付义务的一方当事人，当相对人财产明显减少或欠信用，不能保证对其给付时，拒绝给付的权利。如材料供应合同按照约定应由供货方先行交付订购的材料后，采购方再付款结算，若合同履行过程中供货方交付的材料质量不符合约定的标准，采购方有权拒付货款。

4. 代位权

代位权是指债权人为了保障其债权不受损害，而以自己的名义代替债务人行使债权的权利。

《合同法》第 73 条规定："因债务人怠于行使到期债权，对债权人造成损害的，债权人可以向人民法院请求以自己的名义代位行使债务人的债权，但该债权专属于债务人自身的除外。"这里，专属于债务人自身的权利包括退休金、养老金、抚恤金、人寿保险等。

5. 撤销权

撤销权是指债权人对于债务人危害其债权实现的不当行为，有请求人民法院予以撤销的权利。

《合同法》第 74 条规定："因债务人放弃其到期债权或者无偿转让财产，对债权人造成损害的，债权人可以请求人民法院撤销债务人的行为。债务人以明显不合理的低价转让财产，对债权人造成损害，并且受让人知道该情形的，债权人也可以请求人民法院撤销债务人的行为。撤销权的行使范围以债权人的债权为限。债权人行使撤销权的必要费用，由债务人负担。"

5.3.5　合同的变更和转让

合同的变更和转让需要在一定条件下进行，否则合同的变更和转让不发生法律效力。合同变更或转让后，当事人的权利和义务也将随之发生变化。

1. 合同变更

狭义的变更是指合同内容的某些变化，是在主体不变的前提下，在合同没有履行或者没有完全履行前，由于一定的原因，由当事人对合同约定的权利义务进行局部调整。这种调整，通常表现为对合同某些条款的修改或补充。

广义的变更是指除合同内容的变更外，还包括合同主体的变更，即由新的主体取代原合同的某一主体。这实质上是合同的转让。

2. 合同转让

合同转让是指合同一方将合同的权利、义务全部或者部分转让给第三人的法律行为。《民法通则》中规定："合同一方将合同的权利、义务全部或者部分转让给第三人的，应当取得合同另一方的同意，并不得牟利。依照法律规定应当由国家批准的合同，需经原批准机关批准。但是，法律另有规定或者原合同另有约定的除外。"

合同的转让包括债权转让、债务承担以及权利和义务同时转让三种情况。

5.3.6　合同权利义务终止

合同权利义务终止是指由于一定的法律事实发生，使合同设立的权利义务归于消灭的法律现象。合同权利义务终止是合同效力停止的表现，即合同当事人不再受合同约束。

《合同法》第 91 条规定，有下列情形之一的，合同的权利义务终止：

(1) 债务已经按照约定履行。

(2) 合同解除。

(3) 债务相互抵消。

(4) 债务人依法将标的物提存。

(5) 债权人免除债务。

(6) 债权债务同归于一人。

(7) 法律规定或者当事人约定终止的其他情形。

其中，合同解除是指在合同有效成立之后没有履行完毕之前，当事人双方通过协议或者一方行使约定或法定解除权的方式，使当事人设立的权利义务关系终止的行为。合同解除包括约定解除和法定解除。

《合同法》第 94 条规定，有下列情形之一的，当事人可以解除合同：

(1) 因不可抗力致使不能实现合同目的。

(2) 在履行期限届满之前，当事人一方明确表示或者以自己的行为表示不履行主要债务。

(3) 当事人一方迟延履行主要债务，经催告后在合理期限内仍未履行。

(4) 当事人一方迟延或者有其他违约行为致使不能实现合同目的。

(5) 法律规定的其他情形。

5.3.7 违约责任

1. 违约责任

违约责任是指合同当事人不履行合同或者履行合同不符合约定而应承担的民事责任。

《合同法》第 107 条规定："当事人一方不履行合同义务或者履行合同义务不符合约定的，应当承担继续履行、采取补救措施或者赔偿损失等违约责任。"

2. 违约行为

违约责任源于违约行为。违约行为是指合同当事人不履行合同义务或者合同义务不符合约定条件的行为。

3. 违约金与定金

违约金是指当事人在合同中或合同订立后约定因一方违约而应向另一方支付一定数额的金钱。违约金可分为约定违约金和法定违约金。

定金是指合同当事人一方预先支付给对方的款项，其目的是在于担保合同债权的实现。

违约金存在与主合同之中，定金存在于从合同之中。它们可能单独存在，也可能同时存在。《合同法》第 116 条规定："当事人既约定违约金，又约定定金的，一方违约时，对方可以选择适用违约金或者定金条款。"从规定中可以看出，违约金条款和定金条款只能选择适用其中一个。

5.4 建设工程质量管理条例

2000 年颁布的《建设工程质量管理条例》(以下简称《质量管理条例》)的立法目的在于加强对建设工程质量的管理，保证建设工程质量，保护人民生命和财产安全。《质量管理条例》共包括 137 条，分别对建设单位、施工单位、工程监理单位和勘察、设计单位质量责任和义务作出了规定。

另外，对于适用范围，《质量管理条例》第 2 条规定："凡在中华人民共和国境内从事建设工程的新建、扩建、改建等有关活动及实施对建设工程质量监督管理的，必须遵守本条例。"

5.4.1 建设单位的质量责任和义务

1. 依法对工程进行发包的责任

《质量管理条例》第 7 条规定："建设单位应当将工程发包给具有相应资质等级的单位。建设单位不得将建设工程肢解发包。"所以，建设单位应当依法行使工程发包权，在《建筑法》中对此也有明确规定。

2. 依法对材料设备招标的责任

《质量管理条例》第 8 条规定："建设单位应当依法对工程建设项目的勘察、设计、施工、监理以及与工程建设有关的重要设备、材料等的采购进行招标。"建设单位实施的工程建设项目采购行为，还应当符合《招标投标法》及其相关规定。

3. 提供原始资料的责任

《质量管理条例》第 9 条规定："建设单位必须向有关勘察、设计、施工、工程监理等单位提供与建设工程有关的原始资料。原始资料必须真实、准确、齐全。"建设单位应当对所提供的原始资料的质量负责。

4. 不得干预投标人的责任

《质量管理条例》第 10 条规定："建设工程发包单位不得迫使承包方以低于成本价竞标，不得压缩合理工期。建设单位不得明示或暗示设计单位或者施工单位违反工程建设强制性标准，降低建设工程质量。"

在这里，承包方主要指勘察、设计和施工单位。另外，《招标投标法》第 33 条还规定"投标人不得以低于成本价的报价竞标"。

5. 送审施工图的责任

《质量管理条例》第 11 条规定："建设单位应当将施工图设计文件报县级以上人民政府建设行政主管部门或者其他有关部门审查。""施工图设计文件未经审查批准的，不得使用。"

6. 依法委托监理的责任

《质量管理条例》第 12 条规定："实行监理的建设工程，建设单位应当委托具有相应资质等级的工程监理单位进行监理，也可以委托具有工程监理相应资质等级并被监理工程的施工承包单位没有隶属关系或者其他利害关系的该工程的设计单位进行监理。"

7. 确保提供的物资符合要求的责任

《质量管理条例》第 14 条规定："按照合同约定，由建设单位采购建筑材料、建筑构配件和设备的，建设单位应当保证建筑材料、建筑构配件和设备符合设计文件和合同要求。"如果建设单位提供规定建筑材料、建筑构配件和设备不符合设计文件和合同要求，属于违约行为，应当向施工单位承担违约责任，施工单位有权拒绝接收这些货物。

8. 不得擅自改变主体和承重结构进行装修的责任

《质量管理条例》第 15 条规定："涉及建筑主体和承重结构变动的装修工程，建设单位应当在施工前委托原设计单位或者具有相应资质等级的设计单位提出设计方案；没有设计方案的，不得施工。"

9. 依法组织竣工验收的责任

《质量管理条例》第 16 条第 1 款规定："建设单位收到建设工程竣工报告后，应当组织设计、施工、工程监理等有关单位进行竣工验收。"

10 移交建设项目档案的责任

根据《质量管理条例》第 17 条的规定，建设单位应当严格按照国家有关档案管理的规定，向建设行政主管部门或者其他有关部门移交建设项目档案。

5.4.2 勘察、设计单位的质量责任和义务

1. 勘察、设计单位共同的责任

《质量管理条例》第 18 条规定："从事建设工程勘察、设计的单位应当依法取得相应

等级的资质证书，并在其资质等级许可的范围内承揽工程。”

《质量管理条例》第 19 条规定：“勘察、设计单位必须按照工程建设强制性标准进行勘察、设计，并对其勘察、设计质量负责。注册建筑师、注册结构工程师等注册执业人员应当在设计文件上签字，对设计文件负责。”

2. 勘察单位的质量责任

《质量管理条例》第 20 条规定：“勘察单位提供的地质、测量、水文等勘察成果必须真实、准确。”

3. 设计单位的质量责任

1) 科学设计的责任

《质量管理条例》第 21 条规定：“设计单位应当根据勘察成果文件进行建设工程设计。设计文件应当符合国家规定的设计深度要求，注明工程合理使用年限。”

2) 选择材料设备的责任

《质量管理条例》第 22 条规定：“设计单位在设计文件中选用的建筑材料、建筑构配件和设备，应当注明规格、型号，性能等技术指标，其质量要求必须符合国家规定的标准。除有特殊要求的建筑材料、专用设备、工艺生产线等外，设计单位不得指定出产厂、供应商。”

3) 解释设计文件的责任

《质量管理条例》第 23 条规定：“设计单位应就审查合格的施工图设计文件向施工单位作出详细的说明。”由于施工图是设计单位设计的，设计单位对施工图会有更深刻的理解，由其对施工单位作出说明是非常必要的，这有助于施工单位理解施工图，保证工程质量。

4) 参与事故分析的责任

《质量管理条例》第 24 条规定：“设计单位应当参与建设工程质量事故分析，并对因设计造成的质量事故，提出相应的技术处理方案。”

5.4.3 施工单位的质量责任和义务

1. 依法承揽工程的责任

《质量管理条例》第 25 条规定：“施工单位应当依法取得相应等极的资质证书，并在其资质等级许可的范围内承揽工程。禁止施工单位超越本单位资质等级许可的业务范围或者以其他施工单位的名义承揽工程，禁止施工单位允许其他单位或者个人以本单位名义承揽工程。施工单位不得转包或者违法分包工程。”

2. 建立质量保证体系的责任

《质量管理条例》第 26 条规定：“施工单位对建设工程的施工质量负责。”“建设工程实行总承包的，总承包单位应当对全部建设工程质量负责；建设工程勘察、设计、施工、设备采购的一项或者多项实行总承包的，总承包单位应当对其承包的建设工程或者采购的设备质量负责。”

3. 分包单位保证工程质量的责任

《质量管理条例》第 27 条规定：“总承包单位依法将建设工程分包给其他单位的，分包单位应当按照分包合同的约定对其分包工程的质量向总承包单位负责，总承包单位与分包单位对分包工程的质量承担连带责任。”

4. 按图施工的责任

《质量管理条例》第 28 条规定：“施工单位必须依照工程设计图纸和施工技术标准施工，不得擅自修改工程设计，不得偷工减料。施工单位在施工过程中发现设计文件和图纸有差错的，应当及时提出意见和建议。”

5. 对建筑材料、构配件和设备进行检验的责任

《建设工程质量管理条例》第 29 条规定：“施工单位必须按照工程设计要求、施工标准和合同约定，对建筑材料、建筑构配件、设备和商品混凝土进行检验，检验应当有书面记录和专人签字；未经检验或者检验不合格的，不得使用。”

6. 对施工质量进行检验的责任

《质量管理条例》第 30 条规定：“施工单位必须建立、健全施工质量的检验制度，严格工序刊，做好隐蔽工程的质量检查和记录。隐蔽工程在隐蔽前，施工单位应当通知建设单位和建设工程质量监督机构。”

隐蔽工程具有不可逆行，对隐蔽工程的验收应当严格按照法律、法规、强制性标准及合同约定进行。《合同法》第 278 条还规定：“隐蔽工程验收前，承包人应当通知发包人检查。发包人没有及时检查的，承包人可以顺延工程日期，并有权要求赔偿停工、窝工等损失。”

7. 见证取样的责任

《质量管理条例》第 31 条规定：“施工人员涉及结构安全的试块、试件以及有关材料，应当在建设单位或者工程监理单位监督下现场取样，并送具有相应资质等级的质量检测单位进行检测。”

8. 返修保修的责任

《质量管理条例》第 32 条规定：“施工单位对施工中出现质量问题的建设工程或者竣工验收不合格的建设工程，应当负责返修。”

5.4.4　监理单位的质量责任和义务

1. 依法承揽业务的责任

《质量管理条例》第 34 条规定：“工程监理单位应当依法取得相应等级的资质证书，并在其资质等级许可的范围内承担工程监理业务。禁止工程监理单位超越本单位资质等级许可的范围或者以其他工程监理单位的名义承担工程监理业务。禁止工程监理单位允许其他单位或者个人以本单位的名义承担工程监理业务。工程监理单位不得转让工程监理业务。”

2. 独立监理的责任

《质量管理条例》第 35 条规定：“工程监理单位与被监理工程的施工承包单位以及建筑材料、建筑构配件和设备供应单位有隶属关系或者其他利害关系的，不得承担该项建设工程的监理业务。”

3. 依法监理的责任

《质量管理条例》第 36 条规定：“工程监理单位应当依照法律、法规以及有关技术标准、设计文件和建设工程承包合同，代表建设单位对施工质量实施监理，并对施工质量承担监理责任。”

《质量管理条例》第 38 条规定：“监理工程师应当按照工程监理规范的要求，采取旁站、巡视和平行检验等形式，对建设工程实施监理。”

4. 确定质量和应付工程款的责任

《质量管理条例》第 37 条规定：“工程监理单位应当选派具有相应资格的总监理工程师和监理工程师进驻施工现场。未经监理工程师签字，建筑材料、建筑构配件和设备不得在工程上使用或者安装，施工单位不得进行下一道工序的施工。未经总监理工程师签字，建设单位不拨付工程款，不进行竣工验收。”

5. 监理手段

《质量管理条例》第 38 条规定：“监理工程师应当按照工程监理规范的要求，采取旁站、巡视和平行检验等形式，对建设工程实施监理。”

5.4.5　建设工程质量保修

建设工程质量保修是指建设工程竣工验收后在保修期内出现的质量缺陷或质量问题，由施工单位依照法律规定和约定予以修复。

1. 工程质量保修书

《质量管理条例》第 39 条第 2 款规定:“建设工程承包单位向建设单位提交工程竣工验收报告时，应当向建设单位出具质量保修书。质量保修书中应当明确建设工程的保修范围、保修期限和保修责任。”

2. 保修范围和最低保修期限

《建设工程质量管理条例》第 40 条规定了保修范围，及其在正常使用条件下各自对应的最低保修期限：

(1) 基础设施工程、房屋建筑工程的地基基础工程和主体结构工程，为设计文件规定的该工程的合理使用年限。

(2) 屋面防水工程、有防水要求的卫生间、房间和外墙面的防渗漏，为 5 年。

(3) 供热与供冷系统，为 2 个采暖期和供冷期。

(4) 电气管线、给水排水管道、设备安装和装修工程，为 2 年。

3. 保修责任

《质量管理条例》第 41 条规定:“建设工程在保修范围和保修期内发生质量问题的，施工单位应当履行保修义务，并对造成的损失承担赔偿责任。”

5.4.6　监督管理

《质量管理条例》明确规定，国家实行建设工程质量监督管理制度。政府建设工程质量监督的主要目的是保证建设工程使用安全和环境质量，主要依据是法律、法规和强制性标准，主要方式是政府认可的第三方强制监督，主要内容是地基基础、主体结构、环境质量和与此相关的工程建设各方主体的质量行为，主要手段是施工许可制度和竣工验收备案制度。

1. 建设工程质量监督的主体

建设工程质量监督的主体是各级政府建设行政主管部门和其他有关部门。根据《质量管理条例》第 43 条第 2 款的规定："国务院建设行政主管部门对全国的建设工程质量实施统一的监督管理。并且还规定了各级政府有关主管部门应当加强对有关建设工程质量的法律、法规和强制性标准执行情况的监督检查。"

建设工程质量监督机构的主要任务包括：

(1) 根据政府主管部门的委托，受理建设工程项目质量监督。

(2) 制定质量监督工作方案。

(3) 检查施工现场工程建设各方主体的质量行为。

(4) 检查建设工程实体质量。

(5) 监督工程竣工验收。

(6) 工程竣工验收后 5 日内，应当向委托部门报送建设工程质量监督报告。

(7) 对预制建筑构件和商品混凝土的质量进行监督。

(8) 受委托部门委托，按规定收取工程质量监督费。

(9) 政府主管部门委托的工程质量监督管理的其他工作。

2. 竣工验收备案制度

根据《质量管理条例》第 49 条规定："建设单位应当自建设工程竣工验收合格之日起 15 日内，将建设工程竣工验收报告和规划、消防、环保等部门出具的认可文件或者准许使用文件报建设行政主管部门或者其他有关部门备案。"

3. 工程质量事故报告制度

《质量管理条例》第 52 条第 1 款规定："建设工程发生质量事故，有关单位应当在 24 小时内向当地建设行政主管部门和其他有关部门报告。对重大质量事故，事故发生地的建设行政主管部门和其他有关部门应当按照事故类别和等级向当地人民政府和上级建设行政主管部门和其他有关部门报告。"

5.5　建设工程安全生产管理条例

2004 年颁布的《建设工程安全生产管理条例》(以下简称《安全生产管理条例》)立法的目的在于加强建设工程安全生产监督管理，保障人民群众生命和财产安全。《建设法》和《安全生产法》是制定该条例的基本法律依据。

《安全生产管理条例》第 2 条规定："在中华人民共和国境内从事建设工程的新建、扩建、改建和拆除等有关活动及实施对建设工程安全生产的监督管理，必须遵守本条例。"

5.5.1 建设工程安全生产管理制度

1. 安全生产责任制度

安全生产责任制度是建筑生产中最基本的安全管理制度，是所有安全规章制度的核心，是将各种不同的安全责任落实到负责有安全管理责任的人员和具体岗位人员身上的一种制度。在建筑活动中，只有明确安全责任，分工负责，才能形成完整有效的安全管理体系，激发每个人的安全责任感，严格执行建筑工程安全的法律、法规和安全规程、技术规范，防患于未然，减少和杜绝建筑工程事故，为建设工程的生产创造一个良好的环境，体现“安全第一，预防为主”的方针。

2. 群防群治制度

群防群治是职工群众进行预防和治理安全的一种制度。这一制度要求建筑企业职工在施工中应当遵守有关生产的法律、法规和建筑行业安全规程，不得违章作业；对于危及生命和身体健康的行为有权提出批评、检举和控告。

3. 安全生产教育培训制度

安全生产教育培训制度是对广大建筑干部职工进行安全教育培训，提高安全意识，增加安全知识和技能的制度。只有不断学习和接受培训才能不断学习新知识、适应新情况、解决新问题。

4. 安全生产检查制度

安全生产检查制度是上级管理部门或企业自身对安全生产状况进行定期或不定期检查的制度。通过检查可以发现问题和隐患，从而采取有效措施，把事故消灭在萌芽状态，这是采取事前控制和主动控制的重要举措。

5. 伤亡事故处理报告制度

施工中发生事故时，建筑企业应当采取紧急措施减少人员伤亡和财产损失，并按照国家有关规定及时向有关部门报告的一种制度。在事故报告和处理过程中要体现“四不放过”的原则，即事故原因未查明不放过、事故责任者未处理不放过、整改措施未落实不放过、相关人员未受到教育不放过。工程监理单位应当监督施工单位按照相关规定进行事故的上报、接受事故调查、实施事故处理方案等工作。

6. 安全责任追究制度

对没有履行职责造成人员伤亡和事故损失的，视情节分别给予相应的处理、整顿、降低资质等级、吊销资质证书，甚至依法追究刑事责任等处罚。

5.5.2 建设单位的安全责任

1. 向施工单位提供资料的责任

《安全生产管理条例》第6条规定：“建设单位应当向施工单位提供施工现场及毗邻区域内供水、排水、供电、供热、通信、广播电视等地下管线资料，气象和水文观测资料，相临建筑物和构筑物、地下工程的有关资料，并保证资料的真实、准确、完整。建设单位因建设工程需要，向有关部门或者单位查询前款规定的资料时，有关部门或单位应当及时提供。”

建设单位提供的资料是施工单位进行施工工作的重要参考依据。这些资料如果不真实、准确、完整，并因此导致了施工单位的损失，施工单位有权向建设单位提出索赔。

2. 依法履行合同的责任

《安全生产管理条例》第 7 条规定：“建设单位不得对勘察、设计、施工、工程监理等单位提出不符合建设工程安全生产法律、法规和强制性规定的要求，不得压缩合同约定的工期。”

不得压缩合同约定的工期是指违背施工工艺，与合同另一方当事人未协商或达成一致意见，就单方面采取压缩工期的行为。

3. 提供安全生产费用的责任

《安全生产管理条例》第 8 条规定：“建设单位在编制工程概算时，应当确定建设工程安全作业环境及安全施工措施所需费用。”建设单位是这些资金最初的提供者，只有建设单位保证了这些资金能够到位，施工单位才能有保证安全生产的费用。

4. 提供安全施工措施资料的责任

《安全生产管理条例》第 9 条规定：“建设单位不得明示或者暗示施工单位购买、租赁、使用不符合安全施工要求的安全防护用具、机械设备、施工机具及配件、消防设施和器材。”

建设单位和施工单位是工程建设过程中平等的合同主体，建设单位的明示或暗示并不是强制性命令，并且，施工单位应当为自己承建的工程质量负责。

5. 提供安全施工措施资料的责任

《安全生产管理条例》第 10 条规定：“建设单位在申请领取施工许可证时，应当提供建设工程有关安全施工措施的资料。”

依法批准开工的建设工程，建设单位应当自开工报告批准之日起 15 日内，将保证安全施工的措施报送建设工程所在地的县级以上地方人民政府建设行政主管部门或者其他有关部门。

6. 对拆除工程进行备案的责任

《安全生产管理条例》第 11 条规定：“建设单位应当将拆除工程发包给具有相应资质等级的施工单位。”

5.5.3　工程监理单位的安全责任

1. 审查施工组织设计的责任

工程监理单位应当审查施工组织设计中的安全技术措施或者专项施工方案是否符合工程建设强制性标准。

施工组织设计是由施工单位编制的全面指导、部署、组织施工的技术文件。在《施工现场管理规定》第 10 条中规定：“施工单位必须编制建设工程施工组织设计。建设工程实行总包和分包的，由总包单位负责编制施工组织设计或者分阶段施工组织设计。分包单位在总包单位的总体部署下，负责编制分包工程的施工组织设计。”

对施工组织设计中的安全技术措施或者专项施工方案的审查，是监理单位进行工程建设项目安全管理的重要举措，是采取主动控制、预防安全事故发生的基本保障。

2. 安全隐患报告责任

工程监理单位在实施监理的过程中，发现存在安全事故隐患的，应当要求施工单位整改；情况严重的，应当要求施工单位暂时停止施工，并及时报告建设单位。施工单位拒不整改或者不停止施工的，工程监理单位应当及时向有关主管部门报告。

3. 依法监理的责任

工程监理单位和监理工程师应当按照法律、法规和工程建设强制性标准实施监理，并对建设工程安全生产承担监理责任。

根据《安全生产管理条例》第 57 条规定，工程监理单位违反上述三项法定义务，视情况将可能分别受到责令停业整顿并处罚款、降低资质等级、吊销资质证书等行政处罚；构成犯罪的，其直接责任人要承担刑事责任；造成损失的，工程监理单位要依法承担民事赔偿责任。

5.5.4　施工单位的安全责任

1. 主要负责人、项目负责人和专职安全生产管理人员的安全责任

《安全生产管理条例》第 21 条第 1 款规定“施工单位主要负责人依法对本单位的安全生产工作全面负责”。在这里，主要负责人并不仅限于施工单位的法定代表人，而是指对施工全面负责、有生产经营决策权的人。所以，加强对施工单位安全生产的管理，首先要明确责任人。

《安全生产管理条例》第 21 条第 2 款规定，施工单位的项目负责人应当由取得相应执业资格的人员担任，对建设工程项目的安全施工负责。同时还规定“施工单位应当设立安全生产管理机构，配备专职安全生产管理人员”。

2. 总承包单位和分包单位的安全责任

安全生产管理机构的职责主要包括：落实国家有关安全生产法律法规和标准、编制并适时更新安全生产管理制度、组织开展全员安全教育培训及安全检查等活动。

根据《安全生产管理条例》第 23 条规定：“专职安全生产管理人员的安全责任主要包括：对安全生产进行现场监督检查；发现安全事故隐患，应当及时向项目负责人和安全生产管理机构报告；对于违章指挥、违章操作的，应当立即制止。专职安全生产管理人员的配备办法由国务院建设行政主管部门会同国务院其他有关部门制定。”

按照《建设施工企业安全生产管理机构设置及专职安全生产管理人员配备办法》规定，施工单位应当配备一定数量的专职安全生产管理人员。

3. 安全生产教育培训

《安全生产管理条例》第 36 条还规定：“施工单位的主要负责人、项目负责人和专职安全生产管理人员应当经建设行政主管部门或者其他有关部门考核合格后方可任职。”

《安全生产管理条例》第 37 条规定：“作业人员进入新的岗位或者新的施工现场前，

应当接受安全生产教育培训。未经教育培训或者教育培训考核不合格的人员，不得上岗作业。施工单位在采用新技术、新工艺、新设备、新材料时，应当对作业人员进行相应的安全生产教育培训。”

《安全生产管理条例》第 25 条规定：“垂直运输机械作业人员、安装拆卸工、爆破作业人员、起重信号工、登高架设作业人员等特种作业人员，必须按照国家有关规定经过专门的安全作业培训，并取得特种作业操作资格证后，方可上岗作业。”

4. 施工单位应采取的安全措施

施工单位编制的施工组织设计包括编制安全技术措施、施工现场临时用电方案以及专项施工方案。其中，对于涉及深基坑、地下暗挖工程和高大模板工程的专项施工方案，施工单位还应当组织专家进行论证、审查。

《安全生产管理条例》第 26 条规定：“建设工程施工前，施工单位负责项目管理的技术人员应当对有关安全施工的技术要求向作业施工班组、作业人员作出详细的说明，并由双方签字确认。”

对于施工现场危险部位要设置明显的安全警示标志。

《安全生产管理条例》第 28 条第 2 款规定：“施工单位应当根据不同施工阶段和周围环境及季节、气候的变换，在施工现场采取相应的安全施工措施。”

施工单位还应采取的相关措施包括施工现场的布置应当符合安全和文明施工要求、对周边环境采取防护措施、施工现场的消防安全措施、安全防护设备管理措施、起重机械设备管理措施以及办理意外伤害保险措施等。

5.5.5　勘察、设计单位的安全责任

1. 勘察单位的安全责任

《安全生产管理条例》第 12 条规定：“勘察单位应当按照法律、法规和工程建设强制性标准进行勘察，提供的勘察文件应当真实、准确，符合建设工程安全生产的需要。勘察单位在勘察作业时，应当严格执行操作规程，采取措施保证各类管线、设施和周边建筑物、构筑物的安全。”

2. 设计单位的安全责任

《安全生产管理条例》第 13 条规定：“设计单位应当按照法律、法规和工程建设强制性标准进行设计，防止因设计不合理导致生产安全事故发生。设计单位应当考虑施工安全操作和防护的需要，对涉及施工安全的重点部位和环节在设计文件中注明，并对防范出现安全事故提出指导意见。设计单位和注册建筑师等注册执业人员应当对其设计负责。”

5.5.6　监督管理

《安全生产管理条例》规定国务院负责安全生产监督管理的部门(铁路、交通、水利等有关部门按国务院规定的职责分工，负责有关专业的建设工程安全生产监督管理)对全国建设工程安全生产工作实施综合监督管理，县级以上地方人民政府负责安全生产监督管理的部门对本行政区域内建设工程安全生产实施综合监督管理。

5.6　建设工程相关法规实训及案例

✦✦✦✦　实训 5-1　《建筑法》实训　✦✦✦✦

1. 实训目的

通过本实训环节的实训练习，使学生进一步熟悉和掌握《建筑法》对于建筑施工许可、工程发包与承包以及工程监理的相关规定，并且锻炼学生灵活运用法律知识进行工程建设管理的能力。

2. 实训条件

(1) 在教师的指导下进行分组，分别模拟建设行政主管部门、建设单位、施工单位、监理单位等。

(2) 各申报材料、审核审批材料、处理办法等内容仅将名称和关键词写在规格一致的纸张上模拟代替(不需具体表格和相关内容)，需要时整理成册。

(3) 除教材外，给学生提供《中华人民共和国建筑法》等文件或资料。

(4) 课内 1～2 课时或利用课外时间进行实训。

3. 实训项目

(1) 建设单位准备相关资料并向建设行政主管部门申请施工许可证；建设行政主管部门审查相关申报资料，符合要求后核发施工许可证。

(2) 建设单位对工程实行公开招标，发布招标公告，提供招标文件。施工单位编制并提供技术标和商务标等资料参加竞标。建设单位择优选择施工单位。

(3) 施工单位对工程进行分包，选择分包单位并报审。对于符合条件的批准分包，对于非法分包的，相关单位按照处理程序进行相应处理。

(4) 监理单位对不符合设计或施工质量要求的行为进行处理。按照相关处理办法和程序进行处理。

4. 成果要求

完成实训项目后，各单位汇总所形成的各种资料，并完成一份本单位相关工作的书面报告、绘制相应工作流程图或管理图。整理后，建立封面作为实训作业。

✦✦✦✦　实训 5-2　《合同法》实训　✦✦✦✦

1. 实训目的

通过本实训环节的实训练习，使学生进一步熟悉和掌握《合同法》中关于合同的订立、效力、履行、变更和转让、权利义务终止等内容，使学生加深对上述相关内容的理解，并锻炼和积累一定的实际应用能力和经验。

2. 实训条件

(1) 在教师的指导下学生独立或分组完成相应的实训内容。

(2) 除教材外，给学生提供《中华人民共和国合同法》等文件或资料。

(3) 各种资料和相关主要内容或关键词写在规格一致的纸张上模拟代替(不需具体表格和相关内容)，必要时整理成册。

(4) 课内 1～2 课时或利用课外时间进行实训。

3. 实训项目

(1) 甲在新闻媒体上发布产品广告，乙单位看到后和甲单位联系并向甲单位索要具体资料和合同文本，乙方签订后通过邮件寄给甲方，说明上述行为分别属于要约、要约邀请、承诺中的哪一种？

(2) 提供一个工程案例背景，两个当事人模拟签订一份工程承包合同。要求明确以下条款：

① 当事人的名称或者姓名和住所。

② 标的。

③ 数量。

④ 质量。

⑤ 价款或者报酬。

⑥ 履行期限、地点和方式。

⑦ 违约责任。

⑧ 解决争议的方法。

(3) 合同订立过程中出现以下情形，判断合同的法律效力属于无效合同还是效力待定合同，是可变更还是可撤销合同？并说明依据哪条法律条款？

① 一方以欺诈、胁迫的手段订立的合同，损害国家利益。

② 恶意串通，损害国家、集体或第三人利益的合同。

③ 以合法形式掩盖非法目的的合同。

④ 损害社会公共利益。

⑤ 因重大误解订立的合同。

⑥ 订立合同时显失公平的合同。

⑦ 因欺诈、胁迫而订立的合同。

⑧ 乘人之危而订立的合同。

⑨ 间歇性精神病人签订的合同。

⑩ 无权代理人以代理人的名义订立的合同。

⑪ 越权订立的合同。

⑫ 无处分权人订立的合同。

(4) 分析出现下列情形，当事人可以向人民法院申请行使哪种抗辩权？并说明依据哪条法律条款？

① 当事人一方发现另一方将自己财产无偿转让给了第三方，而使当事人到期应从对方收回的款项无法收回，并且第三方也知道此情形。

② 甲、乙双方订立了货物采购合同，合同约定甲应向乙支付定金或者预付款后，乙单位在 7 个工作日内发货，甲收到货后 3 天内支付余款。而甲一直未向乙支付定金或者预付

款，并要求乙先发货，同时表示收到货后马上支付所有款项。

4. 成果要求

要求完成上述问题实训内容，建立封面、整理汇总相关资料，作为本次实训作业。

✦✦✦✦ 实训 5-3　《建设工程质量管理条例》实训 ✦✦✦✦

1. 条件准备

通过本实训环节的实训练习，使学生进一步熟悉和掌握《质量管理条例》对各个工程建设行为主体的质量责任和义务等内容的规定，使学生进一步加深对上述相关内容的理解，并锻炼和积累一定的实际应用能力和经验。

2. 实训条件

(1) 在教师的指导下进行分组，分别模拟建设行政主管部门、建设单位、施工单位、监理单位等。

(2) 各种材料、资料证明、处理办法等内容仅将名称和关键词写在规格一致的纸张上模拟代替(不需具体表格和相关内容)，需要时整理成册。

(3) 除教材外，给学生提供《建设工程质量管理条例》等文件或资料。

(4) 课内 1～2 课时或利用课外时间进行实训。

3. 实训项目

(1) 建设单位对工程进行发包、委托监理单位，并提供给施工、监理等单位工程建设所需的原始资料，将施工图送审，组织工程竣工验收。

(2) 勘察、设计单位向建设单位索取勘察、设计所需的原始资料；写出勘察、设计时应符合的质量规定；写出当勘察、设计成果有错误时的处理办法，应当承担的责任。

(3) 施工单位提供参与工程竞标的资质证书、营业执照、业绩等材料，确定具体分部工程并选择和确认分包单位，对建设单位负责提供的材料、设备、构配件等进行接收检验。

(4) 监理单位承揽监理业务，依法对施工单位、分包单位及人员进行资质审查，对进场的部分材料、设备、构配件进行模拟审查。

4. 成果要求

要求各工程建设参与单位分别完成相关实训内容，并编写报告书。

✦✦✦✦ 实训 5-4　《建设工程安全生产管理条例》实训 ✦✦✦✦

1. 条件准备

通过本实训环节的练习，使学生进一步熟悉和掌握《安全生产管理条例》对各个工程建设行为主体的安全责任、政府的监督管理、安全事故应急救援和调查处理等内容，并进一步加深对上述相关内容的理解和实际应用能力的掌握。

2. 实训条件

(1) 在教师的指导下进行分组，分别模拟建设行政主管部门、建设单位、施工单位、监理单位等。

(2) 各申报材料、审核审批材料、处理办法等内容或关键词写在规格一致的纸张上模拟代替(不需具体表格和相关内容)，需要时整理成册。

(3) 除教材外，提供《建设工程安全生产管理条例》等文件或资料。

(4) 课内1～2课时或利用课外时间进行实训。

3. 实训项目

(1) 各个单位整理《安全生产管理条例》中关于本单位的安全责任。

(2) 提供给学生一个案例背景，例如，由施工单位组织基坑开挖施工，假设施工单位在进行基坑施工过程中发生3人死亡、14人重伤的恶性安全事故。

(3) 相关单位组成事故调查组、提出处理方案，并对本次事故进行处理。

4. 成果要求

要求各工程建设参与单位分别完成相关实训内容，说明由哪些单位组成事故调查组、事故处理程序和方法，并编写报告书。

【案例5-1】

某建设单位与某建筑公司签订了建造厂房的建设工程承包合同。开工后1个月，甲方因资金紧缺，口头要求建筑公司暂停施工，建筑公司也口头答应并且停工1个月。工程按合同规定期限验收时，甲方发现工程质量存在问题，要求建筑公司返工。2个月后，返工完毕。在工程结算时，甲方提出建筑公司迟延交付工程，应当支付逾期违约金；而建筑公司也提出甲方由于资金紧缺未及时支付工程款，甲方应支付给建筑公司停工1个月所造成的损失。同时，建筑公司认为：甲方要求临时停工并不得顺延完工日期，建筑公司为抢工期才出现了质量问题，因此迟延交付的责任不在建筑公司。而甲方则认为临时停工和不顺延工期是当时建筑公司答应的，其应当履行承诺，承担违约责任。

问题：

1. 双方口头约定暂停施工的做法是否合法有效？

2. 甲方因资金紧缺，未能及时支付给建筑公司工程款的行为，建筑公司是否可以向甲方提出索赔？

3. 建筑公司提出，出现质量问题是由于甲方要求停工1个月，工期又没有顺延，建筑公司为了赶进度造成的，甲方应该承担责任。

根据相关法律规定，案例中双方争议问题应该如何处理？

【参考答案】

1. 根据《合同法》规定，变更合同应当采取书面形式。本案例中甲方要求临时停工并不得顺延工期，是甲方与建筑公司的口头协议。其变更协议的形式违法，是无效的变更，双方仍应按原合同规定执行。

2. 甲方未按合同约定及时支付工程款，应当对停工承担责任，故建筑公司可以向甲方提出索赔，要求甲方支付由于停工1个月所造成的实际损失。

3. 根据《建筑法》和《建设工程质量管理条例》的有关规定，施工单位应当对工程的施工质量负责。另外，该工程质量问题与赶工没有必然的联系，建筑公司应当承担由此产生的损失，甲方可以向建筑公司提出索赔，并且要求建筑公司支付逾期违约金。

习　　题

一、单选题(下列各题中，只有一个选项最符合题意，请将它选出并填入括号内)

1. 《建筑法》规定，从事建筑活动的专业技术人员，应当依法取得(　　)的范围内从事建筑活动。

A. 相应的专业毕业证书，并在其专业领域涉及

B. 相应的职称证书，并在其职称等级对应

C. 相应的执业资格证书，并在执业资格证书许可

D. 相应的继续教育证明，并在其接受继续教育

2. 《建筑法》规定，交付竣工验收的建筑工程，必须符合规定的建筑工程质量标准，有完善的(　　)，并具备国家规定的其他竣工条件。

A. 工程设计文件、施工文件和监理文件

B. 工程建设文件、竣工图和竣工验收文件

C. 监理文件和经签署的工程质量保证书

D. 工程技术经济自立和经签署的工程保修书

3. 《建筑法》规定，建筑工程主体结构的施工(　　)。

A. 经总监理工程师批准，可以由总承包单位分包给具有相应资质的其他施工单位

B. 经建设单位批准，可以由总承包单位分包给具有相应资质的其他施工单位

C. 可以由总承包单位分包给具有相应资质的其他施工单位

D. 必须由总承包单位自行完成

4. 某工程发包人与承包人达成口头协议但未签订书面施工合同，承包人就开始实际施工。工程竣工后，由于发包人拖欠工程款而发生纠纷，人民法院应认定该合同(　　)。

A. 不成立　　B. 成立　　C. 无效　　D. 可撤销

5. 依据《合同法》的规定，下列文件中，属于要约的是(　　)。

A. 招标公告　　B. 投标书　　C. 寄送的价目表　　D. 招股说明书

6. 《建设工程质量管理条例》规定，施工单位的质量责任和义务有(　　)。

A. 总承包单位与分包单位对分包工程的质量承担连带责任

B. 施工单位有权改正施工过程中发现的设计图纸差错

C. 施工单位可以将工程转包给符合资质条件的其他单位

D. 施工单位可以将主体工程分包给具有资质的分包单位

7. 《建设工程质量管理条例》规定，监理工程师应当按照监理规范的要求，采取(　　)等形式，对建设工程实施监理。

A. 旁站、巡视和平行检验　　B. 检查、验收和工地会议

C. 检查、验收和主动控制　　D. 目标控制、合同管理和组织协调

8. 《建设工程安全生产管理条例》规定，分包单位应当服从总承包单位的安全生产管理，分包单位不服从管理导致生产安全事故的，(　　)。

A. 由总承包单位承担主要责任

B. 由分包单位承担主要责任

C. 由总承包单位和分包单位共同承担主要责任

D. 由分包单位承担责任，总承包单位不承担责任

9. 对达到一定规模的危险性较大的分部分项工程，施工单位应编制专项施工方案，并附具安全验算结果，该方案经(　　)后实施。

A. 专业监理工程师审核，总监理工程师签字

B. 施工单位技术负责人，总监理工程师签字

C. 建设单位、施工单位、监理单位签字

D. 专家论证，施工单位技术负责人签字

10. 《建设工程安全生产管理条例》规定，施工单位专职安全生产管理人员发现安全事故隐患，应当及时向项目负责人和(　　)报告。

A. 监理机构　　B. 安全生产管理机构

C. 建设单位　　D. 建设主管部门

二、多选题(每题的备选项中，有 2 个或 2 个以上符合题意，至少有 1 个错项。)

1. 《建筑法》规定，实施建筑工程监理前，建设单位应当将委托的(　　)，书面通知被监理的建筑施工企业。

A. 监理单位　　B. 监理内容

C. 监理范围　　D. 监理目标

E. 监理权限

2. 《建筑法》规定，工程监理人员认为工程施工不符合(　　)的，有权要求建筑施工企业改正。

A. 工程设计规范　　B. 工程设计要求

C. 施工技术标准　　D. 施工成本计划

E. 承包合同约定

3. 《建筑法》规定，从事建筑活动的建筑施工企业、勘察单位、设计单位和工程监理单位应当具备的条件包括(　　)。

A. 有已经完成的建筑工程业绩

B. 有符合国家规定的注册资本

C. 有从事相关建筑活动所应有的技术装备

D. 企业负责人或企业技术负责人应具有高级职称

E. 有与从事建筑活动相适应的具有法定执业资格的专业技术人员

4. 《合同法》规定的合同有效条件包括(　　)。

A. 合同当事人具有民事权利能力和民事行为能力

B. 当事人意思表示真实

C. 合同当事人签字或盖章

D. 合同应当采用书面形式

E. 不违反法律或社会公共利益

5. 合同订立后，甲公司将与乙公司签订合同中的义务转移给丙公司履行。下列关于该转让的说法汇总，符合《合同法》对合同转让规定的有(　　)。

A. 甲公司不需经乙公司同意，但要通知乙公司

B. 丙公司直接对乙公司行使抗辩权

C. 丙公司可对乙公司行使抗辩权

D. 丙公司应向乙公司提供合同约定的履约担保

E. 甲公司应对丙公司不履行合同的行为承担连带责任

6. 依据《合同法》规定，(　　)的合同属于无效合同。

A. 恶意串通损害第三人利益

B. 以欺诈手段，使对方违背真实意思情况下订立

C. 订立合同时显失公平

D. 以合法形式掩盖非法目的

E. 损害公共利益订立

7. 《建设工程质量管理条例》关于施工单位对建筑材料、建筑构配件、设备和商品混凝土进行检验的具体规定有(　　)。

A. 检验必须按照工程设计要求、施工技术标准和合同约定进行

B. 检验结果未经监理工程师签字，不得使用

C. 检验结果未经施工单位质量负责人签字，不得使用

D. 未经检验或者检验不合格的，不得使用

E. 检验应当有书面记录和专人签字

8. 《建设工程质量管理条例》规定，监理工程师应当按照工程监理规范的要求，采取(　　)等形式，对建设工程实施监理。

A. 巡视　　B. 工地例会

C. 设计与技术交底　　D. 平行检验

E. 旁站

9. 《建设工程安全生产管理条例》规定，施工单位应当编制专项施工方案的分包分项工程有(　　)。

A. 基坑支护与降水工程　　B. 土方开挖工程

C. 起重吊装工程　　D. 主体结构工程

E. 模板工程和脚手架工程

10. 《建设工程安全生产管理条例》规定，下列工程中，需要由施工单位组织专家对其专项施工方案进行论证、审查的有(　　)。

A. 深基坑工程　　B. 地下暗挖工程

C. 脚手架工程　　D. 高大模板工程

E. 拆除工程

第 6 章　建设工程合同管理

【学习目标】

通过本章的学习，了解建设工程招标方式、监理招标及施工招标的特点，熟悉监理委托合同中监理人应完成的监理工作及违约责任、施工合同示范文本及 FIDIC 施工合同条件下有关各方的权利义务；掌握施工合同示范文本及 FIDIC 施工合同条件下的监理合同管理及施工索赔。通过实训环节，加深对建设工程监理合同管理的认识和理解。

【重点与难点】

重点是施工合同示范文本及 FIDIC 施工合同条件下的监理合同管理及施工索赔。

难点是施工合同示范文本及 FIDIC 施工合同条件下的施工索赔。

6.1　建设工程招投标管理

6.1.1　招标投标概述

以招标投标的方式选择工程项目建设的实施单位，是运用竞争机制来体现价值规律的科学管理模式。建设工程的招标与投标是合同的形成过程，招标人与中标人签订明确双方权利义务的合同。招标投标制是实现项目法人责任制的重要保障措施之一。

1. 建设工程招标与投标的概念

建设工程招标是指工程招标人用招标文件将委托的工作内容和要求告知有兴趣参与竞争的投标人，让他们按规定条件提出实施计划和价格，然后通过评审比较选出信誉可靠、技术能力强、管理水平高、报价合理的可依赖单位，以合同形式委托其完成。

建设工程投标是指具有合法资格和能力的投标人根据招标条件，经过初步研究和估算，在指定期限内填写标书，提出报价，并等候开标，决定能否中标的经济活动。

2. 建设工程招标的方式

我国工程项目招标的方式有公开招标和邀请招标两种。

1) 公开招标

公开招标是指招标人以招标公告的方式邀请不特定的法人或者其他组织投标。由招标单位通过国家指定的报刊、信息网络或其他媒介发布招标广告，有投标意向的承包商均可参加投标资格审查，审查合格的承包商可购买或领取招标文件，参加投标的招标方式。

2) 邀请招标

邀请招标是指招标人以投标邀请书的方式邀请特定的法人或者其他组织投标。这种方式不发布招标公告，业主根据自己的经验和所掌握的各种信息资料，向有承担该项工程施工能力的三个以上(含三个)承包商发出投标邀请书，收到邀请书的单位有权利选择是否参加投标。

3. 招标程序

招标必须按规定的招标程序进行，要制订统一的招标文件，投标人都必须按招标文件的规定进行投标。按照招标人和投标人参与程度，可将招标过程划分成招标准备阶段、招标投标阶段和决标成交阶段。

1) 招标准备阶段

该阶段的工作由招标人单独完成，投标人不参与。主要工作程序是先选择招标方式，然后向建设行政主管部门办理申请招标手续，再编制招标有关文件。

2) 招标阶段

公开招标从发布招标公告开始、邀请招标从发出投标邀请函开始，到投标截止日期为止的期间称为招标投标阶段。

(1) 发布招标公告。招标公告应当载明招标人的名称和地址、招标项目的性质、数量、实施地点和时间以及获取招标文件的办法等事项。

(2) 资格审查。招标人可以根据招标项目本身的特点和需要，要求潜在投标人或者投标人提供满足其资格要求的文件，对潜在投标人或者投标人进行资格审查。

(3) 组织现场考察。招标人在投标须知规定的时间组织投标人自费进行现场考察，向投标人介绍工程场地和相关环境的有关情况。投标人依据招标人介绍情况作出的判断和决策由投标人自行负责。招标人不得单独或者分别组织任何一个投标人进行现场踏勘。

(4) 解答投标人的质疑。对任何一位投标人以书面形式提出的质疑，招标人应及时给予书面解答并发送给每一位投标人，保证招标的公开和公平，但不必说明问题的来源。回答函件作为招标文件的组成部分，如果书面解答的问题与招标文件中的规定不一致，以函件的解答为准。

3) 决标成交阶段

从开标日到签订合同这一期间称为决标成交阶段，是对各投标书进行评审比较，最终确定中标人的过程。

(1) 开标。开标应当在招标文件确定的提交投标文件截止时间的同一时间公开进行，开标地点应当为招标文件中预先确定的地点。开标由招标人主持，邀请所有投标人参加。开标时，由投标人或者其推选的代表检查投标文件的密封情况，也可以由招标人委托的公证机构检查并公证；经确认无误后，由工作人员当众拆封，宣读投标人名称、投标价格和投标文件的其他主要内容。招标人在招标文件要求提交投标文件的截止时间前收到的所有投标文件，开标时都应当当众予以拆封、宣读。开标过程应当记录，并存档备查。

(2) 评标。评标由招标人依法组建的评标委员会负责。评标委员会由招标人的代表和有关技术、经济等方面的专家组成，成员人数为五人以上单数，其中专家不得少于成员总数的三分之二。评标委员会成员的名单在中标结果确定前应当保密。评标委员会可以要求投标人对投标文件中含义不明确的内容作必要的澄清或者说明，但是澄清或者说明不得超出投标文件的范围或者改变投标文件的实质性内容。评标委员会应当按照招标文件确定的评标标准和方法，对投标文件进行评审和比较；设有标底的，应当参考标底。评标委员会完成评标后，应当向招标人提出书面评标报告，并推荐合格的中标候选人。

(3) 中标。招标人根据评标委员会提出的书面评标报告和推荐的中标候选人确定中标人。招标人也可以授权评标委员会直接确定中标人。中标人确定后，招标人应当向中标人发出中标通知书，并同时将中标结果通知所有未中标的投标人。

(4) 签订合同。招标人和中标人应当自中标通知书发出之日起三十日内，按照招标文件和中标人的投标文件订立书面合同。招标人和中标人不得再行订立背离合同实质性内容的其他协议。依法必须进行招标的项目，招标人应当自确定中标人之日起十五日内，向有关行政监督部门提交招标投标情况的书面报告。

6.1.2　建设监理招标投标管理

1. 建设监理招标概述

1) 监理招标的特点

监理招标的标的是监理服务，与工程项目建设中其他各类招标的最大区别表现为监理单位不承担物质生产任务，只是受招标人委托对生产建设过程提供监督、管理、协调、咨询等服务。鉴于标的具有的特殊性，招标人选择中标人的基本原则是基于能力的选择。招标宗旨是对监理单位能力的选择，报价在选择中居于次要地位；邀请投标人较少，邀请数量以 3～5 家为宜。

2) 委托监理工作的范围

监理招标的工作内容和范围可以是整个工程项目的全过程，也可以只监理招标人与其他人签订的一个或几个合同的履行。划分合同包的工作范围时，通常考虑的因素包括：工程规模、工程项目的专业特点、被监理合同的难易程度等。

2. 招标文件

监理招标实际上是征询投标人实施监理工作的方案建议。因此，招标文件应包括：投标须知(工程项目综合说明，委托的监理范围和监理业务，投标文件的格式、编制、递交，无效投标文件的规定，投标起止时间、开标、评标、定标时间和地点，招标文件、投标文件的澄清与修改，评标的原则等)、合同条件(业主提供的现场办公条件)、对监理单位的要求(包括对现场监理人员、检测手段、工程技术难点等方面的要求)、有关技术规定、必要的设计文件、图纸和有关资料及其他事项等内容。

3. 评标

1) 对投标文件的评审

评标委员会对各投标书进行审查评阅，主要考察投标人的资质、人员派驻计划、监理人员的素质、用于工程的检测设备和仪器、近几年监理单位的业绩及奖惩情况、监理费报价和费用组成等。

2) 对投标文件的比较

监理评标的量化比较通常采用综合评分法对各投标人的综合能力进行对比。评标主要侧重于监理单位的资质能力、实施监理任务的计划和派驻现场监理人员的素质。

6.1.3 施工招标投标管理

1. 施工招标的特点

施工招标的特点是发包的工作内容明确、各投标人编制的投标书在评标时易于进行横向对比。虽然投标人按招标文件的工程量表中既定的工作内容和工程量编标报价，但价格的高低并非是确定中标人的唯一条件，投标过程实际上是各投标人完成该项任务的技术、经济、管理等综合能力的竞争。

2. 施工招标工作

1) 编制招标文件

招标人根据施工招标项目的特点和需要编制招标文件。施工招标文件一般包括下列内容：投标邀请书，投标人须知，合同主要条款，投标文件格式，采用工程量清单招标的应当提供工程量清单，技术条款，设计图纸，评标标准和方法以及投标辅助材料。招标人应当在招标文件中规定实质性要求和条件，并用醒目的方式标明。施工招标项目需要划分标段、确定工期的，招标人应当合理划分标段、确定工期，并在招标文件中载明。对工程技术上紧密相连、不可分割的单位工程不得分割标段。

2) 资格预审

资格预审是在招标阶段对申请投标人的第一次筛选，主要侧重于对承包人企业总体能力是否适合招标工程的要求进行审查。经资格预审后，招标人应当向资格预审合格的潜在投标人发出资格预审合格通知书，告知获取招标文件的时间、地点和方法，并同时向资格预审不合格的潜在投标人告知资格预审结果。资格预审不合格的潜在投标人不得参加投标。经资格预审不合格的投标人的投标应作废标处理。

3) 评标

评标委员会首先审查每一投标文件是否对招标文件提出的所有实质性要求和条件做出响应。未能在实质上做出响应的投标作废标处理，经初步评审合格的投标文件，评标委员会应当根据招标文件确定的评标标准和方法，有记名的对投标文件中的技术部分和商务部分做进一步评审、比较。

6.2 建设工程委托监理合同与施工合同

6.2.1 建设工程委托监理合同

实施建设工程监理前，监理单位必须与建设单位签订书面建设工程委托监理合同，合同中应包括监理单位对建设工程质量、造价、进度进行全面控制和管理的条款。建设单位与承包单位之间与建设工程合同有关的联系活动应通过监理单位进行。

1. 建设工程委托监理合同的概念和特征

1) 建设工程委托监理合同的概念

建设工程委托监理合同简称监理合同，是指委托人与监理人就委托的工程项目管理内容签订的明确双方权利、义务的协议。建设工程委托监理合同中建设单位是委托人，监理单位是被委托人，双方之间是委托代理关系。

2) 委托监理合同的特征

监理合同是委托合同的一种，具有以下特点：

(1) 监理合同的当事人双方应当具有民事权力能力和民事行为能力。监理合同的当事人双方应当是具有民事权力能力和民事行为能力、取得法人资格的企事业单位和其他社会组织，个人在法律允许的范围内也可以成为合同当事人。

(2) 监理合同委托的工作内容必须符合工程项目建设程序，遵守有关法律、行政法规。监理合同是以对建设工程项目实施控制和管理为主要内容，因此监理合同必须符合建设工程项目的程序，符合国家和建设行政主管部门颁发的有关建设工程的法律、行政法规、部门规章和各种标准、规范要求。

(3) 委托监理合同的标的是服务。建设工程实施阶段所签订的其他合同的标的是产生新的物质成果或信息成果，而监理合同的标的是服务，即监理工程师凭据自己的知识、经验、技能受业主委托为其所签订其他合同的履行实施监督和管理。

2. 建设工程委托监理合同示范文本的组成

《建设工程委托监理合同示范文本》由工程建设委托监理合同、建设工程委托监理合同标准条件和建设工程委托监理合同专用条件组成。

1) 工程建设委托监理合同

工程建设委托监理合同是一个总的协议，是纲领性的法律文件。其中明确了当事人双方确定的委托监理工程的概况(工程名称、地点、工程规模和总投资)，委托人向监理人支付报酬的期限和方式，合同签订、生效和完成时间以及双方愿意履行约定的各项义务的表示。

2) 建设工程委托监理合同标准条件

建设工程委托监理合同标准条件，其内容涵盖了合同中所用词语定义，适用范围和法规，签约双方的责任、权利和义务，合同生效变更与终止，监理报酬，争议的解决，以及其他一些情况。它是委托监理合同的通用文件，适用于各类建设工程项目监理。

3) 建设工程委托监理合同专用条件

由于建设工程委托监理合同标准条件适用于各种行业和专业项目的建设工程监理，因此其中的某些条款规定得比较笼统，需要在签订具体工程项目监理合同时，结合地域特点、专业特点和委托监理项目的工程特点，对建设工程委托监理合同标准条件中的某些条款进行补充、修正，这就形成了专用条件。

3. 建设工程委托监理合同的内容

1) 委托监理工作的范围

监理合同的范围是监理工程师为委托人提供服务的范围和工作量。从工程建设各阶段来说，监理合同的范围可以包括项目前期立项咨询、设计阶段、实施阶段、保修阶段的全部监理工作或某一阶段的监理工作。在监理合同中明确约定的监理人执行监理工作的要求，应当符合《建设工程监理规范》的规定。

施工阶段监理工作包括：协助委托人选择承包人，组织设计、施工、设备采购等招标，技术监督和检查，检查工程设计、材料和设备质量以及对操作或施工质量的监理和检查等。

2) 监理合同的履行期限、地点和方式

订立监理合同时约定的履行期限、地点和方式是指合同中规定的当事人履行自己的义务完成工作的时间、地点以及结算酬金。在签订《建设工程委托监理合同》时，双方必须商定监理期限，标明何时开始、何时完成。合同中注明的监理工作开始实施和完成日期是根据工程情况估算的时间，合同约定的监理酬金是根据这个时间估算的。如果委托人根据实际需要增加委托工作范围或内容，导致需要延长合同期限，双方可以通过协商，另行签订补充协议。监理酬金支付方式也必须明确：首期支付多少，是每月等额支付还是根据工程形象进度支付，支付货币的币种等。

3) 双方的权利与义务

(1) 委托人权利和义务。

委托人的权利除了在监理合同内须明确委托的监理任务外，还应规定监理人的权限。委托人授予监理人权限的大小，要根据自身的管理能力、建设工程项目的特点及需要等因素考虑。主要包括：对其他合同承包人的选定权、委托监理工程重大事项的决定权、对监理人履行合同的监督控制权等。

委托人义务包括：负责建设工程的所有外部关系的协调工作，满足开展监理工作所需提供的外部条件；与监理人做好协调工作；书面回复监理人提交的一切事宜；为监理人履行合同义务，做好协调工作等。

(2) 监理人权利和义务。

监理合同中涉及到监理人权利的条款可分为两大类：一类是监理人在委托合同中应享有的权利，包括完成监理任务后获得酬金的权利和终止合同的权力；另一类是监理人履行委托人与第三方签订的承包合同的监理任务时可行使的权利，包括建设工程有关事项和工程设计的建议权，对实施项目的质量、工期和费用的监督控制权，在工程建设有关协作单位组织协调的主持权，在紧急情况下发布指令权和审核承包人索赔的权力等。

监理人的义务主要有：公正地维护有关各方的合法权益，派驻足够的监理人员履行监理职责，为工程有关事项保密，合理取得应得的报酬和负责合同的协调管理工作等。

4) 监理人应完成的监理工作

监理工作包括正常工作(合同专用条款中约定)、附加工作和额外工作。

(1) 正常工作。监理合同的专用条款内注明的委托监理工作的范围和内容都属于正常工作。

(2) 附加工作。附加工作是指与完成正常工作相关，在委托正常监理工作范围以外监理人应完成的工作。包括由于委托人或第三方原因，使监理工作受到阻碍或延误，以致增加了工作量或延续时间，增加监理工作的范围和内容等。如由于委托人或承包人的原因，承包合同不能按期竣工而必须延长的监理工作时间，委托人要求监理人就施工中采用新工艺施工部分编制质量检测合格标准等，都属于附加监理工作。

(3) 额外工作。额外工作是指正常工作和附加工作以外的工作，即非监理人自己的原因而暂停或终止监理业务，其善后工作及恢复监理业务前不超过42天的准备工作时间。如合同履行过程中发生不可抗力，承包人的施工被迫中断，监理工程师应完成确认灾害发生前承包人已完成工程的合格和不合格部分、指示承包人采取应急措施等，以及灾害消失后恢复施工前必要的监理准备工作。由于附加工作和额外工作是委托正常工作之外要求监理人必须履行的义务，因此委托人在其完成工作后应另行支付附加监理工作报告酬金和额外监理工作酬金，但酬金的计算办法应在专用条款内予以约定。

5) 合同有效期

监理合同的有效期不是用合同约定的日历天数为准，而是以监理人是否完成了包括附加和额外工作的义务来判定。因此通用条款规定，监理合同的有效期为双方签订合同后，工程准备工作开始，到监理人向委托人办理完竣工验收或工程移交手续，承包人和委托人已签订工程保修责任书，监理收到监理报酬尾款，监理合同才终止。如果保修期间仍需监理人执行相应的监理工作，双方应在专用条款中另行约定。

6) 违约责任

合同履行过程中，由于当事人一方的过错，造成合同不能履行或者不能完全履行，由有过错的一方承担违约责任；如属双方的过错，根据实际情况，由双方分别承担各自的违约责任。

4. 监理合同的酬金

1) 监理合同酬金的组成

监理合同酬金包括正常酬金、附加工作或额外工作酬金以及适当的物质奖励。正常酬金的支付程序和金额，以及附加与额外工作酬金的计算办法以及奖励办法应在专用条款内写明。

(1) 正常的监理酬金组成。正常的监理酬金的构成是监理单位在工程项目监理中所需的全部成本，再加上合理的利润和税金。

直接成本包括监理人员和监理辅助人员的工资，包括津贴、附加工资、奖金；用于该项工程监理人员的其他专项开支，包括差旅费、补助费；监理期间使用与监理工作相关的计算机和其他检测仪器、设备的摊销费用；所需的其他外部协作费用等。

间接成本包括全部业务经营开支和非工程项目的特定开支：管理人员、行政人员和后勤服务人员的工资；经营业务费，包括为招揽业务而支出的广告费；办公费，包括文具、纸张、账表、报刊和文印费用；交通费、差旅费和办公设施费(公司使用的水、电、气、环卫、治安等费用)；固定资产及常用工器具、设备的使用费；业务培训费、图书资料购置费；其他行政活动经费等。

(2) 附加监理工作的酬金。如果由于委托人或第三方的原因使监理工作受到阻碍或延误，以致增加了工程量或持续时间，监理人应将此情况与可能产生的影响及时通知委托人。增加的工作量应视为附加的工作，完成监理业务的时间应相应延长，并得到附加工作酬金。

$$\text{报酬}=\text{附加工作天数}\times\frac{\text{合同约定的报酬}}{\text{合同中约定的监理服务天数}}$$

增加监理工作的范围或内容属于监理合同的变更，双方应另行签订补充协议，并具体商定报酬额或报酬的计算方法。

(3) 额外监理工作的酬金。额外监理工作酬金按实际增加工作的天数计算补偿金额。

(4) 奖金。监理人在监理过程中提出的合理化建议使委托人得到了经济效益，有权按专用条款的约定获得经济奖励。奖金的计算办法是：

$$奖励金额 = 工程费用节省额 \times 报酬比率$$

2) 监理酬金支付

(1) 监理酬金计算方法。我国现行的监理酬金计算方法主要有四种：按照监理工程概预算的百分比计收，这种方法比较简便、科学，在国际上也是一种常用的方法，一般情况下，新建、改建和扩建的工程都应采用这种方式；按照参与监理工作的年度平均人数计算，这种方法主要适用于单工种或临时性，或不宜按工程概预算的百分比收取监理费的监理项目；不宜按前两项办法计收的，由委托人和监理人按商定的其他方法计收；中外合资、合作和外商独资的建设工程，监理收费双方参照国际标准协商确定。

(2) 监理酬金的支付。在监理合同实施中，监理酬金支付方式可以根据工程的具体情况双方协商确定。一般采取首期支付多少，以后每月(季)等额支付，工程竣工验收后结算尾款。支付过程中，如果委托人对监理人提交的支付通知书中酬金或部分酬金项目提出异议，应在收到支付通知书 24 小时内向监理人发出表示异议的通知，但不得拖延其他无异议酬金项目支付。当委托人在议定的支付期限内未予支付的，自规定之日起向监理人补偿应支付酬金的利息。

5. 监理合同的终止

监理人向委托人办理完竣工验收或工程移交手续，承包人和委托人已签订工程保修合同，监理人收到监理酬金尾款结清监理酬金后，合同即告终止。

如果由于委托人违约严重拖欠应付监理人的酬金，或由于非监理人责任而使监理暂停的期限超过半年以上，监理人可按照终止合同规定程序，单方面提出终止合同，以保护自己的合法权益。

6.2.2 建设工程施工合同(示范文本)

建设工程施工合同是发包人与承包人就完成具体工程项目的建筑施工、设备安装、设备调试、工程保修等工作内容，确定双方权利和义务的协议。鉴于施工合同的内容复杂、涉及面宽，为了避免施工合同的编制者遗漏某些方面的重要条款或条款约定责任不够公平合理，建设部和国家工商行政管理局于 1999 年 12 月 24 日印发了《建设工程施工合同(示范文本)》(GF－1999－0201)。

1. 建设工程施工合同范本的组成

建设工程施工合同范本由《协议书》、《通用条款》和《专用条款》三部分组成，并附有三个附件。

1) 协议书

合同协议书是施工合同的总纲性法律文件，经过双方当事人签字盖章后合同即成立。标准化的协议书格式文字量不大，需要结合承包工程特点填写的约定主要内容包括：工程概况、工程承包范围、合同工期、质量标准、合同价款和合同生效时间，并明确对双方有约束力的合同文件组成。

2) 通用条款

通用的含义是，所列条款的约定不区分具体工程的行业、地域、规模等特点，只要属于建筑安装工程均可适用。通用条款包括：词语定义及合同文件，双方一般权利和义务，施工组织设计和工期，质量与检验，安全施工，合同价款与支付，材料设备供应，工程变更，竣工验收与结算，违约、索赔和争议和其他共 11 部分、47 个条款。通用条款在使用时不作任何改动，原文照搬。

3) 专用条款

由于具体实施工程项目的工作内容各不相同，施工现场和外部环境条件各异，因此还必须有反映招标工程具体特点和要求的专用条款的约定。合同范本中的专用条款部分只为当事人提供了编制具体合同时应包括内容的指南，具体内容由当事人根据发包工程的实际要求细化。

4) 附件

施工合同示范文本中为使用者提供了承包人承揽工程项目一览表、发包人供应材料设备一览表和房屋建筑工程质量保修书三个标准化附件，如果具体项目的实施为包工包料承包，则可以不使用发包人供应材料设备表。

2. 建设工程施工合同范本的内容

1) 合同文件的组成

在协议书和通用条款中规定合同文件由以下文件组成：施工合同协议书，中标通知书，投标书及其附件，施工合同专用条款，施工合同通用条款，标准、规范及有关技术文件，图纸，已标价工程量清单和工程报价单或预算书。合同履行过程中，双方有关工程的洽商、变更等书面协议或文件也构成对双方有约束力的合同文件，将其视为协议书的组成部分。

2) 对施工合同文件中矛盾或歧义的解释

(1) 合同文件的优先解释次序。通用条款规定，合同文件原则上应能够互相解释、互相说明。但当合同文件中出现含糊不清或不一致时，上面各文件的排序就是合同的优先解释顺序。由于履行合同时双方达成一致的洽商、变更等书面协议发生时间在后，且经过当事人签署，因此作为协议书的组成部分，排序放在第一位。如果双方不同意这种次序安排，可以在专用条款内约定本合同的文件组成和解释次序。

(2) 合同文件出现矛盾或歧义的处理程序。按照通用条款的规定，当合同文件内容含糊不清或不一致时，在不影响工程正常进行的情况下，由发包人和承包人协商解决，双方也可以提请负责监理的工程师做出解释，双方协商不成或不同意负责监理的工程师的解释时，按合同约定的解决争议的方式处理。对于实行“小业主、大监理”的工程，可以在专用条款中约定工程师做出的解释对双方都有约束力，如果任何一方不同意工程师的解释，再按合同争议的方式解决。

3) 施工合同当事人

施工合同当事人是指发包人和承包人。通用条款规定，发包人是指在协议书中约定，具有工程发包主体资格和支付工程价款能力的当事人以及取得该当事人资格的合法继承人；承包人是指在协议书中约定，被发包人接受具有工程施工承包主体资格的当事人以及取得该当事人资格的合法继承人。

施工合同示范文本定义的工程师包括监理单位委派的总监理工程师或者是发包人派驻工程的代表两种情况。

4) 发包人和承包人的工作

(1) 发包人的义务。

通用条款规定，发包人的义务包括以下内容：办理土地征用、拆迁补偿、平整施工场地等工作，使施工场地具备施工条件，并在开工后继续解决以上事项的遗留问题；将施工所需水、电、电讯线路从施工场地外部接至专用条款约定的地点，并保证施工期间需要；开通施工场地与城乡公共道路的通道，以及专用条款约定的施工场地内的主要交通干道，保证施工期间的畅通，满足施工运输的需要；向承包人提供施工场地的工程地质和地下管线资料，保证数据真实，位置准确；办理施工许可证和临时用地、停水、停电、中断道路交通、爆破作业以及可能损坏道路、管线、电力、通讯等公共设施法律、法规规定的申请批准手续及其他施工所需的证件(证明承包人自身资质的证件除外)；确定水准点与坐标控制点，以书面形式交给承包人，并进行现场交验；组织承包人和设计单位进行图纸会审和设计交底；协调处理施工现场周围地下管线和邻近建筑物、构筑物(包括文物保护建筑)、古树名木的保护工作，并承担有关费用。

虽然通用条款内规定上述工作内容属于发包人的义务，但发包人可以将上述部分工作委托承包方办理，具体内容可以在专用条款内约定，其费用由发包人承担。属于合同约定的发包人义务，如果出现不按合同约定完成，导致工期延误或给承包人造成损失时，发包人应赔偿承包人的有关损失，延误的工期相应顺延。

(2) 承包人义务。

通用条款规定，承包人的义务包括以下内容：向工程师提供年、季、月工程进度计划及相应进度统计报表；按工程需要提供和维修非夜间施工使用的照明、围栏设施，并负责安全保卫；按专用条款约定的数量和要求，向发包人提供在施工现场办公和生活的房屋及设施，发生的费用由发包人承担；遵守有关部门对施工场地交通、施工噪音以及环境保护和安全生产等的管理规定，按管理规定办理有关手续，并以书面形式通知发包人，发包人承担由此发生的费用，因承包人责任造成的罚款除外；已竣工工程未交付发包人之前，承包人按专用条款约定负责已完成工程的成品保护工作，保护期间发生损坏，承包人自费予以修复；按专用条款的约定做好施工现场地下管线和邻近建筑物、构筑物(包括文物保护建筑)、古树名木的保护工作；保证施工场地清洁符合环境卫生管理的有关规定；交工前清理现场达到专用条款约定的要求，承担因自身原因违反有关规定造成的损失和罚款。

目前很多工程采用包工部分包料承包的合同，主材经常采用由发包人提供的方式。在专用条款中应明确约定发包人提供材料和设备的合同责任。施工合同范本附件提供了标准化的表格格式。承包人不履行上述各项义务，造成发包人损失的，应对发包人的损失给予赔偿。

5) 解决合同争议的方式

发生合同争议应按如下程序解决：双方协商和解解决；达不成一致时请第三方调解

解决；调解不成，则需通过仲裁或诉讼最终解决。因此在专用条款内需要明确约定双方共同接受的调解人，以及最终解决合同争议是采用仲裁还是诉讼方式、仲裁委员会或法院的名称。

6.2.3 FIDIC 施工合同条件

FIDIC 是国际咨询工程师联合会的缩写，是国际上最具有权威性的咨询工程师组织。我国于 1996 年正式加入 FIDIC 组织。FIDIC(国际咨询工程师联合会)在 1999 年出版了《施工合同条件》范本。

1. FIDIC 施工合同条件的合同文件组成

通用条件的条款规定构成对业主和承包商有约束力的合同文件包括以下的内容有：合同协议书、中标函、投标函，合同专用条件，合同通用条件，规范、图纸，资料表以及其他构成合同一部分的文件。

2. 合同履行中涉及的几个期限的概念

1) 合同工期

合同工期在合同条件中用竣工时间的概念，指所签合同内注明的完成全部工程的时间，加上合同履行过程中因非承包商应负责原因导致变更和索赔事件发生后，经工程师批准顺延工期之和。如有分部移交工程，也需在专用条件的条款内明确约定。合同内约定的工期指承包商在投标书附录中承诺的竣工时间。合同工期的时间界限作为衡量承包商是否按合同约定期限履行施工义务的标准。

2) 施工期

从工程师按合同约定发布的开工令中指明的应开工之日起，至工程接收证书注明的竣工日止的日历天数为承包商的施工期。用施工期与合同工期比较，判定承包商的施工是提前竣工，还是延误竣工。

3) 缺陷通知期

缺陷通知期即国内施工文本所指的工程保修期，自工程接收证书中写明的竣工日开始，至工程师颁发履约证书为止的日历天数。尽管工程移交前进行了竣工检验，但只是证明承包商的施工工艺达到了合同规定的标准，设置缺陷通知期的目的是为了考验工程在动态运行条件下是否达到了合同中技术规范的要求。因此，从开工之日起至颁发履约证书日止，承包商要对工程的施工质量负责。合同工程的缺陷通知期及分阶段移交工程的缺陷通知期，应在专用条件内具体约定。次要部位工程通常为半年，主要工程及设备大多为一年，个别重要设备也可以约定为一年半。

4) 合同有效期

合同有效期自合同签字日起至承包商提交给业主的结清单生效日止，施工承包合同对业主和承包商均具有法律约束力。颁发履约证书只是表示承包商的施工义务终止，合同约定的权利义务并未完全结束，还剩有管理和结算等手续。结清单生效指业主已按工程师签发的最终支付证书中的金额付款，并退还承包商的履约保函。结清单一经生效，承包商在合同内享有的索赔权利也自行终止。

3. 合同价格

通用条件中分别定义了接受的合同款额和合同价格的概念。接受的合同款额指业主在中标函中对实施、完成和修复工程缺陷所接受的金额，来源于承包商的投标报价并对其确认。合同价格则指按照合同各条款的约定，承包商完成建造和保修任务后，对所有合格工程有权获得的全部工程款。最终结算的合同价可能与中标函中注明的接受的合同款额不一定相等，究其原因，涉及以下几方面因素的影响：

1) 合同类型特点

《施工合同条件》适用于大型复杂工程采用单价合同的承包方式。为了缩短建设周期，通常在初步设计完成后就开始施工招标，在不影响施工进度的前提下陆续发放施工图，因此，承包商据以报价的工程量清单中，各项工作内容的工程量一般为概算工程量。合同履行过程中，承包商实际完成的工程量可能多于或少于清单中的估计量。单价合同的支付原则是，按承包商实际完成工程量乘以清单中相应工作内容的单价，结算该部分工作的工程款。

2) 可调价合同

大型复杂工程的施工期较长，通用条件中包括合同工期内因物价变化对施工成本产生影响后计算调价费用的条款，每次支付工程进度款时均要考虑约定可调价范围内项目当地市场价格的涨落变化。而这笔调价款没有包含在中标价格内，仅在合同条款中约定了调价原则和调价费用的计算方法。

3) 发生应由业主承担责任的事件

合同履行过程中，可能因业主的行为或他应承担风险责任的事件发生后，导致承包商增加施工成本，合同相应条款都规定应对承包商受到的实际损害给予补偿。

4) 承包商的质量责任

合同履行过程中，如果承包商没有完全地或正确地履行合同义务，业主可凭工程师出具的证明，从承包商应得工程款内扣减该部分给业主带来损失的款额。

(1) 不合格材料和工程的重复检验费用由承包商承担。工程师对承包商采购的材料和施工的工程通过检验后发现质量未达到合同规定的标准，承包商应自费改正并在相同条件下进行重复试验，重复检验所发生的额外费用由承包商承担。

(2) 承包商没有改正忽视质量的错误行为。当承包商不能在工程师限定的时间内将不合格的材料或设备移出施工现场，以及在限定时间内没有或无力修复缺陷工程，业主可以雇佣其他人来完成，该项费用应从承包商处扣回。

(3) 折价接收部分有缺陷工程。某项处于非关键部位的工程施工质量未达到合同规定的标准，如果业主和工程师经过适当考虑后，确信该部分的质量缺陷不会影响总体工程的运行安全，为了保证工程按期发挥效益，可以与承包商协商后折价接收。

5) 承包商延误工期或提前竣工

(1) 因承包商责任的延误竣工导致合同价格减少。

签订合同时双方需约定日拖期赔偿额和最高赔偿限额。如果因承包商应负责原因竣工时间迟于合同工期，将按日拖期赔偿额乘以延误天数计算拖期违约赔偿金，但以约定的最高赔偿限额为赔偿业主延迟发挥工程效益的最高款额。专用条款中的日拖期赔偿额视合同金额的大小，可在 0.03%～0.2%合同价的范围内约定，具体数额或百分比，最高赔偿限额一般不超过合同价的 10%。如果合同内规定有分阶段移交的工程，在整个合同工程竣工日期以前，工程师已对部分分阶段移交的工程颁发了工程接收证书且证书中注明的该部分工程竣工日期未超过约定的分阶段竣工时间，则全部工程剩余部分的日拖期违约赔偿额应相应折减。折减的原则是，以拖延竣工部分的合同金额除以整个合同工程的总金额所得比例乘以日拖期赔偿额，但不影响约定的最高赔偿限额。即

$$\text{折减的误期损害赔偿金 / 天} = \text{合同约定的误期损害赔偿金 / 天} \times \frac{\text{拖延竣工部分的合同金额}}{\text{合同工程的总金额}}$$

$$\text{误期损害赔偿总金额} = \text{折减的误期损害赔偿金/天} \times \text{延误天数}(\leqslant \text{最高赔偿限额})$$

(2) 提前竣工导致合同价格增加。

承包商通过自己的努力使工程提前竣工是否应得到奖励，在施工合同条件中列入可选择条款一类。若选用奖励条款，则须在专用条件中具体约定奖金的计算办法。

当合同内约定有部分分项工程的竣工时间和奖励办法时，为了使业主能够在完成全部工程之前占有并启用工程的某些部分提前发挥效益，约定的分项工程完工日期应固定不变。也就是说，不因该部分工程施工过程中，出现非承包商应负责原因工程师批准顺延合同工期，而对计算奖励的应竣工时间予以调整(除非合同中另有规定)。

6) 包含在合同价格之内的暂列金额

暂列金额实际上是一笔业主方的备用金，用于招标时对尚未确定或不可预见项目的储备金额。施工过程中工程师有权依据工程进展的实际需要经业主同意后，用于施工或提供物资、设备，以及技术服务等内容的开支，也可以作为供意外用途的开支。有权全部使用、部分使用或完全不用。某些项目的工程量清单中包括有暂列金额款项，尽管这笔款额计入在合同价格内，但其使用却归工程师控制。工程师可以发布指示，要求承包商或其他人完成暂列金额项内开支的工作。因此，只有当承包商按工程师的指示完成暂列金额项内开支的工作任务后，才能从其中获得相应支付。由于暂列金额是用于招标文件规定承包商必须完成的承包工作之外的费用，承包商报价时不将承包范围内发生的间接费、利润、税金等摊入其中，所以他未获得暂列金额内的支付并不损害其利益。承包商接受工程师的指示完成暂列金额项内支付的工作时，应按工程师的要求提供有关凭证(包括报价单、发票、收据等结算支付的证明材料)。

4. 解决合同争议的程序

任何合同争议均交由仲裁或诉讼解决，一方面往往会导致合同关系的破裂，另一方面对双方的信誉有不利影响。为了解决工程师的决定可能处理得不公正的情况，通用条件中增加了争端裁决委员会处理合同争议的程序。

1) 提交工程师决定

FIDIC 编制施工合同条件的基本出发点之一，是合同履行过程中建立以工程师为核心的项目管理模式，因此不论是承包商的索赔还是业主的索赔均应首先提交给工程师。任何一方要求工程师作出决定时，他应与双方协商尽力达成一致；如果未能达成一致；则应按照合同规定并适当考虑有关情况后作出公平的决定。

2) 提交争端裁决委员会决定

双方起因于合同的任何争端，包括对工程师签发的证书、作出的决定、指示、意见或估价不同意接受时，可将争议提交合同争端裁决委员会，并将副本送交对方和工程师。裁决委员会在收到提交的争议文件后 84 天内作出合理的裁决。作出裁决后的 28 天内，任何一方未提出不满意裁决的通知，此裁决即为最终的决定。

3) 双方协商

任何一方对裁决委员会的裁决不满意，或裁决委员会在 84 天内未能作出裁决，在此期限后的 28 天内应将争议提交仲裁。仲裁机构在收到申请后的 56 天才开始审理，这一时期要求双方尽力以友好的方式解决合同争议。

4) 仲裁

如果双方仍未能通过协商解决争议，则只能由合同约定的仲裁机构最终解决。

5. 风险责任的划分

合同履行过程中可能发生的某些风险是有经验的承包商在准备投标时无法合理预见的，就业主利益而言，不应要求承包商在其报价中计入这些不可合理预见风险的损害补偿费，以取得有竞争性的合理报价。

通用条件内以投标截止日期前第 28 天定义为基准日，作为业主与承包商划分合同风险的时间点。在此日期后发生的作为一个有经验承包商在投标阶段不可能合理预见的风险事件，按承包商受到的实际影响给予补偿；若业主获得好处，也应取得相应的利益。某一不利于承包商的风险损害是否应给予补偿，工程师不是简单看承包商的报价内包括或未包括对此事件的费用，而是以作为有经验的承包商在投标阶段能否合理预见作为判定准则。

1) 业主应承担的风险义务

(1) 合同条件规定的业主风险。属于业主的风险包括：战争、敌对行动、入侵、外敌行动；工程所在国内发生的叛乱、革命、暴动或军事政变、篡夺政权或内战；不属于承包商施工原因造成的爆炸、核废料辐射或放射性污染等；超音速或亚音速飞行物产生的压力波；暴乱、骚乱或混乱，但不包括承包商及分包商的雇员因执行合同而引起的行为；业主在合同规定以外，使用或占用永久工程的某一区段或某一部分而造成的损失或损害；业主提供的设计不当造成的损失以及一个有经验承包商通常无法预测和防范的任何自然力作用。

(2) 不可预见的物质条件。承包商施工过程中遇到不利于施工的外界自然条件、人为干扰，招标文件和图纸均未说明的外界障碍物、污染物的影响，招标文件未提供或与提供资料不一致的地表以下的地质和水文条件，但不包括气候条件。

(3) 其他不能合理预见的风险。这些情况包括：外币支付部分由于汇率引起的变化及法令、政策变化对工程成本的影响。当合同内约定给承包商的全部或部分付款为某种外币，或约定整个合同期内始终以基准日承包商报价所依据的投标汇率为不变汇率按约定百分比支付某种外币时，汇率的实际变化对支付外币的计算不产生影响。若合同内规定按支付日当天中央银行公布的汇率为标准，则支付时需随汇率的市场浮动进行换算。由于合同期内汇率的浮动变化是双方签约时无法预计的情况，不论采用何种方式，业主均应承担汇率实际变化对工程总造价影响的风险。如果基准日后由于法律、法令和政策变化引起承包商实际投入成本的增加或导致施工成本的减少，均由业主承担，如施工期内国家或地方对税收的调整等。

2) 承包商应承担的风险义务

在施工现场属于不包括在保险范围内的，由于承包商的施工管理等失误或违约行为，导致工程、业主人员的伤害及财产损失，应承担责任。依据合同通用条款的规定：承包商对业主的全部责任不应超过专用条款约定的赔偿最高限额；若未约定，则不应超过中标的合同金额；但对于因欺骗、有意违约或轻率的不当行为造成的损失，赔偿的责任限度不受限额的限制。

6.3　建设工程施工合同管理

6.3.1　建设工程施工合同管理

1. 施工质量管理

为了保证工程项目达到投资建设的预期目的，确保工程质量至关重要。对工程质量进行严格控制，应从使用的材料和设备质量控制开始。

1) 材料设备质量管理

(1) 材料设备的到货检验。

工程项目使用的建筑材料和设备按照专用条款约定的采购供应责任，可以由承包人负责，也可以由发包人提供全部或部分材料和设备。

发包人供应材料设备的，发包人应按照专用条款的材料设备供应一览表，按时、按质、按量将采购的材料和设备运抵施工现场，与承包人共同进行到货清点。发包人供应的材料设备经双方共同清点接收后，由承包人妥善保管，发包人支付相应的保管费用。

承包人负责采购材料设备的，应按照合同专用条款约定及设计要求和有关标准采购，并提供产品合格证明，对材料设备质量负责。承包人在材料设备到货前 24 小时应通知工程师共同进行到货清点。专业监理工程师对承包单位报送的拟进场工程材料、构配件和设备的《工程材料/构配件/设备报审表》及其质量证明资料进行审核，并对进场的实物按照委托监理合同约定或有关工程质量管理文件规定的比例采用平行检验或见证取样方式进行抽检。对未经监理人员验收或验收不合格的工程材料、构配件及设备，监理人员应拒绝签认，并应签发监理工程师通知单，书面通知承包单位限期将不合格的工程材料、构配件及设备撤出现场。

(2) 材料和设备的使用前检验。

为了防止材料和设备在现场储存时间过长或保管不善而导致质量的降低，应在用于永久工程施工前进行必要的检查试验。按照材料设备的供应义务，对合同责任做如下区分：

发包人供应的材料设备进入施工现场后需要在使用前检验或者试验的，由承包人负责检查试验，费用由发包人负责。按照合同对质量责任的约定，此次检查试验通过后，仍不能解除发包人供应材料设备存在的质量缺陷责任。即承包人检验通过之后，如果又发现材料设备有质量问题时，发包人仍应承担重新采购及拆除重建的追加合同价款，并相应顺延由此延误的工期。

承包人负责采购的材料和设备在使用前，承包人应按工程师的要求进行检验或试验，不合格的不得使用，检验或试验费用由承包人承担。工程师发现承包人采购并使用不符合设计或标准要求的材料设备时，应要求由承包人负责修复、拆除或重新采购，并承担发生的费用，由此延误的工期不予顺延。承包人需要使用代用材料时，应经工程师认可后才能使用，由此增减的合同价款双方以书面形式议定。由承包人采购的材料设备，发包人不得指定生产厂或供应商。

2) 对施工质量的监督管理

监理工程师在施工过程中应采用巡视、旁站、平行检验等方式监督检查承包人的施工工艺和产品质量，对建筑产品的生产过程进行严格控制。

(1) 工程师对质量标准的控制。

承包人施工的工程质量应当达到合同约定的标准。发包人对部分或者全部工程质量有特殊要求的，应支付由此增加的追加合同价款，对工期有影响的应给予相应顺延。工程师依据合同约定的质量标准对承包人的工程质量进行检查，达到或超过约定标准的，给予质量认可(不评定质量等级)；达不到要求时，则予拒收。

不论何时，工程师一经发现质量达不到约定标准的工程部分，均可要求承包人返工。承包人应当按照工程师的要求返工，直到符合约定标准。因承包人的原因达不到约定标准，由承包人承担返工费用，工期不予顺延。因发包人的原因达不到约定标准，由发包人承担返工的追加合同价款，工期相应顺延。因双方原因达不到约定标准，责任由双方分别承担。

如果双方对工程质量有争议，由专用条款约定的工程质量监督部门鉴定，所需费用及因此造成的损失，由责任方承担。双方均有责任的，由双方根据其责任分别承担。

(2) 施工过程中的检查和返工。

承包人应认真按照标准、规范和设计要求以及工程师依据合同发出的指令施工，随时接受工程师及其委派人员的检查检验，并为检查检验提供便利条件。工程质量达不到约定标准的部分，工程师一经发现，可要求承包人拆除和重新施工，承包人应按工程师及其委派人员的要求拆除和重新施工，承担由于自身原因导致拆除和重新施工的费用，工期不予顺延。经过工程师检查检验合格后，又发现因承包人原因出现的质量问题，仍由承包人承担责任，赔偿发包人的直接损失，工期不应顺延。

工程师的检查检验原则上不应影响施工正常进行。如果实际影响了施工的正常进行，其后果责任由检验结果的质量是否合格来区分合同责任。检查检验不合格时，影响正常施工的费用由承包人承担。除此之外，影响正常施工的追加合同价款由发包人承担，相应顺延工期。因工程师指令失误和其他非承包人原因发生的追加合同价款，由发包人承担。

(3) 使用专利技术及特殊工艺施工。

如果发包人要求承包人使用专利技术或特殊工艺施工，应负责办理相应的申报手续，承担申报、试验、使用等费用。若承包人提出使用专利技术或特殊工艺施工，应首先取得工程师认可，然后由承包人负责办理申报手续并承担有关费用。不论哪一方要求使用他人的专利技术，一旦发生擅自使用侵犯他人专利权的情况时，由责任者依法承担相应责任。

(4) 隐蔽工程与重新检验。

工程具备隐蔽条件或达到专用条款约定的中间验收部位，承包人进行自检，并在隐蔽或中间验收前 48 小时以书面形式通知工程师验收。通知包括隐蔽和中间验收的内容、验收时间和地点。承包人准备验收记录。专业监理工程师根据承包人报送的隐蔽工程报验申请表和自检结果进行现场检查，符合要求予以签认。

工程师接到承包人的请求验收通知后，应在通知约定的时间与承包人共同进行检查或试验。检测结果表明质量验收合格，经工程师在验收记录上签字后，承包人可进行工程隐蔽和继续施工。验收不合格，承包人应在工程师限定的时间内修改后重新验收。如果工程师不能按时进行验收，应在承包人通知的验收时间前 24 小时，以书面形式向承包人提出延期验收要求，但延期不能超过 48 小时。若工程师未能按以上时间提出延期要求，又未按时参加验收，承包人可自行组织验收。承包人经过验收的检查、试验程序后，将检查、试验记录送交工程师。工程师应承认验收记录的正确性。经工程师验收，工程质量符合标准、规范和设计图纸等要求，验收 24 小时后，工程师不在验收记录上签字，视为工程师已经认可验收记录，承包人可进行隐蔽或继续施工。

无论工程师是否参加了验收，当其对某部分的工程质量有怀疑，均可要求承包人对已经隐蔽的工程进行重新检验。承包人接到通知后，应按要求进行剥离或开孔，并在检验后重新覆盖或修复。重新检验表明质量合格，发包人承担由此发生的全部追加合同价款，赔偿承包人损失，并相应顺延工期；检验不合格，承包人承担发生的全部费用，工期不予顺延。

2. 施工进度管理

1) 按计划施工

开工后，承包人应按照工程师确认的进度计划组织施工，接受工程师对进度的检查、监督。一般情况下，工程师每月均应检查一次承包人的进度计划执行情况，由承包人提交一份上月进度计划执行情况和本月的施工方案和措施。同时，工程师还应进行必要的现场实地检查。

2) 承包人修改进度计划

实际施工过程中，由于受到外界环境条件、人为条件、现场情况等的限制，经常出现与承包人开工前编制施工进度计划时预计的施工条件有出入的情况，导致实际施工进度与计划进度不符。不管实际进度是超前还是滞后于计划进度，只要与计划进度不符时，工程师都有权通知承包人修改进度计划，以便更好地进行后续施工的协调管理。承包人应当按照工程师的要求修改进度计划并提出相应措施，经工程师确认后执行。

因承包人自身的原因造成工程实际进度滞后于计划进度，所有的后果都应由承包人自行承担。工程师不对确认后的改进措施效果负责，这种确认并不是工程师对工程延期的批准，而仅仅是要求承包人在合理的状态下施工。因此，如果修改后的进度计划不能按期完工，承包人仍应承担相应的违约责任。

3) 暂停施工

(1) 暂停施工的起因。在施工过程中，有些情况会导致暂停施工。虽然暂停施工会影响工程进度，但在工程师认为确有必要时，可以根据现场的实际情况发布暂停施工的指示。发出暂停施工指示的起因可能源于以下情况：外部条件的变化，如后续法规政策的变化导致工程停、缓建；地方法规要求在某一时段内不允许施工等；发包人应承担责任的原因，如发包人未能按时完成后续施工的现场或通道的移交工作，发包人订购的设备不能按时到货，施工中遇到了有考古价值的文物或古迹需要进行现场保护等；协调管理的原因，如同时在现场的几个独立承包人之间出现施工交叉干扰，工程师需要进行必要的协调；承包人的原因，如发现施工质量不合格，施工作业方法可能危及现场或毗邻地区建筑物或人身安全等。上述四种原因中，前三种原因应由发包人承担所发生的追加合同价款，赔偿承包人由此造成的损失，相应顺延工期。

(2) 暂停施工的管理程序。不论发生上述何种情况，工程师应当以书面形式通知承包人暂停施工，并在发出暂停施工通知后的 48 小时内提出书面处理意见。承包人应当按照工程师的要求停止施工，并妥善保护已完工工程。承包人实施工程师做出的处理意见后，可提出书面复工要求。工程师应当在收到复工通知后的 48 小时内给予相应的答复。如果工程师未能在规定的时间内提出处理意见，或收到承包人复工要求后 48 小时内未予答复，承包人可以自行复工。

停工责任在发包人，由发包人承担所发生的追加合同价款，赔偿承包人由此造成的损失，相应顺延工期；如果停工责任在承包人，由承包人承担发生的费用，工期不予顺延。如果因工程师未及时做出答复，导致承包人无法复工，由发包人承担违约责任。

(3) 发包人不能按时支付的暂停施工。施工合同范本通用条款中对两种情况给予了承包人暂时停工的权利：延误支付预付款，发包人不按时支付预付款，承包人在约定时间 7 天后向发包人发出预付通知，发包人收到通知后仍不能按要求预付，承包人可在发出通知后 7 天停止施工，发包人应从约定应付之日起，向承包人支付应付款的贷款利息；拖欠工程进度款，发包人不按合同规定及时向承包人支付工程进度款且双方又未达成延期付款协议时，导致施工无法进行，承包人可以停止施工，由发包人承担违约责任。

4) 工期延误

施工过程中，由于社会条件、人为条件、自然条件和管理水平等因素的影响，可能导致工期延误不能按时竣工。是否应给承包人合理延长工期，应依据合同责任来判定。

(1) 可以顺延工期的条件。

按照施工合同范本通用条件的规定，以下原因造成的工期延误，经工程师确认后工期相应顺延：发包人不能按专用条款的约定提供开工条件；发包人不能按约定日期支付工程预付款、进度款，致使工程不能正常进行；工程师未按合同约定提供所需指令、批准等，致使施工不能正常进行；设计变更和工程量增加；一周内非承包人原因停水、停电、停气造成停工累计超过 8 小时；不可抗力；专用条款中约定或工程师同意工期顺延的其他情况。

这些情况工期可以顺延的根本原因在于这些情况属于发包人违约或者是应当由发包人承担的风险。反之，如果造成工期延误的原因是承包人的违约或者应当由承包人承担的风险，则工期不能顺延。

(2) 工期顺延的确认程序。

承包人在工期可以顺延的情况发生后 14 天内，应将延误的工期向工程师提出书面报告。工程师在收到报告后 14 天内予以确认答复，逾期不予答复，视为报告要求已经被确认。工程师确认工期是否应予顺延，应当首先考察事件实际造成的延误时间，然后依据合同、施工进度计划、工期定额等进行判定。经工程师确认顺延的工期应纳入合同工期，作为合同工期的一部分。如果承包人不同意工程师的确认结果，则按合同规定的争议解决方式处理。

施工中如果发包人出于某种考虑要求提前竣工，应与承包人协商。双方达成一致后签订提前竣工协议，作为合同文件的组成部分。提前竣工协议应包括以下方面的内容：提前竣工的时间；发包人为赶工应提供的方便条件；承包人在保证工程质量和安全的前提下，可能采取的赶工措施；提前竣工所需的追加合同价款等。承包人按照协议修订进度计划和制定相应的措施，工程师同意后执行。发包方为赶工提供必要的方便条件。

3. 工程变更管理

施工合同范本中将工程变更分为工程设计变更和其他变更两类。其他变更是指合同履行中发包人要求变更工程质量标准及其他实质性变更。发生这类情况后，由当事人双方协商解决。工程施工中经常发生设计变更，工程师在合同履行管理中应严格控制变更，施工中承包人未得到工程师的同意也不允许对工程设计随意变更。如果由于承包人擅自变更设计，发生的费用和因此而导致的发包人的直接损失，应由承包人承担，延误的工期不予顺延。

1) 工程师指示的设计变更

施工合同范本通用条款中明确规定，工程师依据工程项目的需要和施工现场的实际情况，可以就以下方面向承包人发出变更通知：更改工程有关部分的标高、基线、位置和尺寸，增减合同中约定的工程量，改变有关工程的施工时间和顺序以及其他有关工程变更需要的附加工作。

2) 设计变更程序

施工中发包人需对原工程设计进行变更，应提前 14 天以书面形式向承包人发出变更通知。变更超过原设计标准或批准的建设规模时，发包人应报规划管理部门和其他有关部门重新审查批准，并由原设计单位提供变更的相应图纸和说明；工程师向承包人发出设计变更通知后，承包人按照工程师发出的变更通知及有关要求，进行所需的变更。因设计变更导致合同价款的增减及造成的承包人损失由发包人承担，延误的工期相应顺延。

施工中承包人不得因施工方便而要求对原工程设计进行变更。承包人在施工中提出的合理化建议被发包人采纳，若建议涉及到对设计图纸或施工组织设计的变更及对材料、设备的换用，则须经工程师同意。未经工程师同意承包人擅自更改或换用，承包人应承担由此发生的费用，并赔偿发包人的有关损失，延误的工期不予顺延。工程师同意采用承包人的合理化建议，所发生费用和获得收益的分担或分享，由发包人和承包人另行约定。

3) 变更价款的确定

(1) 确定变更价款的程序。

承包人在工程变更确定后 14 天内，可提出变更涉及的追加合同价款要求的报告，经工程师确认后相应调整合同价款。如果承包人在双方确定变更后的 14 天内，未向工程师提出变更工程价款的报告，视为该项变更不涉及合同价款的调整。工程师应在收到承包人的变更合同价款报告后 14 天内，对承包人的要求予以确认或做出其他答复。

工程师无正当理由不确认或答复时，自承包人的报告送达之日起 14 天后，视为变更价款报告已被确认。工程师确认增加的工程变更价款作为追加合同价款，与工程进度款同期支付。工程师不同意承包人提出的变更价款，按合同约定的争议条款处理。

因承包人自身原因导致的工程变更，承包人无权要求追加合同价款。如由于承包人原因实际施工进度滞后于计划进度，某工程部位的施工与其他承包人的施工发生干扰，工程师发布指示改变了其施工时间和顺序导致施工成本的增加或效率降低，承包人无权要求补偿。

(2) 确定变更价款的原则。

确定变更价款时，应维持承包人投标报价单内的竞争性水平。合同中已有适用于变更工程的价格，按合同已有的价格变更合同价款；合同中只有类似于变更工程的价格，可以参照类似价格变更合同价款；合同中没有适用或类似于变更工程的价格，由承包人提出适当的变更价格，经工程师确认后执行。

4) 工程量的确认

由于签订合同时在工程量清单内开列的工程量是估计工程量，实际施工可能与其有差异，因此发包人支付工程进度款前应对承包人完成的实际工程量予以确认或核实，按照承包人实际完成永久工程的工程量进行支付。

(1) 承包人提交工程量报告。承包人应按专用条款约定的时间，向工程师提交本阶段(月)已完工程量的报告，说明本期完成的各项工作内容和工程量。

(2) 工程量计量。工程师接到承包人的报告后 7 天内，按设计图纸核实已完工程量，并在现场实际计量前 24 小时通知承包人共同参加。承包人为计量提供便利条件并派人参加。如果承包人收到通知后不参加计量，工程师自行计量的结果有效，作为工程价款支付的依据。若工程师不按约定时间通知承包人，致使承包人未能参加计量，工程师单方计量的结果无效。工程师收到承包人报告后 7 天内未进行计量，从第 8 天起，承包人报告中开列的工程量即视为已被确认，作为工程价款支付的依据。

(3) 工程量的计量原则。工程师对照设计图纸，只对承包人完成的永久工程合格工程量进行计量。因此，属于承包人超出设计图纸范围(包括超挖、涨线)的工程量不予计量，因承包人原因造成返工的工程量不予计量。

5) 支付管理

(1) 允许调整合同价款的情况。

采用可调价合同，施工中如果遇到以下情况，通用条款规定出现四种情况时，可以对合同价款进行相应的调整：法律、行政法规和国家有关政策变化影响到合同价款，如施工过程中地方税的某项税费发生变化，按实际发生与订立合同时的差异进行增加或减少合同价款的调整；工程造价部门公布的价格调整，当市场价格浮动变化时，按照专用条款约定的方法对合同价款进行调整；一周内非承包人原因停水、停电、停气造成停工累计超过 8 小时；双方约定的其他因素。

发生上述事件后，承包人应当在情况发生后的 14 天内，将调整的原因、金额以书面形式通知工程师。工程师确认调整金额后作为追加合同价款，与工程款同期支付。工程师收到承包人通知后 14 天内不予确认也不提出修改意见，视为已经同意该项调整。

(2) 工程进度款的支付。

应支付承包人的工程进度款的款项计算内容包括：经过确认核实的完成工程量对应工程量清单或报价单的相应价格计算应支付的工程款，设计变更应调整的合同价款，本期应扣回的工程预付款，根据合同允许调整合同价款原因应补偿承包人的款项和应扣减的款项，经过工程师批准的承包人索赔款等。

发包人应在双方计量确认后 14 天内向承包人支付工程进度款。发包人超过约定的支付时间不支付工程进度款，承包人可向发包人发出要求付款的通知。发包人在收到承包人通知后仍不能按要求支付，可与承包人协商签订延期付款协议，经承包人同意后可以延期支付。发包人不按合同约定支付工程款(进度款)，双方又未达成延期付款协议，导致施工无法进行，承包人可停止施工，由发包人承担违约责任。延期付款协议中须明确延期支付时间，以及从计量结果确认后第 15 天起计算应付款的贷款利息。

6) 不可抗力的合同管理

不可抗力是指合同当事人不能预见、不能避免并且不能克服的客观情况。建设工程施工中的不可抗力包括因战争、动乱、空中飞行物坠落或其他非发包人和承包人责任造成的爆炸、火灾以及专用条款约定的风、雨、雪、洪水、地震等自然灾害。对于自然灾害形成的不可抗力，当事人双方订立合同时应在专用条款内予以约定。

不可抗力事件发生后，承包人应在力所能及的条件下迅速采取措施，尽量减少损失，并在不可抗力事件结束后 48 小时内向工程师通报受灾情况和损失情况，及预计清理和修复的费用。发包人应尽力协助承包人采取措施。不可抗力事件继续发生，承包人应每隔 7 天向工程师报告一次受害情况，并于不可抗力事件结束后 14 天内，向工程师提交清理和修复费用的正式报告及有关资料。

施工合同范本通用条款规定，因不可抗力事件导致的费用及延误的工期由双方按以下方法分别承担：工程本身的损害、因工程损害导致第三方人员伤亡和财产损失以及运至施工场地用于施工的材料和待安装的设备的损害，由发包人承担；承发包双方人员的伤亡损失，分别由各自负责；承包人机械设备损坏及停工损失，由承包人承担；停工期间，承包人应工程师要求留在施工场地的必要的管理人员及保卫人员的费用由发包人承担；工程所需清理、修复费用，由发包人承担；延误的工期相应顺延。

按照合同法规定的基本原则，因合同一方迟延履行合同后发生不可抗力，不能免除迟延履行方的相应责任。投保建筑工程一切险、安装工程一切险和人身意外伤害险是转移风险的有效措施。如果工程是发包人负责办理的工程险，当承包人有权获得工期顺延的时间内，发包人应在保险合同有效期届满前办理保险的延续手续；若因承包人原因不能按期竣工，承包人也应自费办理保险的延续手续。对于保险公司的赔偿不能全部弥补损失的部分，则应由合同约定的责任方承担赔偿义务。

4. 施工环境管理

工程师应监督现场使正常施工工作符合行政法规和合同的要求，做到文明施工。

1) 遵守法规对环境的要求

施工应遵守政府有关主管部门对施工场地、施工噪音及环境保护和安全生产等的管理规定。承包人按规定办理有关手续，并以书面形式通知发包人，发包人承担由此发生的费用。

2) 保持现场的整洁

承包人应保证施工场地清洁，符合环境卫生管理的有关规定。交工前清理现场，达到专用条款约定的要求。

3) 重视施工安全

承包人应遵守安全生产的有关规定，严格按安全标准组织施工，采取必要的安全防护措施，消除事故隐患。因承包人采取安全措施不力造成事故的责任和因此发生的费用，由承包人承担。发包人应对其在施工场地的工作人员进行安全教育，并对他们的安全负责。发包人不得要求承包人违反安全管理规定进行施工。因发包人原因导致的安全事故，由发包人承担相应责任及发生的费用。

承包人在动力设备、输电线路、地下管道、密封防震车间、易燃易爆地段以及临街交通要道附近施工时，施工开始前应向工程师提出安全防护措施。经工程师认可后实施。防护措施费用，由发包人承担。实施爆破作业，在放射、毒害性环境中施工，及使用毒害性、腐蚀性物品施工时，承包人应在施工前14天内以书面形式通知工程师，并提出相应的防护措施。经工程师认可后实施，由发包人承担安全防护措施费用。

5. 竣工验收

工程验收是合同履行的一个重要工作阶段，工程未经竣工验收或竣工验收未通过的，发包人不得使用。发包人强行使用时，由此发生的质量问题及其他问题，由发包人承担责任。竣工验收分为分项工程竣工验收和整体工程竣工验收两大类，视施工合同约定的范围而定。

1) 竣工验收需满足的条件

依据施工合同范本通用条款和法规的规定，竣工工程必须符合下列基本要求：完成工程设计和合同约定的各项内容；施工单位在工程完工后对工程质量进行了检查，确认工程质量符合有关工程建设强制性标准，符合设计文件及合同要求，并提出工程竣工报告，工程竣工报告应经项目经理和施工单位有关负责人审核签字；对于委托监理的工程项目，监理单位对工程进行了质量评价，具有完整的监理资料，并提出工程质量评价报告。工程质量评价报告应经总监理工程师和监理单位有关负责人审核签字；勘察、设计单位对勘察、设计文件及施工过程中由设计单位签署的设计变更通知书进行了确认；有完整的技术档案和施工管理资料；有工程使用的主要建筑材料、建筑构配件和设备合格证及必要的进场试验报告；施工单位签署的工程质量保修书；有公安消防、环保等部门出具的认可文件或准许使用文件；建设行政主管部门及其委托的工程质量监督机构等有关部门责令整改的问题全部整改完毕。

2) 竣工验收程序

工程具备竣工验收条件，发包人按国家工程竣工验收有关规定组织验收工作。

(1) 承包人申请验收。工程具备竣工验收条件，承包人向发包人申请工程竣工验收，递交竣工验收报告并提供完整的竣工资料。实行监理的工程，总监理工程师组织专业监理工程师，依据有关法律、法规、工程建设强制性标准、设计文件及施工合同，对承包单位报送的竣工资料进行审查，并对工程质量进行竣工预验收；对存在的问题，应及时要求承包单位整改。整改完毕由总监理工程师签署工程竣工报验单，并应在此基础上提出经总监理工程师和监理单位技术负责人审核签字的工程质量评估报告。

(2) 发包人组织验收组。对符合竣工验收要求的工程，发包人收到工程竣工报告后 28 天内，组织勘察、设计、施工、监理、质量监督机构和其他有关方面的专家组成验收组，制定验收方案。

(3) 验收。验收过程主要包括：发包人、承包人、勘察、设计、监理单位分别向验收组汇报工程合同履约情况和在工程建设各个环节执行法律、法规和工程建设强制性标准的情况；验收组审阅建设、勘察、设计、施工、监理单位提供的工程档案资料；查验工程实体质量；验收组通过查验后，对工程施工、设备安装质量和各管理环节等方面作出总体评价，形成工程竣工验收意见。参与工程竣工验收的发包人、承包人、勘察、设计、施工、监理等各方不能形成一致意见时，应报当地建设行政主管部门或监督机构进行协调，待意见一致后，重新组织工程竣工验收。

3) 验收后的管理

发包人在验收后 14 天内给予认可或提出修改意见。竣工验收合格的工程移交给发包人运行使用，承包人不再承担工程保管责任。需要修改缺陷的部分，承包人应按要求进行修改，并承担由自身原因造成修改的费用。

发包人收到承包人送交的竣工验收报告后 28 天内不组织验收，或验收后 14 天内不提出修改意见，视为竣工验收报告已被认可。同时，从第 29 天起，发包人承担工程保管及一切意外责任。

因特殊原因，发包人要求部分单位工程或工程部位甩项竣工的，双方另行签订甩项竣工协议，明确双方责任和工程价款的支付方法。中间竣工工程的范围和竣工时间，由双方在专用条款内约定，其验收程序与上述规定相同。

4) 竣工时间的确定

工程竣工验收通过，承包人送交竣工验收报告的日期为实际竣工日期。工程按发包人要求修改后通过竣工验收的，实际竣工日期为承包人修改后提请发包人验收的日期。这个日期用于计算承包人的实际施工期限，与合同约定的工期比较是提前竣工还是延误竣工。

合同约定的工期指协议书中写明的时间与施工过程中遇到合同约定可以顺延工期条件情况后，经过工程师确认应给予承包人顺延工期之和。

承包人的实际施工期限，从开工日起到上述确认为竣工日期之间的日历天数。开工日正常情况下为专用条款内约定的日期，也可能是由于发包人或承包人要求延期开工，经工程师确认的日期。

6. 工程保修

承包人应当在工程竣工验收之前，与发包人签订质量保修书，作为合同附件。质量保修书的主要内容包括工程质量保修范围和内容、质量保修期、质量保修责任、保修费用和其他约定 5 部分。

1) 工程质量保修范围和内容

双方按照工程的性质和特点，具体约定保修的相关内容。房屋建筑工程的保修范围包括：地基基础工程、主体结构工程，屋面防水工程、有防水要求的卫生间和外墙面的防渗漏，供热与供冷系统，电气管线、给排水管道、设备安装和装修工程，以及双方约定的其他项目。

2) 质量保修期

保修期从竣工验收合格之日起计算。当事人双方应针对不同的工程部位，在保修书内约定具体的保修年限。当事人协商约定的保修期限，不得低于法规规定的标准。

在正常使用条件下的最低保修期限为：基础设施工程、房屋建筑的地基基础工程和主体工程，为设计文件规定的该工程的合理使用年限；屋面防水工程、有防水要求的卫生间、房间和外墙面的防渗漏，为5年；供热与供冷系统，为2个采暖期和供冷期；电气管线、给排水管道、设备安装和装修工程，为2年。

3) 质量保修责任

属于保修范围、内容的项目，承包人应在接到发包人的保修通知起7天内派人保修。承包人不在约定期限内派人保修，发包人可以委托其他人修理。发生紧急抢修事故时，承包人接到通知后应当立即到达事故现场抢修。涉及结构安全的质量问题，应当立即向当地建设行政主管部门报告，采取相应的安全防范措施。由原设计单位或具有相应资质等级的设计单位提出保修方案，承包人实施保修。质量保修完成后，由发包人组织验收。

4) 保修费用

建设工程质量保证金是指发包人与承包人在建设工程承包合同中约定，从应付的工程款中预留，用以保证承包人在缺陷责任期内对建设工程出现的缺陷进行维修的资金。全部或者部分使用政府投资的建设项目，按工程价款结算总额5%左右的比例预留保证金。保修费用，由造成质量缺陷的责任方承担。发包人在质量保修期满后14天内，将剩余保修金和利息返还承包人。

7. 竣工结算

1) 竣工结算程序

(1) 承包人递交竣工结算报告。工程竣工验收报告经发包人认可后，承发包双方应当按协议书约定的合同价款及专用条款约定的合同价款调整方式，进行工程竣工结算。工程竣工验收报告经发包人认可后28天，承包人向发包人递交竣工结算报告及完整的结算资料。

(2) 发包人的核实和支付。发包人自收到竣工结算报告及结算资料后28天内进行核实，给予确认或提出修改意见。发包人认可竣工结算报告后，及时办理竣工结算价款的支付手续。

(3) 移交工程。承包人收到竣工结算价款后14天内将竣工工程交付发包人，施工合同即告终止。

2) 竣工结算的违约责任

(1) 发包人的违约责任。发包人收到竣工结算报告及结算资料后28天内无正当理由不支付工程竣工结算价款，从第29天起按承包人同期向银行贷款利率支付拖欠工程价款的利息，并承担违约责任。发包人收到竣工结算报告及结算资料后28天内不支付工程竣工结算价款，承包人可以催告发包人支付结算价款。发包人在收到竣工结算报告及结算资料后56天内仍不支付，承包人可以与发包人协议将该工程折价，也可以由承包人申请人民法院将该工程依法拍卖，承包人就该工程折价或者拍卖的价款优先受偿。

(2) 承包人的违约责任。工程竣工验收报告经发包人认可后28天内，承包人未能向发包人递交竣工结算报告及完整的结算资料，造成工程竣工结算不能正常进行或工程竣工结算价款不能及时支付时，如发包人要求交付工程，承包人应当交付；发包人不要求交付工程，承包人仍应承担保管责任。

6.3.2　FIDIC施工合同条件的管理

1. 施工质量管理

1) 承包商的质量体系

通用条件规定，承包商应按照合同的要求建立一套质量管理体系，以保证施工符合合同要求。工程师有权审查质量体系的任何方面，当承包商遵守工程师认可的质量体系施工，并不能解除依据合同应承担的任何职责、义务和责任。

2) 现场资料

承包商对施工中涉及的以下相关事宜的资料应有充分的了解：现场的现状和性质，包括资料提供的地表以下条件、水文和气候条件；为实施和完成工程及修复工程缺陷约定的工作范围和性质；工程所在地的法律、法规和雇佣劳务的习惯做法；承包商要求的通行道路、食宿、设施、人员、电力、交通、供水及其他服务。

业主同样有义务向承包商提供基准日后得到的所有相关资料和数据。不论是招标阶段提供的资料还是后续提供的资料，业主应对资料和数据的真实性和正确性负责，但对承包商依据资料的理解、解释或推论导致的错误不承担责任。

3) 质量的检查和检验

为了保证工程的质量，工程师除了按合同规定进行正常的检验外，还可以在认为必要时依据变更程序，指示承包商变更规定检验的位置或细节、进行附加检验或试验等。由于额外检查和试验是基准日前承包商无法合理预见的情况，涉及到的费用和工期变化，视检验结果是否合格划分责任归属。

4) 对承包商设备的控制

工程质量的好坏和施工进度的快慢，很大程度上取决于投入施工的机械设备、临时工程在数量和型号上的满足程度。而且承包商在投标书中报送的设备计划，是业主决标时考虑的主要因素之一。因此通用条款规定了以下几点：

(1) 承包商自有的施工设备。承包商自有的施工机械、设备、临时工程和材料，一经运抵施工现场后就被视为专门为本合同工程施工之用。除了运送承包商人员和物资的运输车辆以外，其他施工机具和设备虽然承包商拥有所有权和使用权，但未经过工程师的批准，不能将其中的任何一部分运出施工现场。某些使用台班数较少的施工机械在现场闲置期间，如果承包商的其他合同工程需要使用时，可以向工程师申请暂时运出。当工程师依据施工计划考虑该部分机械暂时不用而同意他运出时，应同时指示何时必须运回以保证本工程的施工之用，要求承包商遵照执行。对于后期施工不再使用的设备，竣工前经过工程师批准后，承包商可以提前撤出工地。

(2) 承包商租赁的施工设备。承包商从其他人处租赁施工设备时，应在租赁协议中规定在协议有效期内发生承包商违约解除合同时，设备所有人应以相同的条件将该施工设备转租给发包人或发包人邀请承包本合同的其他承包商。

(3) 要求承包工程增加或更换施工设备。

若工程师发现承包商使用的施工设备影响了工程进度或施工质量时，有权要求承包商增加或更换施工设备，由此增加的费用和工期延误责任由承包商承担。

2. 施工进度管理

1) 施工进度计划

(1) 进度计划的内容。一般应包括：实施工程的进度计划；每个指定分包商施工各阶段的安排；合同中规定的重要检查、检验的次序和时间；保证计划实施的说明文件，即承包商在各施工阶段准备采用的方法和主要阶段的总体描述，各主要阶段承包商准备投入的人员和设备数量的计划等。

(2) 承包商编制施工进度计划。承包商应在合同约定的日期或接到中标函后的 42 天内(合同未作约定)开工，工程师则应至少提前 7 天通知承包商开工日期。承包商收到开工通知后的 28 天内，按工程师要求的格式和详细程度提交施工进度计划，说明为完成施工任务而打算采用的施工方法、施工组织方案、进度计划安排，以及按季度列出根据合同预计应支付给承包商费用的资金估算表。

(3) 进度计划的确认。承包商有权按照他认为最合理的方法进行施工组织，工程师不应干预。工程师对承包商提交的施工计划的审查主要涉及以下几个方面：计划实施工程的总工期和重要阶段的里程碑工期是否与合同的约定一致，承包商各阶段准备投入的机械和人力资源计划能否保证计划的实现，承包商拟采用的施工方案与同时实施的其他合同是否有冲突或干扰等。承包商将计划提交的 21 天内，工程师未提出需修改计划的通知，即认为该计划已被工程师认可。

2) 工程师对施工进度的监督

(1) 月进度报告。承包商每个月都应向工程师提交进度报告，报告的内容包括：承包商的文件中采购、制造、货物运达现场、施工、安装和调试的每一阶段以及指定分包商实施工程的这些阶段进展情况的图表与详细说明；表明制造和现场进展状况的照片；与每项主要永久设备和材料制造有关的制造商名称、制造地点、进度百分比，以及开始制造、承包商的检查、检验、运输和到达现场的实际或预期日期；说明承包商在现场的施工人员和各类施工设备数量；若干份质量保证文件、材料的检验结果及证书；安全统计(包括涉及环境和公共关系方面的任何危险事件与活动的详情)；实际进度与计划进度的对比，包括可能影响按照合同完工的任何事件和情况的详情，以及为消除延误而正在(或准备)采取的措施等。

(2) 施工进度计划的修订。当工程师发现实际进度与计划进度严重偏离时，不论实际进度是超前还是滞后于计划进度，为了使进度计划有实际指导意义，随时有权指示承包商编制改进的施工进度计划，并再次提交工程师认可后执行，新进度计划将代替原来的计划。也允许在合同内明确规定，每隔一段时间(一般为 3 个月)承包商都要对施工计划进行一次修改，并经过工程师认可。

按照合同条件的规定，工程师在管理中应注意两点：不论因何方应承担责任的原因导致实际进度与计划进度不符，承包商都无权对修改进度计划的工作要求额外支付；工程师对修改后进度计划的批准，并不意味承包商可以摆脱合同规定应承担的责任。

3) 顺延合同工期

通用条件的条款中规定可以给承包商合理延长合同工期的条件通常可能包括以下几种情况：延误发放图纸，延误移交施工现场，承包商依据工程师提供的错误数据导致放线错误，不可预见的外界条件，施工中遇到文物和古迹而对施工进度的干扰，非承包商原因检验导致施工的延误，发生变更或合同中实际工程量与计划工程量出现实质性变化，施工中遇到有经验的承包商不能合理预见的异常不利气候条件影响，由于传染病或政府行为导致工期的延误，施工中受到业主或其他承包商的干扰，施工涉及有关公共部门原因引起的延误，业主提前占用工程导致对后续施工的延误，非承包商原因使竣工检验不能按计划正常进行，后续法规调整引起的延误以及发生不可抗力事件的影响。

3. 工程变更管理

1) 工程变更的范围

由于工程变更属于合同履行过程中的正常管理工作，工程师可以根据施工进展的实际情况，在认为必要时就以下几个方面发布变更指令：对合同中任何工作工程量的改变，任何工作质量或其他特性的变更，工程任何部分标高、位置和尺寸的改变，删减任何合同约定的工作内容，进行永久工程所必需的任何附加工作、永久设备、材料供应或其他服务以及改变原定的施工顺序或时间安排。

2) 工程变更的方式

颁发工程接收证书前的任何时间，工程师可以通过发布变更指示或以要求承包商递交建议书的任何一种方式提出变更。

(1) 指示变更。工程师在业主授权范围内根据施工现场的实际情况，在确属需要时有权发布变更指示。指示的内容应包括详细的变更内容、变更工程量、变更项目的施工技术要求和有关部门文件图纸，以及变更处理的原则。

(2) 要求承包商递交建议书后再确定的变更。变更程序为：工程师将计划变更事项通知承包商，并要求递交实施变更的建议书；承包商应尽快予以答复；工程师作出是否变更的决定，尽快通知承包商说明批准与否或提出意见。承包商在等待答复期间，不应延误任何工作。工程师发出每一项实施变更的指示，应要求承包商记录支出的费用。承包商提出的变更建议书，只是作为工程师决定是否实施变更的参考。除了工程师作出指示或批准以总价方式支付的情况外，每一项变更应依据计量工程量进行估价和支付。

(3) 承包商申请的变更。承包商根据工程施工的具体情况，认为如果采纳其建议将可能加速完工，降低业主实施、维护或运行工程的费用，对业主而言能提高竣工工程的效率或价值，为业主带来其他利益时，承包商可以随时向工程师提交一份书面建议。未经工程师批准承包商不得擅自变更，若工程师同意，则按工程师发布的变更指示的程序执行。

3) 变更估价

(1) 变更估价的原则。

计算变更工程应采用的费率或价格，可分为三种情况：变更工作在工程量表中有同种工作内容的单价，应以该费率计算变更工程费用，实施变更工作未导致工程施工组织和施工方法发生实质性变动，不应调整该项目的单价；工程量表中虽然列有同类工作的单价或价格，但对具体变更工作已不适用，则应在原单价和价格的基础上制定合理的新单价或价格；变更工作的内容在工程量表中没有同类工作的费率和价格，应按照与合同单价水平相一致的原则，确定新的费率或价格。

(2) 可以调整合同工作单价的原则。具备以下条件时，允许对某一项工作规定的费率或价格加以调整：此项工作实际测量的工程量比工程量表或其他报表中规定的工程量的变动大于 10%；工程量的变更与对该项工作规定的具体费率的乘积超过了接受的合同款额的 0.01%；由此工程量的变更直接造成的该项工作每单位工程量费用的变动超过 1%。

(3) 删减原定工作后对承包商的补偿。工程师发布删减工作的变更指示后承包商不再实施部分工作，合同价格中包括的直接费部分没有受到损害，但摊销在该部分的间接费、税金和利润则实际不能合理回收。因此承包商可以就其损失向工程师发出通知并提供具体的证明资料，工程师与合同双方协商后确定一笔补偿金额加入到合同价内。

4. 工程进度款的支付管理

1) 预付款

《土木工程施工合同条件》中，将预付款分为动员预付款和材料预付款两部分。

(1) 动员预付款。业主为了解决承包商进行施工前期工作时资金短缺，从未来的工程款中提前支付一笔款项。通用条件对动员预付款没有作出明确规定，因此业主同意给动员预付款时，须在专用条件中详细列明支付和扣还的有关事项。动员预付款的数额由承包商在投标书内确认，在分期支付工程进度款的支付中按百分比扣减的方式偿还。

(2) 材料预付款。由于合同条件是针对包工包料承包的单价合同编制，因此条款规定由承包商自筹资金去订购其应负责采购的材料和设备，只有当材料和设备用于永久工程后，才能将这部分费用计入到工程进度款内支付。

2) 业主的资金安排

为了保障承包商按时获得工程款的支付，通用条件内规定，如果合同内没有约定支付表，当承包商提出要求时，业主应提供资金安排计划。

(1) 承包商根据施工计划向业主提供不具约束力的各阶段资金需求计划。接到工程开工通知的 28 天内，承包商应向工程师提交每一个总价承包项目的价格分解建议表；第一份资金需求估价单应在开工日期后 42 天之内提交；根据施工的实际进展，承包商应按季度提交修正的估价单，直到工程的接收证书已经颁发为止。

(2) 业主应按照承包商的实施计划做好资金安排。通用条件规定：接到承包商的请求后，应在 28 天内提供合理的证据，表明已作出了资金安排，并将一直坚持实施这种安排。此安排能够使业主按照合同规定支付合同价格(按照当时的估算值)的款额。如果业主欲对其资金安排做出任何实质性变更，应向承包商发出通知并提供详细资料。业主未能按照资金安排计划和支付的规定执行，承包商可提前 21 天以上通知业主将要暂停工作或降低工作速度。

3) 保留金

保留金是按合同约定从承包商应得的工程进度款中相应扣减的一笔金额保留在业主手

中，作为约束承包商严格履行合同义务的措施之一。当承包商有一般违约行为使业主受到损失时，可从该项金额内直接扣除损害赔偿费。例如，承包商未能在工程师规定的时间内修复缺陷工程部位，业主雇用其他人完成后，这笔费用可从保留金内扣除。

(1) 保留金的约定。承包商在投标书附录中按招标文件提供的信息和要求确认了每次扣留保留金的百分比和保留金限额。每次月进度款支付时扣留的百分比一般为 5%～10%，累计扣留的最高限额为合同价的 2.5%～5%。

(2) 每次中期支付时扣除的保留金。从首次支付工程进度款开始，用该月承包商完成合格工程应得款加上因后续法规政策变化的调整和市场价格浮动变化的调价款为基数，乘以合同约定保留金的百分比作为本次支付时应扣留的保留金。逐月累计扣到合同约定的保留金最高限额为止。

(3) 保留金的返还。扣留承包人的保留金分两次返还。

第一次，颁发了整个工程的接收证书时，将保留金的前一半支付给承包商。如果颁发的接收证书只是限于一个区段或工程的一部分，则

$$\text{返还金额}=\text{保留金总额}\times\frac{\text{移交工程区段或部分的合同价值}}{\text{最终合同价值的估算值}}\times 40\%$$

第二次，整个合同的缺陷通知期满，返还剩余的保留金。如果颁发的履约证书只限于一个区段，则在这个区段的缺陷通知期满后，并不全部返还该部分剩余的保留金：

$$\text{返还金额}=\text{保留金总额}\times\frac{\text{移交工程区段或部分的合同价值}}{\text{最终合同价值的估算值}}\times 40\%$$

合同内以履约保函和保留金两种手段作为约束承包商忠实履行合同义务的措施。当承包商严重违约而使合同不能继续顺利履行时，业主可以凭履约保函向银行获取损害赔偿；而因承包商的一般违约行为令业主蒙受损失时，通常利用保留金补偿损失。履约保函和保留金的约束期均是承包商负有施工义务的责任期限(包括施工期和保修期)。

当保留金已累计扣留到保留金限额的 60%时，为了使承包商有较充裕的流动资金用于工程施工，可以允许承包商提交保留金保函代换保留金。业主返还保留金限额的 50%，剩余部分待颁发履约证书后再返还。保函金额在颁发接收证书后不递减。

4) 合同价格的调整

对于施工期较长的合同，为了合理分担市场价格浮动变化对施工成本影响的风险，在合同内要约定调价的方法。通用条款内规定为公式法调价。

调价公式为：

$$P_n=a+b\times\frac{L_n}{L_0}+c\times\frac{M_n}{M_0}+d\times\frac{E_n}{E_0}+\cdots\cdots$$

其中：P_n 指第 n 期内所完成工作以相应货币所估算的合同价值所采用的调整倍数，这个期间通常是 1 个月；a 指在数据调整表中规定的一个系数，代表合同支付中不调整部分；b、c、d 指在数据调整表中规定的系数，代表与实施工程有关的每项费用因素的估算比例，如劳务、设备和材料；L_n、M_n、E_n 指第 n 期间时使用的现行费用指数或参考价格，以该期间(具体的支付证书的相关期限)最后一日之前第 49 天当天对于相关表中的费用因素使用的费

用指数或参考价格确定；L_0、M_0、E_0是指基本费用参数或参考价格。

5) 工程进度款的支付程序

(1) 工程量计量。工程量清单中所列的工程量仅是对工程的估算量，不能作为承包商完成合同规定施工义务的结算依据。每次支付工程月进度款前，均须通过测量来核实实际完成的工程量，以计量值作为支付依据。

(2) 承包商提供报表。每个月的月末，承包商应按工程师规定的格式提交一式 6 份本月支付报表，内容包括提出本月已完成合格工程的应付款要求和对应扣款的确认。

(3) 工程师签证。工程师接到报表后，对承包商完成的工程形象、项目、质量、数量以及各项价款的计算进行核查；若有疑问时，可要求承包商共同复核工程量；在收到承包商的支付报表后 28 天内，按核查结果以及总价承包分解表中核实的实际完成情况签发支付证书。工程进度款支付证书属于临时支付证书，工程师有权对以前签发过的证书中发现的错、漏或重复提出更改或修正，承包商也有权提出更改或修正，经双方复核同意后，将增加或扣减的金额纳入本次签证中。

(4) 业主支付。承包商的报表经过工程师认可并签发工程进度款的支付证书后，业主应在接到证书后及时给承包商付款。业主的付款时间不应超过工程师收到承包商的月进度付款申请单后的 56 天，如果逾期支付将承担延期付款的违约责任，延期付款的利息按银行贷款利率加 3%计算。

5. 竣工验收阶段的合同管理

1) 竣工检验和移交工程

(1) 竣工检验。承包商完成工程并准备好竣工报告所需报送的资料后，应提前 21 天将某一确定的日期通知工程师，说明此日已准备好进行竣工检验。工程师应指示在该日期后 14 天内的某日进行竣工检验。此项规定同样适用于按合同规定分部移交的工程。

(2) 颁发工程接收证书。工程通过竣工检验达到了合同规定的基本竣工要求后，承包商在他认为可以完成移交工作前 14 天以书面形式向工程师申请颁发接收证书。基本竣工是指工程已通过竣工检验，能够按照预定目的交给业主占用或使用，而非完成了合同规定的包括扫尾、清理施工现场及不影响工程使用的某些次要部位缺陷修复工作后的最终竣工，剩余工作允许承包商在缺陷通知期内继续完成。这样规定有助于准确判定承包商是否按合同规定的工期完成了施工义务，也有利于业主尽早使用或占有工程，及时发挥工程效益。工程师接到承包商申请后的 28 天内，如果认为已满足竣工条件，即可颁发工程接收证书；若不满意，则应书面通知承包商，指出还需完成哪些工作后才达到基本竣工条件。工程接收证书中包括确认工程达到竣工的具体日期。工程接收证书颁发后，不仅表明承包商对该部分工程的施工义务已经完成，而且对工程照管的责任也转移给业主。如果合同约定工程不同区段有不同竣工日期时，每完成一个区段均应按上述程序颁发部分工程的接收证书。

(3) 特殊情况下的证书颁发程序。工程师应及时颁发工程接收证书，并确认业主占用日为竣工日。提前占用或使用表明该部分工程已达到竣工要求，对工程照管责任也相应转移给业主，但承包商对该部分工程的施工质量缺陷仍负有责任。工程师颁发接收证书后，应尽快给承包商采取必要措施完成竣工检验的机会。有时也会出现施工已达到竣工条件，但由于出现不应由承包商负责的主观或客观原因不能进行竣工检验。针对此种情况，工程师应以本该进行竣工检验日签发工程接收证书，将这部分工程移交给业主照管和使用。工程虽已接收，仍应在缺陷通知期内进行补充检验。当竣工检验条件具备后，承包商应在接到工程师指示进行竣工试验通知的14天内完成检验工作。由于非承包商原因导致缺陷通知期内进行的补检，属于承包商在投标阶段不能合理预见到的情况，该项检查试验比正常检验多支出的费用应由业主承担。

2) 重新检验

重新检验是指如果工程或某区段未能通过竣工检验，承包商对缺陷进行修复和改正，在相同条件下重复进行此类未通过的试验和对任何相关工作的竣工检验。

当整个工程或某区段未能通过按重新检验条款规定所进行的重复竣工检验时，工程师应有权选择以下任何一种处理方法：

(1) 指示再进行一次重复的竣工检验。

(2) 拒收整个工程或区段。如果由于该工程缺陷致使业主基本上无法享用该工程或区段所带来的全部利益，拒收整个工程或区段(视情况而定)，在此情况下，业主有权获得承包商的赔偿，包括业主为整个工程或该部分工程(视情况而定)所支付的全部费用以及融资费用，拆除工程、清理现场和将永久设备和材料退还给承包商所支付的费用。

(3) 折价接收该部分工程。颁发一份接收证书(如果业主同意的话)，折价接收该部分工程。合同价格应按照可以适当弥补由于此类失误而给业主造成的减少的价值数额予以扣减。

3) 竣工结算与支付

颁发工程接收证书后的84天内，承包商应按工程师规定的格式报送竣工报表。报表内容包括：到工程接收证书中指明的竣工日止，根据合同完成全部工作的最终价值；承包商认为应该支付给他的其他款项，如要求的索赔款、应退还的部分保留金等；承包商认为根据合同应支付给他的估算总额。所谓估算总额是这笔金额还未经过工程师审核同意。估算总额应在竣工结算报表中单独列出，以便工程师签发支付证书。

工程师接到竣工报表后，应对照竣工图进行工程量详细核算，对其他支付要求进行审查，然后再依据检查结果签署竣工结算的支付证书。此项签证工作，工程师也应在收到竣工报表后28天内完成。业主依据工程师的签证予以支付。

6. 缺陷通知期阶段的合同管理

1) 承包商在缺陷通知期内应承担的义务

工程师在缺陷通知期内可就以下事项向承包商发布指示：将不符合合同规定的永久设备或材料从现场移走并替换，将不符合合同规定的工程拆除并重建，实施任何因保护工程安全而需进行的紧急工作。不论事件起因于事故、不可预见事件还是其他事件。

承包商应在工程师指示的合理时间内完成上述工作。若承包商未能遵守指示，业主有权雇佣其他人实施并予以付款。如果属于承包商应承担的责任原因，业主有权按照业主索赔的程序向承包商追偿。

2) 履约证书

履约证书是承包商已按合同规定完成全部施工义务的证明，因此该证书颁发后工程师就无权再指示承包商进行任何施工工作，承包商即可办理最终结算手续。缺陷通知期内工程圆满地通过运行考验，工程师应在期满后的28天内，向业主签发解除承包商承担工程缺陷责任的证书，并将副本送给承包商。但此时仅意味承包商与合同有关的实际义务已经完成，而合同尚未终止，剩余的双方合同义务只限于财务和管理方面的内容。业主应在证书颁发后的14天内，退还承包商的履约保证书。

缺陷通知期满时，如果工程师认为还存在影响工程运行或使用的较大缺陷，可以延长缺陷通知期，推迟颁发证书，但缺陷通知期的延长不应超过竣工日后的2年。

3) 最终结算

最终结算是指颁发履约证书后，对承包商完成全部工作价值的详细结算，以及根据合同条件对应付给承包商的其他费用进行核实，确定合同的最终价格。颁发履约证书后的56天内，承包商应向工程师提交最终报表草案，以及工程师要求提交的有关资料。

工程师审核后与承包商协商，对最终报表草案进行适当的补充或修改后形成最终报表。承包商将最终报表送交工程师的同时，还需向业主提交一份结清单，进一步证实最终报表中的支付总额，作为同意与业主终止合同关系的书面文件。工程师在接到最终报表和结清单附件后的28天内签发最终支付证书，业主应在收到证书后的56天内支付。只有当业主按照最终支付证书的金额予以支付并退还履约保函后，结清单才生效，承包商的索赔权也即行终止。

6.3.3 建设工程施工索赔

1. 施工索赔的概念及特征

1) 施工索赔的概念

索赔是当事人在合同实施过程中，根据法律、合同规定及惯例，对不应由自己承担责任的情况造成的损失，向合同的另一方当事人提出给予赔偿或补偿要求的行为。在工程建设的各个阶段，都有可能发生索赔，但在施工阶段索赔发生较多。

2) 施工索赔的特征

从索赔的基本含义，可以看出索赔具有以下基本特征：

(1) 索赔是双向的，不仅承包人可以向发包人索赔，发包人同样也可以向承包人索赔。

由于实践中发包人始终处于主动和有利地位，对承包人的违约行为他可以直接从应付工程款中扣抵、扣留保留金或通过履约保函向银行索赔来实现自己的索赔要求。因此在工程实践中大量发生的、处理比较困难的是承包人向发包人的索赔，也是工程师进行合同管理的重点内容之一。承包人的索赔范围非常广泛，一般只要因非承包人自身责任造成其工期延长或成本增加，都有可能向发包人提出索赔。

(2) 只有实际发生了经济损失或权利损害，一方才能向对方索赔。

经济损失是指因对方因素造成合同外的额外支出，如人工费、材料费、机械费、管理费等额外开支；权利损害是指虽然没有经济上的损失，但造成了一方权利上的损害，如由于恶劣气候条件对工程进度的不利影响，承包人有权要求工期延长等。因此发生了实际的经济损失或权利损害，应是一方提出索赔的一个基本前提条件。

(3) 索赔是一种未经对方确认的单方行为。

索赔与我们通常所说的工程签证不同。在施工过程中签证是承发包双方就额外费用补偿或工期延长等达成一致的书面证明材料和补充协议，它可以直接作为工程款结算或最终增减工程造价的依据，而索赔则是单方面行为，对对方尚未形成约束力，这种索赔要求能否得到最终实现，必须要通过双方确认(如双方协商、谈判、调解、仲裁或诉讼等)后才能实现。

2. 索赔管理

1) 承包人的索赔程序

承包人的索赔程序通常可分为以下几个步骤：

(1) 承包人提出索赔要求。

索赔事件发生后，承包人应在索赔事件发生后的 28 天内向工程师递交索赔意向通知，声明将对此事件提出索赔。该意向通知是承包人就具体的索赔事件向工程师和发包人表示的索赔愿望和要求。如果超过这个期限，工程师和发包人有权拒绝承包人的索赔要求。索赔事件发生后，承包人有义务做好现场施工的同期记录，工程师有权随时检查和调阅，以判断索赔事件造成的实际损害。

索赔意向通知提交后的 28 天内，或工程师可能同意的其他合理时间，承包人应递送正式的索赔报告。索赔报告的内容应包括：事件发生的原因，对其权益影响的证据资料，索赔的依据，此项索赔要求补偿的款项和工期展延天数的详细计算等有关材料。

如果索赔事件的影响持续存在，28 天内还不能算出索赔额和工期展延天数时，承包人应按工程师合理要求的时间间隔(一般为 28 天)，定期陆续报出每一个时间段内的索赔证据资料和索赔要求；在该项索赔事件的影响结束后的 28 天内，报出最终详细报告，提出索赔论证资料和累计索赔额。

承包人发出索赔意向通知后，可以在工程师指示的其他合理时间内再报送正式索赔报告，也就是说，工程师在索赔事件发生后有权不马上处理该项索赔。

(2) 工程师审核承包人的索赔报告。

接到承包人的索赔意向通知后，工程师应建立自己的索赔档案，密切关注事件的影响，检查承包人的同期记录时，随时就记录内容提出他的不同意见或他希望应予以增加的记录项目。

在接到正式索赔报告以后，工程师认真研究承包人报送的索赔资料。首先分析原因、核对合同条款、研究承包人的索赔证据，并检查他的同期记录；其次通过对事件的分析，工程师再依据合同条款划清责任界限，必要时还可以要求承包人进一步提供补充资料；最后再审查承包人提出的索赔补偿要求，剔除其中的不合理部分，拟定自己计算的合理索赔款额和工期顺延天数。

工程师判定承包人索赔成立的条件为：与合同相对照，事件已造成了承包人施工成本的额外支出，或总工期延误；造成费用增加或工期延误的原因，按合同约定不属于承包人应承担的责任，包括行为责任或风险责任；承包人按合同规定的程序提交了索赔意向通知和索赔报告。这三个条件没有先后主次之分，应当同时具备。只有工程师认定索赔成立后，才处理应给予承包人的补偿额。

(3) 确定合理的补偿额。

工程师核查后初步确定应予以补偿的额度往往与承包人的索赔报告中要求的额度不一致，甚至差额较大。主要原因大多为对承担事件损害责任的界限划分不一致，索赔证据不充分，索赔计算的依据和方法分歧较大等，因此双方应就索赔的处理进行协商。

通常，工程师的处理决定不是终局性的，对发包人和承包人都不具有强制性的约束力。承包人对工程师的决定不满意，可以按合同中的争议条款提交约定的仲裁机构仲裁或诉讼。

(4) 发包人审查索赔处理。

当工程师确定的索赔额超过其权限范围时，必须报请发包人批准。

发包人首先根据事件发生的原因、责任范围、合同条款审核承包人的索赔申请和工程师的处理报告，再依据工程建设的目的、投资控制、竣工投产日期要求以及针对承包人在施工中的缺陷或违反合同规定等的有关情况，决定是否同意工程师的处理意见。例如，承包人某项索赔理由成立，工程师根据相应条款规定，既同意给予一定的费用补偿，也批准顺延相应的工期。但发包人权衡了施工的实际情况和外部条件的要求后，可能不同意顺延工期，而宁可给承包人增加费用补偿额，要求他采取赶工措施，按期或提前完工。这样的决定只有发包人才有权作出。索赔报告经发包人同意后，工程师即可签发有关证书。

(5) 承包人是否接受最终索赔处理。

承包人接受最终的索赔处理决定，索赔事件的处理即告结束。如果承包人不同意，就会导致合同争议。通过协商双方达到互谅互让的解决方案，是处理争议的最理想方式。如达不成谅解，承包人有权提交仲裁或诉讼解决。

2) 工程师索赔管理的原则

要使索赔得到公平合理的解决，工程师在工作中必须注意以下原则：

(1) 公平合理地处理索赔。工程师作为施工合同的管理核心，必须公平地行事。以没有偏见的方式解释和履行合同，独立地作出判断，行使自己的权力。由于施工合同双方的利益和立场存在不一致，常常会出现矛盾，甚至冲突，这时工程师起着缓冲、协调作用。处理索赔原则有如下几个方面：从工程整体效益、工程总目标的角度出发作出判断或采取行动，使合同风险分配、干扰事件责任分担、索赔的处理和解决不损害工程整体效益和不违背工程总目标；按照合同约定行事，合同是施工过程中的最高行为准则，作为工程师更应该按合同办事，准确理解、正确执行合同，在索赔的解决和处理过程中应贯穿合同精神；从事实出发，实事求是，按照合同的实际实施过程、干扰事件的实情、承包人的实际损失和所提供的证据作出判断。

(2) 及时作出决定和处理索赔。在工程施工中，工程师必须及时地行使权力，作出决定，下达通知、指令，表示认可等。这样一来可以减少承包人的索赔几率。因为如果工程师不能迅速及时地行事，造成承包人的损失，必须给予工期或费用的补偿，防止干扰事件影响的扩大。若不及时行事会造成承包人停工，或承包人继续施工，造成更大范围的影响和损失。在收到承包人的索赔意向通知后应迅速作出反应，认真研究、密切注意干扰事件的发展，一方面可以及时采取措施降低损失，另一方面可以掌握干扰事件发生和发展的过程，掌握第一手资料，为分析、评价承包人的索赔做准备。所以工程师也应鼓励并要求承包人及时向他通报情况，并及时提出索赔要求。不及时地解决索赔问题将会加深双方的不理解、不一致和矛盾。如果不能及时解决索赔问题，会导致承包人资金周转困难，积极性受到影响，施工进度放慢，对工程师和发包人缺乏信任感；而发包人会抱怨承包人拖延工期，不积极履约。不及时行事会造成索赔解决的困难。单个索赔集中起来，索赔额积累起来，不仅给分析、评价带来困难，而且会带来新的问题，使问题和处理过程复杂化。

(3) 尽可能通过协商达成一致。工程师在处理和解决索赔问题时，应及时地与发包人和承包人沟通，保持经常性的联系，在做出决定，特别是做出调整价格、决定工期和费用补偿决定前，应充分地与合同双方协商，最好达成一致，取得共识，这是避免索赔争议的最有效的办法。工程师应充分认识到，如果他的协调不成功使索赔争议升级，对合同双方都是损失，将会严重影响工程项目的整体效益。在工程中，工程师切不可凭借他的地位和权力武断行事，滥用权力，特别对承包人不能随便以合同处罚相威胁或盛气凌人。

(4) 诚实信用。工程师有很大的工程管理权力，对工程的整体效益有关键性的作用。发包人出于信任，将工程管理的任务交给他；承包人希望他公平行事。

3) 工程师对索赔的审查

(1) 审查索赔证据。

工程师对索赔报告审查时，首先判断承包人的索赔要求是否有理、有据。承包人可以提供的证据包括下列证明材料：合同文件中的条款约定，经工程师认可的施工进度计划，合同履行过程中的来往函件，施工现场记录，施工会议记录，工程照片，工程师发布的各种书面指令，中期支付工程进度款的单、证，检查和试验记录，汇率变化表，各类财务凭证以及其他有关资料。

(2) 审查工期顺延要求。

对索赔报告中要求顺延的工期，在审核中应注意以下几点：

划清施工进度拖延的责任。因承包人的原因造成施工进度滞后，属于不可原谅的延期；只有承包人不应承担任何责任的延误，才是可原谅的延期。有时工期延期的原因中可能包含有双方责任，此时工程师应进行详细分析，分清责任比例，只有可原谅延期部分才能批准顺延合同工期。

无权要求承包人缩短合同工期。工程师有审核、批准承包人顺延工期的权力，但不可以扣减合同工期。也就是说，工程师有权指示承包人删减掉某些合同内规定的工作内容，但不能要求他相应缩短合同工期。

审查工期索赔计算主要有网络分析法和比例计算法两种方法。

网络分析法是利用进度计划的网络图，分析其关键线路。如果延误的工作为关键工作，则总延误的时间为批准顺延的工期；如果延误的工作为非关键工作，当该工作由于延误超过时差限制而成为关键工作时，可以批准延误时间与时差的差值；若该工作延误后仍为非关键工作，则不存在工期索赔问题。

比例计算法。对于已知部分工程的延期的时间：

$$\text{工期索赔值}=\frac{\text{受干扰部分工程的合同价}}{\text{原合同总价}}\times\text{该受干扰部分工期拖延时间}$$

对于已知额外增加工程量的价格：

$$\text{工期索赔值}=\frac{\text{额外增加的工程量的价格}}{\text{原合同总价}}\times\text{原合同总工期}$$

(3) 审查费用索赔要求。

费用索赔的原因，可能是与工期索赔相同的内容，即属于可原谅并应予以费用补偿的索赔，也可能是与工期索赔无关的理由。工程师在审核索赔的过程中，除了划清合同责任以外，还应注意索赔计算的取费合理性和计算的正确性。

4) 工程师对索赔的反驳

工程师通常可以对承包人的索赔提出质疑的情况有：索赔事项不属于发包人或工程师的责任，而是与承包人有关的其他第三方的责任；发包人和承包人共同负有责任，承包人必须划分和证明双方责任大小；事实依据不足；合同依据不足；承包人未遵守意向通知要求；承包人以前已经放弃(明示或暗示)了索赔要求；承包人没有采取适当措施避免或减少损失 ；承包人必须提供进一步的证据；损失计算夸大。

6.4 建设工程合同管理实训及案例

✦✦✦✦ 实训 6-1 委托合同订立实训 ✦✦✦✦

1. 基本条件及背景

某工程项目，建设单位通过招标选择了一家具有相应资质的监理单位承担施工招标代理和施工阶段监理工作，并在监理中标通知书发出后第 45 天，与该监理单位签订了委托监理合同。之后双方又另行签订了一份监理酬金比监理中标价降低 10% 的协议。

在施工公开招标中，有 *A*、*B*、*C*、*D*、*E*、*F* 等施工单位报名投标，经监理单位资格预审均符合要求，但建设单位以 *A* 施工单位是外地企业为由不同意其参加投标，而监理单位坚持认为 *A* 施工单位有资格参加投标。评标委员会由 5 人组成，其中当地建设行政管理部门的招投标管理办公室主任 1 人、建设单位代表 1 人、政府提供的专家库中抽取的技术经济专家 3 人。

评标时发现：*B* 施工单位投标报价明显低于其他投标单位报价且未能合理说明理由；*C* 施工单位投标报价大写金额小于小写金额；*D* 施工单位投标文件提供的检验标准和方法不符合招标文件的要求；*E* 施工单位投标文件中某分项工程的报价有个别漏项；其他施工单位的投标文件均符合招标文件要求。建设单位最终确定 *F* 施工单位中标，并按照《建设工程施工合同(示范文本)》与该施工单位签订了施工合同。

工程按期进入安装调试阶段后，由于雷电引发了一场火灾。火灾结束后 48 小时内，*F* 施工单位向项目监理机构通报了火灾损失情况：工程本身损失 150 万元；总价值 100 万元的待安装设备彻底报废；*F* 施工单位人员烧伤所需医疗费及补偿费预计 15 万元，租赁的施工设备损坏赔偿 10 万元；其他单位临时停放在现场的一辆价值 25 万元的汽车被烧毁。另外，大火扑灭后 *F* 施工单位停工 5 天，造成其他施工机械闲置损失 2 万元以及必要的管理保卫人员费用支出 1 万元，并预计工程所需清理、修复费用 200 万元。损失情况经项目监理机构审核属实。

2. 实训内容及要求

(1) 指出建设单位在监理招标和委托监理合同签订过程中的不妥之处，并说明理由。

(2) 在施工招标资格预审中，监理单位认为 *A* 施工单位有资格参加投标是否正确？说明理由。

(3) 判别 *B*、*C*、*D*、*E* 四家施工单位的投标是否为有效标？说明理由。

3. 实训步骤及分值

第一步，熟悉委托监理合同的订立，3 分；

第二步，明确招投标法中关于投标资格的规定，3 分；

第三步，判断投标文件的有效性，4 分；

共计，10 分。

✦✦✦✦ 实训 6-2　合同纠纷的处理实训 ✦✦✦✦

1. 基本条件及背景

某实行监理的工程，建设单位与总承包单位按《建设工程施工合同(示范文本)》签订了施工合同，总承包单位按合同约定将一专业工程分包。

施工过程中发生下列事件：

事件 1：工程开工前，总监理工程师在熟悉设计文件时发现部分设计图纸有误，即向建设单位进行了口头汇报。建设单位要求总监理工程师组织召开设计交底会，并向设计单位指出设计图纸中的错误，在会后整理会议纪要。

在工程定位放线期间，总监理工程师指派专业监理工程师审查《分包单位资格报审表》及相关资料，安排监理员到现场复验总承包单位报送的原始基准点、基准线和测量控制点。

事件 2：由建设单位负责采购的一批材料，因规格、型号与合同约定不符，施工单位不予接收保管，建设单位要求项目监理机构协调处理。

事件 3：专业监理工程师现场巡视时发现，总承包单位在某隐蔽工程施工时，未通知项目监理机构即进行隐蔽。

事件 4：工程完工后，总承包单位在自查自评的基础上填写了工程竣工报验单，连同全部竣工资料报送项目监理机构，申请竣工验收。总监理工程师认为施工过程均按要求进行了验收，便签署了竣工报验单，并向建设单位提交了竣工验收报告和质量评估报告，建设单位收到该报告后，即将工程投入使用。

2. 实训内容及要求

(1) 分别指出事件 1 中建设单位、总监理工程师的不妥之处，写出正确做法。

(2) 事件 1 中，专业监理工程师在审查分包单位的资格时，应审查哪些内容？

(3) 针对事件 2，项目监理机构应如何协调处理？

(4) 针对事件 3，写出总承包单位的正确做法。

(5) 分别指出事件 4 中总监理工程师、建设单位的不妥之处，写出正确做法。

3. 实训步骤及分值

第一步，熟悉设计交底，2 分；

第二步，明确对分包单位资格审核内容，2 分；

第三步，明确材料设备的到货检验的规定，1 分；

第四步，明确隐蔽工程检验的程序，2 分；

第五步，指出收到竣工验收报告后、监理单位、建设单位的正确做法，3 分。

共计，10 分。

【案例 6-1】

某工程项目，业主甲分别与监理单位乙、施工单位丙签订了施工阶段的委托监理合同和施工合同。在委托监理合同中对于业主和监理单位的权利、义务和违约责任的某些规定如下：

(1) 乙方在监理工作中应维护甲方的利益。

(2) 施工期间的任何设计变更必须经过乙方审查、认可并发布变更指令，方为有效并付诸实施。

(3) 乙方应在甲方的授权范围内对委托的工程项目实施施工监理。

(4) 乙方发现工程设计中的错误或不符合建筑工程质量标准的要求时，有权要求设计单位更改。

(5) 乙方监理仅对本工程的施工质量实施监督控制，进度控制和费用控制任务由甲方行使。

(6) 乙方有审核批准索赔权。

(7) 乙方对工程进度款支付有审核签认权，甲方有独立于乙方之外的自主支付权。

(8) 在合同责任期内，乙方未按合同要求的职责认真服务，或甲方违背对乙方的责任时，均应向对方承担赔偿责任。

(9) 由于甲方严重违约及非乙方责任而使监理工作停止半年以上的情况下，乙方有权终止合同。

(10) 甲方违约应承担违约责任，赔偿乙方相应的经济损失。

(11) 在施工期间工地发生一起人员重伤事故，乙方应受罚款 1 万元；发生一起死亡事故受罚 2 万元；发生一起质量事故，乙方应给付甲方相当于质量事故经济损失 3% 的罚款。

(12) 乙方有发布开工令、停工令、复工令等指令的权利。

问题：指出以上各条中有无不妥，怎样才能正确？

【参考答案】

(1) 不妥。乙方应当在监理工作中公正地维护有关各方面的合法权益。

(2) 不妥。正确的应当是：设计变更审批权在业主，任何设计变更须经乙方审查并报业主审查、批准、同意后，再由乙方发布变更令，实施变更。

(3) 正确。

(4) 不妥。正确的应当是：乙方发现设计错误或不符合质量标准要求时，应报告甲方，要求设计单位改正并向甲方提供报告。

(5) 不妥。因为三大控制目标是相互联系、相互影响的。正确的应当是：监理单位有实施工程项目质量、进度和费用三方面的监督控制权。

(6) 不妥。乙方仅有索赔审核权及建议权而无批准权。正确的应当是：乙方有审核索赔权，除非有专门约定外，索赔的批准、确认应通过甲方。

(7) 不妥。正确的应当是：在工程承包合同议定的工程价格范围内，乙方对工程进度款的支付有审核签认权；未经乙方签字确认，甲方不得支付工程款。

(8) 正确。

(9) 正确。

(10) 正确。

(11) 不妥。正确的应当是：因乙方的过失而造成经济损失累计赔偿总额不应超出监理酬金总额(扣除税金)。

(12) 不妥。正确的应当是：乙方在征得甲方同意后，有权发布开工令、停工令、复工令等指令。

【案例 6-2】

某工程项目业主委托一监理单位进行施工阶段监理。监理单位在执行合同中陆续遇到一些问题需要进行处理，若你作为监理工程师，对遇到的下列问题提出处理意见。

问题：

1. 在施工招标文件中，按工期定额计算，工期为 550 天。但在施工合同中，开工日期为 2001 年 12 月 15 日，竣工日期为 2003 年 7 月 20 日，日历天数为 581 天，请问监理的工期目标应为多少天？为什么？

2. 施工合同中规定，业主给施工单位供应图纸 7 套，施工单位在施工中要求业主再提供 3 套图纸，施工图纸的费用应由谁来支付？

3. 在基槽开挖土方完成后，施工单位未按施工组织设计对基槽四周进行围栏防护，业主代表进入施工现场不慎掉入基坑摔伤，由此发生的医疗费用应由谁来支付？为什么？

4. 在结构施工中，施工单位需要在夜间浇筑混凝土，经业主同意并办理了有关手续。按地方政府有关规定，在晚上 11 点以后一般不得施工，若有特殊需要应给附近居民补贴。此项费用应由谁承担？

5. 在结构施工中，由于业主供电线路事故原因，造成施工现场连续停电 3 天。停电后施工单位为了减少损失，经过调剂，工人尽量安排其他生产工作。但现场的一台塔吊、两台混凝土搅拌机停止工作，施工单位按规定时间就停工情况和经济损失提出索赔报告，要求索赔工期和费用，监理工程师应如何批复？

【参考答案】

1. 按照合同文件的解释顺序，协议条款与招标文件在内容上有矛盾时，应以协议条款为准。故监理的工期目标应为 581 天。

2. 合同规定业主供应图纸 7 套，施工单位再要 3 套图纸，超出合同规定，故增加的图纸费用应由施工单位支付。

3. 在基槽土方开挖后，在四周设置围栏，按合同文件规定是施工单位的责任。未设围栏而发生人员摔伤事故，所花费的医疗费应由施工单位支付。

4. 夜间施工已经业主同意，并办理了有关手续，应由业主承担有关费用。

5. 由于施工单位以外的原因造成连续停电，在一周内超过 8 小时，施工单位可按规定提出索赔，故监理工程师应批复工期顺延。由于工人已被安排进行其他生产工作，监理工程师应批复因改换工作引起的生产效率降低的费用。造成施工机械停止工作，监理工程师视情况可批复机械设备租赁费或折旧费的补偿。

【案例 6-3】

某分包商承包了某专业分项工程，分包合同中规定：工程量为 2400 m^3；合同工期为 30 天，6 月 11 日开工，7 月 10 日完工；逾期违约金为 1000 元/天。

该分包商根据企业定额规定：正常施工情况下(按计划完成每天安排的工作量)，采用计日工资的日工资标准为 60 元/工日(折算成小时工资为 7.5 元/小时)。延时加班，每小时按小时工资标准的 120%计；夜间加班，每班按日工资标准的 130%计。

该分包商原计划每天安排 20 人(按 8 小时计算)施工，由于施工机械调配出现问题，致使该专业分项工程推迟到 6 月 18 日才开工。为了保证按合同工期完工，分包商可采取延时加班(每天延长工作时间，不超过 4 小时)或夜间加班(每班按 8 小时计算)两种方式赶工。延时加班和夜间加班的人数与正常作业的人数相同。

问题：

1. 若该分包商不采取赶工措施，根据该分项工程是否为关键工作，试分析该分项工程的工期延误对该工程总工期的影响。

2. 若采取每天延长工作时间方式赶工，延时加班时间内平均降效 10%，每天需增加多少工作时间(按小时计算，计算结果保留两位小数)？分包商需额外增加多少费用？

3. 若采取夜间加班方式赶工，加班期内白天施工平均降效 5%，夜间施工平均降效 15%，需加班多少天(计算结果四舍五入取整)？

4. 若夜间施工每天增加其他费用 100 元，共需额外增加多少费用？

5. 从经济角度考虑，该分包商是否应该采取赶工措施？说明理由。假设分包商需赶工，应采取哪一种赶工方式？

【参考答案】

1. 在分包商不采取赶工措施的情况下，如果该分项工程是关键工作，那么该分项工程的工期延误会对该工程的总工期产生影响；如果该分项工程不是关键工作，其延误的时间也未超出总时差时，那么该分项工程的工期延误不会对该工程的总工期产生影响；如果该分项工程不是关键工作，其延误的时间超出总时差时，那么该分项工程的工期延误就会对该工程的总工期产生影响。

2. 该分包商推迟开工延误的时间 = (18 − 11)天 = 7 天

该分包商延误的工时数 = 7 天 × 8 小时/(天 × 人) × 20 人 = 1120 小时

$$\text{该分包商每天需增加的工作时间}=\frac{1120}{(30-7)\times20\times(1-10\%)}\text{小时}=2.71\text{小时}$$

该分包商需额外增加的费用 = 2.71 小时 × 7.5 元/(小时 × 人) × 20 人/天 × 23 天 × 120%

= 11219.4 元

3. 若采用夜间加班的方式赶工，需加班天数 $=\dfrac{7}{1-15\%-5\%}$ 天 $=9$ 天

4. 需额外增加费用 = 9 天 × 60 元/工日× 20 工日/天 × 130% + 9 天 × 100 元/天

= 14 940 元

5. 若该分包商不采取赶工措施，逾期违约金 = 1000 元/天 × 7 天 = 7000 元。该发包商不应采取赶工措施。理由：不论分包商采取何种赶工方式所额外增加的费用均大于逾期违约金，所以从经济角度考虑，该分包商不应该采取赶工措施。

因为 11 219.4 元 < 14 940 元，所以，假设分包商需赶工，应采取每天延长工作时间方式赶工。

习　　题

一、单选题(只有一个最符合题意的选项)

1. 根据《招标投标法》的规定，招标过程中发生下列情况的，招标人可以据此没收投标保证金的是(　　)。

A. 投标文件的密封不符合招标文件的要求

B. 投标人购买招标文件后不递交投标文件

C. 投标文件中附有招标人不能接受的条件

D. 投标截止日期后要求撤回投标文件

2. 某工程项目开发商委托工程监理公司进行项目实施方案的成本效益分析、确定建筑设计标准、选择适用的技术规范、提出质量保障措施。从委托工作的范围来看，工程监理公司承担的服务属于(　　)。

A. 项目前期立项咨询　　B. 设计阶段监理

C. 工程技术咨询服务　　D. 施工阶段监理

3. 根据建设工程委托监理合同示范文本的规定，监理合同的有效期指的是(　　)。

A. 合同约定的开始日至完成日

B. 合同签订日至监理人收到监理报酬尾款日

C. 合同签订日至合同约定的完成日

D. 合同约定的开始日至工程验收合格日

4. 按照监理合同示范文本的规定，下列有异议的监理酬金支付的说法中，正确的是(　　)。

A. 按监理人要求的金额支付，异议部分与监理人协商后在下次支付中扣回

B. 无异议部分的酬金按时支付，有异议部分暂不支付

C. 本次不支付，监理人修改后并入下一次支付

D. 将支付通知书退回监理人，修改重新提交后再支付

5. 根据建设工程施工合同示范文本的规定，承包人按照工程师的指示完成新增附加工作后，给承包人增加的支付款属于(　　)。

A. 费用　　B. 追加合同价款

C. 索赔款　　D. 可接受合同金额

6. 按照施工合同示范文本规定，下列事项中，属于发包人应承担的义务是(　　)。

A. 提供监理单位施工现场办公房屋

B. 提供夜间施工使用的照明设施

C. 提供施工现场的工程地质资料

D. 提供工程进度计划

7. 某施工合同采用《FIDIC 施工合同条件》，专用条件中约定完成工程的时间为 500 天，缺陷通知期为 365 天。施工过程中，经工程师批准顺延工期 38 天，则判定承包人提前或延误竣工的时间应为(　　)。

A. 500 天　　B. 538 天　　C. 865 天　　D. 903 天

8. 根据 FIDIC《施工合同条件》，业主与承包商划分合同风险的基准日为(　　)。

A. 发布招标公告之日　　B. 承包商提交投标文件之日

C. 投标截止日前第 28 天　　D. 签订施工合同后第 28 天

9. 根据《建设工程施工合同(示范文本)》，下列关于承包人提交索赔意向通知的说法中，正确的是(　　)。

A. 承包人应向业主提交索赔意向通知

B. 承包人应向工程师提交索赔意向通知

C. 承包人提交索赔意向通知没有期限限制

D. 承包人不提交索赔意向通知不会导致索赔权利的损失

10. 某建设工程施工期间，承包商按照索赔程序提交了索赔报告，工程师在授权范围内处理承包商索赔时，错误的做法是(　　)。

A. 顺延合同工期，给予费用补偿

B. 顺延合同工期，不给予费用补偿

C. 不顺延合同工期，给予费用补偿

D. 缩短合同工期，给予费用补偿

二、多选题(5 个备选答案中有 2～4 个正确选项)

1. 下列权利中，监理人执行监理业务时可以行使的有(　　)。

A. 工程设计的建议权　　B. 工程项目质量、工期和费用的监督控制权

C. 施工承包单位的选定权　　D. 工程设计变更的决定权

E. 工程项目协作单位协调工作的主持权

2. 根据建设工程施工合同示范文本的规定，因不可抗力事件导致的下列损失中，应由发包人承担的包括(　　)。

A. 工程本身的损失

B. 承包人采购的运至施工现场待安装工程设备的损失

C. 工程的人员伤亡损失

D. 工程停工损失

E. 承包人的施工机械损失

3. 根据 FIDIC《施工合同条件》，下列情形中，属于施工中承包商不可预见物质条件的有(　　)。

A. 污染物的影响
B. 不利于施工的气候条件
C. 实际地质情况与招标文件中提供的资料不一致
D. 施工中遇到业主提供资料中未标明的地下障碍
E. 与同时在现场施工的其他承包商发生施工交叉干扰

4. 在建设工程施工索赔中，工程师判定承包人索赔成立的条件包括(　　)。
A. 事件造成了承包人施工成本的额外支出或总工期延误
B. 造成费用增加或工期延误的原因，不属于承包人应承担的责任
C. 造成费用增加或工期延误的原因，属于分包人的过错
D. 按合同约定的程序，承包人提交了索赔意向通知
E. 按合同约定的程序，承包人提交了索赔报告

5. 根据 FIDIC《施工合同条件》，承包人可以提出费用补偿的有(　　)。
A. 延误发放图样
B. 不可预见的外界条件
C. 其他承包商的干扰
D. 公共当局引起的延误
E. 异常不利的气候条件

第7章 建设工程安全管理

【学习目标】

通过本章的学习，熟悉建设工程安全管理的基本制度；掌握建设各方的安全责任、建设工程安全监理的主要工作内容及建设工程现场安全监理管理；了解生产安全事故的等级划分标准。并通过实训环节，加深对建设工程的安全监理管理的认识和理解。

【重点与难点】

重点是建设工程安全监理的主要工作内容，建设工程安全管理的基本制度，建设各方的安全责任和建设工程现场安全监理管理。

难点是建设工程监理现场安全监理管理。

7.1 概 述

安全生产关系到国家的财产和人民群众的生命安全，甚至关系到经济的发展和社会的稳定，因此，建设工程生产过程中必须切实做好安全生产管理工作。

7.1.1 建设工程安全生产及安全生产管理的概念

建设工程安全生产是指在生产过程中保障人身安全和设备安全，主要两方面的含义：一是在生产过程中保护职工的安全和健康，防止工伤事故和职业病危害；二是在生产过程中防止其他各类事故的发生，确保生产设备的连续、稳定、安全运转，保护国家财产不受损失。

建设工程安全生产管理是指建设行政主管部门、建设工程安全监督机构、施工、监理及有关单位对建设工程生产过程中的安全进行计划、组织、指挥、控制、监督等一系列的管理活动。所以，监理单位的建设工程安全管理是其中重要的组成部分之一，也是确保施工单位安全生产最重要的监督力量。

7.1.2 安全生产的基本方针

安全生产管理的基本方针是“安全第一，预防为主”。

安全第一是从保护和发展生产力的角度，确立了生产与安全的关系，肯定了安全在建设工程生产活动中的重要地位。安全第一的方针，就是要求所有参与工程建设的人员，包括管理者和从业人员以及对工程建设活动进行监督管理的人员都必须树立安全的观念，不能为了经济的发展而牺牲安全。当安全与生产发生矛盾时，必须先解决安全问题，在保证安全的前提下从事生产活动，也只有这样，才能使生产正常进行，才能充分发挥职工的积极性，提高劳动生产率，促进经济的发展，保持社会稳定。

预防为主是指在工程建设活动中，根据工程建设的特点，对不同的生产要素采取相应的管理措施，有效地控制不安全因素的发展和扩大，把可能发生的事故消灭在萌芽状态，以保证生产活动中人的安全与健康。对于施工活动而言，必须预先分析危险点、危险源、危险场地等，预测和评估危害程度，发现和掌握危险出现的规律，制定事故应急预案，采取相应措施，将危险消灭在转化为事故之前。预防为主是安全生产方针的核心，是实施安全生产的根本。

在建设工程监理中应自始至终把安全第一作为建设工程安全监理的基本原则。在进行目标控制时，由于被动控制是通过不断纠正偏差来实现的，而这种偏差对控制工作来说则是一种损失，因此，安全监理工作应重点做好主动控制，对影响工程安全的各种因素进行合理预测，并采取相应的措施，以减少安全事故发生所带来的损失。

7.1.3　建设工程安全管理的基本制度

1. 安全生产责任制度

安全生产责任制度是建筑生产中最基本的安全管理制度，是所有安全规章制度的核心。安全生产责任制度是指将各种不同的安全责任落实到负责有安全管理责任的人员和具体岗位人员身上的一种制度。这一制度是“安全第一，预防为主”方针的具体体现，是建筑安全生产的基本制度。

2. 群防群治制度

群防群治制度是职工群众参与预防和治理不安全因素一种制度。这一制度也是“安全第一，预防为主”的具体体现，同时也是群众路线在安全工作中的具体体现，是企业进行民主管理的重要内容。搞好安全生产，必须发挥职工的积极性。这一制度要求建筑企业职工在施工中应当遵守有关生产的法律、法规和建筑行业安全规章、规程，不得违章作业；对于危及生命安全和身体健康的行为有权提出批评、检举和控告。

3. 安全生产教育培训制度

安全生产教育培训制度是对广大建筑干部职工进行安全教育培训，提高安全意识，增加安全知识和技能的制度。安全生产，人人有责。只有通过对广大职工进行安全教育、培训，才能使广大职工真正认识到安全生产的重要性、必要性，才能使广大职工掌握更多更有效的安全生产的科学技术知识，牢固树立安全第一的思想，自觉遵守各项安全生产和规章制度。分析许多建筑安全事故，一个重要的原因就是有关人员安全意识不强，安全技能不够，这些都是没有搞好安全教育培训工作的后果。

4. 安全生产检查制度

安全生产检查制度是上级管理部门或企业自身对安全生产状况进行定期或不定期检查的制度。通过检查可以发现问题，查出隐患，从而采取有效措施，堵塞漏洞，把事故消灭在发生之前，做到防患于未然，是预防为主的具体体现。通过检查，还可总结出好的经验加以推广，为进一步搞好安全工作打下基础。安全检查制度是安全生产的保障。

5. 伤亡事故处理报告制度

施工中发生事故时，建筑企业应当采取紧急措施减少人员伤亡和事故损失，并按照国家有关规定及时向有关部门报告的制度。事故处理必须遵循一定的程序，做到“四不放过”。

6. 安全责任追究制度

法律责任中，规定建设单位、设计单位、施工单位以及监理单位，由于没有履行职责造成人员伤亡和事故损失的，视情节给予相应处理；情节严重的，责令停业整顿，降低资质等级或吊销资质证书；构成犯罪的，依法追究刑事责任。

7.2 建设工程相关责任主体的安全责任

7.2.1 建设单位的安全责任

建设单位是建设工程项目的投资方，在建设工程中处于主导地位。因此，建设单位必须遵守安全生产法律、法规的规定，保证建设工程安全生产，承担建设工程安全生产责任。

1. 提供真实、准确和完整的有关资料

1) 申请领取施工许可证时，应当提供有关安全施工措施的资料

建设单位在申请领取施工许可证时，应当提供建设工程有关安全施工措施的资料。依法批准开工报告的建设工程，建设单位应当自开工报告批准之日起 15 日内，将保证安全施工的措施报送建设工程所在地的县级以上地方人民政府建设行政主管部门或者其他有关部门备案。

2) 向施工单位提供施工现场及毗邻区域的有关资料

建设单位应当向施工单位提供施工现场及毗邻区域内供水、排水、供电、供气、供热、通信、广播电视等地下管线资料，气象和水文观测资料，相临建筑物和构筑物、地下工程的有关资料，并保证资料的真实、准确、完整。

2. 确保建设工程安全作业环境及安全施工措施所需费用

忽略安全投入成本、淡化安全经济观是导致建设工程安全生产事故发生的主要原因之一。建设单位在编制工程概算时，应当确定建设工程安全作业环境及安全施工措施所需费用，向施工单位提供相应费用。

3. 遵守建设工程安全生产法律、法规和安全标准

建设单位不得对勘察、设计、施工、工程监理等单位提出不符合建设工程安全生产法律、法规和强制性标准规定的要求，不得压缩合同约定的工期；不得明示或者暗示施工单位购买、租赁、使用不符合安全施工要求的安全防护用具、机械设备、施工机具及配件以及消防设施和器材。

涉及到建筑主体和承重结构变动的装修工程，建设单位应当在施工前委托原设计单位或具有相应资质的设计单位提出设计方案；没有设计方案不得施工。

建设单位应当将拆除工程发包给具有相应资质等级的施工单位，并应在拆除工程施工 15 日前，将下列资料报送建设工程所在地的县级以上地方人民政府建设行政主管部门或者

其他有关部门备案：施工单位资质等级证明，拟拆除建筑物、构筑物及可能危及毗邻建筑的说明，拆除施工组织方案以及堆放、清除废弃物的措施。

7.2.2　勘察单位的安全责任

工程勘察成果是建设工程项目规划、选址、设计的重要依据，是保证施工安全的重要因素。勘察单位应当按照法律、法规和工程建设强制性标准进行勘察，提供的勘察文件应当真实、准确，满足建设工程安全生产的需要。

为保证勘察作业人员的安全，勘察单位在勘察作业时，应当严格执行操作规程，采取措施保证各类管线、设施和周边建筑物、构筑物的安全。

7.2.3　设计单位的安全责任

1. 按照法律、法规和工程建设强制性标准进行设计

设计单位应当按照法律、法规和工程建设强制性标准进行设计，防止因设计不合理导致生产安全事故的发生。设计单位和注册建筑师等注册执业人员应当对其设计负责。

2. 对防范生产安全事故提出指导意见

设计单位应当考虑施工安全操作和防护的需要，对涉及施工安全的重点部位和环节，在设计文件中注明，并对防范生产安全事故提出指导意见。对于采用新结构、新材料、新工艺的建设工程和特殊结构的建设工程，设计单位应当在设计中提出保障施工作业人员安全和预防生产安全事故的措施建议。

7.2.4　施工单位的安全责任

施工单位是工程建设活动中的重要责任主体之一，在安全生产中居于核心地位，是绝大部分生产安全事故的直接责任方。

1. 具备安全生产的资质

施工单位从事建设工程的新建、扩建、改建和拆除等活动，应当具备国家规定的注册资本、专业技术人员、技术装备和安全生产等条件，依法取得相应的资质等级证书，并在其资质等级许可的范围内承揽工程。

2. 主要负责人和项目负责人对建设工程项目的安全生产负责

施工单位主要负责人依法对本单位的安全生产工作全面负责，应当建立、健全安全生产责任制和安全教育培训制度，制定安全生产规章制度和操作规程，保证本单位安全生产条件所需资金的投入，对所承担的建设工程进行定期和专项安全检查，并做好安全检查记录。

施工单位的项目负责人应当由取得相应执业资格的人员担任，对建设工程项目的安全施工负责，落实安全生产责任制、安全生产规章制度和操作规程，确保安全生产费用的有效使用，并根据工程的特点组织制定安全施工措施，消除安全事故隐患，及时、如实报告生产安全事故。

3. 配置安全管理机构和安全管理人员

施工单位应当设立安全生产管理机构，配备专职安全生产管理人员。专职安全生产管理人员负责对安全生产进行现场监督检查。发现安全事故隐患，应当及时向项目负责人和安全生产管理机构报告；对于违章指挥、违章操作的，应当立即制止。专职安全生产管理人员的配备办法由国务院建设行政主管部门会同国务院其他有关部门制定。

4. 特种作业人员必须具备上岗资格

垂直运输机械作业人员、安装拆卸工、爆破作业人员、起重信号工、登高架设作业人员等特种作业人员，必须按照国家有关规定经过专门的安全作业培训，并取得特种作业操作资格证书后，方可上岗作业。

5. 危险部位做好安全防护措施

施工单位应在施工现场入口、起重机械、临时用电设施、脚手架、出入通道口、楼梯口、电梯井口、孔洞口、桥梁口、隧道口、基坑边沿、爆破物，有害危险气体、液体的存放处等危险部位，设置明显的安全警示标志；应根据不同施工阶段和周围环境及季节、气候的变化，在施工现场采取相应的安全施工措施。施工现场暂时停止施工的，施工单位应当做好现场防护，所需费用由责任方承担，或者按照合同约定执行。

6. 管理施工现场的安全

施工现场的安全管理工作量大、涉及面广，需要全面加强。主要包括：毗邻建筑物、构筑物和地下管线以及现场围栏的安全管理，现场消防安全管理，施工人员的人身安全管理，施工现场安全防护用具、机械设备、施工机具和配件的管理，起重机械、脚手架、模板等设施的验收、检验和备案等。

7. 办理意外伤害保险，支付保险费

施工单位应当为施工现场从事危险作业的人员办理意外伤害保险。意外伤害保险费由施工单位支付。实行施工总承包的，由总承包单位支付意外伤害保险费。意外伤害保险期限自建设工程开工之日起至竣工验收合格止。

8. 总承包单位与分包单位的安全管理

建筑工程实行总承包的，由总承包单位对施工现场的安全生产负总责。总承包单位应当自行完成建设工程主体结构的施工。总承包单位依法将建设工程分包给其他单位的，分包合同中应当明确各自的安全生产方面的权利、义务。总承包单位和分包单位对分包工程的安全生产承担连带责任。分包单位应当服从总承包单位的安全生产管理，分包单位不服从管理导致生产安全事故的，由分包单位承担主要责任。

7.2.5 监理单位的安全责任

工程监理单位和监理工程师应当按照法律、法规和工程建设强制性标准实施监理，并对建设工程安全生产承担监理责任。

1. 对施工组织设计中的安全技术措施或专项施工方案进行审查

监理单位应对施工组织设计中的安全技术措施或专项施工方案进行审查。未进行审查及施工组织设计中的安全技术措施或专项施工方案未经监理单位审查签字认可，施工单位擅自施工的，监理单位应及时下达工程暂停令，并将情况及时书面报告建设单位。

2. 发现安全隐患，及时下达书面指令

监理单位在监理巡视检查过程中，发现存在安全隐患的，应按照有关规定及时下达书面指令要求施工单位进行整改或停止施工。施工单位拒绝按照监理单位的要求进行整改或者停止施工的，监理单位应及时将情况向当地建设主管部门或工程项目的行业主管部门报告。

3. 依照法律、法规和工程建设强制性标准实施监理

监理单位履行了上述规定的职责，施工单位未执行监理指令继续施工或发生安全事故的，应依法追究监理单位以外的其他相关单位和人员的法律责任。

7.2.6　其他有关单位的安全责任

1. 设备供应单位的安全责任

为建设工程提供机械设备的单位，应当按照安全施工的要求配备齐全有效的保险、限位等安全设施和装置。所出租的机械设备和施工机具及配件，应当具有生产(制造)许可证、产品合格证。

出租单位应当对出租的机械设备和施工机具及配件的安全性能进行检测，在签订租赁协议时，应当出具检测合格证明。禁止出租检测不合格的机械设备和施工机具及配件。

2. 安装、拆卸机械设备单位的安全责任

在施工现场安装、拆卸施工起重机械和整体提升脚手架、模板等，必须由具有相应资质的单位承担。安装、拆卸施工起重机械和整体提升脚手架、模板等自升式架设设施，应当编制拆装方案、制定安全施工措施，并由专业技术人员现场监督。施工起重机械和整体提升脚手架、模板等自升式架设设施安装完毕后，安装单位应当自检，出具自检合格证明，并向施工单位进行安全使用说明，办理验收手续并签字。

7.3　建设工程现场安全监理管理

7.3.1　建设工程安全监理的主要工作内容

监理单位应当按照法律、法规和工程建设强制性标准及监理委托合同实施监理，对所监理工程的施工安全生产进行监督检查，具体内容如下所述。

1. 施工准备阶段安全监理的主要工作内容

1) 编制含有安全监理内容的监理规划

监理单位应根据《建设工程安全生产管理条例》的规定，按照工程建设强制性标准、《建设工程监理规范》和相关行业监理规范的要求，编制包括安全监理内容的项目监理规划，明确安全监理的范围、内容、工作程序和制度措施，以及人员配备计划和职责等。

安全监理规划包括的主要内容有：工程项目概况，安全监理工作的范围、内容、目标和依据，安全监理人员岗位职责，安全监理工作的具体措施、应急预案和监理程序以及现场安全监理工作制度。

对中型及以上项目和《建设工程安全生产管理条例》规定的危险性较大的分部分项工程，监理单位应当编制监理实施细则。实施细则应当明确安全监理的方法、措施和控制要点，以及对施工单位安全技术措施的检查方案。

2) 审查施工组织设计中的安全技术措施和专项施工方案

安全技术措施应由施工企业工程技术人员编写，由施工企业技术、质量、安全、工会、设备等有关部门进行联合会审，由具有法人资格的施工企业技术负责人批准，由施工企业报建设单位审批认可；安全技术措施变更或修改时，应按原程序由原编制审批人员批准。

审查施工单位编制的施工组织设计中的安全技术措施和危险性较大的分部分项工程安全专项施工方案是否符合工程建设强制性标准要求。审查的主要内容应当包括：施工单位编制的地下管线保护措施方案是否符合强制性标准要求，基坑支护与降水、土方开挖与边坡防护、模板、起重吊装、脚手架、拆除、爆破等分部分项工程的专项施工方案是否符合强制性标准要求，施工现场临时用电施工组织设计或者安全用电技术措施和电气防火措施是否符合强制性标准要求，冬季、雨季等季节性施工方案的制定是否符合强制性标准要求，施工总平面布置图是否符合安全生产的要求，办公、宿舍、食堂、道路等临时设施设置以及排水、防火措施是否符合强制性标准要求。

监理单位审查核验施工单位提交的有关技术文件及资料，并由项目总监理工程师在有关技术文件报审表上签署意见。审查未通过的安全技术措施及专项施工方案不得实施。

3) 检查安全生产规章制度及安全监管机构的建立情况

检查施工单位在工程项目上的安全生产规章制度和安全监管机构的建立、健全及专职安全生产管理人员配备情况，督促施工单位检查各分包单位的安全生产规章制度的建立情况。

监理工程师检查的要点是：施工总承包方的现场项目管理机构是否建立安全生产责任制度及相应的安全管理网络系统，是否明确了各级人员的安全职责；施工方项目管理机构是否将安全生产目标和危险源的监控责任层层分解和落实；应要求施工方项目管理机构分阶段提交重大危险源监控方案表，明确不同施工阶段施工现场危险源的监控职责分工。

4) 审查施工单位安全生产资格

审查总包单位、专业分包和劳务分包单位资质和施工企业安全资质是否合法有效。监理审查施工企业安全生产资格的内容主要内容：审查总承包单位提交的分包报审资料，工程项目实施分包的范围是否符合政策规定；审查施工承包或分包单位是否具有安全生产许可证；审核专业分包单位承接的专业工程是否符合该企业资质证书，核定的施工承包的专业类别、资质等级、承包范围等；审核分包单位各项资质证明资料和营业执照的有效时限；审核劳务分包单位营业执照的有效时限；审核分包单位安全质量管理水平、特殊专业施工的能力以及企业安全生产不良记录。

5) 审查项目经理和专职安全生产管理人员的资格

审查项目经理和专职安全生产管理人员是否具备合法资格，是否与投标文件相一致。

项目经理、专职安全生产管理人员应经建设行政主管部门或者其他有关部门考核合格后方可任职。

6) 审核特种作业人员的特种作业操作资格证书是否合法有效

对特种作业人员数量及安全作业培训持证上岗情况进行审查。特种作业人员包括维修与安装电工、架子工、各种机械操作工、焊工、司炉工、爆破工，打桩机操作工和厂内机动车辆司机等。特种作业人员除进行一般安全教育外，还要经过本工种的安全技术教育，经考试合格发证后，方可独立进行操作，每年还要进行一次复审，过期不参加复审者按无证者处理。

7) 审核施工单位应急救援预案和安全防护措施费用使用计划

应急救援预案是指事先制定的关于特大安全事故发生时进行紧急救援的组织、程序、措施、责任以及协调等方面的方案和计划。施工单位应当根据建设工程的特点、范围，对施工现场易发生重大事故的部位、环节进行监控，制定施工现场生产安全事故应急救援预案，工程总承包单位和分包单位按照应急救援预案，各自建立应急救援组织或者配备应急救援人员，配备救援器材、设备，并定期组织操练。

监理工程师审查施工单位应急预案的编制是否符合有关法律、法规、规章和标准的规定；是否结合本地区、本部门、本单位的安全生产实际情况；是否结合本地区、本部门、本单位的危险性分析情况；应急组织和人员的职责分工是否明确，并有具体的落实措施；是否具有明确、具体的事故预防措施和应急程序，与其应急能力相适应；是否具有明确的应急保障措施，并能满足本地区、本部门、本单位的应急工作要求；应急救援预案基本要素是否齐全、完整，预案附件提供的信息是否准确；预案内容与相关应急预案是否相互衔接。

2. 施工阶段安全监理的主要工作内容

1) 监督安全技术措施和专项施工方案的施工

危险性较大分部分项工程，应当在施工前单独编制安全专项施工方案，并附安全验算结果，经施工单位技术负责人、总监理工程师签字后实施，由专职安全生产管理人员进行现场监督。监理单位应监督施工单位按照施工组织设计中的安全技术措施和专项施工方案组织施工，及时制止违规施工作业。

2) 定期巡视检查施工过程中的危险性较大工程作业情况

监理单位应对施工现场安全生产情况进行巡视检查，对发现的各类安全事故隐患，应书面通知施工单位，并督促其立即整改；情况严重的，监理单位应及时下达工程暂停令，要求施工单位停工整改，并同时报告建设单位。安全事故隐患消除后，监理单位应检查整改结果，签署复查或复工意见。施工单位拒不整改或不停工整改的，监理单位应当及时向工程所在地建设主管部门或工程项目的行业主管部门报告，以电话形式报告的，应当有通话记录，并及时补充书面报告。检查、整改、复查、报告等情况应记载在监理日志、监理月报中。

对施工过程中的危险性较大工程作业情况检查包括以下内容：

(1) 土方工程：检查地上障碍物、地下隐蔽物、相临建筑物、场区的排水防洪措施是否齐全完整；土方开挖时的施工组织及施工机械的安全生产措施、基坑的边坡的稳定支护措施、基坑四周的安全防护措施是否齐全完整。

(2) 脚手架工程：检查脚手架设计方案、脚手架设计预算书、脚手架施工方案及验收方案、脚手架使用安全措施及脚手架拆除方案是否齐全完整。

(3) 模板工程：检查模板结构设计计算书的荷载取值是否符合工程实际，计算方法是否正确；连接件等的设计是否安全合理，图纸是否齐全；模板设计中安全措施是否周全。

(4) 高处作业：检查临边作业、洞口作业及悬空作业的安全防护措施是否齐全完整。

(5) 交叉作业：检查交叉作业时的安全防护措施是否齐全完整，安全防护棚的设置是否满足安全要求，安全防护棚的搭设方案是否齐全完整。

(6) 塔式起重机：检查地基基础工程施工是否能满足使用安全和设计需要，起重机拆装的安全措施是否齐全完整，起重机使用过程中的检查维修方案是否齐全完整，起重机驾驶员的安全教育计划和班前检查制度是否齐全，起重机的安全使用制度是否健全。

(7) 临时用电：检查电源的进线、总配电箱的装设、位置和线路走向是否合理，负荷计算是否正确完整，选择的导线截面和电气设备的类型规格是否正确，电气平面图、接线系统图是否正确完整，施工用电是否采用 TN-S 接地保护系统，是否实行一机一闸制，是否满足分级分段漏电保护，照明用电是否满足安全要求。

(8) 安全文明管理：检查现场挂牌制度、封闭管理制度、现场围挡措施的执行情况，现场办公、宿舍、食堂、厕所等临时设施的设置及施工场地、道路是否符合要求，保健、垃圾、防水、防火宣传等安全文明施工措施是否符合安全文明的施工要求。

3) 核查自升式架设设施和安全设施的验收手续

监理单位应核查施工现场施工起重机械、整体提升脚手架、模板等自升式架设设施和安全设施的验收手续，并由安全监理人员签收备案。

4) 检查施工现场安全生产情况

检查施工现场各种安全标志和安全防护措施是否符合强制性标准要求，检查施工单位安全文明措施费的使用情况。督促施工单位按规定投入使用安全文明措施费。

施工现场的安全生产情况的检查一般包括：专职安全生产管理人员是否在岗，特种作业人员是否持证上岗；施工现场的危险部位设置明显安全警示标志情况；施工现场设置消防通道、消防水源、配备消防设施和灭火器材的情况；脚手架的立杆基础、杆件间距、剪力撑、脚手板、防护栏杆、架体与建筑结构拉结、卸料平台等是否符合要求；基坑的临边防护、坑壁支护、排水措施、坑边荷载、上下通道、基坑支护变形监测是否符合要求；模板的立柱材料、模板存放应符合要求；拆除模板应在拆除区设置警戒线，并派安全人员监护作业过程；安全帽、安全网、安全带应符合要求并正确使用；现场作业人员佩戴安全帽、高处作业使用安全带情况；楼梯口、电梯井口、预留洞口、通道口的防护情况；阳台、楼板、屋面等临边是否有防护或防护是否符合要求；施工用电的外电防护及封闭是否符合用电规范要求；物料提升机的架体制作是否符合要求(检查限位保险装置是否缺少、损坏或失灵，钢丝绳磨损有无超过报废标准，吊篮有无安全门或人员有无违章乘坐吊篮上下，物料提升设备是否使用双绳起吊)；塔吊限位器、保险装置、附墙装置是否符合要求(塔吊必须安装力矩限制器；限位器、保险装置、附墙装置应符合要求；安装与拆卸必须由专业作业队伍完成；塔吊作业由专人指挥及持证上岗，指挥应有联络设备)；施工机具的保护装置是否灵敏，使用是否合理；施工现场、围栏是否达到规定要求(施工场地地面是否做硬化处理或道路是否畅通；施工现场有无大门，门头有无设置企业标志；五牌一图是否齐全；施工现场有无排水设施或施工现场有无积水；建筑材料堆放应整齐，料堆应挂材料标牌，做到工完场清；现场住宿、生活设施应符合要求)。

5) 督促施工单位安全自查，参加安全生产专项检查

督促施工单位进行安全自查工作，并对施工单位自查情况进行抽查，参加建设单位组织的安全生产专项检查。

7.3.2 建设工程安全监理的工作程序

1. 编制含有安全监理内容的监理规划和监理实施细则

监理单位按照《建设工程监理规范》和相关行业监理规范要求，编制含有安全监理内容的监理规划和监理实施细则。

2. 审查核验施工单位提交的有关技术文件及资料

在施工准备阶段，监理单位审查核验施工单位提交的有关技术文件及资料，并由项目总监理工程师在有关技术文件报审表上签署意见；审查未通过的安全技术措施及专项施工方案不得实施。

3. 对施工现场安全生产情况进行巡视检查

在施工阶段，监理单位应对施工现场安全生产情况进行巡视检查，对发现的各类安全事故隐患，应书面通知施工单位，并督促其立即整改；情况严重的，监理单位应及时下达工程暂停令，要求施工单位停工整改，并同时报告建设单位。安全事故隐患消除后，监理单位应检查整改结果，签署复查或复工意见。施工单位拒不整改或不停工整改的，监理单位应当及时向工程所在地建设主管部门或工程项目的行业主管部门报告，以电话形式报告的，应当有通话记录，并及时补充书面报告。检查、整改、复查、报告等情况应记载在监理日志、监理月报中。

4. 安全监理资料立卷归档

安全监理资料包括安全监理内部管理资料和审查或检查验收施工单位安全措施的管理资料。

安全监理内部管理资料包括包含有安全内容的监理规划和实施细则、监理日志、监理月报、安全监理台帐、建筑施工现场安全检查日检表、安全检查隐患整改监理通知单等。

审查或检查施工单位的安全管理资料包括现场安全管理资料和安全文明防护资料。其中现场安全管理资料主要是施工组织设计、专项安全施工方案、现场安全文明施工管理组织机构及责任划分表。安全文明防护资料包括安全生产协议书、安全文明生产承诺书以及安全生产措施备案表，项目部安全生产责任制度，分项或分部工程或专项安全施工方案的安全措施，各类安全防护设施的检查验收记录，安全技术交底记录，特殊工种名册及复印件，入场安全教育记录，防护用品合格证及检测资料，临时用电安全检查验收记录，施工机械安全检查验收记录，保卫、消防安全检查记录，料具安全检查记录，现场环境保护检查记录，环境卫生检查记录以及安全检查评分表、汇总表。

工程竣工后，监理单位应将有关安全生产的技术文件、验收记录、监理规划、监理实施细则、监理月报、监理会议纪要及相关书面通知等按规定立卷归档。

7.3.3　施工安全隐患的处理

安全隐患是指未被事先识别或未采取必要防护措施的可能导致安全事故的危险源或不利环境因素。建筑业是高危险、事故多发行业，形成安全隐患的原因有多个方面，比如施工单位的违章作业、设计不合理和缺陷、勘察文件失真、使用不合格的安全防护装备、安全生产资金投入不足、安全事故的应急救援制度不健全、违法违规行为等。

监理工程师在监理过程中，对发现的施工安全隐患应按照一定的程序进行处理，如图7-1所示，保证工程生产顺利开展。

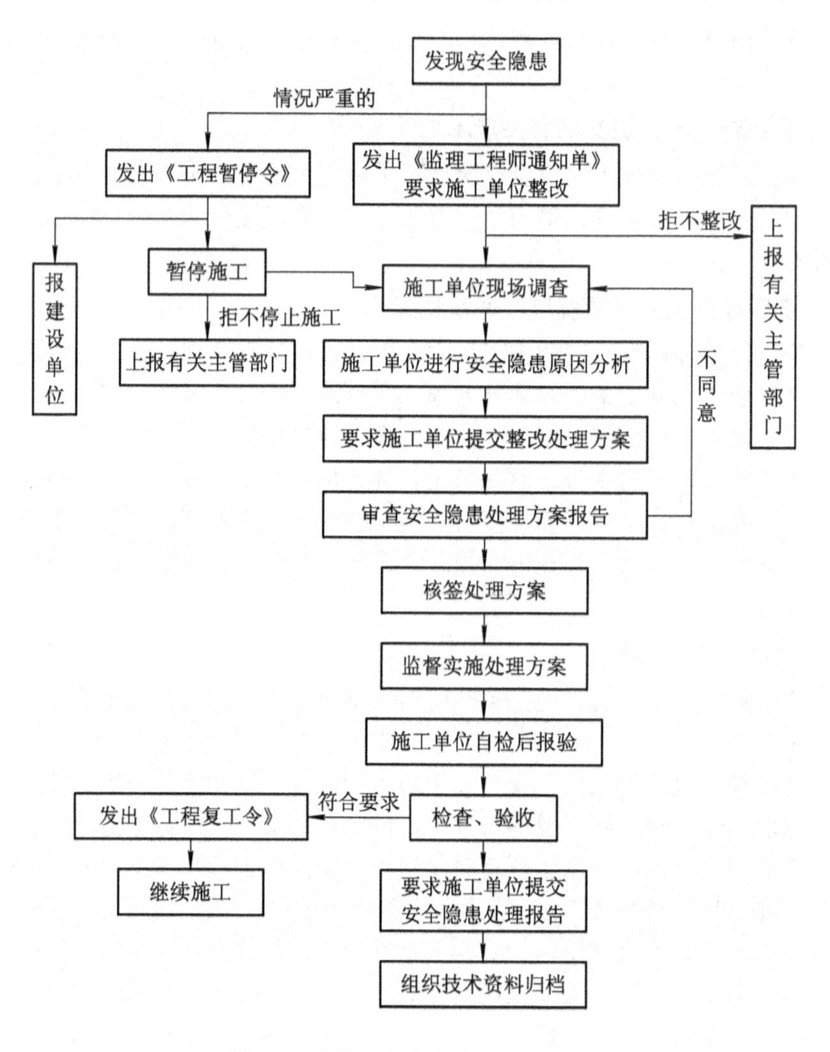

图7-1　建设工程安全隐患处理程序

1. 监理工程师判断其严重程度

当发现工程施工安全隐患时，监理工程师首先应判断其严重程度，当存在安全事故隐患时，应签发《监理工程师通知单》，要求施工单位进行整改；施工单位提出整改方案，填写《监理工程师通知回复单》，报监理工程师审核后，批复施工单位进行整改处理，必要时应经设计单位认可，处理结果应重新进行检查、验收。

当发现严重安全事故隐患时，总监理工程师应签发《工程暂停令》，指令施工单位暂时停止施工，必要时应要求施工单位采取安全防护措施，并报建设单位。监理工程师应要求施工单位提出整改方案，必要时应经设计单位认可，整改方案经监理工程师审核后，施工单位进行整改处理，处理结果应重新进行检查、验收。

2. 施工安全隐患的整改

施工单位接到《监理工程师通知单》后，应立即进行安全事故隐患的调查、分析原因，制定纠正和预防措施，制定安全事故隐患整改处理方案，并报总监理工程师。

安全事故隐患整改处理方案内容包括：存在安全事故隐患的部位、性质、现状、发展变化、时间、地点等详细情况，现场调查的有关数据和资料，安全事故隐患原因分析与判断，安全事故隐患处理的方案，是否需要采取临时防护措施，确定安全事故隐患整改责任人、整改完成时间和整改验收人，涉及的有关人员和责任及预防该安全事故隐患重复出现的措施等。

3. 分析安全事故隐患整改处理方案

监理工程师分析安全事故隐患整改处理方案，对处理方案进行认真深入地分析，特别是安全事故隐患原因分析，找出安全事故隐患的真正起源点。必要时，可组织设计单位、施工单位、供应单位和建设单位各方共同参加分析；在原因分析的基础上，审核签认安全事故隐患整改处理方案。

4. 对施工单位的整改实施过程进行跟踪检查

指令施工单位按既定的整改处理方案实施处理并进行跟踪检查，总监理工程师应安排监理人员对施工单位的整改实施过程进行跟踪检查。

5. 组织人员检查验收

安全事故隐患处理完毕，施工单位应组织人员检查验收，自检合格后报监理工程师核验，监理工程师组织有关人员对处理的结果进行严格的检查、验收。施工单位写出安全隐患处理报告，报监理单位存档。报告的主要内容包括：整改处理过程描述，调查和核查情况，安全事故隐患原因分析结果，处理的依据，审核认可的安全隐患处理方案，实施处理中的有关原始数据、验收记录、资料，对处理结果的检查、验收结论以及安全隐患处理结论。

7.3.4　建设工程安全生产的监理责任

工程监理单位有下列行为之一的，责令限期改正；逾期未改正的，责令停业整顿，并处10万元以上30万元以下的罚款；情节严重的，降低资质等级，直至吊销资质证书；造成重大安全事故，构成犯罪的，对直接责任人员，依照刑法有关规定追究刑事责任；造成损失的，依法承担赔偿责任：

1. 未对施工组织设计中的安全技术措施或者专项施工方案进行审查

监理单位应对施工组织设计中的安全技术措施或专项施工方案进行审查，未进行审查的；施工组织设计中的安全技术措施或专项施工方案未经监理单位审查签字认可，施工单位擅自施工的，监理单位应及时下达工程暂停令，并将情况及时书面报告建设单位，监理单位未及时下达工程暂停令并报告的。

2. 发现安全事故隐患未及时要求施工单位整改或者暂时停止施工

监理单位在监理巡视检查过程中，发现存在安全事故隐患的，应按照有关规定及时下达书面指令要求施工单位进行整改或停止施工。监理单位发现安全事故隐患没有及时下达书面指令要求施工单位进行整改或停止施工的。

3. 施工单位拒不整改或者不停止施工，未及时向有关主管部门报告

施工单位拒绝按照监理单位的要求进行整改或者停止施工的，监理单位应及时将情况向当地建设主管部门或工程项目的行业主管部门报告。监理单位没有及时报告的。

4. 监理单位未依照法律、法规和工程建设强制性标准实施监理

监理单位履行了上述规定的职责，施工单位未执行监理指令继续施工或发生安全事故的，应依法追究监理单位以外的其他相关单位和人员的法律责任。

7.3.5　落实安全生产监理责任的主要工作

为了切实落实监理单位的安全生产监理责任，监理单位应做好以下三方面的工作：

1. 健全监理单位安全监理责任制

监理单位法定代表人应对本企业监理工程项目的安全监理全面负责。总监理工程师要对工程项目的安全监理负责，并根据工程项目特点，明确监理人员的安全监理职责。

2. 完善监理单位安全生产管理制度

在健全审查核验制度、检查验收制度和督促整改制度基础上，完善工地例会制度及资料归档制度。定期召开工地例会，针对薄弱环节，提出整改意见，并督促落实；指定专人负责监理内业资料的整理、分类及立卷归档。

3. 建立监理人员安全生产教育培训制度

监理单位的总监理工程师和安全监理人员须经安全生产教育培训后方可上岗，其教育培训情况记入个人继续教育档案。

7.3.6　建设工程安全事故处理

1. 生产安全事故等级划分标准

根据生产安全事故造成的人员伤亡或者直接经济损失，事故一般分为以下等级：

1) 特别重大事故

特别重大事故是指造成 30 人以上死亡，或者 100 人以上重伤(包括急性工业中毒，下同)，或者 1 亿元以上直接经济损失的事故。

2) 重大事故

重大事故是指造成10人以上30人以下死亡，或者50人以上100人以下重伤，或者5000万元以上1亿元以下直接经济损失的事故。

3) 较大事故

较大事故是指造成3人以上10人以下死亡，或者10人以上50人以下重伤，或者1000万元以上5000万元以下直接经济损失的事故。

4) 一般事故

一般事故是指造成3人以下死亡，或者10人以下重伤，或者1000万元以下直接经济损失的事故。

2. 监理单位处理安全事故的程序

建设工程安全事故发生后，监理人员一般按以下程序进行处理。

(1) 监理人员向总监理工程师和监理企业负责人报告。

建设工程安全事故发生后，现场有关监理人员应立即向总监理工程师和监理企业负责人报告，有责任组织参建各方保护现场。凡与事故有关的物体、痕迹和状态均不得破坏，为抢救受伤者需要移动现场某些物体时，必须做好有关标志。

(2) 总监理工程师签发《工程暂停令》协助指挥抢救，防止事故扩大。

总监理工程师接到安全事故报告后，应迅速赶到事故现场，签发《工程暂停令》，并要求施工单位必须立即停止施工，协助指挥抢救受伤人员，采取必要的措施，防止事故扩大，并做好标识，保护好现场。同时，要求发生安全事故的施工总承包单位迅速按安全事故类别和等级向相应的政府主管部门上报。发生重大安全事故时，总监理工程师应督促施工单位在24小时内写出书面报告，并向有关部门逐级上报。

(3) 监理工程师积极协助，提供相应证据。

监理工程师在事故调查组展开工作后，应积极协助，客观地提供相应证据，若监理方无责任，监理工程师可应邀参加调查组，参与事故调查；若监理方有责任，则应予以回避，但应配合调查组工作。

(4) 监理工程师组织相关单位研究、要求相关单位完成技术处理方案。

监理工程师接到安全事故调查组提出的处理意见涉及技术处理时，可组织相关单位研究，并要求相关单位完成技术处理方案。必要时，应征求设计单位意见，技术处理方案必须依据充分，应在安全事故的部位、原因全部查清的基础上进行，必要时，组织专家进行论证，以保证技术处理方案可靠、可行，保证施工安全。

(5) 监理工程师要求施工单位制定详细的施工方案。

技术处理方案核签后，监理工程师应要求施工单位制定详细的施工方案，必要时监理工程师应编制监理实施细则，对工程安全事故技术处理的施工过程进行重点监控，对于关键部位和关键工序应派专人进行监控。

(6) 监理工程师应组织相关各方进行检查、验收，进行资料归档。

施工单位完工自检后，监理工程师应组织相关各方进行检查验收，必要时进行处理结果鉴定；要求事故单位整理编写安全事故处理报告，审核签认，并进行资料归档。

(7) 监理工程师签发《工程复工令》，恢复正常施工。

7.4 建设工程监理安全管理实训及案例

✦✦✦✦ 实训 7-1 安全技术方案审查实训 ✦✦✦✦

1. 基本条件及背景

某办公楼工程，建筑面积 35000m^2，地下二层，地上十五层，施工单位进场后，项目经理召集项目相关人员确定了基础及结构施工期间的总体部署和主要施工方法，会后相关部门开始了施工准备工作。

合同履行过程中，发生了如下事件：

事件 1：由于吊装作业危险性较大，施工项目部编制了专项施工方案，并送现场监理员签收。吊装作业前，吊车司机使用风速仪检测到风力过大，拒绝进行吊装作业。施工项目经理便安排另一名吊车司机进行吊装作业，监理员发现后立即向专业监理工程师汇报，该专业监理工程师回答说：这是施工单位内部的事情。

事件 2：监理员将施工项目部编制的专项施工方案交给总监理工程师后，发现现场吊装作业吊车发生故障。为了不影响进度，施工项目经理调来另一台吊车，该吊车比施工方案确定的吊车吨位稍小，但经安全检测可以使用。监理员当即将此事向总监理工程师汇报，总监理工程师以专项施工方案未经审查批准就实施为由，签发了停止吊装作业的指令。施工项目经理签收暂停令后，仍要求施工人员继续进行吊装。总监理工程师报告了建设单位，建设单位负责人称工期紧迫，要求总监理工程师收回吊装作业暂停令。

2. 实训内容及要求

(1) 工程自开工至结构施工完成，施工单位应陆续上报哪些安全专项方案。

(2) 指出事件 1、2 中不妥之处，写出正确做法。

(3) 每位学生在 1 课时内完成，并将实训内容整理书写在 A4 纸上，交老师评定成绩。

3. 实训步骤及分值

第一步，确定该工程安全专项施工方案的审查，2 分；

第二步，确定专业监理工程师的安全职责，2 分；

第三步，确定专项施工方案的实施，2 分；

第四步，确定建设单位的安全职责，2 分；

第五步，确定总监理工程师的安全职责，2 分。

共计，10 分。

✦✦✦✦ 实训 7-2 安全事故处理实训 ✦✦✦✦

1. 基本条件及背景

某工程楼高 15 层，经公开招投标选择 *A* 为施工总承包单位，*B* 为监理单位，*A* 公司将塔吊安装分包给具备资质的 *C* 公司施工。塔吊基础验收后，*C* 公司于某年 7 月 21 日进场，并向现场监理部报审了由项目部编制经项目技术负责人签字的塔吊装拆专项施工方案，*C*

公司于 7 月 21 日下午开始安装，监理公司发现后以施工方案未经审批为由下达了塔吊暂停安装令。施工单位以工期较紧，马上要使用塔吊为由继续安装，第二天气候变化，预告有台风影响，安装单位加快了安装进度，欲赶在台风来临之前安装完毕，下午 1 点台风越来越大，此时现场安全监理工程师紧急口头叫停，施工单位口头同意停止，但实际仍在安装，结果下午 4 点 50 分台风导致尚未安装完毕的塔吊倒塌，造成二人死亡，一人重伤的安全事故。

2. 实训内容及要求

(1) 在什么情况下，现场安全监理人员才能同意塔吊开始安装？

(2) 简述塔吊安装的监理监督措施？

(3) 塔吊在投入使用前安全监理人员要核查那些内容？

(4) 监理单位是否要承担责任？如有，要承担什么责任？请说明理由。

(5) 确定生产安全事故等级。

3. 实训步骤及分值

第一步，说明塔吊在安装前，现场监理人员要检查的内容，2 分；

第二步，说明塔吊安装监督措施，3 分；

第三步，说明塔吊投入使用前安全监理工程师应核查的内容，3 分；

第四步，说明监理单位应承担的安全责任，1 分；

第五步，确定生产安全事故等级，1 分。

共计，10 分。

【案例 7-1】

某开发公司与某施工单位签订了一高层写字大楼的施工承包合同，并与某监理单位签订了该工程的委托监理合同。该工程项目为 38 层钢筋混凝土框架-剪力墙结构，位于繁华的商业街区中心地段，施工场地狭窄，高空作业多。该项目的总监理工程师为此专门组织了项目监理机构有关人员学习《建设工程安全生产管理条例》等文件，在实施监理过程中，特别强调了对安全管理问题应当严格按照法律、法规和工程建设强制性标准实施监理。

问题：

1. 在《建设工程安全生产管理条例》中，提出了哪些安全生产管理制度？

2. 施工单位在编制施工组织设计中的安全技术措施和施工现场用电方案时，对于哪些危险性较大的达到一定规模的分部分项工程需要编制专项的施工方案，并应经总监理工程师签字确认后实施？

3. 监理单位在实施监理过程中，发现安全事故隐患未及时要求施工单位整改或暂时停止施工的，要承担什么法律责任？

【参考答案】

1. 《建设工程安全生产管理条例》中，对安全生产管理提出了 13 项主要制度，归纳如下：

(1) 监督把关方面：依法批准开工报告的建设工程和拆除工程备案制度，施工起重机械使用登记制度，政府的安全监督管理制度，专项施工方案专家论证审查制度，施工单位主要负责人、项目负责人、专职安全生产管理人员考核任职制度，特殊作业人员执证上岗制度，生产安全事故报告制度。

(2) 安全生产责任方面：安全生产责任制度，施工现场消防安全责任制度。

(3) 安全保证方面：意外伤害保险制度，生产安全事故应急救援制度，危及施工安全的工艺、设备、材料淘汰制度，安全生产教育培训制度。

2. 需编制专项施工方案的分部分项工程有：基坑支护与降水工程，土方开挖工程，模板工程，起重吊装工程，脚手架工程，爆破、拆除工程，国务院建设行政主管部门或其他有关部门规定的其他危险性较大的工程。

3. 按《安全生产管理条例》第 57 条规定：责令限期改正，逾期未改正的，责令停业整顿，并处 10 万元以上 30 万元以下罚款；情节严重的，降低资质等级，直至吊销资质证书；造成重大安全事故，构成犯罪的，依法追究直接责任人员刑事责任；造成损失的，依法赔偿。

【案例 7-2】

某实施监理的工程，甲施工单位选择乙施工单位分包基坑支护土方开挖工程。施工过程中发生如下事件：

事件 1：为了赶工期，甲施工单位调整了土方开挖方案，并按约定程序进行了调整，总监理工程师在现场发现乙施工单位未按调整后的土方开挖方案施工并造成围护结构变形超限，立即向甲施工单位签发工程暂停令，同时报告了建设单位。乙施工单位未执行指令仍继续施工，总监理工程师及时报告了有关主管部门，后因围护结构变形过大引发了基坑局部坍塌事故。

事件 2：甲施工单位凭施工经验，未经安全验算就编制了高大模板工程专项施工方案，经项目经理签字后报总监理工程师审批的同时，就开始搭设高大模板，施工现场安全生产管理人员则由项目总工程师兼任。

事件 3：甲施工单位为了便于管理，将施工人员的集体宿舍安排在本工程尚未竣工验收的地下车库内。

问题：

1. 根据《建设工程安全生产管理条例》，分析事件 1 中甲、乙施工单位和监理单位对基坑局部坍塌事故应承担的责任，说明理由。

2. 指出事件 2 中甲施工单位的做法有哪些不妥，写出正确的做法。

3. 指出事件 3 中甲施工单位的做法是否妥当，说明理由。

【参考答案】

1. 根据《建设工程安全生产管理条例》，事件 1 中甲、乙施工单位和监理单位对基坑局部坍塌事故应承担的责任及理由：

(1) 甲施工单位和乙施工单位对事故承担连带责任，由乙施工单位承担主要责任。理由：甲施工单位属于总承包单位，乙施工单位属于分包单位，他们对分包工程的安全生产承担连带责任；分包单位不服从管理导致的生产安全事故的，由分包单位承担主要责任。

(2) 监理单位承担监理责任。理由：监理单位应当按照法律法规和工程建设强制性标准实施监理，并对建设工程安全生产承担监理责任。

2. 事件2中甲施工单位做法的不妥以及正确的做法：

(1) 不妥之处：甲施工单位凭施工经验，未经安全验算编制高大模板工程专项施工方案。正确做法：应认真编制方案，且有详细的安全验算书。

(2) 不妥之处：专项施工方案经项目经理签字后报总监理工程师审批的同时就开始搭设高大模板。正确做法：专项施工方案经甲施工单位技术负责人、总监理工程师签字后实施。

(3) 不妥之处：施工现场安全生产管理人员由项目总工程师兼任。正确做法：应该由专职安全生产管理人员进行现场监督。

3. 事件3中甲施工单位的做法不妥。理由：依据《建设工程安全生产管理条例》，施工单位不得在工程尚未竣工验收的建筑物内设置员工集体宿舍。

习　　题

一、单选题(只有一个最符合题意的选项)

1. 建设工程安全生产管理基本制度中，不包括(　　)。

A. 群防群治制度　　B. 伤亡事故处理报告制度
C. 事故预防制度　　D. 安全责任追究制度

2. 监理实施细则中应当明确安全生产监理的方法，措施和控制要点，以及(　　)。

A. 对建设单位工程概算中安全施工费项目的审核责任
B. 对设计单位预防生产安全事故措施建议的审核方法
C. 对施工单位安全技术措施的检查方案
D. 对工程机械设备提供单位安全管理制度的检查内容

3. 监理单位发现施工现场存在严重安全隐患，应及时下达工程暂停令，并报告建设单位。施工单位拒不停工整改，监理单位应及时向工程所在地建设行政主管部门报告，(　　)。

A. 以口头形式报告的，应当记入监理日记
B. 以电话形式报告的，应当有通话记录
C. 以电话形式报告的，应当有通话记录，并及时补充书面报告
D. 以电话形式报告，有通话记录的，可不再书面报告

4. 工程监理单位应当审查施工组织设计中的安全技术措施或者专项施工方案是否符合工程建设（　　）。

A. 整体安全要求　　B. 强制性标准
C. 一般要求　　D. 基本要求

5. 工程监理单位在实施监理过程中，发现存在安全事故隐患的，应当要求施工单位整改；情况严重的，应当要求施工单位暂时停止施工，并及时报告建设单位。施工单位拒不整改或者不停止施工的，工程监理单位应当及时向(　　)报告。

A. 建设单位　　B. 有关主管部门
C. 建设行政部门　　D. 当地人民政府

6. 施工单位应当在施工现场入口处、施工起重机械、临时用电设施、脚手架、出入通道口、楼梯口、电梯井口、孔洞口、桥梁口、隧道口、基坑边沿、爆破物及有害危险气体和液体存放处等危险部位，设置明显的(　　)。

A. 危险标志　　B. 安全警示标志

C. 隔离标志　　D. 危险施工标志

7. 建设工程实行施工总承包的，由(　　)对施工现场的安全生产负总责。

A. 建设单位　　B. 施工单位

C. 具体的施工单位　　D. 总承包单位

8. 建设单位在编制工程概算时，应当确定(　　)所需费用。

A. 抢险救灾　　B. 建设工程安全作业环境及安全施工措施

C. 对相关人员的培训教育　　D. 建筑工程安全作业

9. 施工安全监理例会由(　　)主持。

A. 业主代表　　B. 总监理工程师

C. 专业监理工程师　　D. 施工总承包单位项目经理

10. (　　)工作，不属于建设工程施工过程的施工安全监理内容。

A. 审查分包单位安全资质和特种人员资格

B. 督促做好施工作业安全技术交底

C. 施工安全设施、施工机械验收的核查

D. 项目安全监理工作总结

二、多选题(5 个备选答案中有 2～4 个正确选项)

1. 在施工准备阶段．监理单位安全生产监理工作的内容包括(　　)。

A. 编制含有安全生产监理内容的监理规划

B. 对施工现场安全生产情况进行巡视检查

C. 核查施工现场施工起重机械、安全设施的验收手续

D. 审查施工单位资质和安全生产许可证是否合法有效

E. 审查施工单位编制的地下管线保护措施方案是否符合强制性标准要求

2. 项目监理规划中应包括的安全监理内容有(　　)。

A. 安全监理的范围和内容　　B. 安全监理的工作程序

C. 安全监理的制度措施　　D. 施工安全技术措施

E. 安全监理人员配备计划和职责

3. 工程监理单位和监理工程师应当按照(　　)实施监理，并对建设工程安全生产承担监理责任。

A. 建筑工程的国家标准　　B. 法律法规

C. 工程监理合同　　D. 建设工程的企业标准

E. 工程建设强制性标准

4. 《建设工程安全生产管理条例》规定，工程监理单位有(　　)行为之一的，责令限期改正；逾期未改正的，责令停业整顿，并处 10 万元以上 30 万元以下的罚款；情节严重的，降低资质等级，直至吊销资质证书；造成重大安全事故，构成犯罪的，对直接责任人

员，依照刑法有关规定追究刑事责任；造成损失的，依法承担赔偿责任。

A. 未对施工组织设计中的安全技术措施或者专项施工方案进行审查的

B. 发现安全事故隐患未及时要求施工单位整改或者暂时停止施工的

C. 施工单位拒不整改或者不停止施工，未及时向有关主管部门报告的

D. 不依法履行监督管理职责的其他行为

E. 要求施工单位压缩合同约定的工期

5. 对于危险性较大的分部分项工程，施工单位应根据工程特点，有针对性地编制专项施工方案。这些工程主要包括：基坑支护与降水、土方开挖、模板工程、脚手架工程、塔吊装拆作业、(　　)、高处施工作业平台、爆破工程等，有些专项施工方案还应附具安全验算书。

A. 龙门架装拆作业　　B. 井架装拆作业

C. 起重吊装　　D. 垂直运输

E. 施工临时用电　　F. 施工临时用水

第 8 章　建设工程信息管理

【学习目标】

通过本章的学习，了解建设工程信息管理的基本知识，熟悉建设工程信息收集、建设工程文件档案资料的特征、建设工程文件档案资料管理的职责、建设工程档案编制质量要求与组卷方法，掌握建设工程档案资料验收与移交的程序和内容、建设工程监理文件档案资料管理、建设工程监理表格体系和主要监理文件。

【重点与难点】

重点是建设工程监理表格体系和主要的监理文件。

难点是建设工程档案资料验收与移交的程序和内容。

8.1　建设工程信息管理概述

8.1.1　信息的基本概念与特点

1. 数据、信息的基本概念

1) 数据

数据是客观实体属性的反映，是一组表示数量、行为和目标，可以记录下来加以鉴别的符号。数据，首先是客观实体属性的反映，客观实体通过各个角度的属性的描述，反映其与其他实体的区别。数据有多种形态，我们这里所提到的数据是广义的数据概念，包括文字、数值、语言、图表、图形、颜色等多种形态。今天我们的计算机对此类数据都可以加以处理，例如施工图纸、管理人员发出的指令、施工进度的网络图、月报表等都是数据。

2) 信息

信息和数据是不可分割的。信息来源于数据，又高于数据，信息是数据的灵魂，数据是信息的载体。信息是对数据的解释，反映了事物(事件)的客观规律，为使用者提供决策和管理所需要的依据。信息首先是对数据的解释，数据通过某种处理，并经过人的进一步解释后得到信息。信息来源于数据又不同于数据，原因是数据经过不同人的解释后有不同的结论，因为不同的人对客观规律的认识有差距，会得到不同的信息。这里，人的因素是第一位的。要得到真实的信息，要掌握事物的客观规律，就需要提高对数据进行处理的人的素质。

通常人们在实际使用中把数据也称为信息，原因是信息的载体是数据，甚至有些数据就是信息。

信息也是事物的客观规律。掌握信息实际上就是掌握了事物的客观规律。

使用信息的目的是为决策和管理服务。信息是决策和管理的基础，决策和管理依赖信息，正确的信息才能保证决策的正确，不正确的信息则会造成决策的失误，管理则更离不开信息。传统的管理是定性分析，现代的管理则是定量管理，定量管理离不开系统信息的支持。

2. 信息的特点

信息具有下列特点：

(1) 真实性。事实是信息的基本特点，也是信息的价值所在。要找到事物的真实一面，为决策和管理服务。

(2) 系统性。信息是系统的组成部分之一，要从系统的观点来对待各种信息，才能避免工作的片面性。监理工作中要全面掌握投资、进度、质量和合同各个角度的信息，才能做好工作。

(3) 时效性。由于信息在工程实际中是动态的、不断变化、不断产生的，要及时处理数据，及时得到信息，才能做好决策和工程管理工作，避免事故的发生，真正做到事前管理，信息本身有强烈的时效性。

(4) 不完全性。由于使用数据的人对客观事物认识的局限性、不完全性是难免的，应该认识到这一点，提高对客观规律的认识，避免不完全性。

(5) 层次性。信息对使用者是有不同的对象的，不同的决策、不同的管理需要不同的信息，因此针对不同的信息需求必须分类提供相应的信息。一般把信息分成决策级、管理级和作业级三个层次，不同层次的信息在内容、来源、精度、使用时间和使用频度上是不同的。

3. 系统与监理信息系统集成化的概念

1) 系统基本概念

系统是一个由相互有关联的多个要素，按照特定的规律集合起来，具有特定功能的有机整体，它又是另一个更大系统的一部分。

2) 系统的特征

系统有如下的特征：

(1) 整体性。系统内各个要素集合在一起，共同协作，完成特定的任务。

(2) 相关性。系统的各个组成部分是既相互依赖，又相互独立、相互联系的，各自有自己的特定目标，目标的实现又必须依靠其他子系统提供支持。

(3) 目的性。任何一个子系统都有自己的特定目标，也就是有特定的功能，为了完成特定的任务而存在的。

(4) 层次性。一个系统有多个子系统，一个子系统又把目标细分成自己的目标体系，由各个子系统独立完成其中一部分目标。

(5) 环境适应性。任何一个系统都不是孤立存在于社会中的，它与社会环境有密切的联系，既需要社会环境提供必要的支持，又必须为社会环境提供服务，每个系统要抑制对社会环境的不利影响，产生有利影响，要学会适应环境。

3) 系统的基本观点

任何系统要正确认识、分析都必须运用系统的方法进行，系统包括以下基本观点：

(1) 系统必须实现特定的目标体系。

(2) 系统与外界环境有明确的界线。

(3) 系统可以划分为相互有联系的、有一定层次的多个子系统，每个子系统都有自己的目标体系、边界。

(4) 子系统之间存在物质和信息交换，即物质流和信息流，反映了系统的运行状况，信息流正常与否关系到子系统的正常运转与否。

(5) 系统是动态、发展的，要用动态的眼光去分析、优化、控制和重组，才能使系统满足客观规律，达到既定的目标。

4) 信息系统、监理信息系统的基本概念

信息是一切工作的基础，信息只有组织起来才能发挥作用。信息的组织由信息系统完成。信息系统是收集、组织数据产生信息的系统，信息系统定义如下：信息系统是由人和计算机等组成，以系统思想为依据，以计算机为手段，进行数据收集、传递、处理、存储、分发和加工产生信息，为决策、预测和管理提供依据的系统。信息系统是一个系统，具有系统的一切特点，信息系统目的是对数据进行综合处理，得到信息，也是一个更大系统的组成部分。信息系统能够再分多个子系统，与其他同级子系统有相关性，也与环境有联系。它的对象是数据和信息，通过对数据的加工得到信息，而信息是为决策、预测和管理服务的，是他们的工作依据。

5) 信息系统的集成化

信息系统的集成化是信息社会的必然趋势，也为信息社会提供了集成化的可能性。信息系统集成化，建立在系统化和工程化的基础上。信息系统集成化通过系统开发工具CASE(计算机辅助系统工程 Computer Aided System Engineering)实现，CASE 为全面搜集信息提供了有效手段，对系统完整、统一提供了必要的保证。集成化也让参加建设工程各方在信息使用的过程中做到一体化、规范化、标准化、通用化和系列化。例如标准化就包括代码体系标准化、指标体系标准化、系统模式标准化、描述工具标准化和研制开发过程标准化。

8.1.2　建设工程项目信息的分类

建设工程项目监理过程中，涉及大量的信息，这些信息可依据不同标准划分如下。

1. 按照建设监理控制目标划分

1) 投资控制信息

投资控制信息是指与投资控制直接有关的信息。如各种估算指标、类似工程造价、物价指数、设计概算、概算定额、施工图预算、预算定额、工程项目投资估算、合同价组成、投资目标体系；计划工程量、已完工程量、单位时间付款报表、工程量变化表、人工材料调差表、索赔费用表、投资偏差、已完工程结算、竣工决算、施工阶段的支付账单、原材料价格、机械设备台班费、人工费、运杂费等。

2) 质量控制信息

质量控制信息指建设工程项目质量有关的信息，如国家有关的质量法规、政策及质量标准、项目建设标准，质量目标体系和质量目标的分解，质量控制工作流程、质量控制的工作制度、质量控制的方法，质量控制的风险分析，质量抽样检查的数据，各个环节工作的质量工程项目决策的质量、设计的质量、施工的质量以及质量事故记录和处理报告等。

3) 进度控制信息

进度控制信息指与进度相关的信息，如施工定额，项目总进度计划、进度目标分解、项目年度计划、工程总网络计划和子网络计划、计划进度与实际进度偏差，网络计划的优化、网络计划的调整情况以及进度控制的工作流程、进度控制的工作制度、进度控制的风险分析等。

4) 合同管理信息

合同管理信息指建设工程相关的各种合同信息，如工程招投标文件，工程建设施工承包合同，物资设备供应合同，咨询、监理合同，合同的指标分解体系，合同签订、变更及执行情况和合同的索赔等。

2. 按照建设监理信息来源划分

1) 项目内部信息

项目内部信息指建设工程项目各个阶段、各个环节、各有关单位发生的信息总体。内部信息取自建设项目本身，如工程概况、设计文件、施工方案、合同结构、合同管理制度，信息资料的编码系统、信息目录表，会议制度，监理班子的组织，项目的投资目标、项目的质量目标、项目的进度目标等。

2) 项目外部信息

来自项目外部环境的信息称为外部信息。如国家有关的政策及法规，国内及国际市场的原材料及设备价格、市场变化，物价指数，类似工程造价、进度，投标单位的实力、投标单位的信誉、毗邻单位情况，新技术、新材料、新方法，国际环境的变化和资金市场变化等。

3. 按照建设监理信息的稳定程度划分

1) 固定信息

固定信息是指在一定时间内相对稳定不变的信息，包括标准信息、计划信息和查询信息。标准信息主要指各种定额和标准，如施工定额、原材料消耗定额、生产作业计划标准、设备和工具的耗损程度等。计划信息反映在计划期内已定任务的各项指标情况。查询信息主要指国家和行业颁发的技术标准、不变价格、监理工作制度、监理工程师的人事卡片等。

2) 流动信息

流动信息是指在不断变化的动态信息。如项目实施阶段的质量、投资及进度的统计信息；反映在某一时刻，项目建设的实际进程及计划完成情况；项目实施阶段的原材料实际消耗量、机械台班数、人工工日数等。

4. 按照信息的层次划分

1) 战略性信息

战略性信息指该项目建设过程中的战略决策所需的信息、投资总额、建设总工期、承包商的选定、合同价的确定等信息。

2) 管理性信息

管理性信息指项目年度进度计划、财务计划等。

3) 业务性信息

业务性信息指的是各业务部门的日常信息，较具体，精度较高。

5. 按照信息的性质划分

将建设项目信息按项目管理功能划分为组织类信息、管理类信息、经济类信息和技术类信息四大类。

6. 按其他标准划分

(1) 按照信息范围的不同，可以把建设工程项目信息分为精细的信息和摘要的信息两类。

(2) 按照信息时间的不同，可以把建设工程项目信息分为历史性信息、即时信息和预测性信息三大类。

(3) 按照监理阶段的不同，可以把建设工程项目信息分为计划的、作业的、核算的和报告的信息。在监理开始时，要有计划的信息；在监理过程中，要有作业的和核算的信息；在某一项目的监理工作结束时，要有报告的信息。

(4) 按照对信息的期待性不同，可以把建设工程项目信息分为预知的和突发的信息两类。预知的信息是监理工程师可以估计到的，在正常情况下产生；突发的信息是监理工程师难以预计的，在特殊情况下发生。

8.1.3 建设工程信息管理的基本环节

建设工程信息管理贯穿建设工程全过程，衔接建设工程各个阶段、各个参建单位和各个方面，其基本环节有信息的收集、传递、加工、整理、检索、分发和存储。

1. 建设工程信息的收集

1) 项目决策阶段，信息收集从以下几方面进行

(1) 项目相关市场方面的信息。

(2) 项目资源相关方面的信息。

(3) 自然环境相关方面的信息。

(4) 新技术、新设备、新工艺、新材料和专业配套能力方面的信息。

(5) 政治环境，社会治安状况，当地法律、政策、教育的信息。

2) 设计阶段的信息收集

监理单位在设计阶段的信息收集要从以下几处进行：

(1) 可行性研究报告，前期相关文件资料，存在的疑点和建设单位的意图，建设单位前期准备和项目审批完成的情况。

(2) 同类工程相关信息。

(3) 拟建工程所在地相关信息。

(4) 勘察、测量、设计单位相关信息。

(5) 工程所在地政府相关信息。

(6) 设计中的设计进度计划，设计质量保证体系，设计合同执行情况，偏差产生的原因，纠偏措施，专业间设计交接情况，执行规范、规程、技术标准，特别是强制性规范执行的情况，设计概算和施工图预算结果，了解超限额的原因，了解各设计工序对投资的控制等。

3) 施工招投标阶段的信息收集

施工招投标阶段信息收集从以下几方面进行：

(1) 工程地质、水文地质勘察报告，施工图设计及施工图预算、设计概算，设计、地质勘察、测绘的审批报告等方面的信息，特别是该建设工程有别于其他同类工程的技术要求、材料、设备、工艺和质量要求有关信息。

(2) 建设单位建设前期报审文件：立项文件和建设用地、征地、拆迁文件。

(3) 工程造价的市场变化规律及所在地区的材料、构件、设备、劳动力差异。

(4) 当地施工单位管理水平，质量保证体系、施工质量、设备、机具能力。

(5) 本工程适用的规范、规程和标准，特别是强制性规范。

(6) 所在地关于招投标有关法规、规定，国际招标、国际贷款指定适用的范本，本工程适用的建筑施工合同范本及特殊条款精髓所在。

(7) 所在地招投标代理机构能力、特点，所在地招投标管理机构及管理程序。

(8) 该建设工程采用的新技术、新设备、新材料和新工艺，投标单位对“四新”的处理能力和了解程度、经验及措施。

4) 施工阶段建设工程信息的收集

施工阶段的信息收集，可从施工准备期、施工期和竣工保修期三个子阶段分别进行。

(1) 施工准备期是指从建设工程合同签订到项目开工这个阶段，在施工招投标阶段监理未介入时，本阶段是施工阶段监理信息收集的关键阶段，监理工程师应从如下几点入手收集信息：

① 监理大纲、施工图设计及施工图预算，特别要掌握结构特点，掌握工程难点、要点、特点，掌握工业工程的工艺流程特点、设备特点，了解工程预算体系(按单位工程、分部工程、分项工程分解)，了解施工合同。

② 施工单位项目经理部组成、进场人员资质，进场设备的规格、型号、保修记录，施工场地的准备情况，施工单位质量保证体系及施工单位的施工组织设计，特殊工程的技术方案，施工进度网络计划图表，进场材料、构件管理制度，安全保护措施，数据和信息管理制度，检测和检验、试验程序和设备，承包单位和分包单位的资质等施工单位信息。

③ 建设工程场地的地质、水文、测量、气象数据；地上、地下管线，地下洞室，地上原有建筑物及周围建筑物、树木、道路；建筑红线，标高、坐标；水、电、气管道的引入标志；地质勘察报告、地形测量图及标桩等环境信息。

④ 施工图的会审和交底记录；开工前的监理交底记录；对施工单位提交的施工组织设计按照项目监理部要求进行修改的情况；施工单位提交的开工报告及实际准备情况。

⑤ 本工程需遵循的相关建筑法律、法规和规范、规程，有关质量检验、控制的技术法规和质量验收标准。

在施工准备期，信息的来源较多、较杂，由于参建各方相互了解还不够，信息渠道没有建立，收集有一定困难。因此，更应该组建工程信息合理的流程，确定合理的信息源，规范各方的信息行为，建立必要的信息秩序。

(2) 施工实施期信息来源相对比较稳定，主要是施工过程中随时产生的数据，由施工单位层层收集上来，比较单纯，容易实现规范化。施工实施期相对容易实现信息管理的规范化，关键是施工单位和监理单位、建设单位在信息形式和汇总上不统一。统一建设各方的信息格式，实现标准化、代码化、规范化是我国目前建设工程必须解决的问题。

施工实施期收集的信息应该分类并由专门的部门或专人分级管理，项目监理部可从下列方面收集信息：

① 施工单位人员、设备、水、电、气等能源的动态信息。

② 施工期气象的中长期趋势及同期历史数据，每天不同时段动态信息，特别在气候对施工质量影响较大的情况下，更要加强收集气象数据。

③ 建筑原材料、半成品、成品、构配件等工程物资的进场、加工、保管、使用等信息。

④ 项目经理部管理程序，质量、进度、投资的事前、事中、事后控制措施，数据采集来源及采集、处理、存储、传递方式，工序间交接制度，事故处理制度，施工组织设计及技术方案执行的情况，工地文明施工及安全措施等。

⑤ 施工中需要执行的国家和地方规范、规程、标准，施工合同执行情况。

⑥ 施工中发生的工程数据，如地基验槽及处理记录、工序间交接记录、隐蔽工程检查记录等。

⑦ 建筑材料必试项目有关信息，如水泥、砖、砂石、钢筋、外加剂、混凝土、防水材料、回填土、饰面板、玻璃幕墙等。

⑧ 设备安装的试运行和测试项目有关信息，如电气接地电阻、绝缘电阻测试，管道通水、通气、通风试验，电梯施工试验，消防报警、自动喷淋系统联动试验等。

⑨ 施工索赔相关信息：索赔程序，索赔依据，索赔证据，索赔处理意见等。

(3) 竣工保修期。该阶段的信息是建立在施工期日常信息积累基础上，传统工程管理和现代工程管理最大的区别在于传统工程管理不重视信息的收集和规范化，数据不能及时收集整理，往往采取事后补填或做“假数据”应付了事。现代工程管理则要求数据实时记录，真实反映施工过程，真正做到积累在平时，竣工保修期只是建设各方最后的汇总和总结。

该阶段要收集的信息有：

① 工程准备阶段文件，如立项文件，建设用地、征地、拆迁文件，开工审批文件等。

② 监理文件，如监理规划、监理实施细则、有关质量问题和质量事故的相关记录、监理工作总结以及监理过程中各种控制和审批文件等。

③ 施工资料，分为建筑安装工程和市政基础设施工程两大类分别收集。

④ 竣工图，分建筑安装工程和市政基础设施工程两大类分别收集。

⑤ 竣工验收资料，如工程竣工总结、竣工验收备案表、电子档案等。

该阶段，监理单位按照现行《建设工程文件归档整理规范》收集监理文件并协助建设单位督促施工单位完善全部资料的收集、汇总和归类整理。

2. 建设工程信息的加工、整理、分发、检索和存储

1) 信息的加工、整理

信息的加工主要是把建设各方得到的数据和信息进行鉴别、选择、核对、合并、排序、更新、计算、汇总、转储，生成不同形式的数据和信息，提供给不同需求的各类管理人员使用。

在信息加工时，往往要求按照不同的需求，分层进行加工。不同的使用角度，加工方法是不同的。监理人员对数据的加工要从鉴别开始。

2) 信息的加工、整理和存储流程

信息处理包括信息的加工、整理和存储。信息的加工、整理和存储流程是信息系统流程的主要组成部分。信息系统的流程图有业务流程图、数据流程图，一般先找到业务流程图，再进一步绘制数据流程图。数据流程图的绘制从上而下地层层细化，经过整理、汇总后得到总的数据流程图，再得到系统的信息处理流程图。

3) 信息的分发和检索

信息在通过对收集的数据进行分类加工处理产生信息后，要及时提供给需要使用数据和信息的部门，信息和数据的分发要根据需要来分发，信息和数据的检索则要建立必要的分级管理制度，一般由使用软件来保证实现数据和信息的分发、检索，关键是要决定分发和检索的原则。分发和检索的原则是：需要的部门和使用人，有权在需要的第一时间，方便地得到所需要的、以规定形式提供的一切信息和数据，而保证不向不该知道的部门(人)提供任何信息和数据。

4) 信息的存储

信息的存储一般需要建立统一的数据库，各类数据以文件的形式组织在一起，组织的方法一般由单位自定，但要考虑规范化。

建设工程监理的主要方法是控制，控制的基础是信息，信息管理是工程监理任务的主要内容之一。及时掌握准确、完整的信息，可以使监理工程师耳聪目明，可以更加卓有成效地完成监理任务。信息管理工作的好坏，将会直接影响着监理工作的成败。监理工程师应重视建设工程项目的信息管理工作，掌握信息管理方法。

8.2　建设工程文件档案资料管理

8.2.1　建设工程文件档案资料管理概述

1. 建设工程文件档案资料概念与特征

1) 建设工程文件概念

建设工程文件指在工程建设过程中形成的各种形式的信息记录，包括工程准备阶段文件、监理文件、施工文件、竣工图和竣工验收文件，也可简称为工程文件。

2) 建设工程档案概念

建设工程档案指在工程建设活动中直接形成的具有归档保存价值的文字、图表、声像

等各种形式的历史记录，简称工程档案。

3) 建设工程文件档案资料

建设工程文件和档案组成建设工程文件档案资料。

4) 建设工程文件档案资料载体

(1) 纸质载体。以纸张为基础的载体形式。

(2) 缩微品载体。以胶片为基础，利用缩微技术对工程资料进行保存的载体形式。

(3) 光盘载体。以光盘为基础，利用计算机技术对工程资料进行存储的形式。

(4) 磁性载体。以磁性记录材料(磁带、磁盘等)为基础，对工程资料的电子文件、声音、图像进行存储的方式。

5) 建设工程文件档案资料特征

(1) 分散性和复杂性。建设工程周期长，生产工艺复杂，建筑材料种类多，建筑技术发展迅速，影响建设工程因素多种多样，工程建设阶段性强并且相互穿插。由此导致此特征，这个特征决定了建设工程文件档案资料是多层次、多环节、相互关联的复杂系统。

(2) 继承性和时效性。文件档案被积累和继承，新的工程在施工过程中可以吸取以前的经验，避免重犯以前的错误。同时，建设工程文件档案资料具有很强的时效性，文件档案资料的价值会随着时间的推移而衰减，有时文件档案资料一经生成，就必须传达到有关部门，否则会造成严重后果。

(3) 全面性和真实性。建设工程文件档案资料只有全面反映项目的各类信息，才更具有实用价值，必须形成一个完成的系统。另外，必须真实反映工程情况，包括发生的事故和存在的隐患。真实性是对所有文件档案资料的共同要求，但在建设领域对这方面的要求更为迫切。

(4) 随机性。部分建设工程文件档案资料的产生有规律性(如各类报批文件)，但还有相当一部分文件档案资料产生是由具体工程事件引发的，因此建设工程文件档案资料是有随机性的。

(5) 多专业性和综合性。建设工程文件档案资料依附于不同的专业对象而存在，又依赖不同的载体而流动。

6) 工程文件归档范围

(1) 对与工程建设有关的重要活动、记载工程建设主要过程和现状、具有保存价值的各种载体的文件，均应收集齐全，整理立卷后归档。

(2) 工程文件的具体归档范围按照现行《建设工程文件归档整理规范》(GB/T50328—2001)中建设工程文件归档范围和保管期限表共五大类执行。

2. 建设工程文件档案资料管理职责

建设工程档案资料的管理涉及到建设单位、监理单位、施工单位等以及地方城建档案管理部门。

1) 通用职责

(1) 工程各参建单位填写的建设工程档案应以施工及验收规范、工程合同、设计文件、工程施工质量验收统一标准等为依据。

(2) 工程档案资料应随工程进度及时收集、整理，并应按专业归类，认真书写，字迹清楚，项目齐全、准确、真实，无未了事项。表格应采用统一表格，特殊要求需增加的表格应统一归类。

(3) 工程档案资料进行分级管理，建设工程项目各单位技术负责人负责本单位工程档案资料的全过程组织工作并负责审核，各相关单位档案管理员负责工程档案资料的收集、整理工作。

(4) 对工程档案资料进行涂改、伪造、随意抽撤或损毁、丢失等，应按有关规定予以处罚，情节严重的，应依法追究法律责任。

2) 建设单位职责

(1) 在工程招标及与勘察、设计、监理、施工等单位签订协议、合同时，应对工程文件的套数、费用、质量、移交时间等提出明确要求。

(2) 收集和整理工程准备阶段、竣工验收阶段形成的文件，应进行立卷归档。

(3) 负责组织、监督和检查勘察、设计、施工、监理等单位的工程文件的形成、积累和立卷归档工作，也可委托监理单位监督、检查工程文件的形成、积累和立卷归档工作。

(4) 收集和汇总勘察、设计、施工、监理等单位立卷归档的工程档案。

(5) 在组织工程竣工验收前，应提请当地城建档案管理部门对工程档案进行预验收，未取得工程档案验收认可文件，不得组织工程竣工验收。

(6) 对列入当地城建档案管理部门接收范围的工程，工程竣工验收 3 个月内，向当地城建档案管理部门移交一套符合规定的工程文件。

(7) 必须向参与工程建设的勘察、设计、施工、监理等单位提供与建设工程有关的原始资料，原始资料必须真实、准确、齐全。

(8) 可委托承包单位、监理单位组织工程档案的编制工作；负责组织竣工图的绘制工作，也可委托承包单位、监理单位、设计单位完成，收费标准按照所在地相关文件执行。

3) 监理单位职责

(1) 应设专人负责监理资料的收集、整理和归档工作。在项目监理部，监理资料的管理应由总监理工程师负责，并指定专人具体实施，监理资料应在各阶段监理工作结束后及时整理归档。

(2) 监理资料必须及时整理、真实完整、分类有序。在设计阶段，对勘察、测绘、设计单位的工程文件的形成、积累和立卷归档进行监督、检查；在施工阶段，对施工单位的工程文件的形成、积累、立卷归档进行监督、检查。

(3) 可以按照委托监理合同的约定，接受建设单位的委托，监督、检查工程文件的形成积累和立卷归档工作。

(4) 编制的监理文件的套数、提交内容、提交时间，应按照现行《建设工程文件归档整理规范》(GB/T50328—2001)和各地城建档案管理部门的要求，编制移交清单，双方签字、盖章后，及时移交建设单位，由建设单位收集和汇总。监理公司档案部门需要的监理档案，按照《建设工程监理规范》(GB 50319—2000)的要求由项目监理部提供。

4) 施工单位职责

(1) 实行技术负责人负责制，逐级建立、健全施工文件管理岗位责任制，配备专职档案管理员，负责施工资料的管理工作。工程项目的施工文件应设专门的部门(专人)负责收集和整理。

(2) 建设工程实行总承包的，总承包单位负责收集、汇总各分包单位形成的工程档案，各分包单位应将本单位形成的工程文件整理、立卷后及时移交总承包单位。建设工程项目由几个单位承包的，各承包单位负责收集、整理、立卷其承包项目的工程文件，并应及时向建设单位移交，各承包单位应保证归档文件的完整、准确、系统，能够全面反映工程建设活动的全过程。

(3) 可以按照施工合同的约定，接受建设单位的委托进行工程档案的组织、编制工作。

(4) 按要求在竣工前将施工文件整理汇总完毕，再移交建设单位进行工程竣工验收。

(5) 负责编制的施工文件的套数不得少于地方城建档案管理部门要求，但应有完整施工文件移交建设单位及自行保存，保存期可根据工程性质以及地方城建档案管理部门有关要求确定。如建设单位对施工文件的编制套数有特殊要求的，可另行约定。

5) 地方城建档案管理部门职责

(1) 负责接收和保管所辖范围应当永久和长期保存的工程档案和有关资料。

(2) 负责对城建档案工作进行业务指导，监督和检查有关城建档案法规的实施。

(3) 列入向本部门报送工程档案范围的工程项目，其竣工验收应有本部门参加并负责对移交的工程档案进行验收。

3. 建设工程档案编制质量要求与组卷方法

1) 归档文件的质量要求

(1) 归档的工程文件一般应为原件。

(2) 工程文件的内容及其深度必须符合国家有关工程勘察、设计、施工、监理等方面的技术规范、标准和规程。

(3) 工程文件的内容必须真实、准确，与工程实际相符合。

(4) 工程文件应采用耐久性强的书写材料，如碳素墨水、蓝黑墨水，不得使用易退色的书写材料，如红色墨水、纯蓝墨水、圆珠笔、复写纸、铅笔等。

(5) 工程文件应字迹清楚，图样清晰，图表整洁，签字盖章手续完备。

(6) 工程文件中文字材料幅面尺寸规格宜为 A4 幅面(297 mm×210 mm)。图纸宜采用国家标准图幅。

(7) 工程文件的纸张应采用能够长期保存的韧力大、耐久性强的纸张。图纸一般采用蓝晒图，竣工图应是新蓝图。计算机出图必须清晰，不得使用计算机所出图纸的复印件。

(8) 所有竣工图均应加盖竣工图章。

(9) 利用施工图改绘竣工图，必须标明变更修改依据；凡施工图结构、工艺、平面布置等有重大改变，或变更部分超过图面 1/3 的，应当重新绘制竣工图。

(10) 不同幅面的工程图纸应按《技术制图复制图的折叠方法》(GB/10609.3—89)统一折叠成 A4 幅面，图标栏露在外面。

(11) 工程档案资料的缩微制品，必须按国家缩微标准进行制作，主要技术指标(解像力、密度、海波残留量等)要符合国家标准，保证质量，以适应长期安全保管。

(12) 工程档案资料的照片(含底片)及声像档案，要求图像清晰、声音清楚、文字说明或内容准确。

(13) 工程文件应采用打印的形式并使用档案规定用笔，手工签字，在不能够使用原件时，应在复印件或抄件上加盖公章并注明原件保存处。

2) 归档工程文件的组卷要求

(1) 立卷的原则和方法。

立卷应遵循工程文件的自然形成规律，保持卷内文件的有机联系，便于档案的保管和利用。一个建设工程由多个单位工程组成时，工程文件应按单位工程组卷。

立卷采用如下方法：

① 工程文件可按建设程序划分为工程准备阶段的文件、监理文件、施工文件、竣工图和竣工验收文件五部分。

② 工程准备阶段文件可按单位工程、分部工程、专业、形成单位等组卷。

③ 监理文件可按单位工程、分部工程、专业、阶段等组卷。

④ 施工文件可按单位工程、分部工程、专业、阶段等组卷。

⑤ 竣工图可按单位工程、专业等组卷。

⑥ 竣工验收文件可按单位工程、专业等组卷。

立卷过程中宜遵循下列要求：

① 案卷不宜过厚，一般不超过 40 mm。

② 案卷内不应有重份文件，不同载体的文件一般应分别组卷。

(2) 卷内文件的排列。

① 文字材料按事项、专业顺序排列。同一事项的请示与批复、同一文件的印本与定稿、主件与附件不能分开，并按批复在前、请示在后，印本在前、定稿在后，主件在前、附件在后的顺序排列。

② 图纸按专业排列，同专业图纸按图号顺序排列。

③ 既有文字材料又有图纸的案卷，文字材料排前，图纸排后。

(3) 案卷的编目。

编制卷内文件页号应符合下列规定：

① 卷内文件均按有书写内容的页面编号。

② 页号编写位置：单页书写的文字在右下角；双面书写的文件，正面在右下角，背面在左下角；折叠后的图纸一律在右下角。

③ 成套图纸或印刷成册的科技文件材料，自成一卷的，原目录可代替卷内目录，不必重写编写页码。

④ 案卷封面、卷内目录和卷内备考表不编写页号。

卷内目录的编制应符合下列规定：

① 卷内目录式样宜符合现行《建设工程文件归档整理规范》中附录 B 的要求。

② 序号：以一份文件为单位，用阿拉伯数字从 1 依次标注。

③ 责任者：填写文件的直接形成单位和个人。有多个责任者时，选择两个主要责任者，其余用等代替。

④ 文件标号：填写工程文件原有的文号或图号。

⑤ 文件题名：填写文件标题的全称。

⑥ 日期：填写文件形成的日期。

⑦ 页次：填写文件在卷内所排列的起始页号，最后一份文件填写起止页号。

⑧ 卷内目录排列在卷内文件之前。

卷内备考表的编制应符合下列规定：

① 卷内备考表的式样宜符合现行《建设工程文件归档整理规范》中附录 C 的要求。

② 卷内备考表主要标明卷内文件的总页数、各类文件数，以及立卷单位对案卷情况的说明。

③ 卷内备考表排列在卷内文件的尾页之后。

案卷封面的编制应符合下列规定：

① 案卷封面印刷在卷盒、卷夹的正表面。案卷封面的式样宜符合《建设工程文件归档整理规范》中附录 D 的要求。

② 案卷封面的内容应包括：档号、档案馆代号、案卷题名、编制单位、起止日期、密级、保管期限、共几卷和第几卷。

③ 档号应由分类号、项目号和案卷号组成。档号由档案保管单位填写。

④ 档案馆代号应填写国家给定的本档案馆的编号。档案馆代号由档案馆填写。

⑤ 案卷题名应简明、准确的揭示卷内文件的内容。案卷题名应包括工程名称、专业名称、卷内文件的内容。

⑥ 编制单位填写案卷内文件的形成单位或主要责任者。

⑦ 起止日期应填写案卷内全部文件的形成的起止日期。

⑧ 保管期限分为永久、长期和短期三种期限。各类文件的保管期限见现行《建设工程文件归档整理规范》中附录 A 的要求。永久是指工程档案需永久保存。长期是指工程档案的保存期等于该工程的使用寿命。短期是指工程档案保存 20 年以下。同一卷内有不同保管期限的文件，该卷保管期限应从长。

⑨ 工程档案套数一般不少于 2 套，一套由建设单位保管，另一套原件要求移交当地城建档案管理部门保存。接受范围规范规定可以各城市根据本地情况适当拓宽和缩减，具体可向建设工程所在地城建档案管理部门询问。

⑩ 密级分为绝密、机密和秘密三种。同一案卷内有不同密级的文件，应以高密级为本卷密级。

卷内目录、卷内备考表和卷内封面应采用 70g 以上白色书写纸制作，幅面统一采用 A4 幅面。

4. 建设工程档案验收与移交

1) 验收

(1) 列入城建档案管理部门档案接收范围的工程，建设单位在组织工程竣工验收前，应提请城建档案管理部门对工程档案进行预验收。建设单位未取得城建档案管理部门出具的认可文件，不得组织工程竣工验收。

(2) 城建档案管理部门在进行工程档案预验收时，应重点验收以下内容：

① 工程档案分类齐全、系统完整。

② 工程档案的内容真实、准确地反映工程建设活动和工程实际状况。

③ 工程档案已整理立卷，立卷符合现行《建设工程文件归档整理规范》的规定。

④ 竣工图绘制方法、图式及规格等符合专业技术要求，图面整洁，盖有竣工图章。

⑤ 文件的形成、来源符合实际要求，单位或个人签章的文件，其签章手续完备。

⑥ 文件材质、幅面、书写、绘图、用墨、托裱等符合要求。

工程档案由建设单位进行验收，属于向地方城建档案管理部门报送工程档案的工程项目还应会同地方城建档案管理部门共同验收。

(3) 国家、省市重点工程项目或一些特大型、大型的工程项目的预验收和验收，必须有地方城建档案管理部门参加。

(4) 为确保工程档案的质量，各编制单位、地方城建档案管理部门、建设行政管理部门等要对工程档案进行严格检查、验收。编制单位、制图人、审核人、技术负责人必须进行签字或盖章。对不符合技术要求的，一律退回编制单位进行改正、补齐，问题严重者可令其重做。不符合要求者，不能交工验收。

(5) 凡报送的工程档案，如验收不合格将其退回建设单位，由建设单位责成责任者重新进行编制，待达到要求后重新报送。检查验收人员应对接收的档案负责。

(6) 地方城建档案管理部门负责工程档案的最后验收，并对编制报送工程档案进行业务指导、督促和检查。

2) 移交

(1) 列入城建档案管理部门接收范围的工程，建设单位在工程竣工验收后 3 个月内向城建档案管理部门移交一套符合规定的工程档案。

(2) 停建、缓建工程的工程档案，暂由建设单位保管。

(3) 对改建、扩建和维修工程，建设单位应当组织设计单位、监理单位、施工单位据实修改、补充和完善工程档案。对改变的部位，应当重新编写工程档案，并在工程竣工验收后 3 个月内向城建档案管理部门移交。

(4) 建设单位向城建档案管理部门移交工程档案时，应办理移交手续，填写移交目录，双方签字、盖章后交接。

(5) 施工单位、监理单位等有关单位应在工程竣工验收前将工程档案按合同或协议规定的时间、套数移交给建设单位，办理移交手续。

5. 建设工程档案的分类

(1) 工程准备阶段文件是指工程在立项、审批、征地、勘察、设计、招投标、开工审批及工程概预算等工程准备阶段形成的资料，由建设单位提供。

(2) 监理文件是指监理单位在工程设计、施工等监理过程中形成的资料，主要包括监理管理资料、监理工作记录、竣工验收资料和其他资料等。监理资料由监理单位负责完成，工程竣工后，监理单位应按规定将监理资料移交给建设单位。

(3) 施工文件是指施工单位在工程具体施工过程中形成的资料，应由施工单位负责形成。主要包括单位工程整体管理与验收资料、施工管理资料、施工技术资料、施工测量记录、施工物资资料、施工记录、施工试验记录、施工质量验收记录等。工程竣工后，施工单位应按规定将施工资料移交给建设单位。

(4) 竣工图是指工程竣工验收后，真实反映建设工程项目结果的图样。

(5) 竣工验收文件是指在工程项目竣工验收活动中形成的资料。包括工程验收总结、竣工验收记录、财务文件和声像、缩微、电子档案等。

8.2.2 建设工程监理文件档案资料管理

建设工程监理文件档案资料管理是建设工程信息管理的一项重要工作。它是监理工程师实施工程建设监理，进行目标控制的基础性工作。在监理组织机构中必须配备专门的人员负责监理文件和档案的收发、管理、保存工作。

1. 建设工程监理文件档案资料管理基本概念

1) 监理文件档案资料管理的基本概念

建设工程监理文件档案资料的管理是指监理工程师受建设单位委托，在进行建设工程监理的工作期间，对建设工程实施过程中形成的与监理相关的文件和档案进行收集积累、加工整理、立卷归档和检索利用等一系列工作。建设工程监理文件档案资料管理的对象是监理文件档案资料，它们是工程建设监理信息的主要载体之一。

2) 监理文件档案资料管理的意义

(1) 对监理文件档案资料进行科学管理，可以为建设工程监理工作的顺利开展创造良好的前提条件。

(2) 对监理文件档案资料进行科学管理，可以极大地提高监理工作效率。

(3) 对监理文件档案资料进行科学管理，可以为建设工程档案的归档提供可靠保证。

3) 工程建设监理文件和档案资料的传递

项目监理部的信息管理部门是专门负责建设工程项目信息管理工作的，其中包括监理文件档案资料的管理。因此在工程全过程中形成的所有资料，都应统一归口传递到信息管理部门，进行集中加工、收发和管理，信息管理部门是监理文件和档案资料传递渠道的中枢。

2. 建设工程监理文件档案资料管理

建设工程监理文件档案资料管理主要内容是监理文件档案资料收、发文与登记，监理文件档案资料传阅，监理文件档案资料分类存放和监理文件档案资料归档、借阅、更改与作废。

1) 监理文件和档案收文与登记

所有收文应在收文登记表上进行登记(按监理信息分类进行登记)。应记录文件名称、文件摘要信息、文件的发放单位(部门)、文件编号以及收文日期，必要时应注明接收文件的具体时间，最后由项目监理部负责收文人员签字。

2) 监理文件档案资料传阅与登记

监理工程师确定文件、记录是否需传阅，如需传阅应确定传阅人员名单和范围，并注明在文件传阅纸上，随同文件和记录进行传阅。

3) 监理文件资料发文与登记

发文由总监理工程师或其授权的监理工程师签名，并加盖项目监理部图章，对盖章工作应进行专项登记。

4) 监理文件档案资料分类存放

监理文件档案经收/发文、登记和传阅工作程序后，必须使用科学的分类方法进行存放，这样既可满足项目实施过程查阅、求证的需要，又方便项目竣工后文件和档案的归档和移交。

5) 监理文件档案资料归档

监理文件档案资料归档内容、组卷方法以及监理档案的验收、移交和管理工作，应根据现行《建设工程监理规范》及《建设工程文件归档整理规范》并参考工程项目所在地区建设工程行政主管部门、建设监理行业主管部门和地方城市建设档案管理部门的规定执行。

按照现行《建设工程文件归档整理规范》(GB/T 50328—2001)，监理文件有 10 大类 27 个，要求在不同的单位归档保存，现分述如下：

(1) 监理规划：

① 监理规划(建设单位长期保存，监理单位短期保存，送城建档案管理部门保存)。

② 监理实施细则(建设单位长期保存，监理单位短期保存，送城建档案管理部门保存)。

③ 监理部总控制计划等(建设单位长期保存，监理单位短期保存)。

(2) 监理月报中的有关质量问题(建设单位长期保存，监理单位长期保存，送城建档案管理部门保存)。

(3) 监理会议纪要中的有关质量问题(建设单位长期保存，监理单位长期保存，送城建档案管理部门保存)。

(4) 进度控制。在建设全过程监理中形成，包括：

① 工程开工/复工审批表(建设单位长期保存，监理单位长期保存，送城建档案管理部门保存)。

② 工程开工/复工暂停令(建设单位长期保存，监理单位长期保存，送城建档案管理部门保存)。

(5) 质量控制。在建设全过程监理中形成，包括：

① 不合格项目通知(建设单位长期保存，监理单位长期保存，送城建档案管理部门保存)。

② 质量事故报告及处理意见(建设单位长期保存，监理单位长期保存，送城建档案管理部门保存)。

(6) 造价控制。在建设全过程监理中形成，包括：

① 预付款报审与支付(建设单位短期保存)。

② 月付款报审与支付(建设单位短期保存)。

③ 设计变更、洽商费用报审与签认(建设单位长期保存)。

④ 工程竣工决算审核意见书(建设单位长期保存，送城建档案管理部门保存)。

(7) 分包资质。

① 分包单位资质材料(建设单位长期保存)。

② 供货单位资质材料(建设单位长期保存)。

③ 试验等单位资质材料(建设单位长期保存)。

(8) 监理通知。

① 有关进度控制的监理通知(建设单位、监理单位长期保存)。

② 有关质量控制的监理通知(建设单位、监理单位长期保存)。

③ 有关造价控制的监理通知(建设单位、监理单位长期保存)。

(9) 合同与其他事项管理。

① 工程延期报告及审批(建设单位永久保存，监理单位长期保存，送城建档案管理部门保存)。

② 费用索赔报告及审批(建设单位、监理单位长期保存)。

③ 合同争议、违约报告及处理意见(建设单位永久保存，监理单位长期保存，送城建档案管理部门保存)。

④ 合同变更材料(建设单位、监理单位长期保存，送城建档案管理部门保存)。

(10) 监理工作总结。

① 专题总结(建设单位长期保存，监理单位短期保存)。

② 月报总结(建设单位长期保存，监理单位短期保存)。

③ 工程竣工总结(建设单位、监理单位长期保存，送城建档案管理部门保存)。

④ 质量评估报告(建设单位、监理单位长期保存，送城建档案管理部门保存)。

6) 监理文件档案资料借阅、更改与作废

项目监理部存放的文件和档案原则上不得外借，如政府部门、建设单位或施工单位确有需要，应经过总监理工程师或其授权的监理工程师同意，并在信息管理部门办理借阅手续。

监理文件档案的更改应由原制定部门相应责任人执行，涉及审批程序的，由原审批责任人执行。若指定其他责任人进行更改和审批时，新责任人必须获得所依据的背景资料。监理文件档案更改后，由信息管理部门填写监理文件档案更改通知单，并负责发放新版本文件。发放过程中必须保证项目参建单位中所有相关部门都得到相应文件的有效版本。文件档案换发新版时，应由信息管理部门负责将原版本收回作废。考虑到日后有可能出现追溯需求，信息管理部门可以保存作废文件的样本以备查阅。

8.2.3 建设工程监理表格体系

建设工程监理在施工阶段的基本表式按照《建设工程监理规范》(GB 50319—2000)附录执行，该类表式可以一表多用。根据《建设工程监理规范》(GB 50319—2000)，规范中基本表式有三类：

A 类表共 10 个表(A1～A10)，为承包单位用表，是承包单位与监理单位之间的联系表，由承包单位填写，向监理单位提交申请或回复。

B 类表共 6 个表(B1～B6)，为监理单位用表，是监理单位与承包单位之间的联系表，由监理单位填写，向承包单位发出的指令或批复。

C 类表共 2 个表(C1、C2)，为各方通用表，是工程项目监理单位、承包单位、建设单位等名有关单位之间的联系表。

1. 承包单位用表(A 类表)

本类表共 10 个，A1～A10，主要用于施工阶段。使用时应注意以下内容：

1) 工程开工/复工报审表(A1)

施工阶段承包单位向监理单位报请开工和工程暂停后报请复工时填写。

2) 施工组织设计(方案)报审表(A2)

施工单位在开工前向项目监理部报送施工组织设计(施工方案)的同时，填写施工组织设计(方案)报审表，施工过程中，如经批准的施工组织设计(方案)发生改变，工程项目监理部要求将变更的方案报送时，也采用此表。

3) 分包单位资格报审表(A3)

由承包单位报送监理单位，专业监理工程师和总监理工程师分别签署意见，审查批准后，分包单位完成相应的施工任务。

4) 报验申请表(A4)

本表主要用于承包单位向监理单位的工程质量检查验收申报。用于隐蔽工程的检查和验收时，承包单位必须完成自检并附有相应工序、部位的工程质量检查记录；用于施工放样报检时应附有承包单位的施工放样成果；用于分项、分部、单位工程质量验收时应附有相关符合质量验收标准的资料及规范规定的表格。

5) 工程款支付申请表(A5)

在分项分部工程或按照施工合同付款的条款完成相应工程的质量已通过监理工程师认可后，承包单位要求建设单位支付合同内项目及合同外项目的工程款时，填写本表向工程项目监理部申报。

6) 监理工程师通知回复单(A6)

本表用于承包单位接到项目监理部的监理工程师通知单(B1)，并已完成了监理工程师通知单上的工作后，报请项目监理部进行核查。

7) 工程临时延期申请表(A7)

当发生工程延期事件，并有持续性影响时，承包单位填报本表，向工程项目监理部申请工程临时延期；工程延期事件结束，承包单位向工程项目监理部最终申请确定工程延期的日历天数及延迟后的竣工日期。

8) 费用索赔申请表(A8)

本表用于费用索赔事件结束后，承包单位向项目监理部提出费用索赔时填报。

9) 工程材料/构配件/设备报审表(A9)

本表用于承包单位将进入施工现场的工程材料/构配件经自检合格后，由承包单位项目经理签章，向工程项目监理部申请验收；对运到施工现场的设备，经检查包装无破损后，向项目监理部申请验收，并移交给设备安装单位。

10) 工程竣工报验单(A10)

在单位工程竣工，承包单位自检合格，各项竣工资料齐备后，承包单位填报本表向工程项目监理部申请竣工验收。

2. 监理单位用表(B 类表)

本类表共 6 个，B1～B6，主要用于施工阶段。使用时应注意以下内容：

1) 监理工程师通知单(B1)

本表为重要的监理用表，是工程项目监理部按照委托监理合同所授予的权限，针对承包单位出现的各种问题而发出的要求承包单位进行整改的指令性文件。工程项目监理部使用时要注意尺度，既不能不发通知，也不能滥发，以维护监理通知的权威性。

2) 工程暂停令(B2)

在建设单位要求且工程需要暂停施工；出现工程质量问题，必须停工处理；出现质量或安全隐患，为避免造成工程质量损失或危及人身安全而需要暂停施工；承包单位未经许可擅自施工或拒绝项目监理部管理；发生了必须暂停施工的紧急事件时；发生上述五种情况中任何一种，总监理工程师应根据停工原因、影响范围，确定工程停工范围，签发工程暂停令，向承包单位下达工程暂停的指令。

3) 工程款支付证书(B3)

本表为项目监理部收到承包单位报送的工程款支付申请表(A5)后用于批复用表。

4) 工程临时延期审批表(B4)

本表用于工程项目监理部接到承包单位报送的工程临时延期申请表(A7)后，对申报情况进行调查、审核与评估后，初步做出是否同意延期申请的批复。

5) 工程最终延期审批表(B5)

本表用于工程延期事件结束后，工程项目监理部根据承包单位报送的临时延期申请表(A7)及延期事件发展期间陆续报送的有关资料，对申报情况进行调查、审核与评估后，向承包单位下达的最终是否同意工程延期日数的批复。

6) 费用索赔审批表(B6)

本表用于收到施工单位报送的费用索赔申请表(A8)后，工程项目监理部针对此项索赔事件，进行全面的调查了解、审核与评估后，做出的批复。

3. 各方通用表(C 类表)

1) 监理工作联系单(C1)

本表适用于参与建设工程的建设、施工、监理、勘察、设计和质监单位相互之间就有关事项的联系，发出单位有权签发的负责人应为：建设单位的现场代表(施工合同中规定的工程师)、承包单位的项目经理、监理单位的项目总监理工程师、设计单位的本工程设计负责人和政府质量监督部门的负责监督该建设工程的监督师，不能任何人随便签发。

2) 工程变更单(C2)

本表适用于参与建设工程的建设、施工、勘察、设计、监理各方使用，在任一方提出工程变更时都要先填该表。

8.2.4 其他监理文件

1. 监理大纲

监理大纲又称监理方案，它是监理单位在建设单位委托监理的过程中为承揽监理业务而编写的监理方案性文件。

其主要作用有以下两方面：

(1) 使建设单位认可监理大纲中的监理方案，其目的是让建设单位信服本监理单位能胜任该项目的监理工作，从而承揽到监理业务。

(2) 为今后开展监理工作制订方案，也是作为制订监理规划的基础。

监理大纲的主要内容：

(1) 监理单位拟派往监理项目的主要监理人员，并对他们的资质情况作介绍。

(2) 监理单位应根据建设单位所提供的和自己初步掌握的工程信息，制订准备采用的监理方案(如监理组织方案、目标控制方案、合同管理方案、组织协调方案等)。

(3) 明确说明将提供给建设单位的反映监理阶段性成果的文件。

2. 建设工程监理规划

监理规划是监理单位接受业主委托并签订监理合同之后，在项目总监理工程师的主持下，根据委托监理合同，在监理大纲的基础上，结合工程的具体情况，广泛收集工程信息和资料的情况下制定，经监理单位的技术负责人批准，用来指导项目监理机构全面开展监理工作的指导性文件。

1) 建设工程监理规划的作用

建设工程监理规划有以下几方面作用：

(1) 指导项目监理机构全面开展监理工作，这是监理规划的基本作用。

(2) 是建设监理主管机构对监理单位监督管理的依据。

(3) 是业主确认监理单位履行合同的主要依据。

(4) 是监理单位内部考核的依据和重要的存档资料。

2) 建设工程监理规划的编写

(1) 建设工程监理规划编写依据：

① 工程建设方面的法律、法规。

② 政府批准的工程建设文件。

③ 建设工程监理合同。

④ 其他建设工程合同。

⑤ 监理大纲。

⑥ 其他依据。

(2) 建设工程监理规划编写的要求：

① 基本构成内容应当力求统一。这是监理工作规范化、制度化、科学化的要求。监理规划基本构成内容的确定，应考虑整个建设监理制度对建设工程监理的内容要求。监理规划基本构成内容有目标规划、监理组织、目标控制、合同管理和信息管理。

② 具体内容应具有针对性。每一个监理规划都是针对某一个具体建设工程的监理工作计划，都必然有它自己的投资目标、进度目标和质量目标，有它自己的项目组织形式和项目监理机构，有它自己的目标控制措施、方法和手段以及信息管理制度和合同管理措施。

③ 监理规划应当遵循建设工程的运行规律。监理规划要随着建设工程的展开进行不断地补充、修改和完善，为此，需要不断收集大量的编写信息。

④ 项目总监理工程师是监理规划编写的主持人。监理规划应当在项目总监理工程师主持下编写制定，要充分调动整个项目监理机构中专业监理工程师的积极性，要广泛征求各

专业监理工程师的意见和建议，应当充分听取业主的意见，还应当按照本单位的要求进行编写。

⑤ 监理规划一般要分阶段编写。监理规划编写阶段可按工程实施的各阶段来划分，例如，可划分为设计阶段、施工招标阶段和施工阶段。监理规划的编写还要留出必要的审查和修改的时间。

⑥ 监理规划的表达方式应当格式化、标准化。为了使监理规划显得更明确、更简洁、更直观，可以用图、表和简单的文字说明编制监理规划，从而体现格式化、标准化的要求。

⑦ 监理规划应该经过审核。监理单位的技术主管部门是内部审核单位，其负责人应当签认。同时，还应按合同约定提交给业主，由业主确认并监督实施。

3) 建设工程监理规划的内容

建设工程监理规划应将委托监理合同中规定的监理单位承担的责任及监理任务具体化，并在此基础上制定实施监理的具体措施。

施工阶段建设工程监理规划通常包括以下内容：

(1) 建设工程概况：建设工程的概况部分主要编写以下内容：

① 建设工程名称。

② 建设工程地点。

③ 建设工程组成及建筑规模。

④ 主要建筑结构类型。

⑤ 预计工程投资总额。预计工程投资总额可以按以下两种费用编列：建设工程投资总额和建设工程投资组成简表。

⑥ 建设工程计划工期。可以以建设工程的计划持续时间或以建设工程开、竣工的具体日历时间表示：以建设工程的计划持续时间表示：建设工程计划工期为××个月或×××天，或以建设工程的具体日历时间表示：建设工程计划工期由__年__月__日至__年__月__日。

⑦ 工程质量要求。应具体提出建设工程的质量目标要求。

⑧ 建设工程设计单位及施工单位名称。

⑨ 建设工程项目结构图与编码系统。

(2) 监理工作范围：监理工作范围是指监理单位所承担的监理任务的工程范围。如果监理单位承担全部建设工程的监理任务，监理范围为全部建设工程，否则应按监理单位所承担的建设工程的建设标段或子项目划分确定建设工程监理范围。

(3) 监理工作内容：

① 建设工程立项阶段建设监理工作的主要内容：协助业主准备工程报建手续，可行性研究咨询/监理，技术经济论证和编制建设工程投资匡算。

② 设计阶段建设监理工作的主要内容：结合建设工程特点，收集设计所需的技术经济资料；编写设计要求文件；组织建设工程设计方案竞赛或设计招标，协助业主选择好勘察设计单位；拟定和商谈设计委托合同内容；向设计单位提供设计所需的基础资料；配合设计单位开展技术经济分析，搞好设计方案的比选，优化设计；配合设计进度，组织设计单位与有关部门，如消防、环保、土地、人防、防汛、园林以及供水、供电、供气、供热、

电信等部门的协调工作；组织各设计单位之间的协调工作；参与主要设备、材料的选型；审核工程估算、概算、施工图预算；审核主要设备、材料清单；审核工程设计图纸；检查和控制设计进度以及组织设计文件的报批。

③ 施工招标阶段建设监理工作的主要内容：拟定建设工程施工招标方案并征得业主同意；准备建设工程施工招标条件；办理施工招标申请；编写施工招标文件；标底经业主认可后，报送所在地方建设主管部门审核(现在无标底招标)；组织建设工程施工招标工作；组织现场勘察与答疑会，回答投标人提出的问题；组织开标、评标及定标工作和协助业主与中标单位商签施工合同。

④ 材料、设备采购供应的建设监理工作主要内容：对于由业主负责采购供应的材料、设备等物资，监理工程师应负责制定计划，监督合同的执行和供应工作。具体内容包括制定材料、设备供应计划和相应的资金需求计划；通过质量、价格、供货期、售后服务等条件的分析和比选，确定材料、设备等物资的供应单位，重要设备尚应访问现有使用用户，并考察生产单位的质量保证体系；拟定并商签材料、设备的订货合同；监督合同的实施，确保材料、设备的及时供应。

⑤ 施工准备阶段建设监理工作的主要内容：审查施工单位选择的分包单位的资质；监督检查施工单位质量保证体系及安全技术措施，完善质量管理程序与制度；参加设计单位向施工单位的技术交底；审查施工单位上报的实施性施工组织设计，重点对施工方案、劳动力、材料、机械设备的组织及保证工程质量、安全、工期和控制造价等方面的措施进行监督，并向业主提出监理意见；在单位工程开工前检查施工单位的复测资料，特别是两个相邻施工单位之间的测量资料、控制桩橛是否交接清楚，手续是否完善，质量有无问题，并对贯通测量、中线及水准桩的设置、固桩情况进行审查；对重点工程部位的中线、水平控制进行复查以及监督落实各项施工条件，审批一般单项工程、单位工程的开工报告，并报业主备查。

⑥ 施工阶段建设监理工作的主要内容：

施工阶段的质量控制：对所有的隐蔽工程在进行隐蔽以前进行检查和办理签证，对重点工程要派监理人员驻点跟踪监理，签署重要的分项工程、分部工程和单位工程质量评定表；对施工测量、放样等进行检查，对发现的质量问题应及时通知施工单位纠正，并做好监理记录；检查确认运到现场的工程材料、构件和设备质量，并应查验试验、化验报告单、出厂合格证是否齐全、合格，监理工程师有权禁止不符合质量要求的材料、设备进入工地和投入使用；监督施工单位严格按照施工规范、设计图纸要求进行施工，严格执行施工合同；对工程主要部位、主要环节及技术复杂工程加强检查；检查施工单位的工程自检工作，数据是否齐全，填写是否正确，并对施工单位质量评定自检工作作出综合评价；对施工单位的检验测试仪器、设备、度量衡定期检验，不定期地进行抽验，保证度量资料的准确；监督施工单位对各类土木和混凝土试件按规定进行检查和抽查；监督施工单位认真处理施工中发生的一般质量事故，并认真做好监理记录；对大、重大质量事故以及其他紧急情况，应及时报告业主。

施工阶段的进度控制：监督施工单位严格按施工合同规定的工期组织施工；对控制工期的重点工程，审查施工单位提出的保证进度的具体措施，如发生延误，应及时分析原因，采取对策；建立工程进度台账，核对工程形象进度，按月、季向业主报告施工计划执行情况、工程进度及存在的问题。

施工阶段的投资控制：审查施工单位申报的月、季度计量报表，认真核对其工程数量，不超计、不漏计，严格按合同规定进行计量支付签证；保证支付签证的各项工程质量合格、数量准确；建立计量支付签证台账，定期与施工单位核对清算；按业主授权和施工合同的规定审核变更设计。

⑦ 施工验收阶段建设监理工作的主要内容：督促、检查施工单位及时整理竣工文件和验收资料，受理单位工程竣工验收报告，提出监理意见；根据施工单位的竣工报告，提出工程质量检验报告；组织工程预验收，参加业主组织的竣工验收。

⑧ 建设监理合同管理工作的主要内容：拟定本建设工程合同体系及合同管理制度，包括合同草案的拟定、会签、协商、修改、审批、签署、保管等工作制度及流程；协助业主拟定工程的各类合同条款，并参与各类合同的商谈；合同执行情况的分析和跟踪管理；协助业主处理与工程有关的索赔事宜及合同争议事宜。

⑨ 委托的其他服务：监理单位及其监理工程师受业主委托，还可承担以下几方面的服务：协助业主准备工程条件，办理供水、供电、供气、电信线路等申请或签订协议；协助业主制定产品营销方案；为业主培训技术人员。

(4) 监理工作目标：建设工程监理目标是指监理单位所承担的建设工程的监理控制预期达到的目标。通常以建设工程的投资、进度和质量三大目标的控制值来表示。

① 投资控制目标：以__年预算为基价，静态投资为__万元(或合同价为万元)。

② 工期控制目标：__个月或自__年__月__日至__年__月__日。

③ 质量控制目标：建设工程质量合格及业主的其他要求。

(5) 监理工作依据：

① 工程建设方面的法律、法规。

② 政府批准的工程建设文件。

③ 建设工程监理合同。

④ 其他建设工程合同。

(6) 项目监理机构的组织形式：项目监理机构的组织形式应根据建设工程监理要求选择。项目监理机构可用组织结构图表示。

(7) 项目监理机构的人员配备计划：项目监理机构的人员配备应根据建设工程监理的进程合理安排。

(8) 项目监理机构的人员岗位职责(详见第 1 章 1.2 节的相关内容)。

(9) 监理工作程序：监理工作程序比较简单明了的表达方式是监理工作流程图。一般可对不同的监理工作内容分别制定监理工作程序。

(10) 监理工作方法及措施：建设工程监理控制目标的方法与措施应重点围绕投资控制、进度控制和质量控制这三大控制任务展开。

投资目标控制方法与措施：

① 投资目标分解：按建设工程的投资费用组成分解，按年度、季度分解，按建设工程实施阶段分解以及按建设工程组成分解。

② 投资使用计划：投资使用计划可列表编制。

③ 投资目标实现的风险分析。

④ 投资控制的工作流程与措施：工作流程图；投资控制的具体措施　a. 投资控制的组织措施：建立健全项目监理机构，完善职责分工及有关制度，落实投资控制的责任；b. 投资控制的技术措施：在设计阶段，推行限额设计和优化设计；在招标投标阶段，合理确定标底及合同价；对材料、设备采购，通过质量价格比选，合理确定生产供应单位；在施工阶段，通过审核施工组织设计和施工方案，使组织施工合理化；c. 投资控制的经济措施：及时进行计划费用与实际费用的分析比较。对原设计或施工方案提出合理化建议并被采用，由此产生的投资节约按合同规定予以奖励；d. 投资控制的合同措施：按合同条款支付工程款，防止过早、过量的支付。减少施工单位的索赔，正确处理索赔事宜等。

⑤ 投资控制的动态比较：投资目标分解值与概算值的比较，概算值与施工图预算值的比较及合同价与实际投资的比较。

⑥ 投资控制表格。

进度控制目标方法与措施：

① 工程总进度计划。

② 总进度目标的分解：年度、季度进度目标，各阶段的进度目标和各子项目进度目标。

③ 进度目标实现的风险分析。

④ 进度控制的工作流程与措施：工作流程图；进度控制的具体措施：a. 进度控制的组织措施：落实进度控制的责任，建立进度控制协调制度；b. 进度控制的技术措施：建立多级网络计划体系，监控承建单位的作业实施计划；c. 进度控制的经济措施：对工期提前者实行奖励；对应急工程实行较高的计件单价；确保资金的及时供应等；d. 进度控制的合同措施：按合同要求及时协调有关各方的进度，以确保建设工程的形象进度。

⑤ 进度控制的动态比较：进度目标分解值与进度实际值的比较和进度目标值的预测分析。

⑥ 进度控制表格。

质量控制目标方法与措施：

① 质量控制目标的描述：设计质量控制目标，材料质量控制目标，设备质量控制目标，土建施工质量控制目标，设备安装质量控制目标，其他说明。

② 质量目标实现的风险分析。

③ 质量控制的工作流程与措施：工作流程图；质量控制的具体措施：a. 质量控制的组织措施：建立健全项目监理机构，完善职责分工，制定有关质量监督制度，落实质量控制责任；b. 质量控制的技术措施：协助完善质量保证体系；严格事前、事中和事后的质量检查监督；c. 质量控制的经济措施及合同措施：严格质检和验收，不符合合同规定质量要求的拒付工程款；达到业主特定质量目标要求的，按合同支付质量补偿金或奖金。

④ 质量目标状况的动态分析。

⑤ 质量控制表格。

合同管理的方法与措施：

① 合同结构。可以以合同结构图的形式表示。

② 合同目录一览表。

③ 合同管理的工作流程与措施：工作流程图及合同管理的具体措施。

④ 合同执行状况的动态分析。

⑤ 合同争议调解与索赔处理程序。

⑥ 合同管理表格。

信息管理的方法与措施：

① 信息分类表；

② 机构内部信息流程图；

③ 信息管理的工作流程与措施：工作流程图及信息管理的具体措施。

④ 信息管理表格。

组织协调的方法与措施：

① 与建设工程有关的单位：a. 建设工程系统内的单位：主要有业主、设计单位、施工单位、材料和设备供应单位、资金提供单位等；b. 建设工程系统外的单位：主要有政府建设行政主管机构、政府其他有关部门、工程毗邻单位、社会团体等。

② 协调分析：建设工程系统内的单位协调重点分析，建设工程系统外的单位协调重点分析。

③ 协调工作程序：投资控制协调程序，进度控制协调程序，质量控制协调程序，其他方面工作协调程序。

④ 协调工作表格。

(11) 监理工作制度。

施工招标阶段：

① 招标准备工作有关制度。

② 编制招标文件有关制度。

③ 标底编制及审核制度。

④ 合同条件拟定及审核制度。

⑤ 组织招标实务有关制度等。

施工阶段：

① 设计文件、图纸审查制度。

② 施工图纸会审及设计交底制度。

③ 施工组织设计审核制度。

④ 工程开工申请审批制度。

⑤ 工程材料，半成品质量检验制度。

⑥ 隐蔽工程分项(部)工程质量验收制度。

⑦ 单位工程、单项工程总监理工程师验收制度。

⑧ 设计变更处理制度。

⑨ 工程质量事故处理制度。

⑩ 施工进度监督及报告制度。

⑪ 监理报告制度。

⑫ 工程竣工验收制度。

⑬ 监理日志和会议制度。

项目监理机构内部工作制度：

① 监理组织工作会议制度。

② 对外行文审批制度。

③ 监理工作日志制度。

④ 监理周报、月报制度。

⑤ 技术，经济资料及档案管理制度。

⑥ 监理费用预算制度。

(12) 监理设施：业主提供满足监理工作需要的如下设施：

① 办公设施。

② 交通设施。

③ 通讯设施。

④ 生活设施：根据建设工程类别、规模、技术复杂程度、建设工程所在地的环境条件，按委托监理合同的约定，配备满足监理工作需要的常规检测设备和工具。

4) 建设工程监理规划的审核

监理单位的技术主管部门是内部审核单位，其负责人应当签认。监理规划审核的内容主要包括：

(1) 监理范围、工作内容及监理目标的审核。

依据监理招标文件和委托监理合同，看其是否理解了业主对该工程的建设意图，监理范围、监理工作内容是否包括了全部委托的工作任务，监理目标是否与合同要求和建设意图相一致。

(2) 项目监理机构结构的审核。

① 组织机构。在组织形式、管理模式等方面是否合理，是否结合了工程实施的具体特点，是否能够与业主的组织关系和承包方的组织关系相协调等。

② 人员配备。派驻监理人员的专业满足程度不仅考虑专业监理工程师能否满足开展监理工作的需要，而且还要看其专业监理人员是否覆盖了工程实施过程中的各种专业要求，以及高、中级职称和年龄结构的组成。人员数量的满足程度：主要审核从事监理工作人员在数量和结构上的合理性。建设工程专业人员不足时采取的措施是否恰当，大中型建设工程，对拟临时聘用的监理人员的综合素质应认真审核。

派驻现场人员计划表中对大中型建设工程，应对各阶段所派驻现场监理人员的专业、数量计划是否与建设工程的进度计划相适应进行审核；还应平衡正在其他工程上执行监理业务的人员，是否能按预定计划进入本工程参加监理工作。

(3) 工作计划审核。在工程进展中各个阶段的工作实施计划是否合理、可行，审查其在每个阶段中如何控制建设工程目标以及组织协调的方法。

(4) 投资、进度、质量控制方法和措施的审核。对三大目标的控制方法和措施应重点审查，看其如何应用组织、技术、经济和合同措施保证目标的实现，方法是否科学、合理、有效。

(5) 监理工作制度审核。主要审查监理的内、外工作制度是否健全。

3. 监理实施细则

监理实施细则又简称细则，其与监理规划的关系可以比作施工图设计与初步设计的关系。也就是说，监理实施细则是在监理规划的基础上，由项目监理机构的专业监理工程师针对建设工程中某一专业或某一方面监理工作编写，并经总监理工程师批准实施的操作性文件，其作用是指导本专业或本子项目具体监理业务的开展。

监理实施细则应符合监理规划的要求，并结合专业特点，做到详细、具体、具有可操作性，监理实施细则也要根据实际情况的变化进行修改、补充和完善，内容主要有：专业工作特点，监理工作流程，监理控制要点及目标值和监理工作方法及措施。

监理大纲、监理规划和监理实施细则三者之间存在着明显的依据性关系：在编写监理规划时，一定要严格根据监理大纲的有关内容来编写；在制定监理实施细则时，一定要在监理规划的指导下进行。

4. 监理日记

监理日记是项目监理机构有关人员对当日工程施工中发生的有关质量、进度、材料检验等事项做出的记录。监理日记是监理资料中重要的组成部分，是工程实施过程中最真实的工作依据，是记录人素质、能力和技术水平的体现。

监理日记由专业监理工程师和监理员书写，监理日记和施工日记一样，都是反映工程施工过程的实录，一个同样的施工行为，往往两本日记可能记载有不同的结论，事后在工程发现问题时，日记就起了重要的作用，因此，认真、及时、真实、详细、全面地做好监理日记，对发现问题，解决问题，甚至仲裁、起诉都有作用。

监理日记有不同角度的记录，项目总监理工程师可以指定一名监理工程师对项目每天总的情况进行记录，通称为项目监理日志；专业工程监理工程师可以从专业的角度进行记录；监理员可以从负责的单位工程、分部工程、分项工程的具体部位施工情况进行记录。侧重点不同，记录的内容、范围也不同。项目监理日志主要内容有：

(1) 当日材料、构配件、设备、人员变化的情况。

(2) 当日施工的相关部位、工序的质量、进度情况，材料使用情况和抽检、复检情况。

(3) 施工程序执行情况和人员、设备安排情况。

(4) 当日监理工程师发现的问题及处理情况。

(5) 当日进度执行情况，索赔(工期、费用)情况和安全文明施工情况。

(6) 有争议的问题，各方的相同和不同意见以及协调情况。

(7) 天气、温度的情况，天气、温度对某些工序质量的影响和采取措施与否。

(8) 承包单位提出的问题，监理人员的答复等。

5. 监理例会会议纪要

监理例会是履约各方沟通情况，交流信息、协调处理、研究解决合同履行中存在的各方面问题的主要协调方式。会议纪要由项目监理部根据会议记录整理，主要内容包括：

(1) 会议地点及时间。

(2) 会议主持人。

(3) 与会人员姓名、单位、职务。

(4) 会议主要内容、议决事项及其负责落实单位、负责人和时限要求。

(5) 其他事项。例会上意见不一致的重大问题，应将各方的主要观点，特别是相互对立的意见记入其他事项中。会议纪要的内容应准确如实，简明扼要，经总监理工程师审阅，与会各方代表会签，发至合同有关各方，并应有签收手续。

6. 监理月报

监理月报是项目监理机构按照一定的时间(月)将期间开展的主要监理工作、成效、建议等内容归纳总结，以文字形式形成的报告。

监理月报由项目总监理工程师组织编写，由总监理工程师签认，报送建设单位和本监理单位，报送时间由监理单位和建设单位协商确定，一般在收到承包单位项目经理部报送来的工程进度，汇总了本月已完工程量和本月计划完成工程量的工程量表、工程款支付申请表等相关资料后，在最短的时间内提交，大约在5～7天。

监理月报的内容有七点，根据建设工程规模大小决定汇总内容的详细程度，具体为：

(1) 工程概况：本月工程概况，本月施工基本情况。

(2) 本月工程形象进度。

(3) 工程进度：本月实际完成情况与计划进度比较，对进度完成情况及采取措施效果的分析。

(4) 工程质量：本月工程质量分析，本月采取的工程质量措施及效果。

(5) 工程计量与工程款支付：工程量审核情况，工程款审批情况及支付情况，工程款支付情况分析，本月采取的措施及效果。

(6) 合同其他事项的处理情况：工程变更、工程延期、费用索赔。

(7) 本月监理工作小结：对本月进度、质量、工程款支付等方面情况的综合评价，本月监理工作情况，有关本工程的建议和意见以及下月监理工作的重点。

有些监理单位还加入了承包单位、分包单位机构、人员、设备、材料、构配件变化；分部、分项工程验收情况；主要施工试验情况；天气、温度、其他原因对施工的影响情况；工程项目监理部机构、人员变动情况等的动态数据，使月报更能反映不同工程当月施工实际情况。

7. 监理工作总结

监理总结有工程竣工总结、专题总结和月报总结三类，按照《建设工程文件归档整理规范》的要求，三类总结在建设单位都属于要长期保存的归档文件，专题总结和月报总结在监理单位是短期保存的归档文件，而工程竣工总结属于要报送城建档案管理部门的监理归档文件。

工程竣工的监理总结内容有六点：

(1) 工程概况。

(2) 监理组织机构、监理人员和投入的监理设施。

(3) 监理合同履行情况。

(4) 监理工作成效。

(5) 施工过程中出现的问题及其处理情况和建议(该内容为总结的要点，主要内容有质量问题、质量事故、合同争议、违约、索赔等处理情况)。

(6) 工程照片(有必要时)。

8. 其他监理文件档案资料

监理文件档案资料有两种，一种是施工阶段的监理文件档案资料，另一种是设备采购监理和设备监造工作的监理文件档案资料。除上述主要监理文件外，其他监理文件档案资料详见《建设工程监理规范》(GB 50319－2000)。

8.3 建设工程档案资料管理实训及案例

✦✦✦✦ 实训 8-1 监理单位进行建设工程文件档案资料管理的职责、组卷、移交和预验收 ✦✦✦✦

1. 背景材料

某城市高层建筑工程项目的业主与某监理公司和某建筑工程公司分别签订了建设工程施工阶段委托监理合同和建设工程施工合同，该工程为列入城建档案管理部门档案接收范围的工程。对于该项目建设工程中的各种文件资料各方按照自己的职责进行了组卷整理，在该建设项目竣工验收后，建设单位将这些档案资料提交给城建档案管理部门。

2. 实训内容及要求

(1) 掌握监理单位进行建设工程文件档案资料管理的职责。

(2) 建设单位移交建设工程档案文件的做法是否妥当，为什么？

(3) 建设工程归档文件卷内文件的排列顺序。

(4) 掌握城建档案管理部门在进行工程档案预验收时应重点验收的内容。

3. 计算步骤及分值

第一步，掌握监理单位进行建设工程文件档案资料管理的职责，2 分；

第二步，掌握建设工程档案移交的程序，2 分；

第三步，熟悉建设工程档案编制质量要求与组卷方法，2 分；

第四步，掌握建设工程档案验收的内容，2 分；

第五步，整理与卷面 2 分。

共计，10 分。

✦✦✦✦ 实训 8-2 监理规划的编制 ✦✦✦✦

1. 背景材料

某监理单位承接了一工程项目施工阶段监理工作。该项目法人要求监理单位必须在监理合同书生效后的一个月内提交监理规划。监理单位因此立即着手编制工作。

(1) 为了使编制工作顺利地在要求时间内完成，监理单位认为首先必须明确以下问题：

① 编制建设工程监理规划的重要性。

② 监理规划由谁来组织编制。

③ 规定其编制的步骤和程序。

(2) 收集制定编制监理规划的依据资料：

① 施工承包合同资料。

② 建设规范、标准。

③ 反映项目法人对项目监理机构要求的资料。

④ 反映监理项目特征的有关资料。

⑤ 关于项目承包单位、设计单位的资料。

(3) 监理规划编制如下基本内容：

① 工程概况。

② 监理工作范围和工作内容。

③ 项目监理工作人员岗位责任。

④ 工程监理设施等。

2. 问题

(1) 建设工程监理规划的重要性是什么？

(2) 在一般情况下，监理规划应由谁来组织编写？

(3) 在所编制的监理规划和监理大纲之间有何关系？

(4) 项目法人要求编制完成的时间合理么？

(5) 在所编制的监理规划的内容中，您认为还应补充哪些内容？

3. 计算步骤及分值

第一步，掌握建设工程监理规划的重要性，2 分；

第二步，掌握建设工程监理规划的编写人，1 分；

第三步，熟悉监理规划和监理大纲之间有何关系，1 分；

第四步，掌握建设工程监理规划的内容，4 分；

第五步，整理与卷面 2 分。

共计，10 分。

【案例 8-1】

某工程项目，建设单位通过招标选择了工程施工单位和工程监理单位，并分别签订了工程施工合同和委托监理合同。该工程项目在实施过程中，形成了许多建设工程文件和档案，以下是该工程项目实施过程中形成的部分工程文件和档案：

(1) 建设项目列入年度计划的申报文件。

(2) 分包单位资质报审表。

(3) 原材料、成品、半成品、构配件、设备出厂质量合格证及试验报告。

(4) 项目建议书审批意见及前期工作通知书。

(5) 施工组织设计(方案)报审表。

(6) 单位工程质量评定表及报验单。

(7) 建设单位工程项目管理部、工程项目监理部、工程施工项目经理部及各自负责人名单。

(8) 工程款支付申请表。

按照建设工程档案编制质量与组卷方法，工程项目参与各方对该工程项目实施过程中形成的文件资料进行了收集、组卷、验收和移交。

问题：

1. 熟悉建设工程文件档案资料所具有的特点。
2. 了解地方城建档案管理部门的职责有哪些？
3. 掌握工程档案的分类：以上哪些文件属于工程准备阶段文件、监理文件和施工文件？
4. 请归纳工程准备阶段的文件有哪几类？

【参考答案】

1. 建工程文件档案资料的特点是分散性和复杂性、继承性和时效性、全面性和真实性、随机性、多专业性和综合性。

2. 地方城建档案管理部门的职责有：

(1) 负责接收和保管所辖范围应当永久和长期保存的工程档案和有关资料。

(2) 负责对城建档案工作进行业务指导，临督和检查有关城建档案法规的实施。

(3) 列入向本部门报送工程档案范围的工程项目，其竣工验收应有本部门参加并负责对移交的工程档案进行验收。

3. (1) 工程准备阶段的文件是：建设项目列入年度计划的申报文件，项目建议书审批意见及前期工作通知书和建设工程项目管理部、工程项目监理部、工程施工项目经理部及各自负责人名单。

(2) 监理文件是：分包单位资质报审表，施工组织设计(方案)报审表和工程款支付申请表。

(3) 施工文件是：原材料、成品、半成品、构配件设备出厂质量合格证及试验报告和单位工程质量评定表及报验单。

4. 工程准备阶段的文件可归纳为：立项文件，建设用地、征地、拆迁文件，勘察、测绘、设计文件，招投标与合同文件，开工审批文件，财务文件和建设施工监理机构及负责人。

【案例 8-2】

某工程项目，建设单位委托某监理公司承担该项目的施工阶段全方位的监理工作，并要求建设工程档案管理和分类按照《建设工程文件归档整理规范》执行。工程开始后，总监理工程师任命了一位负责信息管理的专业监理工程师，并根据《建设工程监理规范》建立了监理报表体系，制定了监理主要文件档案清单，并按建设工程信息管理各环节要求进行建设工程的文档管理，竣工后又按要求向相关单位移交了监理文件。

问题：

1. 按照《建设工程文件归档整理规范》规定，建设工程档案资料分为哪五类？
2. 根据《建设工程监理规范》的规定，构成监理报表体系的有哪几大类？监理主要文件资料有哪些？

3. 建设工程信息管理除了收集、分发还有哪些环节？

4. 监理机构应向哪些单位移交需要归档保存的监理文件？

【参考答案】

1. 工程准备阶段文件、监理文件、施工文件、竣工图和竣工验收文件。

2. (1) 3 类：

A 类表(承包单位用表)：A1 工程开工/复工报审表、A2 施工组织设计(方案)报审表、A3 分包单位资格报审表、A4 报验申请表、A5 工程款支付申请表、A6 监理工程师通知回复单、A7 工程临时延期申请表、A8 费用索赔申请表、A9 工程材料/构配件/设备申请表、A10 工程竣工报验单。

B 类表(监理单位用表)：B1 监理工程师通知单、B2 工程暂停令、B3 工程款支付证书、B4 工程临时延期审批表、B5 工程最终延期审批表、B6 费用索赔审批表。

C 类表(各方通用表)：C1 监理工作联系单、C2 工程变更单。

(2) 监理报表体系、监理规划、监理实施细则、监理日记、监理例会会议纪要、监理月报和监理工作总结。

3. 加工、整理、检索和储存。

4. 建设单位和监理单位。

习　　题

一、单选题(只有一个最符合题意的选项)

1. 在设计阶段，监理单位为做好设计管理工作，应收集的信息有(　　)。

A. 工程造价的市场变化规律及所在地区材料、构件、设备、劳动力差异

B. 同类工程采用新材料、新设备、新工艺、新技术的实际效果及存在问题方面的信息

C. 项目资金筹措渠道、方式，水、电供应等资源方面的信息

D. 本工程施工适用的规范、规程、标准，特别是强制性标准的信息

2. 某监理公司承担了某工程项目施工阶段的监理任务，在施工实施期，监理单位应收集的信息是(　　)。

A. 建筑材料必试项目有关信息

B. 建设单位前期准备和项目审批完成情况

C. 当地施工单位管理水平、质量保证体系等

D. 产品预计进入市场后的市场占有率、社会需求量等

3. 实行建设工程总承包的，各分包单位将本单位形成的工程文件整理、立卷后及时移交(　　)。

A. 监理单位　　　　　　B. 总承包单位

C. 建设单位　　　　　　D. 地方城建档案管理部门

4. 若某一案卷内建设工程档案的保管期限有短期和长期两种，密级有机密和秘密两种，则该案卷(　　)。

A. 保管期限为长期，密级为机密

B. 保管期限为长期，密级为秘密

C. 保管期限为短期，密级为机密

D. 保管期限为短期，密级为秘密

5. 列入城建档案管理部门接收范围的工程，建设单位应当在工程竣工验收后(　　)个月内，向当地城建档案管理部门移交一套符合规定的工程文件。

A. 1　　B. 3　　C. 6　　D. 12

6. 监理单位对建设工程文件档案资料的管理职责是(　　)。

A. 收集和整理工程准备阶段、竣工验收阶段形成的文件，立卷归档

B. 提请当地城建档案管理部门对工程档案进行预验收

C. 对施工单位的工程文件的形成、积累、立卷归档进行监管、检查

D. 负责组织竣工图的绘制工作

7. 下列关于监理文件和档案收文与登记管理的表述中，正确的是(　　)。

A. 所有收文最后都应由项目总监理工程师签字

B. 经检查，文件档案资料各项内容填写和记录真实完整，由符合相关规定的责任人员签字认可

C. 符合相关规定责任人员的签字可以盖章代替

D. 有关工程建设照片注明拍摄日期后，交资料员处理

8. 《建设工程文件归档整理规范》规定，监理单位应长期保存的监理文件是(　　)。

A. 监理实施细则

B. 项目监理机构总控制计划

C. 设计变更、洽商费用报审与签认

D. 工程延期报告及审批

9. 工程临时延期审批表(B4)应由(　　)签发。

A. 监理单位技术负责人　　B. 监理单位法定代表人

C. 总监理工程师　　D. 专业监理工程师

10. 下列监理单位用表中，可由专业监理工程师签发的是(　　)。

A. 工程临时延期审批表　　B. 工程最终延期审批表

C. 监理工作联系单　　D. 工程变更单

二、多选题(5 个备选答案中有 2～4 个正确选项)

1. 在工程施工中，施工单位需要使用《报验申请表》的情况有(　　)。

A. 工程材料、设备、构配件报验　　B. 隐蔽工程的检查和验收

C. 单位工程质量验收　　D. 施工放样报验

E. 工程竣工报验

2. 建设工程监理文件档案资料管理的主要内容是(　　)。

A. 监理文件档案资料收、发文与登记

B. 监理文件的编写

C. 监理文件档案资料分类存放

D. 监理文件档案资料的归档、借阅、更改与作废

E. 监理文件档案资料传阅

3. 根据《建设工程文件归档整理规范》，建设工程归档文件应符合的质量要求和组卷要求有(　　)。

A. 归档的工程文件一般应为原件

B. 工程文件应采用耐久性强的书写材料

C. 所有竣工图均应加盖竣工验收图章

D. 竣工图可按单位工程、专业等组卷

E. 不同载体的文件一般应分别组卷

4. 项目监理机构接收文件时，均应在收文登记表上进行登记，登记内容包括(　　)。

A. 文件名称

B. 文件摘要信息

C. 文件的签发人

D. 文件的发放单位

E. 收文日期

5. 参与工程建设各方共同使用的监理表格，也就是通用的 C 类表格有(　　)。

A. 费用索赔申请表

B. 工程变更单

C. 工程临时延期审批表

D. 监理工作联系单

E. 工程款支付证书

第9章　建设工程监理组织协调

【学习目标】

通过本章的学习，了解我国建设工程监理组织协调的概念，熟悉建设工程监理组织协调的工作内容，掌握建设工程监理组织协调的方法和原则。通过实训环节，对相关建设工程监理组织协调的内容、方法和原则有一个较为感性的认识和理解。

【重点与难点】

重点是建设工程监理组织协调的内容、方法。

难点是监理人员在工程建设过程中所处的地位及与参建各方的关系。

9.1　建设工程监理组织协调概述

9.1.1　建设工程监理组织协调的概念

建设工程一般都具有明确的建设目标，要实现这个目标，监理工程师就需要做好三控三管一协调，即投资控制、质量控制、进度控制、合同管理、信息管理、安全管理和监理组织协调。

在整个工程的建设过程中，项目管理总目标与各参与方目标之间是既相互联系又相互矛盾的。相互联系主要体现在参建各方要实现的总目标一致，都是要顺利完成工程建设项目，这就要求各方要相互配合；相互矛盾主要体现在参建各方的分目标或者说次要目标不一致，建设单位希望优质快速低价地完成工程建设项目，施工单位则希望保质保量完成工程建设项目的同时有利润。要保证项目的参与各方围绕项目开展工作，使项目目标顺利实现，就需要监理组织协调。通过积极的监理组织协调，使项目各参与方彼此沟通，促使相互了解和理解，才能使影响项目监理目标实现的各个因素处于统一可控之中，使项目系统结构均衡，保证监理工作实施和运行过程顺利，确保工程建设目标实现。监理工程师应充分运用管理学、心理学以及行为科学等方面的知识、技能、方法和工具开展组织协调工作。在协调过程中应站在多方面的角度考虑问题，充分考虑到各方的利益，本着公正、公平、科学、合理的原则，只有这样，才能进行有效的组织协调。

监理工程师除了具备较强的专业知识和对监理程序的充分了解外，还必须掌握建设监理组织协调的基本理论和方法，这关系到建设目标能否实现。

协调是指在尊重客观规律、把握系统相互关系原理的基础上，为实现系统总体目标，通过建立有效的运行机制，综合运用各种手段、方法和力量，依靠科学的组织和管理，使系统间的相互关系达成理想状态的过程。

首先，协调是指为实现系统总体目标，各子系统或各元素之间相互协作、相互配合、相互促进而形成的一种良性循环态势。其次，协调以实现总体目标为目的，总体目标是协调的前提。再次，协调对象是相互关联的系统，协调是系统内外联动的整体概念，孤立的事物或系统组成要素不存在协调，系统间的有机联系是协调的基础。

协调手段有自然的和人为的以及二者在不同程度相互配合形成的不同形式。协调还是动态和相对的，是始终与发展相联系的具有时间、空间约束的概念。

建设监理组织协调，是指联结、联合以及调和所有的活动及力量，使参与各方相互配合。建设监理组织协调的目的是力求各方协助，促使各方协调一致，共同努力，以实现建设目标。其作为一种监理管理方法和手段应贯穿于整个项目建设的全过程。

监理人员采取各种合理的组织协调形式、手段和方法，对项目实施过程中产生的各种关系进行疏导，对产生的干扰和障碍予以排除或缓解，解决各种矛盾、处理各种争端，以便理顺各种关系，使整个项目的实施过程处于一种良好、顺畅的运行状态，并不断使各种资源得到有效合理的优化配置，实现所监理工程项目的总体目标和要求。

9.1.2　建设工程监理协调工作的分类和关系

建设工程系统就是一个由人员、物质和信息等构成的人为组织系统。用系统的方法分析，建设工程的协调一般有三大类型。

(1) 人员—人员界面：建设工程项目是由人来执行完成的，由于每个人的性格、职务、任务、习惯、能力、生长环境、价值观等自身因素的不同，有可能存在潜在的人员矛盾或危机，这种人与人之间的矛盾或危机，就是人员—人员界面。

(2) 系统—系统界面：建设工程项目是由若干个不同功能、不同目标的子系统组成，各子系统之间由于所要达成的功能和目标不同，就有可能产生相互推诿和各自为政的现象，这种子系统之间相互推诿和各自为政的现象，就是系统—系统界面。

(3) 系统—环境界面：建设工程是一个开放的系统，具有环境适应性，能主动从外部环境、社会取得必要的信息、物质和能量。在获取的过程中，必然存在各种各样的阻碍，这种阻碍就是系统—环境界面。

建设工程项目监理机构的组织协调管理就是在三大类界面之间，对所有的活动及力量进行联结、联合以及调和的工作。系统方法强调，要把系统作为一个整体来研究和处理，因为整体的作用比每个子系统单独作用的合力要大。因此为了顺利实现建设工程项目目标，必须重视组织协调管理，发挥系统整体作用。组织协调是监理工作中最重要的工作之一，也是最困难的工作，也是最能体现监理人员素质与能力的工作，也是监理工作能否成功的关键，只有通过积极的组织协调才能实现全系统即建设工程项目协调控制的目标。

9.1.3　建设工程监理协调的范围和层次

从系统方法的角度看，建设工程监理协调的范围可分为系统内部的协调和系统外部的协调。从建设项目与外部环境、社会联系的角度看，工程项目外部协调又可以分为近外层协调和远外层协调。近外层协调和远外层协调的主要区别是，建设项目与近外层关联单位一般有合同关系，与远外层关联单位一般没有合同关系。

9.1.4 建设工程监理组织协调的特点

1. 协调工作涉及的部门和单位多

由于监理工作的特殊性，监理单位对监理委托合同范围内的监理工作，除与参建各方建设单位、设计单位、勘察单位、施工单位、分包单位、监理单位等产生协调关系外，还要与建设行政主管部门、工程质量安全监督单位、工程检测单位、造价咨询单位以及建设单位委托的审计单位、档案馆等产生工作上的协调关系。另外，在监理工作中还不可避免的要与监理委托合同范围之外的水电燃气单位、建设工程周围居民，甚至记者发生工作上的协调关系。监理人员在与上述单位的工作协调中，由于各个行为主体的性质、目标不同，就造成了监理协调的困难，而这又要求监理人员及时调整协调的方式和方法。

2. 协调工作需要磨合期

监理单位在签订委托监理合同后，随即进入监理工作的服务期。在监理人员进入现场的那一刻起，就要与监理项目所涉及部门、单位的人员发生工作关系，监理协调工作也就随之展开。从此刻开始，监理人员不仅要熟悉合同内工程对象的内外部环境和条件，还要和各方人员进行工作上的交流、接触，这就必然要有一个相互了解、熟悉和适应的过程。由于个人的性格、经历、工作方法、工作态度、工作任务、经验、能力、价值观等方面的不同，形成了每个人独特的风格和个性。因此，监理工作要形成有效的协调机制，必然经历一个相互了解、相互熟悉的磨合期。

3. 协调的主体对象是人

监理工作的性质决定了监理工作是服务性的，是凭借监理人员的经验与知识，以及认真、诚信的态度为工程项目的建造实施过程代表委托者履行监督管理的职能。因此，监理人员的工作主要是通过与相关各方的人员接触、交流实现监理工作的沟通、协调。管理学上，有不同的管理与协调对象，其中最难于协调和管理的就是人际管理，相对于事物、材料、设备等方面的管理工作要困难的多。这就要求监理人员在协调前对心理学有一些了解，熟悉人际关系中的科学管理方法。

4. 组织协调重在沟通联系

沟通即是通常所说的信息交流，是管理学原理中所强调的基本的现代管理学研究的内容之一，表现为人与人之间的、组织与组织之间的、通信工具之间的和人与机器之间的信息交流。监理工作对外的协调体现为组织与组织之间和人与人之间的信息交流，对内表现为人与人之间的信息交流。监理工作的特性决定了监理工作必须通过经常性的沟通、交流来达到各方对项目监理工作情况的了解与正确认识，从而才能对工程建设中的问题作出相应且及时的决策。因此，监理人员应充分重视沟通在协调工作中的重要性。

5. 组织协调方法多样

监理工作协调的方式必须采用多种形式，从而达到协调的效果。监理协调可以多种方式进行，可以是口头语言的协调，也可以是书面函件的协调；可以是正式会议的协调，也可以是非正式的座谈协调等。无论采用何种形式，都是以达成协调效果为基础。一般正式的会议和书面协调形式更能引起被协调有关各方的重视，但监理工作中经常使用会议和书面形式的协调方式，可能会因为时间有限不被接受或造成被协调各方的误解。口头语言协调和座谈会协调，协调气氛相对轻松，有时不能引起被协调各方的足够重视，但监理人员在了解被协调各方的特点和个性后，掌握各方的利益所在或是关切所在，适时运用语言技巧和专业知识，可能会在较短的时间内协调各方立场，取得理想的效果。因此，要善于运用不同的协调方式。

9.1.5　建设工程监理协调的原则

1. 以监理委托合同、法律、法规为工作依据的原则

监理人员在履行监理委托合同中约定的义务时，应在委托人授权的范围内，遵守法律、法规的情况下，运用合理的技能，以正常的检查、监督、确认或评审的方式，认真、严谨地工作，为委托人提供技术和管理方面公平、公正、科学的服务。

2. 规范化、标准化监理的原则

监理人员正常的检查、监督、确认或评审，是指监理人员按照有关法律法规、技术规范、合同文件以及监理工作文件规定的内容、方法、程序进行的例行检查、监督、确认或评审。

3. 正确把握监理权利的原则

我国的监理制度规定，监理人员在委托监理合同允许的范围内，在委托人的授权下，监理人员可以在监理工作中行使建议权、确认权、检验权、签认权和审批权等多项权利。正确把握和运用委托人授予的各项权利，既不越权，也不缩权，是进行有效协调的保证。

4. 不可替代的原则

监理人员对其他参建单位专业人员的工作作出的任何判断，均应以专业建议的方式提出，不应对其他专业人员应承担的义务实施任何程度的替代。

5. 制度化、程序化监理原则

工程项目建设管理的制度是对工程建设有关方的约束，监理工作的顺利开展以各项规章制度为依据，建立监理的内外工作制度，并根据工程建设的客观规律建立行之有效的监理工作程序，以制度和程序协调约束工程建设有关各方的工作关系，是各方工作开展的前提之一。

另外在建设工程监理组织协调中，监理人员还应该灵活运用以人为本、相互理解原则，调解冲突、化解矛盾原则，原则性与灵活性原则和顾全大局、服从整体原则。

9.2　建设工程监理组织协调的内容

建设工程监理组织协调，主要是协调参建各方与工程建设有关单位和人员的人际关系，组织机构之间的关系，以及供求关系，协作关系，法律关系和其他可能发生的关系；包括的内容主要是项目监理机构内部的协调，与建设单位的协调，与施工单位的协调，与设计、勘察单位的协调和与政府部门及其他单位的协调。

9.2.1　项目监理机构内部的协调

1. 项目监理机构内部人际关系的协调

工程项目监理组织是由人组成的工作系统，工作效率很大程度上取决于人际关系的协调程度，总监理工程师应首先抓好人际关系的协调，鼓励、团结监理组人员。

1) 总监理工程师要有较强的协调能力

协调能力是指决策过程中的协调指挥才能。总监理工程师应该懂得一套科学的组织管理原则，应该熟悉并善于运用各种组织形式，能够指挥自如，控制有方，协调人力、物力和财力，以获得最佳效果。

协调能力也是化解矛盾的能力，是变消极因素为积极因素的能力，是动员群众、组织群众、充分调动人的积极性的能力。个人的力量总是有限的。总监理工程师要履行好自己的职责，必须把周围人员的积极性调动起来、潜能发挥出来，靠集体的力量攻克难关。协调能力主要由以下几方面构成：

(1) 有效的人际沟通能力。有效的人际沟通能力是指监理人员通过各种语言或其他方式向参建各方人员传达某种信息，以求获得各方人员的理解，促进监理工作顺利地进行。要使对方理解其信息，促进双方的协调，就必须进行有效沟通。

(2) 高超的员工激励能力。总监理工程师要善于利用各种手段激励周围成员，以激发项目监理部成员的积极性、主动性和创造性。对此，总监理工程师必须把握以下几个方面：一是总监理工程师对其下属的不同需要和价值取向必须具有敏感性，二是总监理工程师必须努力增加项目监理部成员的努力工作可以产生好绩效的期望，三是总监理工程师必须保证项目监理部成员感到被组织公平对待，四是总监理工程师要善于鼓励项目监理部成员设立具体的有挑战性的现实合理的绩效目标。

(3) 良好的人际交往能力。总监理工程师在人际交往中以各种技能来建立良好的人际关系，即为我所用的能力。总监理工程师的人际交往能力是有效管理的前提条件。作为人际交往能力的重要部分，积极倾听、有效反馈、训导、解决冲突和谈判都是总监理工程师进行项目管理所应具备的技能。

2) 总监理工程师在人员安排上要量才录用

对监理组成员，要了解每个人的特点和性格，根据每个人的专长进行安排，做到人尽其才。人员配置应注重少而精，工作安排应做到松紧适度。

3) 总监理工程师在工作委托上要职责分明

对每一个岗位都制定明确的岗位职责，让每一个人都清楚自己的职权和责任，使管理职能不重不漏，做到事事有专责。

4) 总监理工程师在成绩考评上要实事求是

总监理工程师做事应客观公正，对监理组每位成员公平评价，通过实事求是的考核，让监理组每一位成员切身感受到自己做出的成绩已被大家认可，同时，明确工作中的差距以及今后努力的方向，让监理组形成互勉互励、团结上进的氛围。

5) 总监理工程师在矛盾调解上要恰到好处

工程项目监理组织是由人组成的工作系统，人与人之间总会产生不和谐。总监理工程师日常就要深入了解，倾听意见，发现问题，及时调解，让不和谐的音符始终处于萌芽状态。

2. 监理机构内部组织关系的协调

项目监理系统是由若干子系统组成的工作体系。每个专业组都有自己的目标和任务。让每个子系统都从项目的整体目标出发，履行自己的职责，促使整个系统始终处于良性工作状态。

(1) 在职能划分的基础上设置组织机构，根据工程对象及委托监理合同所规定的工作内容，确定职能划分，并相应设置配套的组织机构。

(2) 明确规定每个部门的目标、职责和权限，最好以规章制度的形式作出明文规定。

(3) 事先约定各个部门在工作中的相互关系。在工程建设中许多工作是由多个部门共同完成的，其中有主办牵头和协作、配合之分，事先约定，才不至于出现误事、脱节贻误工作的现象。

(4) 建立信息沟通制度，如采用工作例会，业务碰头会，发会议纪要、工作流程图或信息、传递卡等方式来沟通信息，这样可通过局部了解全局，服从并适应全局需要。

(5) 及时消除工作中的矛盾或冲突。总监理工程师应具有民主的作风和宽广的胸怀，注意从心里学、行为学的角度，针对具体问题作出果断而客观的处理。处理问题的过程中应注重激励项目部每个成员的工作热情，让大家及时、准确地了解项目实施情况和项目遇到的问题，与项目部成员一起商讨产生问题的原因和解决的对策，多倾听大家的意见、建议，引导鼓励团队成员团结协作、同舟共济。

3. 项目监理机构内部需求关系的协调

监理设备、材料的平衡要在建设工程监理开始前，提出合理的监理资源配置。对监理人员的平衡要抓住调度环节，注意各专业监理工程师的配合。一个建设工程包括多个分部分项工程，复杂程度和技术要求各不相同，这就存在监理人员配备、衔接和调度问题，监理单位必须根据工程进展情况作出合理的安排，以保证工程监理目标的实现。

9.2.2　与建设单位的协调

监理单位是受建设单位的委托而独立、公正地进行工程项目监理工作。实践证明，监理目标的顺利实现和与业主协调的好坏有很大关系。

由于我国实行建设监理制度的时间较短，工程建设各方对监理制度的认识不足，各方面还存在许多问题，尤其是一些建设单位的不规范行为：一是对监理工作干涉多，插手具体的监理工作；二是限制监理工程师的权力，致使监理工程师发挥不了作用；三是在项目实施过程中盲目地压工期、压造价，而在需要建设单位确定的具体方案、材料等方面又迟迟不能确认；四是在项目进行中变更多或缺乏时效性，这都给监理工作带来了困难。

监理单位接受建设单位的委托对工程项目进行监理，应维护建设单位的法定权益，尽一切努力促使工程按期、保质和用尽可能低的造价建成，尽早使建设单位受益。监理工程师在不违反原则的情况下，应充分尊重建设单位，加强与建设单位及其驻工地授权代理的联系与协商，听取他们对各项工作的意见。在召开监理工作会议、延长工期、费用索赔、处理工程质量事故、支付工程款、设计变更与工程洽商的签认等监理活动之前，应力求与建设单位达成统一意见。当建设单位不能听取正确的意见时，监理工程师也必须坚持原则，并耐心地进行政府政策与法规的宣传，采取沟通、说服与劝阻的方式，不可采取硬顶和对抗的态度，必要时可发出备忘录，以记录在案并明确责任。建设单位对工程的一切意见和决策应通过监理工程师签署文件后再实施，否则监理工程师将失去监理协调工作的主动权。监理工程师要以自己的工作及成果赢得建设单位的信任和支持，这是沟通的基础条件。监理工程师应从以下几个方面加强与业主的协调：

(1) 监理工程师首先要理解建设工程总目标，理解建设单位的意图。监理工程师应深入了解建设项目的目标、决策背景，这对监理任务的完成具有重要作用，否则，可能会给监理工作造成困难。

(2) 利用工作之便做好监理宣传工作，增进建设单位对监理工作的理解，特别是对建设工程管理各方职责及监理程序的理解；主动帮助建设单位处理建设工程中的事务性工作，以自己规范化、标准化、制度化的工作去影响和促进双方工作的协调一致。

(3) 尊重建设单位，与建设单位代表一起投入建设工程全过程的控制、管理及协调工作。事先与建设单位代表沟通，努力形成一致意见；当出现不同意见时，不是原则问题，都可先行进行，随后加以解释、说明；对于原则问题，可采用书面报告、出示国家政策性文件和法规等方式说明情由，尽量避免发生误解，促使项目顺利完成。

9.2.3 与施工单位的协调

监理工程师对质量、进度和投资控制都是通过施工单位的工作来实现的，所以做好与施工单位的协调工作是监理工程师组织协调工作的重要内容。监理机构与施工单位之间是监理与被监理的关系。监理机构按照有关法律、法规及施工合同中规定的权利，监督施工单位认真履行施工合同中规定的责任和义务，促使施工合同中规定的目标实现。在涉及施工单位的权益时，应站在公正的立场上，不应损害施工单位正当权益。在施工过程中监理工程师应了解和协调工程进度、工程质量、工程造价的有关情况，理解施工单位的困难，在适当时候与业主和相关单位进行工作协调，使施工单位能顺利地完成施工任务。监理人员对工程质量和施工安全必须严格要求、一丝不苟，凡不符合设计文件及施工技术规范要求时，监理工程师一定要拒绝验收并督促整改。专业监理工程师与施工单位各专业施工技术人员之间、总监与项目经理之间都应加强联系、加强理解、互通信息、互相支持，保持正常工作关系。项目监理机构与施工单位的协调包括以下几个方面：

1) *坚持原则、实事求是，严格按规范、规程办事，讲究科学态度*

监理工程师应在思想上树立监理工作是一项服务性工作，应尽量减少使用处罚权，强调与各方利益的一致性、强调参建各方的共赢原则和强调项目的总目标。监理工程师应深入工程实际了解工程实施中遇到的问题，鼓励施工单位将遇到的问题和建议及时反馈监理工程师，共同寻找解决问题的方法，及早发现影响项目目标的干扰源。双方的了解越深入，监理指令的执行就越好，监理工作中遇到的阻力就越小。

2) *协调不仅是方法和技术能力，更多的是语言艺术、感情交流和适度用权的能力*

协调能力，可以化解矛盾，使分力聚为合力，使消极因素变为积极因素，充分调动人的积极性。高超的协调能力往往起到事半功倍的效果，令各方都满意。

3) 施工阶段的协调工作内容

工程实施过程中的协调工作包括了投资控制、质量控制、进度控制以及合同纠纷管理、信息管理、安全管理等一系列工作内容，具体体现在与施工单位项目经理关系的协调、进度问题的协调、质量问题的协调、对承包商违约行为的处理、合同争议的协调、对分包单位的管理等方面。

(1) 与施工单位项目经理关系的协调。

施工单位项目经理最希望监理工程师是公平、公正、通情达理、容易理解别人的人；希望从监理工程师处得到明确的指示，并且能够对他们所询问的问题给予及时的答复；希望监理工程师的指示能够在工程实施之前发出；可能对工作方法僵硬的监理工程师最为反感。这些心理现象，作为监理工程师来说，应该非常了解。一个既懂得坚持原则，又善于理解施工单位项目经理的意见，工作方法灵活，随时可能提出或愿意接受变通办法的监理工程师一定是受欢迎的。

(2) 进度问题的协调。

由于影响进度的因素错综复杂，因而进度问题的协调工作也十分复杂。有几项协调工作很有效：一是建设单位和施工单位双方共同商定一级网络计划，并由双方主要负责人签字，作为工程施工合同的附件；二是设立提前竣工奖，由监理工程师按计划节点考核，分期支付阶段工期奖，如果整个工程最终不能保证工期，经监理工程师分析工期延误的原因，因施工单位责任引起工期拖延，则由建设单位从工程款中将已付的阶段工期奖扣回并按合同规定予以处罚；三是参建各方提早介入施工过程中，及早发现并解决可能影响工期的因素。

(3) 质量问题的协调。

在质量控制方面应实行监理工程师质量签字认可制度。未经监理工程师同意，已进场的材料、设备、构配件一律不予计算工程量并清退出场；所有工序交接检查都必须经监理工程师检查验收，认可其质量合格并签字确认后，方可进入下一道工序施工；对不符合要求的工程部位不予验收，不予计算工程量，不予支付工程款。在建设工程实施过程中，设计变更或工程内容的增减是经常出现的，有些是合同签订时无法预料和明确规定的。对于这种变更，监理工程师要认真研究，先考虑合同中有没有相似的条款和计价规则，参考合同给出变更的单价；若合同中没有相似的条款，就参考市场行情，与有关方面充分协商，达成一致意见，协商定价，并实行监理工程师签认制度。

(4) 对承包商违约行为的处理。

在施工过程中，监理工程师对施工单位的某些违约行为进行处理是一件很慎重而又难以避免的事情。当发现施工单位采用一种不适当的方法进行施工，或是用了不符合要求的材料时，监理工程师除了立即制止外，还应采取相应的处理措施。这时，监理工程师首先应该考虑的是自己是否有处理权；其次应考虑监理权限范围以内该如何处理；再次根据合同要求，是否应该将发生的问题和处理意见上报给建设单位，甚至是建设行政主管部门等。在发现质量缺陷并需要采取措施时，监理工程师必须立即通知施工单位。监理工程师要有时间期限的概念。

监理工程师最担心的可能是工程总进度和质量受到影响。有时，监理工程师会发现，施工单位的项目经理影响最大。此时明智的做法是继续观察一段时间，待掌握足够的证据时，总监理工程师可以正式向施工单位发出警告。万不得已时，总监理工程师有权要求撤换施工单位的项目经理。

(5) 合同争议的协调。

对于工程中的合同争议，监理工程师应首先采用协商解决的方式，协商不成时才由当事人向合同管理机关申请调解。只有当对方严重违约而使自己的利益受到重大损失而不能得到补偿时才采用仲裁或诉讼手段。

(6) 对分包单位的管理。

对分包单位应明确合同管理范围，分层次管理。将总包合同做为一个独立的合同单元进行投资、进度、质量控制和合同管理，不直接和分包合同发生关系。对分包合同中的工程质量、进度进行直接跟踪监控，通过总包单位进行调控、纠偏。分包单位在施工中发生的问题，由总包单位负责协调处理，必要时，监理工程师帮助协调。当分包合同条款与总包合同发生抵触，以总包合同条款为准。此外，分包合同不能解除总包单位对总包合同所承担的任何责任和义务。分包合同发生的索赔问题，一般由总包单位负责，涉及到总包合同中建设单位义务和责任时，由总包单位通过监理工程师向建设单位提出索赔，由监理工程师进行协调。

(7) 处理好人际关系。

业主希望得到独立、专业的高质量服务，而施工单位则希望监理单位能做到公平、公正、客观。因此，监理工程师必须善于处理各种人际关系，既要严格遵守职业道德，礼貌而坚决地拒收任何礼物，以保证行为的公正性，也要利用各种机会增进与各方面人员的友谊与合作，在为建设单位服务的同时，设身处地地为施工单位想办法、出点子，切实解决施工过程中出现的各种问题，以利于工程的进展。否则，稍有疏忽，便有可能引起业主或承包商对其可信程度的怀疑和动摇。

9.2.4 与设计单位的协调

监理单位必须协调与设计单位的工作，以加快工程进度，确保质量。监理单位与设计单位之间虽只是业务联系关系，但围绕在建工程项目，双方在技术上、业务上有着密切的关系，因此设计工程师与监理工程师之间、总监理工程师与工程项目设计主持人之间，应互相理解与密切配合。监理工程师应主动向设计单位介绍工程现场情况，充分理解建设单位、设计单位对本工程的使用和设计意图，并促其圆满地实现。监理工程师认为设计中存在不足之处，必须先与建设单位和设计单位洽商，得到同意并下发变更文件后才能指令现场进行施工。项目监理机构与设计单位的协调包括以下方面：

(1) 尊重设计单位的意见。施工之前认真阅读施工图纸，注意收集、整理设计遗漏、图纸差错等问题，在设计单位向施工单位介绍工程概况、设计意图、技术要求、施工难点的设计交底会时，一并提出，并将其解决；在施工阶段，严格按图施工；基坑验槽、结构工程验收、竣工验收等工作，邀请设计单位代表参加；若发生质量事故，认真听取设计单位的处理意见等。

(2) 施工中发现设计问题，应及时向设计单位提出，以免造成大的直接损失；若监理单位掌握比原设计更先进的新技术、新工艺、新材料、新结构、新设备时，可主动向设计单位推荐。为使设计单位有修改设计的余地而不影响施工进度，应协调各方达成协议，约定一个期限，争取设计单位、施工单位的理解和配合。

(3) 注意信息传递的及时性和程序性。监理工作联系单、工程变更单的传递，要按规定的程序进行。

9.2.5　与政府部门及其他单位的协调

一个建设工程的开展还受政府部门及其他单位的影响，如政府部门、金融组织、社会团体、新闻媒体等，他们对建设工程起着一定的控制、监督、支持、帮助作用，这些关系若协调不好，建设工程的实施也可能严重受阻。建设工程质量监督部门与监理单位之间是监督与配合的关系。工程质量监督部门作为政府委托的专门机构，对工程质量进行宏观控制，并对监理单位工程质量行为进行监督。监理机构应在总监理工程师的领导下认真执行工程质量监督部门发布的对工程质量监督的意见，监理机构应及时、如实地向工程质量监督部门反映情况，接受其监督。总监理工程师应充分利用工程质量监督部门对施工单位的监督强制作用，与本工程项目的质量监督负责人加强联系，尊重其职权，双方密切配合，实现对本项目工程质量的控制工作。

(1) 工程质量监督站是由政府授权的工程质量监督的实施机构。对委托监理的工程，质量监督站要核查勘察设计单位、施工单位和监理单位的资质，监督这些单位的质量行为和工程质量。监理单位在进行工程质量控制和质量问题处理时，要做好与工程质量监督站的交流和协调。

(2) 对于重大质量事故，在施工单位采取急救、补救措施的同时，应敦促施工单位立即向政府有关部门报告情况，接受检查和处理。

(3) 建设工程合同应送公证机关公证，并报政府建设主管部门备案；征地拆迁、移民要争取政府部门支持和协作；现场消防设施的配置，宜请消防部门检查认可；要敦促施工单位在施工中注意防止环境污染，坚持做好安全文明施工，并与周围邻居搞好协作关系。

(4) 协调与社会团体的关系。一些大中型建设工程建成后，不仅会给建设单位带来效益，还会给该地区的经济发展带来好处，同时给当地人民生活带来方便，因此必然会引起社会各界关注。建设单位和监理单位应当把握机会，争取社会各界对建设工程的关心和支持。这是一种争取良好社会环境的协调。

9.2.6　与材料、设备供货单位的协调

现有体制下许多建设项目的大宗材料、设备是由建设单位招标采购，建设单位与供货单位之间有合同关系，这就要求监理工程师与供货单位发生监督与被监督关系。首先要以监理合同为依据，分清是否是委托监理合同范围之内的工作，若是则应要求建设单位在签订采购供货合同时，明确监理职权，监理机构按监理合同和供货合同条款开展监理工作；对非委托监理合同范围内的供货合同应协调供货单位与承包单位的各种关系，如进场时间、场地、运输、保管、防护等，应要求双方签订配合协议，并依此进行监督与协调。

9.3 建设工程监理组织协调的方法

9.3.1 监理组织协调的方法

建设工程监理组织协调工作涉及面广，受主客观影响因素多，因此监理工程师应具有较宽的知识面、较强的工作能力和饱满的工作热情，能够因时、因地、因人、因事、有礼、有节、公平、公正、客观地处理问题，这样才能保证监理工作的顺利进行。建设工程项目监理机构的组织协调主要采用交谈、会议、书面、访问、对话、谈判、发文、监督、督促、发布指令、修改计划、进行咨询、提出建议和交流信息等工作方法。

1. 会议协调法

1) 第一次工地会议

第一次工地会议是建设工程尚未全部展开前，履约各方相互认识、确定联络方式的会议，也是检查开工前各项准备工作是否就绪并明确监理程序的会议。第一次工地会议应在项目总监理工程师下达开工令之前举行，会议由建设单位主持召开，监理单位、总承包单位的授权代表参加，也可邀请分包单位参加，必要时邀请有关设计单位人员参加。第一次工地会议应包括以下主要内容：

(1) 建设单位、承包单位和监理单位分别介绍各自驻现场的组织机构、人员及其分工。

(2) 建设单位根据委托监理合同宣布对总监理工程师的授权。

(3) 建设单位介绍工程开工准备情况。

(4) 承包单位介绍施工准备情况。

(5) 建设单位和总监理工程师对施工准备情况提出意见和要求。

(6) 总监理工程师介绍监理规划的主要内容。

(7) 研究确定各方在施工过程中参加工地例会的主要人员，召开工地例会周期、地点及主要议题。

2) 监理工地例会

(1) 监理工地例会由总监理工程师主持。

(2) 监理工地例会应定期召开。

(3) 所要求的参加人员均应到会。

(4) 会议议题：

① 检查上次例会议定事项的落实情况，分析未完事项原因。

② 检查分析工程项目进度计划完成情况，提出下一阶段进度目标及其落实措施。

③ 检查分析工程项目质量状况，针对存在的质量问题提出改进措施。

④ 审查工程量核定及工程款支付情况。

⑤ 检查安全事项和施工环境。

⑥ 解决延期与索赔。

⑦ 讨论解决参建各方提出的有关问题。

(5) 会议纪要。会议纪要应由项目监理机构负责起草，并经与会各方代表会签。

3) 专题会议

除定期召开工地例会以外，还应根据需要组织召开一些专题协调会议，例如加工订货会、业主直接分包的工程内容承包单位与总承包单位之间的协调会、专业性较强的分包单位进场协调会等。

(1) 定期现场专题协调会，由总监理工程师或总监理工程师指定的监理工程师主持，参加人为与会议协调内容有关各方代表。会议只对近期发生的施工活动进行证实、协调和落实，专项讨论问题，并予以纠正。

(2) 不定期现场专题协调会，根据实际情况需要，临时通知参加人员。主要是针对突发事件、急需协调的情况召开协调工作会。

2. 交谈协调法

在实践中，并不是所有问题都需要开会来解决，有的可采用交谈这一方法。交谈包括面对面交谈和电话交谈两种形式。无论是内部协调还是外部协调，这种方法使用频率都是相当高的，其作用在于：

(1) 保持信息畅通的最好渠道。由于交谈本身没有合同效力及其方便性和及时性，所以建设工程参与各方之间及监理机构内部都愿意采用这一方式进行。

(2) 寻求协作和帮助的最好方法。在寻求别人帮助和协作时，往往要及时了解对方的反应和意见，以便采取相应的对策。另外，相对于书面寻求协作，人们更难于拒绝面对面的请求。因此，采用交谈方式请求协作和帮助比采用书面方法实现的可能性要大。

(3) 能够更及时地发布工程指令。在实践中，监理工程师一般都采用交谈方式先发布口头指令，这样，一方面可以使对方及时地执行指令，另一方面可以和对方进行交流，了解对方是否正确理解了指令。随后，再以书面形式加以确认。

3. 书面协调法

当会议或者交谈不方便或不必要时，或者需要精确表达自己的意见时，就会用到书面协调的方法。书面协调方法的特点是具有合同效力，一般常用于以下几个方面：

(1) 不需双方直接交流的书面报告、报表、指令和通知等。

(2) 需要以书面形式向各方提供详细信息和情况通报的报告、信函和备忘录等。

(3) 事后对会议记录、交谈内容或口头指令的书面确认。

(4) 需要以书面方式留存的档案文件。

4. 访问协调法

访问法主要用于外部协调中，有走访和邀访两种形式。走访是指监理工程师在建设工程施工前或施工过程中，对与工程施工有关的各政府部门、公共事业机构、新闻媒体或工程毗邻单位等进行访问，向他们解释工程的情况，了解他们的意见。邀访是指监理工程师邀请上述各单位(包括建设单位)代表到施工现场对工程进行指导性巡视，了解现场工作。因为在多数情况下，这些相关单位并不了解工程，不清楚现场的实际情况，如果进行一些不适当的干预，会对工程产生不利影响。这个时候，采用现场随机访问法可能是一个相对有效的协调方法。

5. 情况介绍法

情况介绍法通常是与其他协调方法紧密结合在一起的，可能是在一次会议前，或是一次交谈前，或是一次走访或邀访前向对方进行的情况介绍。形式主要是口头的，有时也伴有书面的。介绍往往作为其他协调的引导，目的是使别人首先了解情况。因此，监理工程应重视任何场合下的每一次介绍，要使别人能够理解自己介绍的内容、问题和困难、自己想得到的帮助等。

6. 现场协调法

现场协调法是一种快速有效的协调方式。把有关人员带到问题的现场，请当事人自己讲述产生问题的原因和解决问题的办法，同时允许相关部门提要求，使各相关人员都能感到现场出现的问题和面临的困难，促使各部门统一认识，集思广益，出点子、想办法，使问题尽快解决。对于一些扯皮问题、参建各方意见大的问题，就可以采取现场协调方式来解决问题。

7. 结构协调法

结构协调法是通过调整组织机构、健全组织职能、完善职责分工、建立制度等办法来进行协调。对待那些处于分包单位与分包单位之间、分包单位与总包单位之间的结合部的问题，以及诸如由于分工不清、职责不明所造成的问题，应当采取结构协调的措施。结合部的问题可以分为二种，一是协同型问题，这是一种三不管的问题，就是有关单位建设单位、监理单位、总包单位、分包单位等都有责任，又都无全部责任，需要有关单位通过分工和协作关系的明确共同努力完成；二是传递型问题，它需要协调的是上下工序和工序流程中的施工衔接问题，可以通过把问题交给总包单位或监理单位去解决，并相应扩大其职权范围。

组织协调是监理工作的一项重要任务，贯穿于监理工作的全过程和各个方面。组织协调是一种管理技术和技巧，协调工作是否成功还与监理工程师自身素质有密切关系。通过监理有效的组织协调，可以使项目参与各方意见统一，使各方矛盾向有利的方向转化，在项目总目标和各分目标之间寻求平衡，达到统一思想与行动，使各项工作顺利进行，实现项目总体目标。

9.3.2 监理工程师组织协调时的注意事项

1. 协调工作要有原则性

在具体协调工作中，始终贯彻项目建设过程各方必须执行国家和地方的有关法律、法规、规范、标准，严格检查、验收，对于各方的违规行为不姑息、不迁就。同时，在协调过程中监理人员严格遵守监理的职业道德、清正廉洁、作风正派、办事公允、以德服人。

2. 协调工作要有公正性

公平、公正是指协调过程中要坚持中立，要保持中立和公正，与各方既要形成良好的工作关系，又要保持一定的距离。首先要锻炼提高识别真假是非的能力，不被表面现象迷惑。当发生矛盾时，监理工程师要站在公正、客观的立场上，依据有关的法律、法规、规范和委托监理合同、施工合同等，以科学分析的方法公正无私的处理，不偏袒任何一方。

树立监理方在组织协调中的威信，以取得各方的信任和支持。

3. 协调工作要有预见性

要善于发现各单位之间在结合部位上的矛盾和问题以及各专业工程在交叉施工时给对方造成的不利影响，要有观察事物变化的敏感度，加大预先控制的力度，事先分析目标偏离的可能性，并拟定和采取各项预防性的措施，做到事前控制，各方都积极响应，以使计划目标得以实现。

4. 协调工作要有时效性

要及时了解和掌握有关各方当事人之间的利益关系，当各方产生了矛盾和纠纷，通过交谈、会议等协调方法和手段及时协调各类矛盾。这些矛盾和纠纷又经常具有突发性、临时性和冲突性，如不及时解决势必引起矛盾的激化，引起工程索赔，影响工程的进程，严重时会诱发工程的质量、安全事故。处理突发问题，努力做到不回避、不隐瞒、不拖延，使矛盾和纠纷得到及时解决。

5. 协调工作要有针对性

当矛盾和问题出现后，要对情况进行深入了解、分析、归纳，找准问题，抓住主要矛盾或矛盾的主要方面，有针对性的进行协调处理，使矛盾和问题得以解决。解决问题的方式、方法都确定了，监理工程师还要检查，督促各方执行，以免引发新的矛盾和问题。

6. 协调工作要有灵活性

工作方法上和为人处事方面，要因人、因事、因时、因地，根据实际情况随机应变，灵活运用各种协调方法，不生搬硬套、不小题大做、不威胁利诱，抓大放小，尽可能促使被协调方自我机制的完善。在众多的矛盾中，要突出重点，分清主次，抓主要矛盾，关键问题解决了，其他问题便可以迎刃而解。在协调处理问题时，有时处理问题的方法不一定被对方所接受，这就要求监理工程师有较强的应变能力，在不违反国家法律、法规及规范的情况下，及时改变处理问题的方式、方法。总之要找到一个让各方都能接受的方案，从而使问题得到顺利解决。

7. 协调工作要依靠群众

在协调过程中注意走群众路线，让监理部所有成员都参与，群策群力，献计献策，激发每个成员的创造热情，充分发挥集体的智慧和力量，与各方同舟共济，解决问题战胜困难。

8. 协调工作要有耐心

在整个项目实施过程中需要组织协调解决的内容是多方面的，有时一个问题需要多次进行协调，或者旧的问题还没解决完，新的问题又出现，这就要求监理工程师在组织协调时要有耐心，不断地组织各方进行协调处理，直到问题解决为止。

9. 协调工作要有技巧

监理人员要采用感情、语言、接待、用权等艺术，搞好协调工作。注意说话的方式方法，做到有利于协调的话多说，不利于协调的话不说、不传；多做说明，多做说服工作。在协调工作开始前要多设想几种情况，尽可能考虑到各方可能提出的问题，多准备几套解决方案，做到有备无患；在协调工作开始前要明确协调对象、协调主体、协调问题的性质，然后选择适用的方法，以提高协调效率。协调中拿不准、考虑不成熟的问题，不要急于表态，协调争取做到有理、有利、有节。当争议不影响大局，应采取策略，引导双方回避争议，互谦互让，加强合作，形成利益互补， 强调共赢，化解争议。

9.3.3　监理组织协调中监理人员应具备的素质

建设工程监理的组织协调工作不仅仅是总监的工作重点，也是各级监理人员的工作重点。区别仅在协调的事项有轻重缓急不同，协调的对象不同，协调的跨度不同。协调是一种工作艺术，如何在监理工作中通过协调达到事半功倍的效果，提高协调水平尤为重要。

1. 要有较深的专业知识和较宽的知识面

首先协调是为了解决问题，那么发现问题是前提。知识全面、经验丰富的人总能有预见地多提一些技术性的建议，多提一些解决问题的方法，在协调问题时游刃有余。工程项目实施过程中会出现或可能出现许多问题，总监的目光不可能涉及所有角落，就需要监理工程师和监理员在旁站、巡查过程中，运用自己的专业知识和经验发现问题，提出问题。

高度决定视野，角度改变观念。高度就是掌握专业知识的熟练程度和深度，能让人在观察问题时不仅仅局限在局部；角度就是较宽的知识面，能让人改变习惯思维处理问题。

2. 要有主动工作的热情

在监理工作中经常会出现，监理人员发现问题，当场对相关人员指出并发书面通知要求整改，但落实解决得怎么样，往往不知道。长此以往监理工程师将丧失威信。这时就需要沟通协调，只要监理工程师主动了解情况，主动协调解决，就可能出现另一种情况。因此，协调实际上是一种主动的工作方法，需要有主动工作的热情。没有主动工作的热情，不用心解决问题，即使水平再高、能力再强，处理事情的效果也会打折。

积极主动去寻求解决问题的办法。也许方法不是最优，但解决了问题；如自己想不出办法，能主动请教别人。这种主动的习惯，不仅是谦虚问题，更是一种做事的态度。很多监理人员在碰到问题时，不主动去想解决办法，而是等总监理工程师指示，等别人提醒，工作中缺乏自主思考，缺乏主动性。

积极主动地不断自我总结。不仅总结事情本身，还包括处理事情的过程、思维方式方法。事情结束思考也结束，这样的人即使有长进也有限。

监理人员在工作中能主动交流沟通，协调矛盾，工作就不会被动。不同年龄段的人，工作热情的减退是有一定规律的。激发工作热情的动力，不仅仅来自监理人员的职业道德和荣誉感，更多的是来自环境的各种激励。

3. 要学会宽容、处事要公正

监理人员与内部成员或是其他参建单位的人员一起共事，要与别人和谐相处，应具有宽容之心，还要能吸纳别人的长处，充实自我。有容乃大，就是说包容对己有利的一面、又容纳不利的一面，心胸才会宽阔。

监理工作贯穿于解决矛盾的过程中。在监理人员与其他参建单位的人员共同相处的过程中，公正是监理自始至终的立场，公正地选择解决矛盾的最优途径，公正地理解和执行合同，公正地执行规范。没有公正，监理的威信自然丧失。

4. 要有良好的工作方法

1) 从小事做起，认真对待细节

监理工作都是源自点点滴滴的小事，这就要求监理人员以认真的态度做好工作岗位上的每一件小事，以认真负责的心态对待每个细节。

2) 经常换位思考，学会合作

站在对方的角度考虑对方的关切，更容易理解他人所想所思，更易于达成共识。

3) 善于开发自己和周围环境的潜能

尽自己最大努力，利用身边所有有利因素完成任务，充分调动监理部成员的积极性，得到建设单位的支持和施工单位的理解。

5. 要有较强的文字语言表达能力和合适的工作礼仪

协调沟通只能通过语言、文字来进行。准确表达自己的思想并让别人接受，以达到预期的沟通协调效果，这是综合能力的表现。语言交流不能让人有误解。

在日常的监理工作中，不论是对参建单位人员还是对建设工程外层人员都必须使用合适的工作礼仪，以增强彼此的信任感，让监理工作事半功倍。

6. 协调之后抓落实，确保协调效果

1) 执行力

协调的结果是既定的目标，大家就要共同去执行。执行过程中经常会出现各种阻力，总监理工程师就要通过言传身教带动周围的监理人员，不折不扣地执行。

2) 抓落实，确保效果

不断反馈落实的进度、落实的程度，不断纠正偏差，确保既定目标的实现。

7. 努力提高自身业务技能

1) 加强业务学习，熟悉法律、法规和规范

熟悉法律、法规和规范是成为合格监理工程师的必备基础。

2) 熟悉图纸

接到新的监理任务后，监理人员的首要任务就是熟悉施工图纸，及时了解工程详细情况，及早发现图纸中存在的问题。只有这样，才能有根有据，树立威信。

3) 合理运用自身技能

总之，监理人员尤其是项目部监理工程师要以身作则、克己奉公、严以律己，对社会尤其对建设项目负责，对自己负责，对公司负责。在工作中认真负责，作好协调沟通工作，严格遵守职业道德，树立威信，取得建设单位和施工单位的信任。在工作中充分显示自己的才华，从专业技术方面让建设单位和施工单位信服，作为监理工程师除了学好本专业知识外还要学好经济、法律等综合学科知识，不断地积累经验，不断地提高自己素质，熟悉建设工程建设程序，在协调工作中为建设单位、施工单位排忧解难，解决问题。

监理工程师即要坚持原则，又要监帮结合，帮助施工单位做好相关工作其实也是在为建设单位服务。对于施工单位不能够只是用简单的监管方式，而是以行动去引导施工管理

人员，让施工单位觉得监理工程师正直和乐于助人，而从心里接纳其建议和要求，这样也有助于在监理工作中做好各方的协调工作。只有这样，监理工程师才能进行有效的协调。

9.4　建设工程监理组织协调实训及案例

✦✦✦✦ 实训 9-1　召开一次工地例会 ✦✦✦✦

1. 基本条件及背景

某工程开工已经四个月，各项前期手续已办理完成，工程已进入地下一层施工阶段，地下二层已施工完成。存在以下问题：钢筋工人数偏少；马上进入雨季；原材料供应不足，主要是模板和钢管等周转材料缺乏；前期施工进度已拖延 2 天。急需业主解决的问题：现场供水不足，混凝土养护需要；与邻近单位共用道路施工，浇筑混凝土时车辆难以进入，影响混凝土浇筑质量和施工进度。

2. 实训内容及要求

(1) 召开一次工地例会，并编制会议纪要。

(2) 针对会议上提出问题，找出解决办法。

(3) 每位学生在 1 课时内完成，并将实训内容整理书写在 A4 纸上，交老师评定成绩。

3. 计算步骤及分值

第一步，确定会议议程和人员，0.5 分；

第二步，提出施工现场存在问题的解决办法，每个 0.5 分，共 2 分；

第三步，会上对施工单位、监理单位、建设单位提出问题和回复进行总结，0.5 分；

第四步，编制会议纪要，共 1 分；

第五步，发出会议纪要，每个单位 0.5 分，共 1 分；

第六步，会后找出协调需业主解决问题的办法并协调，4 分；

第七步，整理与卷面 1 分。

共计，10 分。

【案例 9-1】

《建筑工程施工质量验收统一标准》中对检验批验收做了大量细致的定义、解释及规定。检验批是建筑工程组成中最基本的小单元，做好检验批验收，是监理工作中极为重要、极为关键的根本性的工作。它是工程质量得到保证的基础。

问题：监理工程师应该如何做好检验批验收的协调工作？

【参考答案】

监理工程师应以公正、诚信的态度对待验收签证，不要受环境的影响和主观意识的干扰。切实搞好检验批的验收签证，要警钟长鸣，防患于未然，为工程质量的提高贡献自己的所有力量。

要使建设工程监理目标得以实现，项目监理机构及管理人员的组织协调能力是必不可少的。只有通过监理工程师有效的组织协调，才能使影响管理目标实现的各方主体进行有机配合，促使各方协调一致，最大限度地实现预定的目标，因此，监理工程师组织协调工作做得好与坏将直接影响到工程项目各个目标的实现，所以监理工程师在项目施工过程中，在施工现场要重视和搞好协调工作，并把该工作始终贯穿于整个建设项目实施过程中。

监理工程师通过对项目实施过程中各种关系的疏导，对产生的干扰和障碍的排除或缓解，对施工现场各种矛盾的解决，对各种争端的处理，并使整个项目的实施过程中处于一种有序状态，使各种资源得到有效合理的优化配置，以达到工程项目的质量好、投资省、工期短，最终实现预期的目标和要求，也就实现了和达到了作为监理工程师在施工现场组织协调的最终目标和目的。

1. 监理工程师在施工现场要搞好与业主方的协调

正确理解业主对建设项目总目标和分目标的要求；正确把握业主对监理的授权范围和内容；在授权范围内大胆决策；在授权范围之外的不擅自越权，只建议不决策；重大问题及时向业主报告；在工作中尽量取得业主的支持和理解；对业主不合理决策尽量在监理和业主范围内进行沟通，利用适当时机、采取适当方式加以说明和解释，不主动激化矛盾，尽量达成共识，不能达成共识的原则性问题用书面方式说明原委，提醒业主，尽量避免发生误解，并保护自己，使建设工程顺利实施。

2. 监理工程师在施工现场要搞好与施工方的协调

明确双方的关系。双方是监理与被监理的关系，施工单位在施工时必须接受监理单位的检查监督，并为监理单位开展工作提供便利，落实监理单位提出的各项合理要求。

坚持严格要求和热情服务相结合。一方面监理单位严格要求施工单位按规范、程序、标准组织施工；另一方面监理单位鼓励施工单位将施工状况、施工结果和遇到的困难和意见向监理单位提出，加强沟通，共同寻找解决的途径和方法。双方了解得越多越深刻，监理工作中的对抗和争执就会越少，就越有利于项目目标的实现。

注意协调的方法和技巧。在协调的工作方法上既要有原则性，也要注意灵活、合理和可行；在协调的方式上要注意语言的艺术性、感情的融合程度和用权的适度；双方即是监理与被监理的关系，也是合作者的关系。一般来说，在重大问题上的分歧，与项目经理和各级管理者的协调优于与具体施工人员的直接协调，从组织管理体系的协调优于与个人关系的协调，上层关系的协调优于下层关系的协调。

3. 监理工程师在施工现场要搞好与设计方的协调

监理单位必须协调与设计单位的工作，以加快工程进度、确保质量、降低消耗，充分贯彻设计意图。在收到设计施工图后，监理工程师认真熟悉图纸，对图纸中存在的标准过高、设计遗漏、图纸差错等问题通过业主单位向设计单位提出；参加设计交底会议，针对本工程的情况与设计单位、施工单位共同研究技术难点、施工难点等；施工过程中，严格按图施工；代表业主约请设计单位参与基础工程验收、结构工程验收、专业工程验收、竣工验收等工作；发生质量事故，认真听取设计单位的处理意见等。

4. 监理工程师在协调工作中要尽量做到有据可依、有章可循

监理工程师在开展组织协调过程中，为了确保监理协调工作的权威性和可执行性，协调工作尽量做到有据可依、有章可循，以理服人、以德服人；注重原则性与灵活性相结合，管理与服务相结合；营造良好、和谐的工作氛围，促进项目参与各方积极参与到对问题、矛盾的解决中来，同舟共济，群策群力，共同推进项目的建设。

监理工程师协调工作做到以理服人、以德服人。尊重被协调各方提出的合法合理的要求，站在公正、

公平的立场上分析，归纳突出的问题和矛盾，合理利用监理的技能和技巧，积极寻找彼此可以接受的解决方法和途径，争取大多数人的共识，科学、合理地解决问题，以理服人。

组织协调是一种管理艺术和技巧，监理工程师尤其是总监理工程师应运用管理学、心理学、行为科学等方面的知识、技能、方法和工具开展组织协调工作。在协调过程中应站在多方面的角度考虑问题，充分考虑到各方的利益，尽量做到公正、科学、合理和合情，只有这样，监理工程师才能进行有效的组织协调。

【案例 9-2】

某工程建设单位与施工单位按《建设工程施工合同(示范文本)》签订了施工合同，并委托某监理公司承担施工阶段的监理任务。项目实施的过程中，项目监理机构接到参建方提出的合同争议的调解要求。

问题：项目监理机构应进行哪些工作？

【参考答案】

(1) 项目监理部接到合同争议的调解要求后，立即成立以总监理工程师负责的调解小组，并制定专人及时、全面了解合同争议的全部情况，包括进行调查和取证工作。

(2) 项目监理部根据调查和取证后所掌握的情况，及时选派专人与合同争议的双方进行单独磋商。

(3) 项目监理部根据磋商的结果和合同争议双方的诉求，提出几套调解方案，经由总监理工程师确定其中的一套方案，并按此方案由总监理工程师进行争议调解。

(4) 当调解未能达成一致时，总监理工程师应在施工合同规定的期限内提出处理该合同争议的意见。

(5) 在争议调解过程中，除已达到了施工合同规定的暂停履行合同的条件之外，项目监理机构应要求施工合同的双方继续履行施工合同。

附件：

授　权　书

××××××监理公司：

根据委托监理合同的约定，____________________工程，施工阶段授予你单位总监理工程师对工程进度、质量、投资的控制权，对合同、信息的管理权，以及对参建单位的协调权。具体权力如下：

(1) 报经业主同意后，发布开工令、停工令和复工令。其中下达停工令的条件如下：

① 上道工序未经检验即进行下一道工序作业的。

② 工程质量下降，经指出后未采取有效措施，或措施不好而继续施工的。

③ 擅自采用未经甲方批准的材料。

④ 擅自变更设计图纸的要求。

⑤ 擅自转包工程。

⑥ 擅自让未经甲方批准的分包单位进场作业。

⑦ 没有可靠的质保措施冒然施工，并已呈现质量下降趋势。

⑧ 出现危及人身安全等紧急情况时，可立即停工，但在 24 小时内书面报告甲方。

(2) 施工组织设计方案的审查和批准权。

(3) 工程建设各参加建设单位的协调权。

(4) 工程施工进度、质量的检查、监督权。

(5) 签认完成工作进度表、未经监理机构签字确认，业主不支付工程款。

(6) 审查承包商、分包商以及材料设备供应商的资质权。

(7) 有权随时检查施工过程和工序，对不符合规范要求的工艺有权要求施工单位进行整改。

(8) 对不合格材料、设备有拒收和指令运出场地的权力。

(9) 有权抽检施工单位的施工技术资料及标准文件。

(10) 有权检查覆盖前和覆盖后的隐蔽工程。

(11) 有权在权限责任期指令承包商调查工程缺陷原因。

(12) 有权对工程采取紧急补救措施。

(13) 有权抽检承包单位的检测、计量设备和操作情况。

(14) 有权检查确认施工现场的文明施工及安全防护设施，对不符合要求的有权要求施工单位进行整改。

(15) 有对质量、进度、工期、安全、文明施工优奖劣罚的签认权。

(16) 对承包方不符合资质要求及故意刁难监理的人员，有权提出调整撤换的签认权。

授权项目：________________________

授　权　人：

年　月　日

习　　题

一、单选题(只有一个最符合题意的选项)

1. 设计过程中，需要在不同设计阶段之间进行纵向的反复协调，这种协调(　　)。

A. 仅限于同一专业之间的协调

B. 仅限于不同专业之间的协调

C. 可能是同一专业之间的协调，也可能是不同专业之间的协调

D. 表现为不同设计深度的协调

2. 建设工程监理组织协调中，主要用于外部协调的方法是(　　)。

A. 会议协调法　　B. 交谈协调法

C. 书面协调法　　D. 访问协调法

3. 第一次工地会议由(　　)主持召开。

A. 监理单位　　B. 建设单位

C. 工程质量监督站　　D. 总承包单位

4. 第一次工地会议上，建设单位应根据(　　)宣布对总监理工程师的授权。

A. 监理规划　　B. 监理单位的书面通知

C. 监理机构职责分工　　D. 委托监理合同

5. 不属于建设工程监理协调的原则的是(　　)。

A. 以监理委托合同为工作依据的原则

B. 公平、公正的原则

C. 正确把握监理权利的原则

D. 不可替代的原则

6. 具有合同效力的监理组织协调方法是(　　)。

A. 会议协调法　　B. 书面协调法

C. 情况介绍法　　D. 交谈协调法

7. 会议纪要应由本项目(　　)负责起草，并经与会各方代表会签。

A. 监理单位　　B. 建设单位

C. 工程质量监督站　　D. 总承包单位

8. 建设工程的监理组织协调不包括(　　)类型。

A. 人员—人员界面　　B. 系统—系统界面

C. 系统—环境界面　　D. 人员—系统界面

9. 实践证明，监理目标的顺利实现和与(　　)协调的好坏有很大关系。

A. 监理单位　　B. 建设单位

C. 工程质量监督站　　D. 总承包单位

10. 使用频率最高的监理组织协调方法是(　　)。

A. 会议协调法　　B. 书面协调法

C. 情况介绍法　　D. 交谈协调法

二、多选题(5 个备选答案中有 2～4 个正确选项)

1. 在施工阶段，项目监理机构与承包商的协调工作主要有(　　)。

A. 进度问题的协调　　B. 信息问题的协调

C. 对承包商违约行为的处理　　D. 对分包单位的管理

E. 与项目经理关系的协调

2. 专题会议可由(　　)主持召开。

A. 总监理工程师　　B. 总监理工程师代表

C. 专业监理工程师　　D. 监理员

E. 业主代表

3. 建设工程监理组织协调包括的内容主要是(　　)。

A. 项目监理机构内部的协调　　B. 与监理单位的协调

C. 与建设单位的协调　　D. 与施工单位的协调

E. 与设计、勘察单位的协调

4. 建设工程建立协调的特点(　　)。

A. 建设工程监理协调工作涉及的部门和单位多

B. 建设工程项目具有工作协调的磨合期

C. 建设工程监理协调的对象是建设方

D. 建设工程协调的重点在沟通联系

E. 建设工程监理协调的方法具有多样性

5. 建设工程监理组织协调的方法(　　)。

A. 会议协调法　　B. 座谈协调法

C. 书面协调法　　D. 访问协调法

E. 交谈协调法

参 考 文 献

[1] 中国建设监理协会. 建设工程监理概论. 北京：知识产权出版社，2012
[2] 中国建设监理协会. 建设工程投资控制. 北京：知识产权出版社，2012
[3] 中国建设监理协会. 建设工程进度控制. 北京：中国建筑工业出版社，2012
[4] 中国建设监理协会. 建设工程质量控制. 北京：中国建筑工业出版社，2012
[5] 中国建设监理协会. 建设工程合同管理. 北京：知识产权出版社，2012
[6] 李林. 建筑工程安全技术与管理. 北京：机械工业出版社，2010
[7] 中国建设监理协会. 建设工程信息管理. 北京：中国建筑工业出版社，2012
[8] 中国建设监理协会. 建设工程监理相关法规文件汇编. 北京：知识产权出版社，2012